"十三五"普通高等教育本科规划教材

高层建筑结构设计

主　编　徐亚丰
编　写　孙　丽　张绍武　白首晏　梁德志
主　审　崔熙光

U0364418

中国电力出版社
CHINA ELECTRIC POWER PRESS

内 容 提 要

本书为"十三五"普通高等教育本科规划教材,是土木工程本科生必修课——高层建筑结构设计的教学用书。

全书分为10章,主要描述了高层建筑结构的发展、特点、体系与布置,荷载和地震作用、高层建筑结构的计算分析和设计要求;重点讲解了框架结构、框剪结构、剪力墙结构的设计方法;对筒体结构、复杂高层建筑结构、高层建筑钢结构和混合结构也进行了一定深度的介绍。

本书例题讲解详细,理论分析透彻,可供高等院校土木工程专业本科生教学用书,也可供相关领域的科研和技术人员参考。

图书在版编目 (CIP) 数据

高层建筑结构设计/徐亚丰主编. —北京:中国电力出版社,2015.10

"十三五"普通高等教育本科规划教材

ISBN 978 - 7 - 5123 - 7839 - 1

Ⅰ. ①高… Ⅱ. ①徐… Ⅲ. ①高层建筑-结构设计-高等学校-教材 Ⅳ. ①TU973

中国版本图书馆 CIP 数据核字 (2015) 第 118437 号

中国电力出版社出版、发行

(北京市东城区北京站西街 19 号 100005 http://www.cepp.sgcc.com.cn)

航远印刷有限公司印刷

各地新华书店经售

*

2015 年 10 月第一版 2015 年 10 月北京第一次印刷

787 毫米×1092 毫米 16 开本 18.75 印张 447 千字

定价 38.00 元

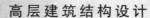
前　　言

　　《高层建筑结构设计》是作者在总结多年教学经验的基础上，结合近年来高层建筑结构的新发展，并根据高等院校土木工程专业本科生课程高层建筑结构设计的教学要求而编写的。

　　本书由徐亚丰担任主编，编写分工：孙丽编写第 1、2 章；张绍武编写第 3、4 章；梁德志编写第 5、6 章；徐亚丰编写第 7、8、9 章；徐亚丰、白首晏编写第 10 章。沈阳建筑大学研究生倪浩然、朱绍杰、王建滨、高颖、周曼、龙秋颖、陈谦、闫勇、曾俊、翟章琳、高振铎、张艳超、张月、牟璐、敕勒格尔、金松负责本书课件的整理和制作。

　　沈阳建筑大学的崔熙光教授担任本书主审，并提出了宝贵意见。同时编者在编写此书过程中得到了国家留学基金（201308210105）项目的资助，在此一并表示感谢。

　　由于编者水平有限，书中难免有不妥之处，欢迎广大读者予以批评、指正。

编　者

2015 年 7 月

目 录

1

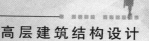
第1章 概　　述

1.1　高层建筑的定义

　　所谓高层建筑是相对于多层建筑而言的，是指层数较多、高度较高的建筑。评判一栋建筑是否为高层建筑，通常以建筑的高度和层数作为两个主要指标。但是，迄今为止，多少层数以上或多少高度以上的建筑为高层建筑，世界各国对多层建筑与高层建筑的划分界限并不统一，这与一个国家当时的经济条件、建筑技术、电梯设备、消防装置等许多因素有关。例如，美国规定高度为22～25m以上或7层以上的建筑为高层建筑；英国规定高度为24.3m以上的建筑为高层建筑；日本规定8层以上或高度超过31m的建筑为高层建筑。表1.1中列出了一部分国家和组织对高层建筑起始高度的规定。

表1.1　　　　　　　　　　　　一部分国家和组织对高层建筑起始高度的规定

国家和组织名称	高层建筑起始高度
联合国	大于或等于9层，分为四类： 第一类：9～16层（最高到50m）； 第二类：17～25层（最高到75m）； 第三类：26～40层（最高到100m）； 第四类：40层以上（高度在100m以上时，为超高层建筑）
前苏联	住宅为10层及10层以上，其他建筑为7层及7层以上
美国	22～25m，或7层以上
法国	住宅为8层及8层以上，大于或等于31m
英国	24.3m
日本	11层，31m
德国	大于或等于22m（层室内地面起）
比利时	25m（从室外地面起）

　　我国《高层建筑混凝土结构技术规程》(JGJ 3—2010) 规定，10层及10层以上或房屋高度超过28m的住宅建筑，以及房屋高度大于24m的其他高层民用建筑混凝土结构物为高层建筑。在结构设计时，高层建筑的高度是指自室外地面至房屋主要屋面的高度，不包括突出屋面的电梯机房、水箱、构架等高度。

　　随着建筑技术的飞速发展，高层建筑高度的大幅度增加，出现了超高层建筑。"超高层建筑"一词来源于日本，即使在日本，超高层建筑也没有明确的分界线，如在20世纪70年代，指70m以上的建筑，而到80年代，提高到100m。目前，日本一般将120m以上的建筑称为超高层建筑，由此可以看出，超高层建筑完全是人为界定的，特指当时日本最高的一些建筑物；日本还将 30 层以上的旅馆、办公楼和 20 层以上的住宅规定为超高层建筑。目前，超高层建筑一词流行广泛，但又无统一和确切的定义，一般泛指某个国家或地区内较高的一些建筑。国际上，通常将高度超过 100m 或层数在 40 层以上的高层建筑称为超高层建筑。

1.2　高层建筑的特点

在高层建筑的设计中，其结构可以设想成为支承在地面上的竖向悬臂构件，承受着竖向荷载和水平荷载的作用，如图 1.1(a)、（b）所示。与多层建筑结构相比，具有如下特点：

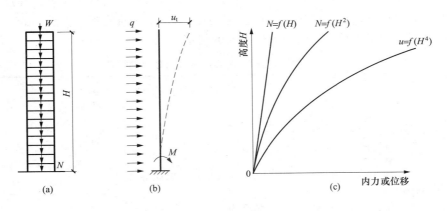

图 1.1　高层结构的受力和变形示意图

（1）水平荷载成为设计的决定性因素。10 层以下的建筑，由竖向荷载产生的内力占主导地位，水平荷载的影响较小。随着房屋层数的增加，虽然竖向荷载对结构设计有着重要的影响，但水平荷载更为主要，已成为结构设计的控制因素。因为竖向荷载在结构的竖向构件中主要产生轴向压力，其数值仅与结构高度的一次方成正比；而水平荷载对结构产生的倾覆力矩，以及由此在竖向构件中所引起的轴力，其数值与结构高度的二次方成正比。而且，与竖向荷载相比，作为水平荷载的风荷载和地震作用，其数值与结构的动力特性等有关，具有较大的变异性。

高层建筑结构底部所产生的轴力 N 和倾覆力矩 M 与结构高度 H 存在着如下关系式

竖向结构的轴力

$$N = wH \tag{1.1}$$

结构底部的倾覆力矩

$$M = \begin{cases} \dfrac{1}{2}qH^2 \text{（水平均布荷载）} \\[2mm] \dfrac{1}{3}qH^2 \text{（水平倒三角荷载）} \end{cases} \tag{1.2}$$

式中　w、q——沿单位建筑高度的竖向荷载和水平荷载，kN/m。

为直观起见，结构底部内力 N、M 与建筑高度 H 的关系示于图 1.1(c) 中。

（2）侧移成为设计的控制指标。由于高层建筑高度较高，水平荷载作用下结构的侧移急剧增大。由图 1.1 可知，结构顶点的侧移 u_t 与结构高度 H 的四次方成正比，即

$$u_t = \begin{cases} \dfrac{1}{9EI}qH^4 & \text{（水平均布荷载）} \\[3mm] \dfrac{11}{120EI}qH^4 & \text{（水平倒三角形荷载）} \end{cases} \quad (1.3)$$

式中　EI——建筑物的总体抗弯刚度（E 为弹性模量，I 为惯性矩）。

由图 1.1(c) 中结构顶点侧移 u_t 与建筑高度 H 的关系可知，水平荷载作用下，随着建筑物高度的增大，水平位移增加的速度最快，内力次之。因此，高层建筑结构设计时，为了有效地抵抗水平荷载产生的内力和变形，必须选择可靠的抗侧力结构体系，使所设计的结构不仅具有较大的承载力，而且还应具有较大的侧向刚度，将水平位移限制在一定的范围内。

结构的侧移与结构的使用功能和安全有着密切关系。因为，过大的水平位移会使人产生不安全感，会使填充墙和主体结构出现裂缝或损坏，造成电梯轨道变形，影响正常使用；过大的侧移会使结构因 p-Δ 效应而产生较大的附加内力等。同时，对水平荷载作用下结构侧移的控制实际上是对结构构件截面尺寸和刚度大小控制的一个相对指标。

（3）轴向变形在设计中的影响。轴向变形的影响在设计中是不可忽视的，竖向荷载是从上到下一层一层传递累积的，会使高层建筑的竖向结构构件产生较大的轴向变形。如在框架结构中，中柱承受的轴压力一般要大于边柱的轴压力，相应地中柱的轴向压缩变形要大于边柱的轴向压缩变形。当房屋很高时，中柱和边柱就会产生较大的差异轴向变形，使框架梁产生不均匀沉降，造成框架梁的弯矩分布发生较大的变化。图 1.2(a) 为未考虑各柱轴向变形时框架梁的弯矩分布，图 1.2(b) 为考虑各柱差异轴向变形时框架梁的弯矩分布。同时，在高层建筑特别是超高层建筑中，竖向构件（特别是柱）的轴向压缩变形对预制构件的下料长度和楼面标高会产生较大的影响。

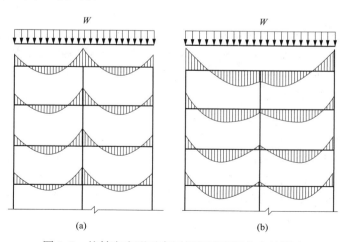

图 1.2　柱轴向变形对高层框架梁弯矩分布的影响

　　随着建筑高度的增大，结构的高宽比增大，水平荷载作用下的整体弯曲影响越来越大。一方面，整体弯曲使竖向结构体系产生轴向压力和拉力；另一方面，竖向结构体系中的轴向压力和拉力，使一侧的竖向构件产生轴向压缩，另一侧的竖向构件产生轴向拉伸，从而引起结构产生水平侧移，如图1.3所示。计算表明，水平荷载作用下，竖向结构体系的轴向变形对结构的内力和水平侧移有着重要的影响。

　　例如，某三跨12层框架，层高均为4m，全高48m，高宽比为2.59，在均布水平荷载作用下，柱轴向变形所产生的侧移可达梁、柱弯曲变形所产生侧移的40%。

　　又如，某17层钢筋混凝土框架-剪力墙结构，其结构平面如图1.4所示，在水平荷载作用下，采用矩阵位移法分别进行了考虑和不考虑轴向变形的内力和位移计算；结果表明，与考虑竖向构件轴向变形的剪力相比较，不考虑竖向轴向变形时，各构件水平剪力的平均误差达30%以上，如图1.4所示为不考虑轴向变形时楼层剪力的平均误差。计算结果还表明，不考虑轴向变形时顶点侧移为考虑轴向变形时的1/3～1/2；不考虑轴向变形时结构的自振周期为考虑轴向变形时的1/1.7～1/1.4。

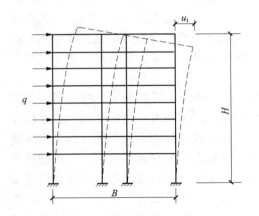

图1.3　竖向结构体系的整体弯曲变形

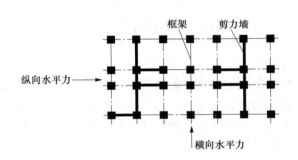

图1.4　某框架-剪力墙结构平面及构件
水平剪力计算误差

　　(4) 延性成为结构设计的重要指标。对地震区的高层建筑，应确保结构在地震作用下具有较好的抗震性能。结构的抗震性能主要取决于其"能量吸收与耗散"能力的大小，而它又取决于结构延性的大小。因此，为了保证结构在进入塑性变形后仍具有较好的抗震性能，需加强结构抗震概念设计，采取恰当的抗震构造措施，来确保结构具有较好的延性。

　　(5) 结构材料用量显著增加。高层建筑的特点决定了建造高层建筑比多层建筑需要更多的材料。图1.5为高层建筑钢结构材料用量与高度的关系，可知随层数的增加，水平力作用下对结构进行优化设计至关重要。对钢筋混凝土高层建筑，材料用量也随层数的增加而增多，但不同之处在于，承受重力荷载而增加的材料用量比钢结构大得多，而为抵抗风荷载所增加的材料用量却并不很多。

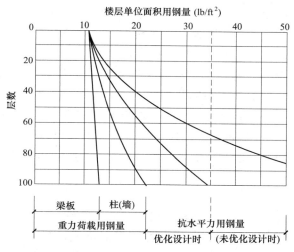

图 1.5　高层钢结构材料用钢量与高度的关系

1.3　高层建筑结构的类型

按照使用材料的不同，高层建筑可分为砌体结构、钢筋混凝土结构、钢结构和钢-混凝土混合结构等类型。

砌体结构是用砖砌体、石砌体或砌块砌体建造的结构，又称砖石结构。虽然其具有取材容易、施工简便、造价低廉等优点，但由于砌体是一种脆性材料，其抗拉、抗弯、抗剪强度均较低，抗震性能较差，现代高层建筑很少采用无筋砌体结构建造。在砌体内配置钢筋后，可大大改善砌体的受力性能，使之用于建造地震区和非地震区的中高层建筑成为可能。

钢筋混凝土结构是以混凝土为主制作的结构，具有取材容易、良好的耐久性和耐火性、承载能力大，刚度好、节约钢材、降低造价、可模性好，以及能浇制成各种复杂的截面和形状等优点，现浇整体式混凝土结构还具有整体性好，经过合理设计，可获得较好的抗震性能。钢筋混凝土结构布置灵活方便，可组成各种结构受力体系，在高层建筑中得到了广泛的应用，特别是在我国和其他一些发展中国家，高层建筑主要以混凝土结构为主。世界第一幢混凝土高层建筑为 1903 年建成的美国辛辛那提市的英格尔斯（Ingalls）大楼。但由于钢筋混凝土结构自重大，导致构件截面较大，占据较大的面积，如广东国际大厦，65 层，总高 200m，底层柱截面尺寸已达 1.8m×2.2m，占据了较大的空间。此外，钢筋混凝土结构施工工序复杂，建造周期较长，且受季节的影响等缺点，对高层建筑也较为不利。由于高性能混凝土材料的发展和施工技术的不断进步，钢筋混凝土结构仍将是今后高层建筑的主要结构类型。目前，美国、日本等从钢结构起步建造高层建筑的国家已转向发展混凝土结构，我国从 20 世纪 60 年代至今，绝大多数高层建筑都是采用钢筋混凝土结构。今后钢筋混凝土结构仍将是我国高层建筑发展的主流。

钢结构是由钢板、型钢、钢管、钢绳、钢束等材料经过焊、铆、螺栓等形式连接而成的结构，具有材料强度高、截面小、自重轻、塑性和韧性好、制造简便、施工周期短、抗震性能好等优点，在高层建筑中也有着较广泛的应用。但由于高层建筑钢结构用钢量大，造价高，加之因钢结构防火性能差，需要采取防火保护措施，增加了工程造价。钢结构的应用还受钢铁产量和造价的限制，在发达国家，高层建筑的结构类型主要以钢结构为主。近年来，随着我国国民经济的增强和钢产量的大幅度提高，以及高层建筑建造高度的增加，采用钢结构的高层建筑也不断地增多。特别是对地基条件差或抗震要求高，而高度又较大的高层建筑，更适合采用钢结构。如美国纽约的帝国大厦（102 层，高 384m）和已遭恐怖袭击倒塌的世界贸易中心（110 层，高 412m），美国芝加哥的西尔斯大厦（110 层，442m），还有我国深圳的地王大厦（81 层，高 384m），上海的锦江宾馆分馆（46 层，高 153m）和国际贸易中心（37 层，高 140m），北京的京城大厦（52 层，高 183m）和京广中心（57 层，高 208m）等，均采用钢结构建造。

钢-混凝土组合结构或混合结构不仅具有钢结构自重轻、截面尺寸小、施工进度快、抗震性能好等特点，同时还兼有混凝土结构刚度大、防火性能好、造价低的优点，因而被认为是一种较好的高层建筑结构形式，近年来在我国发展迅速。组合结构是将钢材放在构件内部，外部由钢筋混凝土做成（称为钢骨混凝土），或在钢管内部填充混凝土，做成外包钢构件（称为钢管混凝土）。如北京的香格里拉饭店（24 层，高 83m）采用钢骨混凝土柱，上海环球金融中心大厦（95 层，460m）和陕西信息大厦（52 层，高 189m）均采用钢骨混凝土框筒结构，深圳的赛格广场大厦（76 层，高 292m）采用圆钢管混凝土柱，中国香港中心大厦（70 层，高 292m）和中国台北国际金融中心大厦均采用方钢管混凝土柱。混合结构一般是指由钢筋混凝土或钢骨混凝土剪力墙（或筒体）及钢框架组成的抗侧力体系，以刚度很大的剪力墙或筒体承受风力和地震作用，钢框架主要承受竖向荷载，这样可以充分发挥两种结构材料各自的优势，达到良好的经济技术效果。从目前的一些工程来看，内部为钢筋混凝土剪力墙或筒体，外部为钢框架的体系应用比较广泛，如我国上海静安希尔顿饭店（43 层，高 143m），深圳发展中心（48 层，165m）和上海浦东国际金融大厦（53 层，230m）。混合结构的另一种形式为外框筒采用钢筋混凝土或钢骨混凝土结构，具有很大的刚度，内部则采用钢框架以满足使用空间的要求，如美国芝加哥的 Three First National Plaza 大厦（58 层，236m），外筒柱距为 5m 的钢筋混凝土筒体，内部为钢框架。还有一些高层建筑是由钢-钢骨混凝土（或钢管混凝土）-钢筋混凝土组成的混合结构，如上海的金茂大厦（93 层，370m），核心筒为钢筋混凝土结构，四边几根大柱为钢骨混凝土柱，其余周边柱为钢柱，楼面梁为钢梁。

综上所述，目前我国高层建筑中仍以混凝土结构为主，在混凝土高层建筑结构抗震设计方面，已处于世界先进行列。高层建筑钢结构和混合结构已有相当的数量，预期其应用会逐步增多，应对其设计和施工进行更深入的研究。

1.4　高层建筑的发展概况

随着经济的不断发展，科技的日益进步，高层建筑建造的数量越来越多，规模越来越大，地域也越来越广。近 30 年，世界各地兴建的高层建筑，其规模之大，数量之多，技术之先进，形式之多样，外观之新颖，无一不让人惊叹称奇。

1.4.1　高层建筑发展简史

1. 古代

古代的高层建筑是为防御、宗教或航海需要而建造。有代表性的高层建筑有：

（1）公元前 280 年，埃及亚历山大港灯塔，高 150m，石结构。

（2）公元前 338 年，巴比伦城巴贝尔塔，高 90m。

（3）公元 523 年，河南登封嵩岳寺塔，中国现存最早密檐砖塔，10 层，高 40m。

（4）公元 1049 年，开封祐国寺塔，现存最早的琉璃饰面砖塔。

（5）公元 1055 年，河北定县开元寺塔，中国现存最高砖塔，高 84m。

（6）公元 1056 年，山西应县佛宫寺释迦塔，高 67m，木结构。

古代高层建筑的特点是：

（1）以砖、石、木材为主要建筑材料；

（2）不以居住和办公为主要目的；

（3）没有现代化的垂直交通运输设施；

（4）缺少防火、防雷等设施。

古代高层建筑为近代和现代高层建筑的发展奠定了基础。在结构方面，古代将高层建筑的平面大多设计成圆形和正方形，不但造型优美，而且可以减小水平荷载作用效应，增大结构刚度，受力好，为许多近代和现代高层建筑所效仿。

2. 近代与现代

近代高层建筑主要是为商业和居住需要而建造。19 世纪随着工业的发展和经济的繁荣，人口向城市集中，造成用地紧张，迫使建筑物向高层发展。1801 年在英国曼彻斯特建成的一座 7 层棉纺厂房，采用铸铁框架承重；1854 年在美国长岛采用熟铁框架建造了一座灯塔。美国是近代高层建筑的发源地，世界第一幢现代高层建筑为美国芝加哥家庭保险公司大楼，10 层，高 55m，建于 1884～1886 年，采用由生铁柱和熟铁梁所构成的框架结构；而世界第一幢采用全钢框架承重的高层建筑为 1889 年在美国建造的 9 层 Second Rand Menally 大楼。这一时期，1851 年电梯系统的发明和 1857 年第一台自控客用电梯的出现，解决了高层建筑的竖向运输问题，也为建造更高的建筑创造了条件。19 世纪末，高层建筑高度已突破了 100m 大关，1898 年在纽约建造了 30 层、高 118m 的 Park Row 大厦。

19 世纪末至 20 世纪 50 年代初为高层建筑的发展期。由于钢铁工业的发展和钢结构设计技术的进步，使高层建筑逐步向上发展。建筑物高度增大后，考虑水平风荷载的作用，在结构理论方面突破了纯框架抗侧力体系，提出在框架结构中设置竖向支撑或剪力墙，来增加高层建筑的侧向刚度。1905 年建造了 50 层的 Metrop Litann 大楼；1907 年在纽约建造了辛尔大楼，47 层、高 187m，为第一幢超过金字塔高度的高层建筑；至 1931 年，在纽约曼哈顿建造了著名的帝国大厦，102 层、高 381m，它保持世界最高建筑达 41 年之久。在这一时期，混凝土作为一种结构材料开始进入高层建筑的领域，1902 年在美国的辛辛那提市建造了 16 层、高 64m 的英格尔斯大楼，为世界第一幢钢筋混凝土高层建筑。尽管高层建筑在这一时期有了较大的发展，但由于采用平面结构设计理论，加之建筑材料的强度较低，导致高层建筑材料用量较多，结构自重较大，且仅限于框架结构，建造于非地震区。

20 世纪 50 年代初至今为高层建筑的繁荣期。期间，美国又建造了芝加哥西尔斯大厦和纽约世界贸易中心等知名建筑，使建筑的高度提升到 442m。采用钢结构成束框架筒体结构，曾保持世界最高建筑达 20 多年。筒体结构除了使建筑的高度有很大增加外，另一个突出的标志是使结构用钢量大幅度减小，进一步降低建筑造价，如高 381m 的帝国大厦，采用金属平面结构的框架体系，用钢量为 206kg/m²，而采用筒体结构后，高 344m 的约翰·汉考克

大厦用钢量仅为 $146kg/m^2$，高 442m 的西尔斯大厦用钢量仅为 $161kg/m^2$。在这一时期，由于在轻质高强材料、抗震抗风结构体系、新的设计理论、计算机在设计中的应用、施工技术和施工机械等方面都取得了较大的进步，使得高层建筑在欧洲、亚洲、澳洲等世界上其他国家也得到了迅速发展。例如：1975 年在波兰华沙建成了 Palace Kulturgi Nauki 大楼，47 层、高 241m；1973 年在巴黎建造了 Maine Montparnasse 办公大楼，64 层、高 229m。加拿大的高层建筑数量较多，仅次于美国，如 1974 年在多伦多市建成的贸易理事会大楼，57 层、高 239m；1975 年在多伦多建造的第一银行塔楼，72 层、高 285m。日本于 1964 年废除了建筑高度不得超过 31m 的限制，于 1968 年首次建成了 36 层、高 147m 的霞关大厦，1978 年在东京建造了 60 层、高 226m 的阳光大厦，以后又建造了多幢高度超过 100m 的高层建筑。20世纪 90 年代以后，由于亚洲经济的崛起，西太平洋沿岸的日本、朝鲜、韩国、中国、新加坡和马来西亚等国家和地区，陆续建造了高度超过 200、300、400m 的高层建筑，成为继美国之后新的高层建筑中心。例如：1998 年在马来西亚吉隆坡建成的彼得罗纳斯大厦，88 层、高 452m，为当时世界最高的建筑；1992 年在中国香港建成的中环大厦，78 层、高 374m；2001 年在中国台湾高雄建成的 T&C 大厦，85 层、高 348m；2003 年建成的中国台北市国际金融中心，塔尖高度达 508m；1995 年在朝鲜平壤建成的柳京饭店，102 层、高 306m；1997 年在我国广州建成的中天大厦，80 层、322m 等。目前，世界最高建筑为建造于 2010 年的迪拜哈利法塔，160 层、828m；相信不久还有可能出现更高的高层建筑。截至 2013 年，根据世界高层建筑与城市住宅委员会公布的结果，表 1.2 给出了世界上最高建筑的前 20 幢。

表 1.2　　世界上最高建筑的前 20 幢

排名	建筑名称与建造城市	建造年份	层数	高度（m）
1	迪拜哈利法塔	2010	160	828
2	中国台北 101 大楼	2004	101	508
3	上海环球金融中心大厦	2008	101	492
4	吉隆坡国家石油公司大厦 1	1998	88	452
5	吉隆坡国家石油公司大厦 2	1998	88	152
6	南京紫峰大厦	2009	66	450
7	芝加哥西尔斯大厦	1974	110	442
8	广州西塔	2009	103	438
9	上海金茂大厦	1999	88	421
10	中国香港国际金融中心大厦	2003	88	415
11	芝加哥川普国际酒店大厦	2009	88	415
12	广州中信广场	1996	80	391
13	深圳信兴广成（地王大厦）	1996	69	384
14	纽约帝国大厦	1931	102	381
15	中国香港中环广场	1992	78	374
16	中国香港中国银行大厦	1989	70	367
17	纽约美国银行大厦	2009	54	366
18	迪拜阿玛斯大厦	2009	68	363
19	迪拜首领塔	1999	54	355
20	中国台湾高雄东帝士大厦	1997	85	348

21 世纪以前，世界高层建筑的重心在美国。1985 年底，世界最高的 100 幢建筑中，美国占据了 78 幢，中国大陆为 0 幢。20 世纪 80 年代以后，随着中国和亚洲经济的迅速崛起，高层建筑的重心开始向中国、亚洲转移。2003 年底，世界最高的 100 幢建筑中，美国为 43 幢，中国大陆为 9 幢。2010 年底，世界最高的 100 幢建筑中，美国为 30 幢，中国大陆 24 幢，美洲为 32 幢，亚洲为 62 幢（见表 1.3）。

表 1.3　　　　　　　　　　　　　世界最高 100 幢建筑统计表

洲名	美洲		亚洲												欧洲	澳洲
国家或地区	美国	加拿大	中国大陆	中国香港	中国台湾	马来西亚	新加坡	日本	韩国	朝鲜	泰国	阿联酋	沙特	科威特	卡塔尔	俄罗斯	澳大利亚
数量（幢）	30	2	34	9	2	3	3	1	1	1	1	13	2	1	1	3	3
	32		62													3	3

图 1.6 为世界上按高度排名的前四位高层建筑。

(a)　　　　　　　　　　　　　(b)

(c)　　　　　　　　　　　　　(d)

图 1.6　世界上按高度排名的前四位高层建筑

（a）迪拜哈利法塔；（b）中国台北 101 大楼；（c）上海环球金融中心大厦；（d）吉隆坡国家石油公司大厦

1.4.2　我国高层建筑发展概况

我国自行设计建造的高层建筑开始于 20 世纪 50 年代。1958～1959 年，北京的十大建筑工程推动了我国高层建筑的发展，如 1959 年建成的北京民族饭店，12 层、高 47.4m。到 20 世纪 60 年代，我国高层建筑有了新的发展，1964 年建成了北京民航大楼，15 层、高 60.8m；1966 年建成了广州人民大厦，18 层、高 63m；1968 年建成了广州宾馆，27 层、高 88m，为 60 年代我国最高的建筑。20 世纪 70 年代，我国高层建筑有了较大的发展，1973 年在北京建成了 16 层的外交公寓；1974 年建成的北京饭店东楼，19 层、高 87.15m，为当时北京最高的建筑；1976 年在广州建成的白云宾馆，33 层、高 114.05m，它保持我国最高的建筑长达 9 年，同时还标志着我国的高层建筑已突破 100m 大关。在此时期，北京、上海建成了一批 12～16 层的钢筋混凝土剪力墙结构住宅（北京前三门住宅一条街、上海漕溪路）。20 世纪 80 年代是我国高层建筑发展的繁荣期，建筑层数和高度不断地突破，功能和造型越来越复杂，分布地区越来越广泛，结构体系日趋多样化。据统计，仅 1980～1983 年所建的高层建筑就相当于 1949 年以来 30 多年中所建造高层建筑的总和。这一时期，北京、广州、深圳、上海等 30 多个大中城市建造了一大批高层建筑，如 1987 年建造的北京彩色电视中心，27 层、高 112.7m，采用钢筋混凝土结构，为当时我国 8 度地震区中最高的建筑；1988 年建成的上海锦江饭店分馆，43 层、153.52m，采用框架-芯墙全钢结构体系，同年建造的上海静安希尔顿饭店，43 层、高 143.62m，采用钢-混凝土混合结构；1988 年建造的深圳发展中心大厦，43 层、高 165.3m，为我国第一幢大型高层钢结构建筑。进入 20 世纪 90 年代以后，随着我国经济实力的增强，高层建筑在我国得到了前所未有的发展。上海环球金融中心，101 层、高度 492m，为我国最高的高层建筑。据不完全统计，仅上海拥有 16 层以上的高层建筑 4000 多幢，排名世界第一；深圳、广州、北京等城市也有数量可观的高层建筑；我国目前高度超过 150m 的高层建筑有 100 多幢，高度超过 200m 的高层建筑已达到 20 多幢。表 1.4 为我国大陆最高的前 10 幢高层建筑。

表 1.4　　　　　　　　　　　我国大陆最高的 10 幢高层建筑

排名	建筑名称与建造城市	建造年份	层数	高度（m）
1	上海环球金融中心大厦	2008	101	492
2	南京紫峰大厦	2009	66	450
3	广州西塔	2009	103	438
4	上海金茂大厦	1999	88	421
5	广州中信广成（原中天广场）	1996	80	391
6	深圳信兴广场（地王大厦）	1996	69	384
7	上海世贸国际广场	2006	60	333
8	武汉民生大厦	2007	68	331
9	北京国贸大厦三期	2009	74	330
10	重庆日月光中心广场	2008	79	330

表 1.5 为我国已建、在建的最高 10 幢建筑排名。

表 1.5　　　　　　　　　　　我国已建、在建的最高 10 幢建筑排名

排名	建筑名称与建造城市	竣工年份	层数	高度（m）
1	武汉绿地中心	2017	125	666
2	深圳平安国际金融大厦	2014	118	646
3	上海中心大厦	2014	124	632
4	天津中国 117 大厦	2014	117	597
5	天津罗斯洛克国际金融中心	2017	115	588
6	广州珠江新城东塔	2016	116	530
7	天津滨海中心大厦	2014	101	530
8	北京"中国尊"大楼	2016	108	528
9	大连绿地中心	2016	108	518
10	中国台北 101 大楼	2004	101	509

1.4.3　世界上即将建设的高层建筑

　　沙特设计师计划在红海岸边建造新的世界第一高楼。这座摩天大楼如果建成将超过 3000ft（1ft＝0.3048m），达到 1km 高，超出现有世界最高楼迪拜哈立法塔 173m。楼暂定名"王国塔"，200 层，仅建设资金准备预算就达到了 12.3 亿美元，如图 1.7 所示。

　　为防止红海盐水腐蚀，王国塔的地基要深至 61m，颇具未来风的尖塔设计能减小大风对塔楼的压力。不过，目前为止设计师面临的最大问题是：如何把多达 1.7 万 m³ 的混凝土送到千米高空，并垒出高塔的样子。解决方法是：用一根直径 15cm 左右的高压细管把湿水泥"喷"到高塔上，并且只能在黑夜中运送，否则白昼的沙漠高温会让水泥在管子里干固凝结。用管子运送水泥的方法在建筑哈立法塔时也使用过，并且创下了水泥运送高度的世界纪录。哈立法塔是当今世界第一高楼，高 828m，位于阿联酋迪拜，2010 年建成并投入使用。但

图 1.7　王国塔

王国塔的目标是 1km 高，意味着建筑者将挑战从未有过的高度极限。

　　除了 1.7 万 m³ 水泥，还有 8 万 t 钢材要送到半空。柔软的海岸地表可能不能承受千米大楼的重量，而海水和风都会侵蚀大楼楼体，因此只有通过测试找到最合适安全的建筑材料后，大楼才会真正开始投建。高塔建成后，接下来的挑战则是在 200 层高楼内装备高层电梯和防火通道。

　　科学家认为现在的建筑技术和设计能让人建设最高 2km 的大楼，如果再高就要重新设计楼层结构。各国争相建造"世界第一高楼"已经是见怪不怪的事情。随着科学技术的发展，高层建筑的高度纪录将会不断刷新。

习　题

1.1　我国高层建筑的定义是什么?

1.2　高层建筑结构与多层建筑结构相比,具有哪些特点?

1.3　高层建筑结构的类型有哪些? 各类型建筑结构有哪些特点?

1.4　简述高层建筑的发展概况。

第2章 高层建筑的结构体系与结构布置

在高层建筑当中，最突出的外部作用就是水平荷载，所以高层建筑结构体系又经常称为抗侧力结构体系。框架、剪力墙、筒体等都是基本的钢筋混凝土抗侧力结构单元，由它们可以组成各种结构体系。抗侧力结构的设计是高层建筑结构设计中的关键和主要工作。正确地选用结构体系和合理地进行结构布置对于高层建筑结构的受力是非常重要的。本章内容仅介绍高层建筑混凝土结构体系和结构布置方面的内容，关于高层钢结构和混合结构的有关内容将在第10章中具体介绍。

2.1 结 构 体 系

结构体系是指结构抵抗外部作用的构件类型和组成方式，是建筑物的受力（传力、传载）构件系统。在高层建筑结构当中，应用比较普遍的结构体系有框架结构体系、剪力墙结构体系、框架-剪力墙结构体系、筒体结构体系等，本节将对几种常见的结构体系进行介绍。

2.1.1 框架结构体系

由梁、柱构件组成的结构单元称为框架，全部的竖向荷载和侧向荷载都由框架承受的结构体系，称为框架结构，假如整幢房屋均采用这种结构形式，则称为框架结构体系或框架结构房屋，图2.1是框架结构房屋几种典型的结构平面布置和某个框架房屋的剖面示意图。

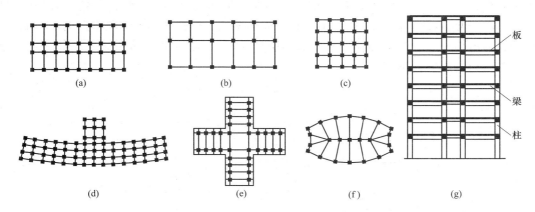

图 2.1 框架结构平面及剖面示意图

框架结构的优点是：平面灵活，可应用于需要较大空间的建筑，加隔墙后，也可作成小房间。建筑立面易于处理，构件便于标准化；缺点是：侧向刚度较小，地震作用下侧移较大，容易使填充墙产生裂缝，装修、幕墙等宜损坏。该结构一般不宜超过60m，以15～20层以下为宜，适用于工业、民用建筑。

由于普通框架的柱截面一般大于墙厚，会造成室内棱角的出现，影响房间的使用功能和美观效果，随着建筑业的发展和居民生活水平的提高，近几十年来，由L形、T形、Z形或十字形截面柱构成的异形柱框架结构被大量地应用到建筑物中，这种结构的柱截面宽度与填充墙厚度相同，使建筑效果和使用功能都得到了良好的提升。图 2.2 为异形柱框架结构平面示意图。

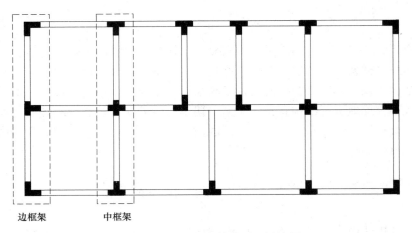

图 2.2　异形柱框架结构平面示意图

　　框架结构按施工方法不同，可分为现浇式、装配式和装配整体式三种。在非地震区，有时可采用梁、柱、板均预制的方案；在地震区，多采用梁、柱、板全现浇或梁柱现浇、板预制的施工方案。

　　在竖向荷载和水平荷载的作用下，框架结构各构件将产生内力和变形。通过合理设计，框架可以成为耗能能力较强、变形能力较大的延性框架。由水平力引起的框架结构的侧移一般由两部分组成（见图 2.3）：倾覆力矩使框架柱产生轴向变形（一侧柱拉伸，另一侧柱压缩），形成框架结构的整体弯曲变形 Δ_b；楼层剪力使梁、柱构件产生弯曲变形的，形成框架结构的整体剪切变形 Δ_s。当框架结构房屋的层数不多时，其侧移主要表现为整体剪切变形，整体弯曲变形的影响较小。

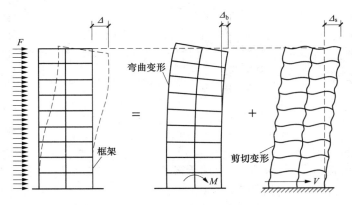

图 2.3　框架结构的侧移

　　在高层建筑结构设计时，框架结构的设计需要满足下列要求：
　　（1）应设计成双向梁柱抗侧力体系；

（2）不宜采用单跨框架形式；

（3）主体结构除个别部位外，不宜采用铰接；

（4）框架梁柱中心线宜重合；

（5）填充墙及隔墙宜选用轻质墙体；

（6）进行抗震设计时，不应采用部分由砌体墙承重，部分框架承重的混合形式；

（7）对于楼梯、电梯间及局部突出屋顶部分，应采用框架承重，不应采用砌体墙承重。

2.1.2　剪力墙结构体系

在高层建筑中，如果仍采用框架结构体系，会造成梁、柱截面尺寸过大，影响房屋的使用功能和建筑美观。用钢筋混凝土墙代替框架，能有效地控制房屋的侧移。这种主要承受由水平荷载产生的剪力和弯矩的结构称为剪力墙。剪力墙在抗震结构中也称抗震墙。它在自身平面内的刚度大，强度高，整体性较好，在水平荷载作用下侧向变形较小，抗震性能较强。图 2.4 是剪力墙结构房屋几种平面布置示意图。

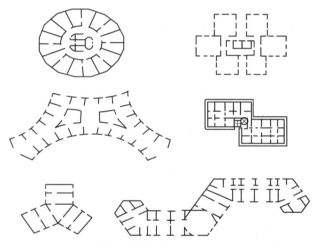

图 2.4　剪力墙结构房屋平面布置示意图

剪力墙结构体系的优点是：①整体性好、刚度大，抵抗侧向变形能力强；②抗震性能较好，设计合理时结构具有较好的塑性变形能力。因而剪力墙结构适宜的建造高度比框架结构要高。其缺点是：平面布置不灵活，建筑空间分隔不自由，不能提供大空间；另外，剪力墙结构的自重较大。

按施工方法，剪力墙结构可分为三类：①全部为现浇钢筋混凝土剪力墙结构；②全部为预制装配式钢筋混凝土剪力墙结构；③内墙采用现浇钢筋混凝土墙板、外墙采用预制墙板的剪力墙结构。

在水平荷载作用下，剪力墙可看作下端固定、上端自由的悬臂柱；在竖向荷载作用下，剪力墙可看作受压的薄壁柱；在两种荷载的共同作用下，剪力墙各截面将产生轴力、弯矩和剪力，并引起变形，如图 2.5 所示。对于高宽比较大的剪力墙，其侧向变形呈弯曲型。

剪力墙的水平承载力和侧向刚度均很大，侧向变形较小；剪力墙结构房屋的楼板直接支承在墙上，房间的墙面和天花板平整，层高比较小，特别适用于住宅、宾馆等建筑。

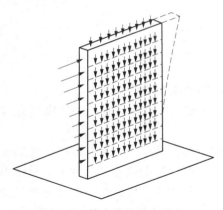

图 2.5　剪力墙的受力状态

为了扩大剪力墙结构的应用范围，在城市临街等需要部分较大空间的建筑中，可将剪力墙结构房屋的底层或底部几层作成框架，形成框支剪力墙，图 2.6 给出了其示意图。框支层空间大，可用作商店、餐厅等公共活动场所，上部剪力墙层则可作为住宅、宾馆等。由于框支层与上部剪力墙层的结构形式及结构构件布置不同，因而在两者连接处需设置转换层，故这种结构也称为带转换层的高层建筑结构。转换层高层建筑结构在其转换层上、下层间的侧向刚度发生突变，形成柔性底层或底部，在地震作用下易遭破坏甚至倒塌。为了改善这种结构的抗震性能，底层或底部几层须采用部分框支剪力墙、部分落地剪力墙，形成底部大空间剪力墙结构。

带转换层的高层建筑结构需控制转换层上、下结构的侧向刚度（一般是增大下部结构的侧向刚度，减小上部结构的侧向刚度），或当房屋高度不大，但仍需采用剪力墙结构时，可采用短肢剪力墙结构。短肢剪力墙结构体系一般是在楼梯、电梯部位布置剪力墙形成筒体，其他部位则根据需要，在纵横墙交接处设置截面高度为 2m 左右的 L 形、T 形、十字形截面短肢剪力墙，墙肢之间在楼面处用梁连接，并用轻质材料填充，形成使用功能及受力均较合理的短肢剪力墙结构体系。

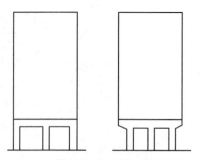

图 2.6　带转换层的高层建筑结构

2.1.3　框架-剪力墙结构体系

为了充分发挥框架结构平面布置灵活和剪力墙结构侧向刚度大的特点，将框架、剪力墙两种抗侧力结构结合在一起使用，共同抵抗竖向和水平荷载，就形成了框架-剪力墙结构体系。当楼盖为无梁楼盖，由无梁楼板与柱组成的框架称为板柱框架，而由板柱框架与剪力墙共同承受竖向和水平作用的结构，称为板柱-剪力墙结构，其受力和变形特点与框架-剪力墙结构相同。图 2.7 是框架-剪力墙结构房屋平面布置的一些实例。

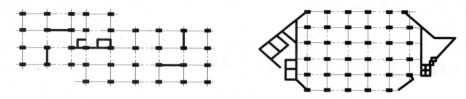

图 2.7　框架-剪力墙结构房屋平面布置实例

框架结构侧向刚度差，水平荷载作用下会产生较大的变形，抵抗水平荷载的能力也较低，但它具有平面布置灵活、立面处理易于变化、可获得较大的空间等优点。而剪力墙结构的特征正相反，它的强度和刚度很大，水平位移小，但它的使用空间受到限制。将两种体系相结合，发挥各自的特长，就可以形成一种受力特性较好的结构体系——框架-剪力墙结构体系。它主要表现为，框架所承受的水平剪力减少及沿高度方向比较均匀。这样，在水平力作用下，框架各层的梁、柱弯矩值降低，沿高度方向各层梁、柱弯矩的差距减小，在数值上趋于接近。

　　框架-剪力墙结构一般有框架和剪力墙分开布置、在框架结构的若干跨内嵌入剪力墙、在单片抗侧力结构内连续分别布置框架和剪力墙，以及上述两种或三种形式的混合等设计方法，设计时可以根据具体需要确定。

　　在变形状态方面，单独的剪力墙结构在水平荷载作用下以弯曲变形为主，位移曲线呈弯曲型；单独的框架结构则以剪切变形为主，位移曲线呈剪切型；当两者共处于同一体系时，通过楼板的共同工作，共同抵抗水平荷载；当以剪力墙为主时，变形曲线呈现为弯剪型，但随着剪力墙数量的减小而向剪弯型转化。实际测量表明，框架-剪力墙结构体系的变形曲线一般呈弯剪型。图 2.8 是框架与剪力墙协同作用示意图。

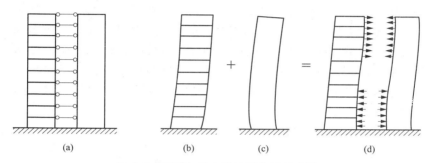

图 2.8　框架与剪力墙协同作用示意图

　　由于框架与剪力墙的协同工作，会使框架各层层间剪力趋于均匀，各层梁、柱截面尺寸和配筋也趋于均匀，改变了纯框架结构的受力和变形特点，框架-剪力墙结构比框架结构的水平承载力和侧向刚度都会有很大提高。

2.1.4　筒体结构体系

　　筒体结构为空间受力体系，它可以由剪力墙围成空间薄壁筒体，成为竖向悬臂箱形梁，称为实腹筒；或有加密柱和刚度很大的窗群梁形成的密柱、深梁框架构成的体系，称为框筒；如果筒体的四壁是由竖杆和斜杆形成的桁架组成，则称为桁架筒；如果体系是由上述筒体单元所组成，称为成束筒或筒中筒，通常由实腹筒做内部核心筒，而框筒或桁架筒做外筒。筒体的基本形式如图 2.9 所示。

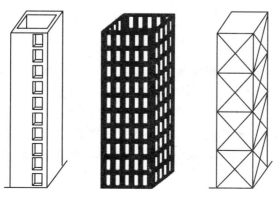

图 2.9　筒体的基本形式

筒体最主要的受力特点是它的空间性能。无论是哪一种筒体,在水平力作用下都可看成是下端固定、顶端自由的悬臂构件。

框筒结构是由深梁密柱框架围成的,整体上具有箱形截面的悬臂结构,其中与水平荷载方向平行的框架称为腹板框架,与其正交方向的框架称为翼缘框架。在水平荷载的作用下,翼缘框架柱主要是承受轴力(拉力或压力),腹板框架一侧柱受拉,另一侧柱受压,其截面应力分布参见图 2.10(b)。实腹筒可以看作箱形截面悬臂柱,这种截面因有翼缘参与了工作,其截面抗弯刚度比矩形截面要大很多,故实腹筒具有很大的侧向刚度和水平承载力,并且具有很好的抗扭刚度。应当指出,虽然框筒与实腹筒均可以视为箱形截面构件,但是两者截面应力分布并不完全相同。在实腹筒中,腹板应力基本为直线分布〔见图 2.10(a)〕,而框筒的腹板应力为曲线分布。框筒与实腹筒的翼缘应力均为抛物线分布,但前者的应力分布更不均匀。这是因为框筒中各柱子间存在剪力,剪力使联系柱的窗裙梁产生剪切变形,从而使柱间的轴力传递减弱。因此,在框筒的翼缘框架中,远离腹板框架的各柱轴力会越来越小;在框筒的腹板框架中,远离翼缘框架各柱轴力的递减速度比按直线规律递减的快。上述现象称为剪力滞后。框筒中剪力滞后现象越严重,参与受力的翼缘框架柱越少,则空间受力性能越弱。设计中应该设法减少剪力滞后现象,使各柱尽量受力均匀,这样可大大增加框筒的侧向刚度和水平承载力。

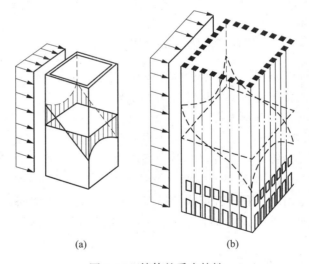

图 2.10 筒体的受力特性

1. 筒中筒结构

用框筒或桁架筒作外筒,实腹筒作为内筒,就形成筒中筒结构,如图 2.11 所示。内筒可集中布置于电梯、楼梯、竖向管道等处。楼板起承受竖向荷载、作为筒体的水平刚性隔板和协同内、外筒工作等作用。框筒侧向变形仍以剪切为主,内筒(实腹筒)一般以弯曲变形为主,两者通过楼板联系,共同抵抗水平荷载,其协同工作原理与框架-剪力墙结构类似。在下部,核心筒承担大部分水平剪力,而在上部,水平剪力逐步转移到外框筒上。

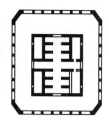

图 2.11　筒中筒结构

2. 框筒结构

框筒也可以作为抗侧力结构单独使用。为了减小楼板和梁的跨度，在框筒中部可设置一些柱子，如图 2.12 所示。这些柱子仅用来承受竖向荷载，并不考虑其承受水平荷载。

3. 多筒结构-成束筒

两个以上框筒（或其他筒体）排列在一起呈束状，称为成束筒。成束筒是空间刚度极大的抗侧力结构。成束筒中相邻的筒体之间具有共同的筒壁，这使每个单元筒又能单独地形成一个筒体结构。因此，沿房屋高度方向，可以中断某些单元筒，使房屋的侧向刚度及水平承载力沿高度逐渐产生变化。正如美国的西尔斯大厦，它由 9 个正方形单

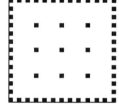

图 2.12　框筒结构

筒组合而成（见图 2.13），每个筒体的平面尺寸为 22.9m×22.9m，沿着高度方向，在三个不同标高处中断了一些单元筒。这种自下而上逐渐减少筒体数量的处理方法，使高层建筑结构更加经济合理。但应当注意的是，这些逐渐减少的筒体结构，应对称于建筑物的平面中心。

4. 巨型框架

利用筒体作柱子，在各筒体之间每隔数层用巨型梁相连，筒体和巨型梁即构成巨型框架，如图 2.14 所示。由于巨型框架的梁、柱的断面尺寸很大，抗弯刚度和承载能力也很大，因而巨型框架相对于一般框架的抗侧刚度大很多。巨型梁上可设置小框架以支承各楼层结构，小框架只承受竖向荷载并传给巨型梁，一般不考虑小框架对水平荷载的抵抗作用。巨型框架的侧向刚度可根据筒体（巨型柱）和巨型梁的刚度来确定。

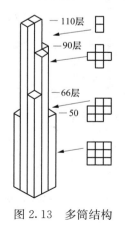

图 2.13　多筒结构

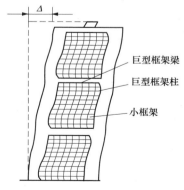

图 2.14　巨型框架

由于巨型框架可以看作是由两级框架组成，第一级为巨型框架，是承载的主体；第二级是位于巨型框架单元内的辅助框架，也能起到承载作用。所以，这种结构是具有两道抗震防线的抗震结构，具有良好的抗震性能。从建筑方面上看，这种结构体系在上、下两层巨型梁之间存在较大的灵活空间，可以布置小框架形成多层房间，也可以形成具有很大空间的中庭，以满足使用功能和建筑需要。

2.1.5　框架-核心筒结构体系

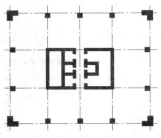

图 2.15　框架-核心筒结构

由核心筒与外围的稀柱框架组成的高层建筑结构，称为框架-核心筒结构，其中筒体主要承担水平荷载，框架主要承担竖向荷载。框架核心筒结构可以采用钢筋混凝土结构，或钢结构，或混合结构。这种结构结合了框架结构与筒体结构两者的优点，不但具有较大的侧向刚度和水平承载力，并且建筑平面布置灵活便于设置大房间，因此得到了广泛应用。上海联谊大厦就采用的是框架-核心筒结构，其结构平面如图 2.15 所示。

框架-核心筒结构的受力和变形特点及协同工作原理与框架-剪力墙结构类似，可以参见本书第 7 章的内容。

2.1.6　带加强层的高层建筑结构体系

筒中筒结构（见图 2.11）与框架-核心筒结构（见图 2.15）相比，由于前者外框筒是由密柱和深梁组成，有时不符合建筑立面处理和景观视线的要求，而后者因外围框架由稀柱和浅梁组成，能给予建筑创作较多的选择和自由，并便于用户使用，但结构的侧向刚度较小。为了充分结合两种结构体系的优点，采取沿框架-核心筒结构房屋的高度方向，每隔 20 层左右，于设备层或结构转换层处，由核心筒伸出纵、横向伸臂与结构的外围框架柱相连，并沿外围框架设置一层楼高的带状水平梁或桁架。这种结构体系称为带加强层的高层建筑结构，也称作伸臂-核心筒结构。伸臂在平面上的布置如图 2.16 所示。图 2.17 是深圳商业中心大厦的结构剖面示意图，沿房屋高度方向设置了两个加强层（或伸臂）。

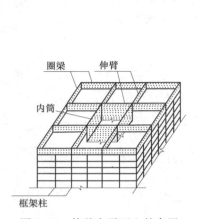

图 2.16　伸臂在平面上的布置

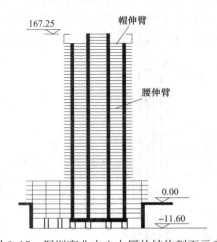

图 2.17　深圳商业中心大厦的结构剖面示意图

图 2.18 示出了在水平荷载作用下，框架-核心筒结构中无加强层［见图 2.18（a）］、顶部设置一个加强层［见图 2.18（b）］和设置两个加强层［见图 2.18（c）］时筒体所承担的力

矩。由图可见，设置一个（两个）加强层相当于在结构上施加了一个（两个）反力矩，它部分地抵消了水平荷载作用在筒体各截面上所产生的力矩。设计中可以根据需要设置多个加强层。

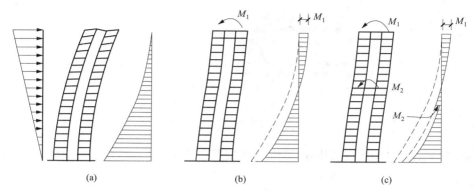

图 2.18　带加强层结构中筒体承担的力矩

2.1.7　不规则结构体系

建筑体形简单、结构布置规则有利于结构抗震，但在实际工程中，不规则建筑是难以避免的。《建筑抗震设计规范》（GB 50011—2010）列举了三种平面不规则类型和三种竖向不规则类型，并要求对不规则结构的水平地震作用和内力进行调整等。

平面不规则类型包括扭转不规则（见图 2.19）、楼板凹凸不规则和楼板局部不连续（见图 2.20），具体定义参见表 2.1。

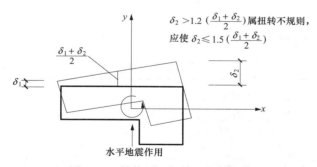

图 2.19　结构平面扭转不规则示例

表 2.1　　　　　　　　　　　　　　　平面不规则的主要类型

不规则类型	定义和参考指标
扭转不规则	在规定的水平力作用下，楼层的最大弹性水平位移或（层间位移），大于该楼层两端弹性水平位移（或层间位移）平均值的 1.2 倍
楼板凹凸不规则	平面凹进的尺寸，大于相应投影方向总尺寸的 30%
楼板局部不连续	楼板的尺寸和平面刚度急剧变化，例如，有效楼板宽度小于该层楼板典型宽度的 50%，或开洞面积大于该层楼面面积的 30%，或较大的楼层错层

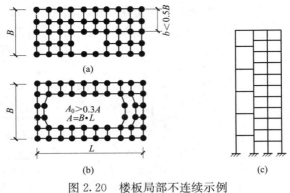

图 2.20　楼板局部不连续示例

竖向不规则的类型包括侧向刚度不规则（见图 2.21）、竖向抗侧力构件不连续和楼层承载力突变（见图 2.22），参见表 2.2。

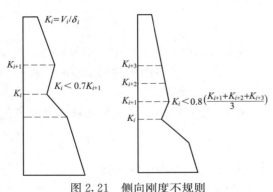

图 2.21　侧向刚度不规则

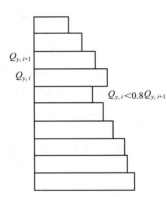

图 2.22　楼层承载力突变示意

表 2.2　　　　　　　　　　　　　　　　竖向不规则的主要类型

不规则类型	定义和参考指标
侧向刚度不规则	该层的侧向刚度小于相邻上一层的 70%，或小于其上相邻三个楼层侧向刚度平均值的 80%；除顶层或出屋面小建筑外，局部收进的水平向尺寸大于相邻下一层的 25%
竖向抗侧力构件不连续	竖向抗侧力构件（柱、抗震墙、抗震支撑）的内力由水平转换构件（梁、桁架等）向下传递
楼层承载力突变	抗侧力结构的层间受剪承载力小于相邻上一楼层的 80%

若高层建筑有个别项目超过上述不规则类型的指标，则此结构为不规则结构；若有多项超过不规则类型的指标，或某一超过不规则指标较多，此结构为特别不规则结构；若有多个项目超过不规则指标比较多，或某一项超过了严重不规则指标的上限，则为严重不规则结构。高层建筑允许采用不规则结构，但需采取计算和构造方面有效的措施；要尽可避免特别不规则结构；不允许采用严重不规则结构，若为严重不规则结构，应对结构布置进行调整。实际工程中，还会有其他因素使结构不规则，应具体分析，并采取相应措施。

2.1.8　各种结构体系的最大适用高度和适用的最大高宽比

1. 最大适用高度

JGJ 3—2010 对各种高层建筑结构体系的最大适用高度做了规定，参见表 2.3 和表 2.4。其中，A 级高度的钢筋混凝土高层建筑是指符合表 2.3 高度限值的建筑，也是当前数量最多，应用最广泛的建筑；B 级高度的高层建筑是指较高的（其高度超过表 2.3 规定的高度）、设计上有更严格要求的高层建筑，其最大的适用高度应符合表 2.4 的规定。

表 2.3　　　　　　　　　A 级高度钢筋混凝土高层建筑的最大适用高度　　　　　　　m

结构体系		非抗震设计	抗震设防烈度				
			6 度	7 度	8 度		9 度
					0.20g	0.30g	
框架		70	60	50	40	35	—
框架-剪力墙		150	130	120	100	80	50
剪力墙	全部落地剪力墙	150	140	120	100	80	60
	全部框支剪力墙	130	120	100	80	50	不应采用
筒体	框架-核心筒	160	150	130	100	90	70
	筒中筒	200	180	150	120	100	80
板柱-剪力墙		110	80	70	55	40	不应采用

注　1. 表中框架不含异形柱框架。
　　2. 部分框支剪力墙结构指地面以上有部分框支剪力墙的剪力墙结构。
　　3. 甲类建筑，6、7、8 度时宜按本地区抗震设防烈度提高一度后符合本表的要求，9 度时应进行专门研究。
　　4. 框架结构、板柱-剪力墙结构及 9 度抗震设防的表列其他结构，当房屋高度超过本表数值时，结构设计应有可靠依据，并采取有效的加强措施。

表 2.4　　　　　　　　　B 级高度钢筋混凝土高层建筑的最大适用高度　　　　　　　m

结构体系		非抗震设计	抗震设防烈度			
			6 度	7 度	8 度	
					0.20g	0.30g
框架-剪力墙		170	160	140	120	100
剪力墙	全部落地剪力墙	180	170	150	130	110
	全部框支剪力墙	150	140	120	100	80
筒体	框架-核心筒	220	210	180	140	120
	筒中筒	300	280	230	170	150

注　1. 部分框支剪力墙结构指地面以上有部分框支剪力墙的剪力墙结构。
　　2. 甲类建筑，6、7 度时宜按本地区抗震设防烈度提高一度后符合本表的要求，8 度时应进行专门研究。
　　3. 当房屋高度超过本表数值时，结构设计应有可靠依据，并采取有效的加强措施。

应当注意的是，房屋高度是指室外地面至主要屋面的高度，不包括局部突出屋面的电梯机房、水箱、构架等高度；部分框支剪力墙结构是指地面以上有部分框支剪力墙的剪力墙结构。

2. 适用的最大高宽比

房屋的高宽比越大，水平荷载作用下的侧移越大，抗倾覆作用的能力越小。因此，应控制房屋的高宽比，避免设计高宽比很大的建筑物。JGJ 3—2010 对混凝土高层建筑结构适用的最大高宽比做了规定，见表 2.5，这是对高层建筑结构的侧向刚度、整体稳定性、承载能力和经济合理性的宏观控制。

表 2.5　　　　　　　　　　　高层混凝土建筑结构适用的最大高宽比

结构类型	非抗震设计	抗震设计		
		6、7 度	8 度	9 度
框架	5	4	3	—
板柱-剪力墙	6	5	4	—
框架-剪力墙、剪力墙	7	6	5	4
框架-核心筒	8	7	6	4
筒中筒	9	8	7	5

对复杂体形的高层建筑结构，其高宽比较难确定。作为一般原则，可按所考虑方向的最小投影宽度计算高宽比，但对突出建筑物平面很小的局部结构（如楼梯间、电梯间等），一般不应包含在计算宽度内；对于不宜采用最小投影宽度计算高宽比的情况，可根据实际情况采用合理的方法计算；对带有裙房的高层建筑，当裙房的面积和刚度相对于其上部塔楼的面积和刚度较大时，计算高宽比时房屋的高度和宽度可按裙房以上部分考虑。

2.2　结构总体布置

在高层建筑结构初步设计阶段，除了应根据房屋高度选择合理的结构体系外，还应恰当地设计和选择建筑物的平面形状、剖面和总体造型。结构总体布置包括平面布置和竖向布置两个方面，在进行结构总体布置时应综合考虑房屋的建筑美观、使用要求、结构合理及便于施工等因素。

2.2.1　结构平面布置

1. 基本要求

高层建筑的结构平面布置，应该有利于抵抗水平荷载和竖向荷载，受力明确，传力直接，力求均匀对称，减少扭转产生的影响。在地震作用下，建筑平面应力求简单、规则，在风的作用下可以适当放宽。结构平面上刚度、质量和竖向荷载宜分布均匀，并尽量使结构抗侧刚度中心、平面形心、质量中心三心合一来减少扭转效应。高层建筑结构平面布置应符合下列规定：

（1）在高层建筑的一个独立结构单元内，不应采用严重不规则的平面布置，宜使结构平面形状简单、规则，刚度和承载力分布均匀。

实际震害经验表明，L 形、T 形、十字形平面和其他不规则的建筑物（见图 2.23），由于扭转而破坏的实例很多。因此平面布置力求简单、规则、对称，避免应力集中的凹角和狭长的缩颈部位出现。在现实工程中，对于严重不规则建筑结构，必须对结构方案进行调整，以使其变为规则结构或比较规则的结构，改善建筑物的受力性能。

（2）高层建筑宜选用风作用效应较小的平面形状。对抗风有利的平面形状是简单、规则的凸平面，如圆形、正多边形、鼓形、椭圆形等平面。对抗风不利的平面是有较多凹、凸的复杂平面形状，如 V 形、Y 形、H 形、弧形等平面。建筑结构设计时，应避免选择风载较大的结构体系。

（3）抗震设计的 B 级高度钢筋混凝土高层建筑、混合结构高层建筑及复杂高层建筑，其

图 2.23　不规则平面示例

平面布置应简单、规则，减少偏心。

　　B 级高度钢筋混凝土高层建筑和混合结构高层建筑的最大适用高度较高，复杂高层建筑的竖向布置已不规则，这些结构的地震反应较大，故对其平面布置的规则性应要求更严一些。

　　（4）平面长度 L 不宜过长（见图 2.24），突出部分长度 B 不宜过大；L/B 的值宜满足表 2.6 的要求；不宜采用角部重叠或细腰形平面图形。

表 2.6　　　　　　　　　　　　　　平面尺寸及突出部位尺寸的比值限值

设防类度	L/B	l/B_{max}	l/b
6、7 度	$\leqslant 6.0$	$\leqslant 0.35$	$\leqslant 2.0$
8、9 度	$\leqslant 5.0$	$\leqslant 0.30$	$\leqslant 1.5$

　　角部重叠和细腰形的平面布置（见图 2.25），因为重叠长度太小［见图 2.25（a）］或采用狭窄的楼板连接［见图 2.25（b）］，在重叠的部位和连接楼板处，应力集中现象十分显著，尤其在凹角部位，因应力集中易使楼板开裂、破坏，故不宜采用这种结构平面布置方案。如必须采用，则这些部位应采用增大楼板厚度、增加板内配筋、设置集中配筋的边梁、配置 45° 斜向钢筋等方法予以加强［见图 2.25（c）］。

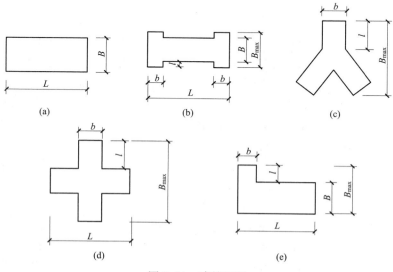

图 2.24　建筑平面

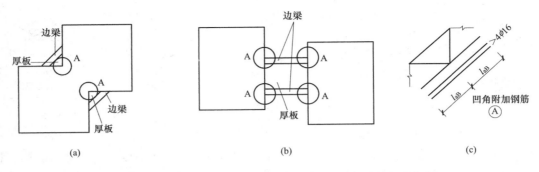

图 2.25　角部重叠和细腰形的结构平面及连接部位楼板的加强

（5）抗震设计的 B 级高度钢筋混凝土高层建筑、混合结构高层建筑及复杂高层建筑，其平面布置应简单、规则，减少偏心。

（6）结构平面布置应减少扭转的影响。在考虑偶然偏心影响的地震作用下，楼层竖向构件的最大水平位移和层间位移，A 级高度高层建筑不宜大于该楼层平均值的 1.2 倍，不应大于该楼层平均值的 1.5 倍；B 级高度高层建筑、混合结构高层建筑及复杂高层建筑不宜大于该楼层平均值的 1.2 倍，不应大于该楼层平均值的 1.4 倍。结构扭转为主的第一自振周期 T_t 与平动为主的第一自振周期 T_1 之比，A 级高度高层建筑不应大于 0.9，B 级高度高层建筑、混合结构高层建筑及复杂高层建筑不应大于 0.85。

国内、外的历次大地震震害表明，平面不规则、质量中心与刚度中心偏心较大和抗扭刚度太弱的结构，其震害更为严重。国内一些复杂体形高层建筑振动台模型试验结果也表明，扭转效应会导致结构的严重破坏。因此，结构平面布置应减少扭转的影响。

对结构的扭转效应从以下两个方面加以限制：①限制结构平面布置的不规则性，避免质心与刚心存在过大的偏心而导致结构产生较大的扭转效应。②限制结构的抗扭刚度不能太弱。

2. 对楼板开洞的限制

为了改善房间的通风、采光等性能，高层建筑的楼板经常有较大的凹入或者开有较大面积的洞口。楼板开口后，楼盖的整体刚度会减弱，结构各部分可能出现局部振动，降低了结构的抗震性能。为此，JGJ 3—2010 对高层建筑的楼板做了下列规定：

（1）当楼板平面比较狭长、有较大的凹入和开洞而使楼板产生较大削弱时，应在设计中考虑楼板削弱产生的不利影响，有效楼板宽度不宜小于该层楼面宽度的 50%；楼板开洞总面积不宜超过楼面面积的 30%；在扣除凹入或开洞后，楼板在任一方向的最小净宽不宜小于 5m，且开洞后每一边的楼板净宽度不应小于 2m。

楼板有较大的凹入和开洞时，被凹口或洞口划分的各部分之间的连接较薄弱，地震过程中由于各相对独立部分会产生相对振动（或局部振动），从而使连接部位的楼板产生应力集中，因此应对凹口或洞口的尺寸需要加以限制。设计中应同时满足上述规定的各项要求。以图 2.26 所示平面为例，

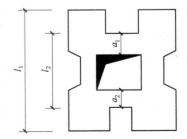

图 2.26　楼板净宽度要求示意图

其中 l_2 不宜小于 $0.5l_1$；a_1 与 a_2 之和不宜小于 5m，a_1 和 a_2 均不应小于 2m；开口总面积（包括凹口和洞口）不宜超过楼面面积的 30%。

目前在工程设计中应用的结构分析方法和设计软件，大多假定楼板在平面内刚度为无限大，这个假定在一般情况下是成立的。但当楼板平面比较狭长、有较大的凹入和开洞使楼板有较大削弱时，楼板可能产生明显的平面内变形，这时应采用考虑楼板变形影响的计算方法和相应的计算程序。

(2) 草字头形、井字形等外伸长度比较大的建筑，当中央部分楼梯间、电梯间使楼板有较大削弱时，应加强楼板及连接部位墙体的构造措施，必要时还可在外伸段凹槽处设置连接梁或连接板。

(3) 楼板开大洞削弱后，宜采取以下构造措施予以加强：①加厚洞口附近楼板，提高楼板的配筋率；采用双层双向配筋，或加配斜向钢筋；②洞口边缘设置边梁、暗梁；③在楼板洞口角部集中配置斜向钢筋。

如图 2.27 所示的井字形平面建筑，由于采光通风要求，平面凹入很深，中央设置楼梯间、电梯间后，楼板削弱较大，会使结构整体刚度降低。在不影响建筑要求及使用功能的前提下，可采取以下两种措施之一予以加强：①增设不上人的挑板 b 或可以使用的阳台 a，在板内双层双向配钢筋，每层、每方向配筋率可取 0.25%。②设置拉梁，为美观也可以设置拉板（板厚可取 250～300mm）；拉梁、拉板内配置受拉钢筋。

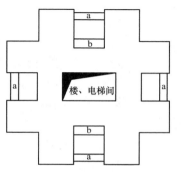

图 2.27　井字形平面建筑

3. 变形缝设置

在结构平面的总体布置中，由于不均匀沉降、温度变化和体形复杂等原因对结构产生的不利影响，可用设缝方法将结构分成若干独立的部分，高层建筑设缝后，会给建筑、结构和设备的设计与施工带来一定困难，基础防水不容易处理，也受到了技术经济等其他因素的影响。因此，目前的总趋势是避免设缝，并应从总体布置或构造上采取相应措施来减少沉降、温度变化或体形复杂造成的影响。当必须设缝时，应将高层建筑划分为几个相互独立的结构单元。

(1) 沉降缝。在一些设置裙房的高层建筑当中，由于裙房和主体结构在重量上相差悬殊，就会产生相当大的沉降差。这时可用沉降缝将两者分成相互独立的结构单元，使各部分自由沉降，减小由于均匀沉降所带来的危害。

当采取以下措施后，主体结构与裙房之间可连为整体而不需要设沉降缝：①采用桩基，桩支承在基岩上；或采取减少沉降的有效措施并经计算，沉降差在允许范围。②主楼和裙房采用不同的基础形式。主楼采用整体刚度较大的箱形基础或筏形基础，降低土压力，并加大埋深，减少附加压力；裙房采用埋深较浅的十字交叉条形基础等，增加土压力，使主楼与裙房沉降接近。③地基承载力较高、沉降计算较为可靠时，主楼与裙房的标高预留沉降差，并先施工主楼，后施工裙房，使两者最终标高一致。对于后两种情况，施工时应在主体结构与裙房之间预留后浇带，待沉降基本稳定后再连为整体。

沉降差处理三种基本思路：①放——设沉降缝，各部分自由沉降，避免出现不均匀沉降内力。结构、建筑和施工有不少困难，地下室易渗水，宽度要考虑抗震。②抗——采用刚性很大的基础抵抗沉降差。但材料用量较多，不经济。③调——在设计与施工中调整沉降、减少差异、内力。留后浇段，沉降稳定后连成整体，解决了设计、施工和使用上的问题。

（2）防震缝。高层建筑中如上部结构平面形状需要划分为两个以上单元时，各部分刚度和荷载相差大且无有效措施。另外，对于有较大错层时，在地震作用下会造成扭转及复杂的振动形式，并在房屋的连接薄弱部位造成损坏。因此，设计中如遇到上述情况，宜设防震缝。

在地震作用时，由于结构开裂、局部损坏和进入弹塑性状态，建筑物产生水平位移比较大，在这种情况下，防震缝两侧的房屋很容易发生碰撞而造成震害。为了防止防震缝两侧建筑物在地震中相互碰撞，防震缝必须留有足够的宽度。防震缝净宽度原则上应大于两侧结构允许的水平位移之和。具体设计时，防震缝最小宽度应符合下列要求：

（1）框架结构房屋，高度不超过 15m 时不应小于 100mm；超过 15m，6～9 度抗震设计时相应每增加高度 5、4、3m 和 2m，宜加宽 20mm。

（2）框架-剪力墙结构房屋不应小于第一项规定数值的 70%，剪力墙结构房屋不应小于第一项规定数值的 50%，且两者均不宜小于 100mm。

防震缝两侧结构体系不同时，防震缝宽度应按不利的结构类型确定（如一侧为框架结构体系，另一侧为剪力墙结构体系，则防震缝宽度应按框架结构体系确定）。防震缝两侧的房屋高度不同时，防震缝宽度应按较低的房屋高度确定。防震缝宜沿房屋全高设置，地下室、基础可不设防震缝，但在与上部防震缝对应处应加强构造和连接。

当相邻结构的基础存在较大的沉降差时，为防止因缝两侧基础倾斜而使房屋顶部的防震缝宽度变小，宜增大防震缝的宽度。

结构单元之间或主楼与裙房之间如无可靠措施，不应采用主楼框架柱设牛腿、低层或裙房屋面或楼面梁搁置在牛腿上的做法，也不应采用牛腿托梁的做法设置防震缝。因为地震时各单元之间，尤其是高、低层之间的振动情况不同，牛腿支承处容易压碎、拉断，引发严重震害。

（3）伸缩缝。由温度变化引起的结构内力称为温度应力，它使房屋产生裂缝，影响正常使用。温度应力对高层建筑造成的危害，在它的底部数层和顶部数层较为明显。房屋基础埋在地下，温度变化的影响较小，因而底部数层由温度变化引起的结构变形受到基础的约束；在房屋顶部，日照直接作用在屋盖上，顶层板的温度变化比下部各层的剧烈，故房屋顶层由温度变化引起的变形受到下部楼层的约束；中间各楼层在使用期间温度条件接近，相互约束小，温度应力的影响较小。此外，新浇混凝土在结硬过程中会产生收缩应力并可能引起结构裂缝。

为消除温度和收缩应力对结构造成的危害，JGJ 3—2010 规定了高层建筑结构伸缩缝的最大间距，见表 2.7。当房屋长度超过表 2.7 中规定的限值时，宜用伸缩缝将上部结构从顶到基础顶面断开，分成独立的温度区段。

结构体系	施工方法	最大间距（m）
框架结构	现浇	55
剪力墙结构	现浇	45

表 2.7　　　　　　　　　　　　伸 缩 缝 的 最 大 间 距

注 1. 框架-剪力墙结构的伸缩缝间距可根据结构的具体布置情况取表中框架结构与剪力墙结构之间的数值。
2. 当屋面无保温或隔热措施、混凝土的收缩较大或室内结构因施工外露时间较长时，伸缩缝间距应适当减小。
3. 位于气候干燥地区、夏季炎热且暴雨频繁地区的结构，伸缩缝的间距宜适当减小。

当采用有效的构造措施和施工措施减小温度和混凝土收缩对结构的影响时，可适当放宽伸缩缝的间距，这些措施可包括但不限于以下方面：①在房屋的顶层、底层、山墙和纵墙端开间等温度应力较大的部位提高配筋率。②在屋顶加强保温隔热措施或设置架空通风双层屋面，减少温度变化对屋盖结构的影响；外墙设置外保温层，减少温度变化对主体结构的影响。③施工中每隔 30～40m 间距留后浇带，带宽 800～1000mm，钢筋采用搭接接头（见图 2.28），后浇带混凝土宜在两个月后浇灌。④ 房屋的顶部楼层改用刚度较小的结构形式（如剪力墙结构顶部楼层局部改为框架-剪力墙结构）或顶部设局部温度缝，将结构划分为长度较短的区段。⑤ 采用收缩率小的水泥、减少水泥用量、在混凝土中加入适宜的外加剂；减小混凝土收缩率。⑥ 提高每层楼板的构造配筋率或采用部分预应力混凝土结构。

应当指出，施工后浇带的作用在于减小混凝土的收缩应力，提高建筑物对温度应力的耐受能力，但是并不能直接减小温度应力。因此，后浇带应通过建筑物的整个横截面，将全部墙、梁和楼板分开，使两部分混凝土可以自由收缩。在后浇带处，板、墙钢筋应采用搭接接头（见图 2.28），梁主筋可不断开。后浇带应从结构受力较小的部位曲折通过，不宜在同一平面内通过，以免全部钢筋均在同一平面内搭接。一般情况下，后浇带可设在框架梁和楼板的 1/3 跨处，设在剪力墙洞口上方连梁跨中或内外墙连接处，如图 2.29 所示。

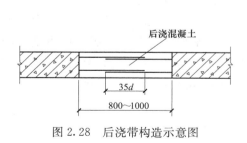

图 2.28　后浇带构造示意图

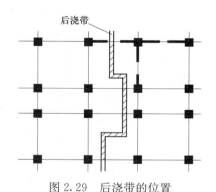

图 2.29　后浇带的位置

2.2.2　结构竖向布置

从结构受力及对抗震性能要求而言，高层建筑结构的竖向体形宜规则、均匀，避免过大的外挑和内收，承载力和刚度宜自下而上逐渐减小，变化宜均匀、连续，不应突变。但是，在实际工程中，为了满足建筑美观或者是使用功能上的需要，往往会设计成一些竖向不规则建筑（见图 2.30）。概括起来，竖向不规则结构有三种基本类型：①侧向刚度不规则；

②竖向抗侧力构件不连接；③楼层承载力突变。这些建筑由于抗侧力结构沿竖直方向的布置不当或侧向刚度突然发生改变，或采用悬挂结构、悬挑结构等特殊形式，使结构的抗震性能变低。因此，高层建筑结构的竖向布置应遵循一些基本的要求，具体方面如下：

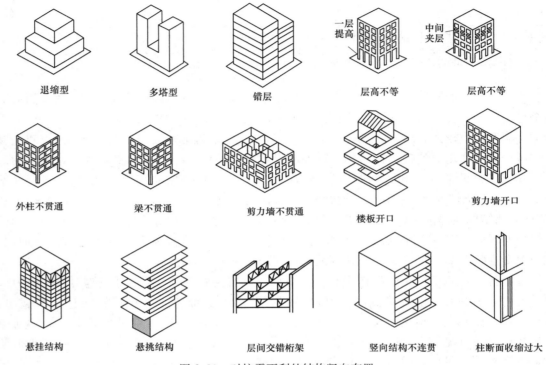

退缩型　　　　多塔型　　　　错层　　　　层高不等　　　　层高不等

外柱不贯通　　　梁不贯通　　　剪力墙不贯通　　　楼板开口　　　剪力墙开口

悬挂结构　　　悬挑结构　　　层间交错桁架　　　竖向结构不连贯　　　柱断面收缩过大

图 2.30　对抗震不利的结构竖向布置

（1）震害经验表明，结构沿竖向出现外挑或内收，结构的侧向刚度沿竖向突变等，均会使某些楼层的变形过分集中，出现严重破坏甚至倒塌，危害人民群众的财产安全和生命安全。因此，高层建筑的竖向体形宜规则、均匀，避免存在过大的外挑和内收；结构的侧向刚度宜下大上小，逐渐均匀变化，不应该采用竖向布置严重不规则的结构。

（2）抗震设计的高层建筑结构，其楼层侧向刚度不宜小于相邻上部楼层侧向刚度的 70% 或其上相邻三层侧向刚度平均值的 80%。否则，在水平地震等反复荷载作用下结构的变形会集中于侧向刚度较小的下部楼层，从而形成结构刚度柔软层（见图 2.31）。

楼层的侧向刚度可取该楼层剪力与该楼层层间侧移的比值。

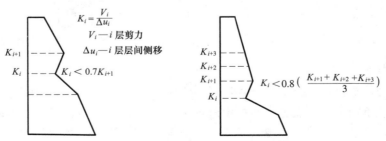

$$K_i = \frac{V_i}{\Delta u_i}$$

V_i——i 层剪力

Δu_i——i 层层间侧移

$K_i < 0.7 K_{i+1}$

$K_i < 0.8 \left(\dfrac{K_{i+1} + K_{i+2} + K_{i+3}}{3} \right)$

图 2.31　沿竖向侧向刚度不规则（有柔软层）

（3）A 级高度高层建筑的楼层层间抗侧力结构的受剪承载力不宜小于其上一层受剪承载力的 80%，不应小于其上一层受剪承载力的 65%；B 级高度高层建筑的楼层层间抗侧力结构的受剪承载力不宜小于其上一层受剪承载力的 75%。

（4）底层或底部若干层取消一部分剪力墙或柱子、中部楼层剪力墙中断，或顶部取消部分剪力墙或内柱［见图 2.32］等，造成结构竖向抗侧力构件上下不连续，形成局部柔软层或薄弱层。所以，抗震设计时，结构竖向抗侧力构件宜上下连续贯通。

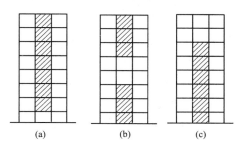

图 2.32　对抗震不利的结构竖向布

（5）当结构上部楼层相对于下部楼层外挑时，结构的扭转效应和竖向地震作用效应明显；当结构上部楼层相对于下部楼层收进时，收进的部位越高，收进后的水平尺寸越小，其高振型地震反应越明显。因此，抗震设计时，当结构上部楼层收进部位到室外地面的高度 H_1 与房屋高度 H 之比大于 0.2 时，上部楼层收进后的水平尺寸 B_1 不宜小于下部楼层水平尺寸 B 的 0.75 倍［见图 2.33（a）、（b）］；当上部结构楼层相对于下部楼层外挑时，下部楼层的水平尺寸 B 不宜小于上部楼层水平尺寸 B_1（含外挑部分）的 0.9 倍，且水平外挑尺寸 a 不宜大于 4m［见图 2.33（c）、（d）］。

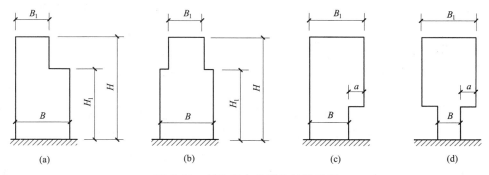

图 2.33　结构竖向收进和外挑示意

（6）高层建筑设置地下室，可利用土体的侧压力防止水平力作用下结构的滑移、倾覆，减轻地震作用对上部结构的影响；还可降低地基的附加压力，提高地基的承载能力。震害经验也表明，有地下室的高层建筑，其震害明显减轻。

（7）结构顶层取消部分墙、柱形成空旷房间时，其楼层侧向刚度和承载力可能与其下部楼层相差较多，形成刚度和承载力突变，使结构顶层的地震反应增大很多，所以应进行弹性动力时程分析计算并采取有效构造措施。

2.3　高层建筑的基础及楼盖结构

2.3.1　基础形式及埋置深度

基础承托房屋的全部重量和外部作用力，并将其传到地基；抗震房屋的基础直接受到地震的作用，并将地震作用传到上部结构，使结构产生震动。基础底面积的大小、基础的形式和埋置深度，取决于上部结构的类型、重量、作用力和地基土的性质。

高层建筑的基础必须具备足够的稳定性和刚度，能够对上部结构构成可靠的嵌固作用，避免由于基础产生沉降和转动，从而使上部结构受力复杂化，防止在巨大的水平力作用下建筑物发生滑移和倾覆。因此，高层建筑应采用整体性好、能满足地基的承载力和建筑物允许变形要求并能调节不均匀沉降的基础形式。

在高层建筑当中，一般宜采用整体性好和刚度大的筏形基础，必要时可采用箱形基础。在地质条件好、荷载较小时，可采用交叉梁或其他形式基础满足地基承载力和变形要求。当地基承载力或变形不能满足设计要求时，可采用桩基或复合地基。国内在高层建筑中采用复合地基已有比较成熟的经验，可根据需要将地基承载力提高到 $300\sim500\mathrm{kPa}$，能满足一般高层建筑的需要。

高层建筑的基础应有一定的埋置深度，以保证结构具有足够的抗侧移能力，高层建筑的埋置深度可从室外地坪算至基础底面。在确定埋置深度时，应考虑建筑物的高度、体形、地基土质、抗震设防烈度等因素。当采用天然地基或复合地基时，埋置深度可取房屋高度的 $1/15$；当采用桩基础时，埋置深度可取房屋高度的 $1/18$（桩长不计在内）；当建筑物采用岩石地基或采取有效措施时，在满足地基承载力、稳定性及基础底面与地基之间零应力区面积不超过限值的前提下，基础埋置深度可不受上述条件的限制。当地基可能产生滑移时，应采取有效的抗滑移措施。

2.3.2　楼盖结构选型

与多层建筑相比较，高层建筑对楼盖的水平刚度、承载能力及整体性要求更高。因此，JGJ 3—2010 规定：

（1）房屋高度超过 50m 时，框架-剪力墙结构、筒体结构及复杂高层建筑结构应采用现浇楼盖结构，剪力墙结构和框架结构宜采用现浇楼盖结构。

（2）当房屋高度不超过 50m 时，8、9 度抗震设计时宜采用现浇楼盖，6、7 度抗震设计时可采用装配整体式楼盖，但应符合下列有关构造措施：无现浇叠合层的预制板，板段搁置在梁上的长度不宜小于 50mm；预制板板端宜预留胡子筋，其长度不宜小于 100mm；预制空心板孔端应有堵头，堵头深度不宜小于 60mm，并应采用强度等级不低于 C20 的混凝土浇灌密实；楼盖的预制板板缝上缘宽度不宜小于 40mm，板缝大于 40mm 时应在板缝内配置钢筋，并宜贯通整个结构单元。现浇板缝、板缝梁的混凝土强度等级宜高于预制板的混凝土强度等级；楼盖每层宜设置钢筋混凝土现浇层。现浇层厚度不应小于 50mm，并应双向配置直径不小于 6mm、间距不大于 200mm 的钢筋网，钢筋应锚固在梁或剪力墙内。

板柱-剪力墙结构应采用现浇楼盖。高层建筑楼盖结构可根据结构体系和房屋高度按表 2.8 选型。

结构体系	高度	
	不大于 50m	大于 50m
框架	可采用装配式楼面（灌板缝）	宜采用现浇楼面
剪力墙	可采用装配式楼面（灌板缝）	宜采用现浇楼面
框架-剪力墙	宜采用现浇楼面（8、9 度抗震设计），可采用装配整体式楼面（6、7 度抗震设计）	宜采用现浇楼面
板柱-剪力墙	应采用现浇楼面	—
框架-核心筒和筒中筒	应采用现浇楼面	宜采用现浇楼面

表 2.8　　　　　　　　　　　　　　高层建筑楼盖结构选型

2.3.3　楼盖构造要求

作为高层建筑结构中的重要水平构件，楼盖除应满足以上要求外，还应该满足以下几个方面的构造措施：

（1）为了保证楼盖的平面内刚度，现浇楼盖的混凝土强度等级不宜低于 C20；同时由于楼盖结构中的梁和板为受弯构件，所以混土强度等级不宜高于 C40。

（2）房屋的顶层楼盖对于加强其顶部约束、提高抗风和抗震能力及抵抗温度应力的不利影响均有重要作用；转换层楼盖上部是剪力墙或较密的框架柱，下部转换为部分框架及部分落地剪力墙或较大跨度的框架，转换层上部抗侧力结构的剪力通过转换层楼盖传递到落地剪力墙和框支柱或数量较少的框架柱上，因而楼盖承受较大的内力；平面复杂或开洞过大的楼层及作为上部结构嵌固部位的地下室楼层，其楼盖受力复杂，对其整体性要求更高。因此，上述楼层的楼盖应采用现浇楼盖。一般楼层现浇楼板厚度不应小于 80mm，当板内预埋暗管时不宜小于 100mm；顶层楼板厚度不宜小于 120mm，宜双层双向配筋。

转换层楼板厚度不宜小于 180mm，应双层双向配筋，且每层每方向的配筋率不宜小于 0.25%，楼板中钢筋应锚固在边梁或墙体内；落地剪力墙和筒体外周围的楼板不宜开洞。楼板边缘和较大洞口周边应设置边梁，其宽度不宜小于板厚的 2 倍，纵向钢筋配筋率不应小于 1.0%，钢筋接头宜采用机械连接或焊接。与转换层相邻楼层的楼板也应适当加强。

普通地下室顶板厚度不宜小于 160mm；作为上部结构嵌固部位的地下室楼层的顶楼盖应采用梁板结构，楼板厚度不宜小于 180mm，混凝土强度等级不宜低于 C30，应采用双层双向配筋，且每层每方向的配筋率不宜小于 0.25%。

（3）现浇预应力楼板是与梁、柱、剪力墙等主要抗侧力构件连接在一起的，如果不采取措施，则对楼板施加预应力时，不仅压缩了楼板，而且对梁、柱、剪力墙也施加了附加侧向力，使其产生位移且不安全。为防止或减小主体结构刚度对施加楼盖预应力的不利影响，应采用合理的施加预应力的方案。如采用板边留缝以张拉和锚固预应力钢筋，或在板中部预留后浇带，待张拉并锚固预应力钢筋后再浇筑混凝土。

（4）采用预应力混凝土平板可以减小楼面结构的高度，压缩层高并减轻结构自重；大跨度平板可以增加楼层使用面积，容易改变楼层用途。因此，近年来预应力混凝土平板在高层建筑楼盖结构中应用比较广泛。板的厚度，应考虑刚度、抗冲切承载力、防火及防腐蚀等要求。在初步设计阶段，现浇混凝土楼板厚度可按跨度的 1/45～1/50 采用，且不应小于 150mm。

（5）现浇预应力混凝土板设计中应采取措施防止或减小主体结构对楼板施加预应力的阻碍作用。

习　　题

2.1　钢筋混凝土房屋建筑和钢结构房屋建筑各有哪些抗侧力结构体系？每种结构体系举 1～2 个工程实例。

2.2　框架结构、剪力墙结构和框架剪力墙结构在侧向力作用下的水平位移曲线各有什么特点？

2.3　为什么规范对每一种结构体系规定最大的适用高度？实际工程是否允许超过规范规定的最大适用高度？

2.4　什么样的建筑体形对结构抗震有利？为什么？为什么结构平面布置对称、均匀及沿竖向布置连续、无突变有利于抗震？

2.5　简述房屋建筑平面不规则和竖向不规则的类型。

2.6　在什么情况下设置防震缝、伸缩缝和沉降缝？这三种缝的特点和要求是什么？

2.7　多高层建筑结构的基础有哪些形式？如何选择？

2.8　确定建筑结构基础埋深时应考虑哪些问题？

2.9　为什么要限制高层建筑的高宽比？

2.10　设置变形缝的目的是什么？有何弊端？

第3章 高层建筑结构的荷载和地震作用

高层建筑结构在设计使用年限内主要承受竖向荷载、风荷载和地震作用等，见图3.1。竖向荷载包括结构构件自重、楼面活荷载、屋面雪荷载、施工荷载等。与多层建筑结构有所不同，水平荷载的影响显著增加，成为其设计的主要因素；同时，对高层建筑结构尚应考虑竖向地震的作用。高层建筑结构还应考虑温度变化、材料的收缩和徐变、地基不均匀沉降等间接作用在结构中产生的效应。

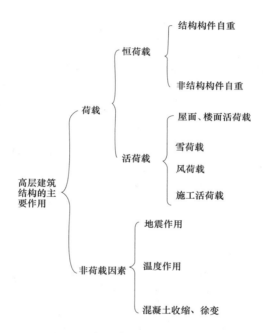

图3.1 高层建筑结构的主要作用

3.1 竖 向 荷 载

3.1.1 恒荷载

恒荷载是指各种结构构件自重和找平层、保温层、防水层、装修材料层、隔墙、幕墙及其附件、固定设备及其管道等重力，其标准值可按构件及其装修的设计尺寸和材料单位体积或面积的自重计算确定。对常用材料和构件的重力密度可从《建筑结构荷载规范》（GB 50009—2012）附表A中查得。对某些自重变异较大的材料和构件（如现场制作的保温材料、混凝土薄壁构件等），考虑结构的可靠度，在设计时应根据该荷载对结构有利或不利影响，取其自重上限值或下限值。固定设备重力由有关专业设计人员提供。

恒荷载标准值等于构件的体积乘以材料的自重标准值。常用材料的自重标准值：钢筋混凝土为 25kN/m³，钢材为 78.5kN/m³，水泥砂浆为 20kN/m³，混合砂浆为 17kN/m³，玻璃为 25.6kN/m³，铝型材为 28kN/m³，砂土为 17kN/m³，卵石为 18kN/m³。

3.1.2　活荷载

1. 楼面活荷载

高层建筑楼面均布活荷载的标准值及其组合值、频遇值和准永久值系数，可按 GB 50009—2012 的规定取用。在设计楼面梁、墙、柱及基础时，楼面活荷载标准值应乘以规定的折减系数，其值可按 GB 50009—2012 的规定取用。

在荷载汇集及内力计算中，应按未经折减的活荷载标准值进行计算，楼面活荷载的折减可在构件内力组合时，针对具体设计构件所处的位置选用相应的活荷载折减系数，对活荷载引起的内力进行折减，然后将经过折减的活荷载引起的构件内力来参与组合。

2. 屋面活荷载

屋面均布活荷载的标准值及其组合值、频遇值和准永久值系数，可按 GB 50009—2012 的规定取用。

屋面直升机平台的活荷载应采用下列两款中能使平台产生最大内力的荷载：

（1）直升机总质量引起的局部荷载，按由实际最大起飞质量决定的局部荷载标准值乘以动力系数确定。对具有液压轮胎起落架的直升机，动力系数可取 1.4；当没有机型技术资料时，局部荷载标准值及其作用面积可根据直升机类型按下列规定取用：

1）轻型，最大起飞质量 2t，局部荷载标准值取 20kN，作用面积为 0.20m×0.20m；

2）中型，最大起飞质量 4t，局部荷载标准值取 40kN，作用面积为 0.25m×0.25m；

3）重型，最大起飞质量 6t，局部荷载标准值取 60kN，作用面积为 0.30m×0.30m。

（2）等效均布活荷载为 5kN/m²。

3. 屋面雪荷载

屋面水平投影面上的雪荷载标准值 s_k，应按下式计算

$$s_k = \mu_r s_0 \tag{3.1}$$

式中　s_0——基本雪压，是以当地一般空旷平坦地面上统计所得 50 年一遇最大积雪的自重确定，应按 GB 50009—2012 中全国基本雪压分布图及有关的数据取用；

　　　μ_r——屋面积雪分布系数，屋面坡度 $\alpha \leqslant 25°$ 时，μ_r 取 1.0，其他情况可按 GB 50009—2012 取用。

雪荷载的组合值系数可取 0.7；频遇值系数可取 0.6；准永久值系数按雪荷载分区Ⅰ、Ⅱ和Ⅲ的不同，分别取 0.5、0.2 和 0。

4. 施工活荷载

施工活荷载一般取 1.0～1.5kN/m²。当施工中采用附墙塔、爬塔等对结构受力有影响的起重机械或其他施工设备时，应根据具体情况验算施工荷载对结构的影响。擦窗机等清洗设备应按实际情况确定其自重的大小和作用位置。

对高层建筑结构，在计算活荷载产生的内力时，可不考虑活荷载的最不利布置。这是因为目前我国钢筋混凝土高层建筑单位面积的重量为 12～14kN/m²（框架、框架-剪力墙结构体系）和 14～16 kN/m²（剪力墙、筒体结构体系），而其中活荷载平均为 2.0kN/m² 左右，仅占全部竖向荷载的 15% 左右，所以楼面活荷载的最不利布置对内力产生的影响较小；另外，高层建筑的层数和跨数都很多，不利布置方式繁多，难以一一计算。为简化计算，可按活荷载满布进行

计算，然后将这样求得的梁跨中截面和支座截面弯矩乘以 1.1～1.3 的放大系数。

3.2　风　荷　载

空气从气压大的地方向气压小的地方流动就形成了风，与建筑物有关的是靠近地面的流动风，简称为近地风。当风遇到建筑物时，在其表面上所产生的压力或吸力即为建筑物的风荷载。风荷载的大小及其分布非常复杂，除与风速、风向有关外，还与建筑物的高度、形状、表面状况、周围环境等因素有关，一般可通过实测或风洞试验来确定。对于高层建筑，一方面风使建筑物受到一个基本上比较稳定的风压，另一方面风又使建筑物产生风力振动，因此，高层建筑不仅要考虑风的静力作用，还要考虑风的动力作用。

3.2.1　风荷载标准值

主体结构计算时，垂直于建筑物表面的风荷载标准值 w_k 应按式（3.2）计算，风荷载作用面积应取垂直于风向的最大投影面积

$$w_k = \beta_z \mu_s \mu_z w_0 \tag{3.2}$$

式中　w_k——风荷载标准值，kN/m^2；

　　　w_0——基本风压，kN/m^2；

　　　μ_s——风荷载体形系数，应按 GB 50009—2012 第 8.3 节的规定采用；

　　　μ_z——风压高度变化系数；

　　　β_z——高度 z 处的风振系数。

1. 基本风压

当气流以一定的速度向前运动，遇到建筑物的阻塞时，就形成高压气幕，从而对建筑物表面产生风压。根据风速，可以求出风压，但是风速随高度、周围地貌的不同而不同，为了比较不同地区风速或风压的大小，必须对不同地区的地貌、测量风速的高度有所规定。按规定地貌和高度等条件所确定的风压称为基本风压，GB 50009—2012 规定，基本风压是以当地比较空旷平坦地面上离地 10m 高统计所得的 50 年一遇 10min 平均最大风速 v_0（m/s）为标准，按 $w_0 = v_0^2/1600$ 确定的风压值，应按 GB 50009—2012 中全国基本风压分布图及有关数据采用，但不得小于 $0.3kN/m^2$。对于特别重要或对风荷载比较敏感的高层建筑，基本风压应适当提高，应按 100 年重现期的风压值采用，GB 50009—2012 规定有 100 年重现期的风压值，可直接查取。

2. 风压高度变化系数

由于地表对风引起的摩擦作用，使接近地表的风速随着离地表距离的减小而降低。只有在距离地表 300～500m 以上的高空，风速才不受地表的影响，能够在气压梯度的作用下自由流动，达到所谓梯度速度，将出现这种速度的高度称为梯度风高度。地表粗糙度不同，近地面风速变化的快慢也不相同。图 3.2 给出了不同地貌下平均风速沿高度的变化规律。由图 3.2 可知，地面越粗糙，风速变化越慢，梯度风高度将越高；反之，地表越平坦，风速变化越快，梯度风高度将越小。如开阔乡村和海面的风速比高楼林立大城市的风速更快地达到梯度风速；或位于同一高度处的风速，城市中心处要比乡村和海面处小。风压沿高度的变化规律一般用指数函数表示，即

$$v_z = v_{10} \left(\frac{z}{H} \right)^{\alpha} \tag{3.3}$$

式中 z、v_z——任意点高度及该处的平均风速；

        H、v_{10}——标准高度（如 10m）及该处的平均风速；

        α——地面粗糙度系数，地表粗糙程度越大，α 值则越大，通常，海面取 0.100～0.125，开阔平原取 0.125～0.167，森林或街道取 0.250，城市中心取 0.333。

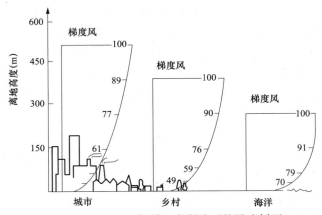

图 3.2   不同地面粗糙程度影响下的风速剖面

由于 GB 50009—2012 仅给出了高度为 10m 处的风压值，即基本风压 w_0，因此其他高度处的风压应根据基本风压乘以风压高度变化系数 μ_z 换算得来，即风压高度变化系数定义为某类地表上空高度 z 处的风压 w_z 与基本风压 w_0 的比值，该系数取决于地面粗糙程度系数 α。GB 50009—2012 将地面粗糙程度分为 A、B、C、D 四类：

（1）A 类。指近海海面、海岛、海岸、湖岸及沙漠地区。

（2）B 类。指田野、乡村、丛林、丘陵，以及房屋比较稀疏的乡镇和城市郊区。

（3）C 类。指有密集建筑群的城市市区。

（4）D 类。指密集建筑群且房屋较高的城市市区。

相应的地面粗糙度系数 α：A 类取 0.12；B 类取 0.16；C 类取 0.22；D 类取 0.30。对应于不同地面粗糙程度时的梯度风高度：A 类为 300m；B 类为 350m；C 类为 450m；D 类为 550m。

以 B 类地面粗糙程度作为标准地貌，其梯度风高度为 H_{t0}，地面粗糙程度系数为 α_0；任意地貌（如地面粗糙程度为 A、B、C、D 类）的相应值为 $H_{t\alpha}$、α，根据梯度风高度的定义可得

$$w_0 \left(\frac{H_{t0}}{10} \right)^{2\alpha 0} = w_{0\alpha} \left(\frac{H_{t\alpha}}{10} \right)^{2\alpha} \tag{3.4}$$

又因为风压与风速的二次方成正比，则

$$w_{\alpha}(z) = w_{0\alpha} \left(\frac{z}{10} \right)^{2\alpha} \tag{3.5}$$

由式（3.4）、式（3.5）可得

$$w_{\alpha}(z) = \left(\frac{H_{t0}}{10} \right)^{2\alpha 0} \left(\frac{10}{H_{t\alpha}} \right)^{2\alpha} \left(\frac{z}{10} \right)^{2\alpha} w_0 = \mu_{2\alpha} w_0 \tag{3.6}$$

将各种地貌情况下的梯度风高度和地面粗糙程度系数代入式（3.6），可求得 A、B、C、D 四类风压高度变化系数为

$$\mu_z^A = 1.284\left(\frac{z}{10}\right)^{0.24}$$

$$\mu_z^B = 1.000\left(\frac{z}{10}\right)^{0.30}$$

$$\mu_z^C = 0.544\left(\frac{z}{10}\right)^{0.44} \tag{3.7}$$

$$\mu_z^D = 0.262\left(\frac{z}{10}\right)^{0.60}$$

根据式（3.7）可求得各类地面粗糙程度下的风压高度变化系数，如表 3.1 所示。

表 3.1 风压高度变化系数 μ_z

离地面或海平面高度（m）	地面粗糙程度系数			
	A 类	B 类	C 类	D 类
5	1.09	1.00	0.65	0.51
10	1.28	1.00	0.65	0.51
15	1.42	1.13	0.65	0.51
20	1.52	1.23	0.74	0.51
30	1.67	1.39	0.88	0.51
40	1.79	1.52	1.00	0.6
50	1.89	1.62	1.10	0.69
60	1.97	1.71	1.20	0.77
70	2.05	1.79	1.28	0.84
80	2.12	1.87	1.36	0.91
90	2.18	1.93	1.43	0.98
100	2.23	2.00	1.50	1.04
150	2.46	2.25	1.79	1.33
200	2.64	2.46	2.03	1.58
250	2.78	2.63	2.24	1.81
300	2.91	2.77	2.43	2.02
350	2.91	2.91	2.60	2.22
400	2.91	2.91	2.76	2.40
450	2.91	2.91	2.91	2.58
500	2.91	2.91	2.91	2.74
≥550	2.91	2.91	2.91	2.91

3. 风荷载体形系数

当风流动经过建筑物时，由于房屋本身并非理想地使原来的自由气流停滞，而是让气流以不同的方式从房屋表面绕过，从而风对建筑物不同的部位会产生不同的效果，有压力，也

有吸力，空气流动还会产生漩涡，对建筑物局部会产生较大的压力或吸力。风压实测表明，即使在同样的风速条件下，建筑物表面上的风压分布是很不均匀的，一般取决于房屋的体形、尺寸等几何性质有关。图 3.3 为一矩形建筑物的实测结果，图中风压分布系数是指房屋表面风压分布系数，正值是压力，负值是吸力。图 3.3（a）为房屋平面风压分布系数，表明当风流经建筑物时，在迎风面上产生压力，在侧风面及背风面均产生吸力，而且各面风压分布并不均匀；图 3.3（b）为迎风面和背风面的风压分布系数，即风等压线，表明在建筑物表面上的某个部分风压力（或吸力）较大，另一些部分较小，风压分布也并不均匀。通常，迎风面的风压力在建筑物的中间偏上为最大，两边及底下最小；侧风面一般近侧大，远侧小，分布也极不均匀；背风面一般两边略大，中间小。

风荷载体形系数是指风作用在建筑物表面所引起的压力（吸力）与原始风速算得的理论风压的比值。风荷载体形系数一般都是通过实测或风洞模拟试验的方法确定，它表示建筑物表面在稳定风压作用下的静态压力分布规律，主要与建筑物的体形与尺度有关。在计算风荷载对建筑物的整体作用时，只需按各个表面的平均风压计算，即采用各个表面的平均风荷载体形系数计算。根据我国多年设计经验及风洞试验，高层建筑风荷载体形系数可按下列规定采用：

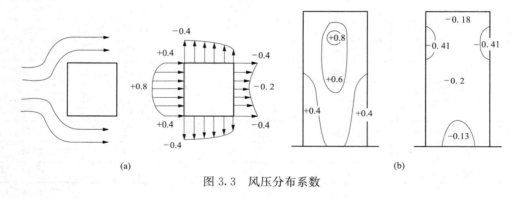

图 3.3　风压分布系数

（1）单体风压体形系数。根据国内外风洞试验资料，可得出风压体形系数 μ_s 在各个面上的分布。JGJ 3—2010 规定如下：

1）圆形平面建筑取 0.8。

2）正多边形及截角三角形平面建筑，按下式计算

$$\mu_s = 0.8 + 1.2/\sqrt{n} \qquad\qquad (3.8)$$

式中　n——多边形的边数。

3）高宽比 H/B 不大于 4 的矩形、方形、十字形平面建筑取 1.3。

4）下列建筑取 1.4：

a. V 形、Y 形、弧形、双十字形、井字形平面建筑；

b. L 形、槽形和高宽比 H/B 大于 4 的十字形平面建筑；

c. 高宽比 H/B 大于 4，长宽比 L/B 不大于 1.5 的矩形、鼓形平面建筑。

5）迎风面积取垂直于风向的最大投影面积。

6）在需要更细致进行风荷载计算的情况下，可按 GB 50009—2012 附录 B 采用，或由风洞试验确定。

　　7）当房屋高度大于 200m 时，宜采用风洞试验来确定建筑物的风荷载。对于建筑平面形状不规则，立面形状复杂，立面开洞或连体建筑，周围地形和环境较复杂的高层建筑，宜由风洞试验确定建筑物的风荷载。

　　在对复杂体形的高层建筑结构进行内力和位移计算时，正反两个方向风荷载的绝对值可按两个中的较大值采用。

　　（2）群体风压体形系数。对建筑群，尤其是高层建筑群，当房屋相互间距较近时，由于漩涡的相互干扰，房屋某些部位的局部风压会显著增大。为此，JGJ 3—2010 规定，当多栋或群集的高层建筑相互间距较近时，宜考虑风力相互干扰的群体效应。一般可将单体建筑的体形系数 μ_s 乘以相互干扰增大系数，该系数可参考类似条件的试验资料确定，必要时宜通过风洞试验确定。

　　（3）局部风压体形系数。在计算风荷载对建筑物某个局部表面的作用时，要采用局部风荷载体形系数，用于验算表面围护结构及玻璃等强度和构件连接强度。

　　檐口、雨篷、遮阳板、阳台等水平构件计算局部上浮风荷载时，风荷载体形系数 μ_s 不宜小于 2.0。

　　设计高层建筑的幕墙结构时，风荷载应按《建筑结构荷载规范》（GB 50009—2012）、《玻璃幕墙工程技术规范》（JGJ 102—2013）、《金属与石材幕墙工程技术规范》（JGJ 133—2013）的有关规定采用。

　　4. 风振系数

　　风对建筑物的作用是不规则的，风压随风速、风向的紊乱变化而不停地改变。图 3.4（a）所示为实测的风速时程曲线。由图 3.4（a）可看出，风速的变化可分为两种：一种是长周期的成分，其值一般在 10min 以上；另一种是短周期成分，一般只有几秒左右。因此，为便于分析，通常把实际风分解为平均风（稳定风）和脉动风两部分。由于平均风的长周期远大于一般结构的自振周期，因此这部分风对结构的动力影响很小可以忽略，可将其等效为静力作用，使建筑物产生一定的侧移。而脉动风周期较短，与一些工程结构的自振周期较接近，且其强度随时间随机变化，其作用性质是动力的，使建筑物在平均风压产生的侧移附近左右振动，如图 3.4（b）所示。对于高度较大，刚度较小的高层建筑，波动风压会产生不可忽略的动力效应，在设计中必须考虑。目前采用加大风荷载的办法来考虑这个动力效应，即对风压值乘以风振系数。

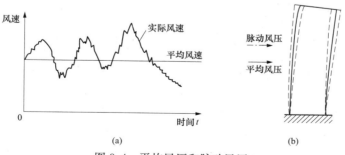

图 3.4　平均风压和脉动风压

　　对于基本自振周期 T_1 大于 0.25s 的工程结构，以及高度大于 30m，且高宽比大于 1.5 的高柔房屋均应考虑脉动风压对结构产生的风振影响。房屋高度大于 30m、高宽比大于

1.5，且可忽略扭转影响的高层建筑，均可仅考虑第一振型的影响。结构在 z 高度处的风振系数 β_z 可按下式计算

$$\beta_z = 1 + \frac{\xi \upsilon \varphi_z}{\mu_z} \tag{3.9}$$

式中　ξ——脉动增大系数，可按表 3.2 采用；

　　　υ——脉动影响系数，外形、质量沿高度比较均匀的结构可根据结构总高度 H 及其与迎风面宽度 B 的比值按表 3.3 采用；

　　　φ_z——振型系数，可由结构动力计算确定，计算时可仅考虑受力方向基本振型的影响，对于质量和刚度沿高度分布比较均匀的弯剪型结构，也可近似采用振型计算点距室外地面高度 z 与房屋高度 H 的比值，即 $\varphi_z = H_i/H$，H_i 为第 i 层标高；H 为建筑总高度。

在按表 3.2 确定脉动增大系数时，结构基本自振周期 T_1 可由结构动力学计算确定。对比较规则的高层建筑结构，也可采用近似公式计算：

钢结构　　　　　　　　　　　　　　　　$T_1 = (0.10 \sim 0.15)n$

钢筋混凝土框架结构　　　　　　　　　　$T_1 = (0.08 \sim 0.1)n$

钢筋混凝土框架-剪力墙和框架-核心筒结构　$T_1 = (0.06 \sim 0.08)n$

钢筋混凝土剪力墙结构和筒中筒结构　　　　$T_1 = (0.05 \sim 0.06)n$

钢筋混凝土框架和框剪结构　　　　　　　$T_1 = 0.25 + 0.53 \times 10^{-3} \dfrac{H^2}{\sqrt[3]{B}}$

钢筋混凝土剪力墙结构　　　　　　　　　$T_1 = 0.03 + 0.03 \dfrac{H}{\sqrt[3]{B}}$

式中　n——结构层数；

　　　H——房屋总高度，m；

　　　B——房屋宽度，m。

表 3.2　　　　　　　　　　　　　脉动增大系数 ξ

$w_0 T_1^2 (\text{kNs}^2/\text{m}^2)$	地面粗糙度类别			
	A 类	B 类	C 类	D 类
0.06	1.21	1.19	1.17	1.14
0.08	1.23	1.21	1.18	1.15
0.10	1.25	1.23	1.19	1.16
0.20	1.30	1.28	1.24	1.19
0.40	1.37	1.34	1.29	1.24
0.60	1.42	1.38	1.33	1.28
0.80	1.45	1.42	1.36	1.30
1.00	1.48	1.44	1.38	1.32
2.00	1.58	1.54	1.46	1.39
4.00	1.70	1.65	1.57	1.47
6.00	1.78	1.72	1.63	1.53

$w_0 T_1^2 (kNs^2/m^2)$	地面粗糙度类别			
	A 类	B 类	C 类	D 类
8.00	1.83	1.77	1.68	1.57
10.00	1.87	1.82	1.73	1.61
20.00	2.04	1.96	1.85	1.73
30.00		2.06	1.94	1.81

表 3.3　　　　　　　　高层建筑的脉动影响系数 v

H/B	粗糙程度	房屋总高度（m）							
		≤30	50	100	150	200	250	300	350
≤0.5	A	0.44	0.42	0.33	0.27	0.24	0.21	0.19	0.17
	B	0.42	0.41	0.33	0.28	0.25	0.22	0.20	0.18
	C	0.40	0.40	0.34	0.29	0.27	0.23	0.22	0.20
	D	0.36	0.37	0.34	0.30	0.27	0.25	0.24	0.22
1.0	A	0.48	0.47	0.41	0.35	0.31	0.27	0.26	0.24
	B	0.46	0.46	0.42	0.36	0.36	0.29	0.27	0.26
	C	0.43	0.44	0.42	0.37	0.34	0.31	0.29	0.28
	D	0.39	0.42	0.42	0.38	0.36	0.33	0.32	0.31

H/B	粗糙程度	房屋总高度（m）							
		≤30	50	100	150	200	250	300	350
2.0	A	0.50	0.51	0.46	0.42	0.38	0.35	0.33	0.31
	B	0.48	0.50	0.47	0.42	0.40	0.36	0.35	0.33
	C	0.45	0.49	0.48	0.44	0.42	0.38	0.38	0.36
	D	0.41	0.46	0.48	0.46	0.46	0.44	0.42	0.39
3.0	A	0.53	0.51	0.49	0.42	0.41	0.38	0.38	0.36
	B	0.51	0.50	0.49	0.46	0.43	0.40	0.40	0.38
	C	0.48	0.49	0.49	0.48	0.46	0.43	0.43	0.41
	D	0.43	0.46	0.49	0.49	0.48	0.47	0.47	0.45
5.0	A	0.52	0.53	0.51	0.49	0.46	0.44	0.42	0.39
	B	0.50	0.53	0.52	0.50	0.48	0.45	0.44	0.42
	C	0.47	0.50	0.52	0.52	0.50	0.48	0.47	0.45
	D	0.43	0.48	0.52	0.53	0.53	0.52	0.51	0.50
8.0	A	0.53	0.54	0.53	0.51	0.48	0.43	0.43	0.42
	B	0.51	0.53	0.54	0.52	0.50	0.46	0.46	0.44
	C	0.48	0.51	0.54	0.53	0.52	0.50	0.50	0.48
	D	0.43	0.48	0.54	0.53	0.55	0.54	0.54	0.53

3.2.2　总风荷载

在结构设计时，应计算在总风荷载作用下结构产生的内力和位移。总风荷载为建筑物各个表面上承受风力的合力，是沿建筑物高度变化的线荷载。通常按 x、y 两个互相垂直的方向分别计算总风荷载。

（1）作用于第 i 个建筑物表面上高度 z 处的风荷载沿风作用方向的风荷载标准值是

$$w_{iz} = \beta_z \mu_z w_0 B_i \mu_{si} \cos\alpha_i = \left(\mu_z + \frac{z}{H}\xi v\right) w_0 B_i \mu_{si} \cos\alpha_i = \left(\mu_z + \frac{z}{H}\xi v\right) w_i \quad (3.10)$$

$$w_i = w_0 B_i \mu_{si} \cos\alpha \quad (3.11)$$

式中　α_i——第 i 个表面外法线与风作用方向的夹角；

　B_i、μ_{si}——第 i 个表面的宽度和风荷载体形系数。

（2）整个建筑物在高度 z 处沿风作用方向的风荷载标准值 w_z，是各表面高度 z 处沿该方向风荷载标准值之和，即

$$w_z = \sum w_{iz} = \left(\mu_z + \frac{z}{H}\xi v\right) \sum w_i (\text{kN/m}) \quad (3.12)$$

$$P_i = w_z \left(\frac{h_i}{2} + \frac{h_{i+1}}{2}\right)(\text{kN})$$

式中　h_i、h_{i+1}——第 i 层楼面上、下层层高，计算顶层集中荷载时，$h_{i+1}/2$ 取女儿墙高度。

3.3　地　震　作　用

3.3.1　基本概念

地震作用是指地震波从震源通过基岩传播引起的地面运动，使处于静止的建筑物受到动力作用而产生的强烈振动。它的大小与地震波的特性有关，还与场地性质及房屋本身的动力特性有很大关系。

通常用地震震级和地震烈度来表示地震作用对建筑物的影响。震级是地震的级别，说明某次地震本身产生的能量大小。地震烈度是指某一地区地面及建筑物受到一次地震影响的强烈程度。对于一次地震，震级只有一个。然而各地区由于震中距不同，地震对建筑物的影响也不同。

基本烈度是指某一地区今后一定时期内，在一般场地条件下可能遭受的最大烈度，由国家有关部门确定。设防烈度一般按基本烈度采用，对于重要的建筑物，其设防烈度可比基本烈度提高一度采用。

3.3.2　三水准抗震设计目标

高层建筑结构抗震设防的目标按三个水准要求，"小震不坏，中震可修，大震不倒"，即：高层建筑结构在小震作用下应维持在弹性状态，建筑物一般不受损坏或不需修理仍可继续使用，为第一水准；在中等烈度地震作用下，可以局部进入塑性状态，可能有一定的损坏，但结构不允许破坏，震后经一般修复可以继续使用，为第二水准；当遭受强烈地震作用时，建筑物不应倒塌或发生危及生命的严重破坏，为第三水准。

为达到三水准抗震设计目标，应采用两阶段抗震设计方法：

第一阶段设计：主要针对所有进行抗震设计的高层建筑。除了在确定结构方案和进行结构布置时考虑抗震要求外，还应按照小震作用进行抗震计算和保证结构延性的抗震构造设计，以达到三水准要求。

第二阶段设计：主要针对甲级建筑和特别不规则的结构。用大震作用进行结构薄弱层的塑性变形验算。

3.3.3　一般计算原则

地震区的高层建筑一般应进行抗震设防。抗震设计的高层建筑应根据使用功能的重要性，即建筑受地震破坏后所产生的经济损失、政治和社会影响及其在抗震救灾中的作用，分为甲、乙、丙三个抗震设防类别：

（1）甲类建筑。指特别重要的建筑。如遇地震破坏会导致严重后果和经济上重大损失的建筑物；这类建筑应按国家规定的审批权限审批后确定，目前国内尚无按甲类设计的高层建筑。

（2）乙类建筑。指重要的建筑。在地震时使用功能不能中断或需尽快恢复的建筑物，人员大量集中的公共建筑物或其他重要建筑物，如国家级、省级的广播电视中心、通信枢纽、大型医院等。

（3）丙类建筑。除上述以外的一般高层民用建筑。

甲类建筑应专门研究按照高于本地区抗震设防烈度计算地震作用，其值应按批准的地震安全性评价结果确定。乙、丙类建筑应按抗震设防烈度计算地震作用。除甲、乙、丙类之外的建筑属于丁类建筑，不需要进行抗震设防。鉴于高层建筑比较重要且结构计算机分析软件应用较为普遍，因此 6 度抗震设防时也应进行地震作用计算。

地震发生时，对结构既可产生任意方向的水平作用，也能产生竖向作用。一般来说，水平地震作用是主要的，但在某些情况下也不能忽略竖向地震作用。JGJ 3—2010 规定高层建筑结构应按下列原则考虑地震作用：

（1）一般情况下，应在结构两个主轴方向分别考虑水平地震作用计算；有斜交抗侧力构件的结构，当相交角度大于 15°时，应分别计算各抗侧力构件方向的水平地震作用。

（2）质量和刚度分布明显不对称、不均匀的结构，应计算双向水平地震作用下的扭转影响；其他情况，应计算单向水平地震作用下的扭转影响。

（3）高层建筑中的大跨度、长悬臂结构，7 度（0.15g）、8 度抗震设计时应计入竖向地震作用。

（4）9 度抗震设计时的高层建筑应计算竖向地震作用。

高层建筑结构应根据不同的情况，分别采用下列地震作用计算方法：

（1）高层建筑结构宜采用振型分解反应谱法。对质量和刚度不对称、不均匀的结构及高度超过 100m 的高层建筑结构应采用考虑扭转耦联振动影响的振型分解反应谱法。

（2）高度不超过 40m，以剪切变形为主且刚度与质量沿高度分布比较均匀的建筑物，可采用底部剪力法。

（3）7～9 度抗震设防时，甲类高层建筑结构；表 3.4 所列的乙、丙类高层建筑结构；竖向不规则的高层建筑结构；质量沿竖向分布特别不均匀的高层建筑结构；复杂高层建筑结构；宜采用弹性时程分析法进行多遇地震作用下的补充计算。

表 3.4　　　　　　　　　　采用时程分析法的高层建筑结构

设防烈度、场地类别	建筑高度范围（m）
8 度 I 、II 类场地和 7 度	＞100
8 度 III 、IV 类场地	＞80
9 度	＞60

　　采用动力时程法分析时应按建筑场地类别和设计地震分组选用实际地震记录和人工模拟的加速度时程曲线，其中实际地震记录的数量不应少于总数量的 2/3，多组时程曲线的平均地震影响系数曲线应与振型分解反应谱法所采用的地震影响系数曲线在统计意义上相符；地震波的持续时间不宜小于建筑结构基本自振周期的 5 倍和 15s，时间间距可取 0.01s 或 0.02s；且按照每条时程曲线计算所得的结构底部剪力不应小于振型分解反应谱法求得的底部剪力的 65%，多条时程曲线计算所得的结构底部剪力的平均值不应小于振型分解反应谱法求得的底部剪力的 80%。

　　在进行时程分析计算时，输入地震加速度的最大值可按表 3.5 采用；结构的地震作用效应可取多条时程曲线计算结果的平均值与振型分解反应谱法计算结果的较大值。

表 3.5　　　　　　　　　　　　时程分析时输入地震加速度的最大值　　　　　　　　　　cm/s^2

设防烈度	6 度	7 度	8 度	9 度
多遇地震	18	35(55)	70(110)	140
设防地震	50	100(150)	200(300)	400
罕遇地震	125	220(310)	400(510)	620

　　注　7、8 度时括号内数值分别用于设计基本地震加速度为 $0.15g$ 和 $0.30g$ 的地区，此处 g 为重力加速度。

3.3.4　计算地震作用的反应谱法

　　根据大量的强震记录，求出不同自振周期的单自由度体系地震最大反应，取这些反应的包线，称为反应谱。以反应谱为依据进行抗震设计，则结构在这些地震记录为基础的地震作用下是安全的，这种方法称为反应谱法。利用反应谱，可很快求出各种地震干扰下的反应最大值，因而此法被广泛应用。以反应谱为基础，有振型分解反应谱法和底部剪力法两种实用方法。

　　1. 振型分解反应谱法

　　此法是把结构作为多自由度体系，利用反应谱进行计算。对于任何工程结构，均可用此法进行地震反应分析。

　　2. 底部剪力法

　　对于多自由度体系，若计算地震反应时主要考虑基本振型的影响，则计算可以大大简化，此法为底部剪力法，是一种近似方法。

　　用反应谱法计算地震反应，应解决两个主要问题：计算建筑的重力荷载代表值；根据结构的自振周期确定相应的地震影响系数。

　　(1) 重力荷载代表值。重力荷载代表值是指结构和构配件自重标准值及各可变荷载组合值之和，是表示地震发生时根据遇合概率确定的"有效重力"。计算地震作用时，建筑结构的重力荷载代表值应取永久荷载标准值和可变荷载组合值之和。各可变荷载的组合值系数应按表 3.6 的规定采用。

表 3.6　　　　　　　　　　　　　　可变荷载的组合值系数

可变荷载种类	组合值系数
雪荷载	0.5
屋面积灰荷载	0.5

续表

可变荷载种类		组合值系数
屋面活荷载		不计入
按实际情况计算的楼面活荷载		1.0
按等效均布荷载计算的楼面活荷载	藏书库、档案库	0.8
	其他民用建筑	0.5
起重机悬吊物重力	硬钩吊车	0.3
	软钩吊车	不计入

（2）地震影响系数。地震影响系数 α 是单质点弹性体系的绝对最大加速度与重力加速度的比值，它除与结构自振周期有关外，还与结构的阻尼比等有关。根据地震烈度、场地类别、设计地震分组和结构自振周期及阻尼比的不同，水平地震影响系数 α 按图 3.5 采用。现说明如下：

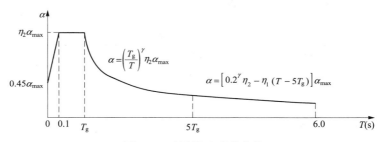

图 3.5　地震影响系数曲线

直线上升段，为周期小于 0.1s 的区段，取

$$\alpha = [0.45 + 10(\eta_2 - 0.45)T]\alpha_{max} \tag{3.13}$$

水平段，自 0.1s 至特征周期区段，取

$$\alpha = \eta_2 \alpha_{max} \tag{3.14}$$

曲线下降段，自特征周期至 5 倍特征周期区段，取

$$\alpha = \left(\frac{T_g}{T}\right)^{\gamma} \eta_2 \alpha_{max} \tag{3.15}$$

直线下降段，自 5 倍特征周期至 6s 区段，取

$$\alpha = [0.2^{\gamma} \eta_2 - \eta_1 (T - 5T_g)]\alpha_{max} \tag{3.16}$$

式中　γ——曲线下降段的衰减指数，按下式确定

$$\gamma = 0.9 + \frac{0.05 - \xi}{0.3 + 6\xi} \tag{3.17}$$

ξ—— 阻尼比，一般的建筑结构可取 0.05；

η_1——直线下降段的下降斜率调整系数，按式（3.18）确定，当 η_1 小于 0 时取 0，即

$$\eta_1 = 0.02 + \frac{0.05 - \xi}{4 + 32\xi} \tag{3.18}$$

η_2——阻尼调整系数，按式（3.19）确定，当 η_2 小于 0.55 时应取 0.55，即

$$\eta_2 = 1 + \frac{0.05 - \xi}{0.08 + 1.6\xi} \tag{3.19}$$

T——结构自振周期；

T_g——特征周期，根据场地类别和设计地震分组按表 3.7 采用，计算 8、9 度罕遇地震作用时，特征周期应增加 0.05；

α_{max}——地震影响系数最大值，阻尼比为 0.05 的建筑结构，应按表 3.8 采用，阻尼比不等于 0.05 时，表中的数值应乘以阻尼调整系数 η_2。

对于周期大于 6.0s 的高层建筑结构，所采用的地震影响系数应做专门研究。

表 3.7　　　　　　　　　　　　　　特　征　周　期　值　　　　　　　　　　　　　　　s

设计地震分组	场地类别				
	I$_0$	I$_1$	II	III	IV
第一组	0.20	0.25	0.35	0.45	0.65
第二组	0.25	0.30	0.40	0.55	0.75
第三组	0.30	0.35	0.45	0.65	0.90

表 3.8　　　　　　　　　　　　水平地震影响系数最大值　　　　　　　　　　　　　s

地震影响	6 度	7 度	8 度	9 度
多遇地震	0.04	0.08 (0.12)	0.16 (0.24)	0.32
罕遇地震	0.28	0.50 (0.7)	0.90 (1.20)	1.40

3.3.5　水平地震作用计算

1. 底部剪力法

底部剪力法是目前比较常用的一种计算水平地震力的简化方法。采用此方法计算高层建筑结构的水平地震作用时，各楼层在计算方向上可仅考虑一个自由度，计算简图如图 3.6 所示，结构总水平地震作用标准值即底部剪力 F_{EK} 按下式计算

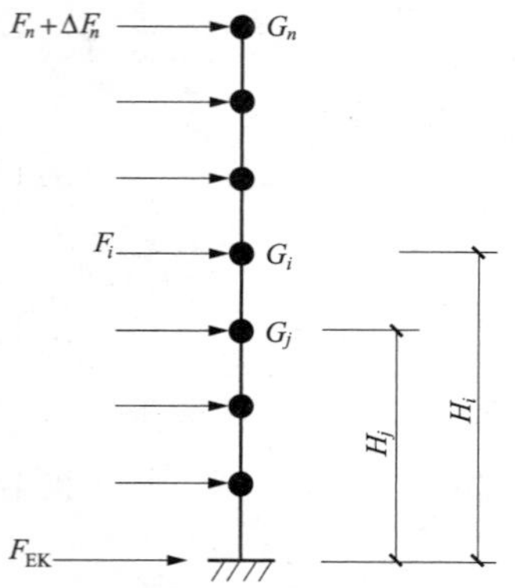

$$F_{EK} = \alpha_1 G_{eq} \tag{3.20}$$

$$G_{eq} = 0.85 G_E \tag{3.21}$$

图 3.6　底部剪力法计算示意图

式中　F_{EK}——结构总水平地震作用标准值；

α_1——相应于结构基本自振周期 T_1 的水平地震影响系数值；

G_{eq}——计算地震作用时，结构等效总重力荷载代表值；

G_E——计算地震作用时，结构总重力荷载代表值，应取各质点重力荷载代表值之和。

地震力沿高度分布具有一定的规律性。假定加速度沿高度变化为底部为零的倒三角形，则可得到质点 i 的水平地震作用 F_i 为

$$F_i = \frac{G_i H_i}{\sum_{j=1}^{n} G_j H_j} F_{EK}(1 - \delta_n) \tag{3.22}$$

式中　F_i——质点 i 的水平地震作用标准值；

G_i、G_j——集中于质点 i、j 的重力荷载代表值；

H_i、H_j——质点 i、j 的计算高度；

$\quad\quad\delta_n$——顶部附加地震作用系数，该系数用于反映结构高振型的影响，可按表 3.9 采用。

表 3.9　　　　　　　　　　　　顶部附加地震作用系数

$T_g(s)$	$T_1 > 1.4T_g$	$T_1 \leqslant 1.4T_g$
$T_g \leqslant 0.35$	$0.08T_1 + 0.07$	
$0.35 < T_g \leqslant 0.55$	$0.08T_1 + 0.01$	0.0
$T_g > 0.55$	$0.08T_1 - 0.02$	

注　T_g 为场地特征周期；T_1 为结构基本自振周期。

主体结构顶层附加水平地震作用标准值可按下式计算

$$\Delta F = \delta_n F_{EK} \tag{3.23}$$

采用底部剪力法计算高层建筑结构水平地震作用时，突出屋面房屋（楼梯间、电梯间、水箱间等）宜作为一个质点参加计算，计算求得的水平地震作用应考虑"鞭梢效应"乘以增大系数，增大系数可按表 3.10 采用。此增大部分不应往下传递，仅用于突出屋面房屋自身及与其直接连接的主体结构构件的设计。

需要注意，对于结构基本自振周期 $T_1 > 1.4T_g$ 的房屋并有小塔楼的情况，按式（3.23）计算的顶层附加水平地震作用标准值应作用于主体结构的顶层，而不应置于小塔楼的层顶处。

表 3.10　　　　　　　　　　　突出屋面房屋地震作用增大系数

$T_1(s)$	G_n/G K_n/K	0.001	0.010	0.050	0.100
0.25	0.01	2.0	1.6	1.5	1.5
	0.05	1.9	1.8	1.6	1.6
	0.10	1.9	1.8	1.6	1.5
0.50	0.01	2.6	1.9	1.7	1.7
	0.05	2.1	2.4	1.8	1.8
	0.10	2.2	2.4	2.0	1.8
0.75	0.01	3.6	2.3	2.2	2.2
	0.05	2.7	3.4	2.5	2.3
	0.10	2.2	3.3	2.5	2.3
1.00	0.01	4.8	2.9	2.7	2.7
	0.05	3.6	4.3	2.9	2.7
	0.10	2.4	4.1	3.2	3.0
1.50	0.01	6.6	3.9	3.5	3.5
	0.05	3.7	5.8	3.8	3.6
	0.10	2.4	5.6	4.2	3.7

注　1. K_n、G_n 分别为突出屋面房屋的侧向刚度和重力荷载代表值；K、G 分别为主体结构层侧向刚度和重力荷载代表值，可取各层的平均值。

　　2. 楼层侧向刚度可由楼层剪力除以楼层层间位移计算。

2. 不考虑扭转影响的振型分解反应谱法

当结构的平面形状和立面体形比较简单、规则时，沿结构两个主轴方向的地震作用可以分别计算，其与扭转耦联振动的影响可以不考虑。

采用振型分解反应谱法，沿结构的主轴方向，结构第 j 振型 i 质点的水平地震作用的标准值应按下式确定

$$F_{ji} = \alpha_j \gamma_j X_{ji} G_i \tag{3.24}$$

$$\gamma_j = \frac{\sum_{i=1}^{n} X_{ji} G_i}{\sum_{i=1}^{n} X_{ji}^2 G_i} \tag{3.25}$$

式中　F_{ji}——第 j 振型 i 质点水平地震作用的标准值；

α_j——相应于 j 振型自振周期的地震影响系数；

X_{ji}——第 j 振型 i 质点的水平相对位移；

γ_j——第 j 振型的参与系数；

n——结构计算总质点数，小塔楼宜每层作为一个质点参与计算。

由各振型的水平地震作用可以分别计算各振型的水平地震作用效应 F_{ji}（内力和位移）。总水平地震作用效应 S 可采用平方和开平方法（SRSS 法）求得

$$S = \sqrt{\sum_{j=1}^{m} S_j^2} \tag{3.26}$$

式中　S——水平地震作用标准值的效应；

S_j——第 j 振型的水平地震作用标准值的效应（弯矩、剪力、轴向力和位移等）；

m——结构计算振型数，规则结构可取 3，当建筑较高、结构沿竖向刚度不均匀时可取 5～7。

3. 考虑扭转耦联振动影响的振型分解反应谱法

结构在地震作用下，除了发生平移外，还会产生扭转振动。引起扭转的原因：①地面运动存在转动分量，或地震时地面各点的运动存在着相位差；②结构的质量中心与刚度中心不相重合。震害表明，扭转作用会加重结构的破坏，在某些情况下将成为导致结构破坏的主要因素。JGJ 3—2010 规定，对质量和刚度明显不均匀的结构，应考虑水平地震作用的扭转影响。

考虑扭转影响的结构，各楼层可取两个正交的水平位移和一个转角位移共三个自由度，按扭转耦联振型分解法计算地震作用和作用效应时，结构第 j 振型层的水平地震作用的标准值应按下列公式确定

$$\begin{aligned} F_{xji} &= \alpha_j \gamma_{tj} X_{ji} G_i \\ F_{yji} &= \alpha_j \gamma_{tj} Y_{ji} G_i \\ F_{tji} &= \alpha_j \gamma_{tj} \gamma_i^2 \varphi_{ji} G_i \end{aligned} \tag{3.27}$$

式中　F_{xji}、F_{yji}、F_{tji}——第 j 振型 i 层 x、y 方向和转角方向的地震作用的标准值；

α_j——相应于 j 振型自振周期的地震影响系数；

X_{ji}、Y_{ji}——第 j 振型 i 层质心在 x、y 方向的水平相对位移；

φ_{ji}——第 j 振型 i 层的相对扭转角；

γ_i——i 层的转动半径，可取 i 层绕质心转动惯量除以该层质量的商的

正二次方根；

γ_{tj}——考虑扭转的 j 振型参与系数，可按下式计算

当仅考虑 x 方向地震作用时

$$\gamma_{tj} = \sum_{i=1}^{n} X_{ji}G_i / \sum_{i=1}^{n} (X_{ji}^2 + Y_{ji}^2 + \varphi_{ji}^2 \gamma_i^2)G_i \tag{3.28a}$$

当仅考虑 y 方向地震作用时

$$\gamma_{tj} = \sum_{i=1}^{n} Y_{ji}G_i / \sum_{i=1}^{n} (X_{ji}^2 + Y_{ji}^2 + \varphi_{ji}^2 \gamma_i^2)G_i \tag{3.28b}$$

当考虑与 x 方向夹角为 θ 的地震作用时

$$\gamma_{tj} = \gamma_{xj}\cos\theta + \gamma_{yj}\sin\theta \tag{3.28c}$$

式中　γ_{xj}、γ_{yj}——按式（3.28a）和式（3.28b）求得的振型参与系数；

n——结构计算总质点数，小塔楼宜每层作为一个质点参与计算。

在单向水平地震作用下，考虑扭转的地震作用效应采用完全二次方根法（CQC 法）进行组合，应按下列公式计算

$$S = \sqrt{\sum_{j=1}^{m}\sum_{k=1}^{n}\rho_{jk}S_jS_k} \tag{3.29}$$

$$\rho_{jk} = \frac{8\sqrt{\zeta_j\zeta_k}(\zeta_j + \lambda_T\zeta_k)\lambda_T^{1.5}}{(1-\lambda_T^2)^2 + 4\zeta_j\zeta_k(1+\lambda_T^2)\lambda_T + 4(\zeta_j^2 + \zeta_k^2)\lambda_T^2} \tag{3.30}$$

式中　S——考虑扭转的地震作用标准值的效应；

S_j、S_k——第 j、k 振型地震作用标准值的效应；

ρ_{jk}——j 振型与 k 振型的耦联系数；

λ_T——k 振型与 j 振型的自振周期比；

ζ_j、ζ_k——j、k 振型的阻尼比；

m——结构计算振型数，一般情况下可取 9～15，多塔楼建筑每个塔楼的振型数不宜小于 9。

考虑双向水平地震作用下的扭转地震作用效应，应按下列公式中的较大值确定

$$S = \sqrt{S_x^2 + (0.85S_y)^2} \tag{3.31a}$$

$$S = \sqrt{S_y^2 + (0.85S_x)^2} \tag{3.31b}$$

式中　S_x——仅考虑 x 方向水平地震作用时的地震作用效应；

S_y——仅考虑 y 方向水平地震作用时的地震作用效应。

4. 楼层水平地震剪力最小值

由于地震影响系数在长周期段下降较快，对于基本周期大于 3s 的结构，由此计算所得的水平地震作用下的结构效应可能偏小。而对于长周期结构，地震地面运动速度和位移可能对结构的破坏具有更大影响，但振型反应谱法或底部剪力尚无法对此作出估计。出于结构安全的考虑，JGJ 3—2010 规定了结构各楼层水平地震剪力最小值的要求，给出了不同烈度下的楼层地震剪力系数（即剪重比），结构的水平地震作用效应据此进行相应的调整。

水平地震作用计算时，结构各楼层对应于地震作用标准值的剪力应符合下式要求

$$V_{EKi} \geqslant \lambda \sum_{j=i}^{n} G_j \tag{3.32}$$

式中 V_{EKi}——第 i 层对应于水平地震作用标准值的剪力；

      λ——水平地震剪力系数，不应小于表 3.11 中规定的数值，对于竖向不规则结构的薄弱层，尚应乘以 1.15 的增大系数；

      G_j——第 j 层的重力荷载代表值；

      n——结构计算总层数。

表 3.11   楼层最小地震剪力系数值

类别	6 度	7 度	8 度	9 度
扭转效应明显或基本周期小于 3.5s 的结构	0.008	0.016 (0.024)	0.032 (0.048)	0.064
基本周期大于 5.0s 的结构	0.006	0.012 (0.018)	0.024 (0.036)	0.048

注   1. 基本周期介于 3.5s 和 5.0s 之间的结构，应允许线性插入取值。

      2. 7、8 度时括号内数值分别用于设计基本地震加速度为 0.15g 和 0.30g 的地区。

5. 动力时程分析法

动力时程分析法是将地震动记录或人工地震波作用在结构上，直接对结构运动方程进行积分，求得结构任意时刻地震反应的分析方法，根据是否考虑结构的非线性行为，该法又可分为线性动力时程分析和非线性动力时程分析两种。该方法是借助于强震台网收集到的地震记录和电子计算机，于 20 世纪 50 年代末由美国的 G. W. Housner 提出的。随着计算手段的不断发展和对结构地震反应认识的不断深入，该方法越来越受到重视，特别是对体系复杂结构的非线性地震反应，动力时程分析方法还是理论上唯一可行的分析方法，目前很多国家都将此方法列为规范采用的分析方法之一。虽然非线性时程分析方法是一种十分有效的方法，且到目前为止也是工程人员所能使用的十分精确的方法，但由于方法的复杂性等原因，其在实际工程抗震设计中的应用还受到许多的限制，同时，有很多问题有待进一步研究，如地震动的输入，在进行动力弹塑性分析时构件恢复力模型的确定等。

3.3.6 结构自振周期计算

当采用振型分解反应谱法计算时，结构的自振周期一般通过计算程序确定；在采用底部剪力法计算时，只需要基本自振周期，常常可以采用近似计算方法。不论采用何种方法，由于在结构计算时只考虑了主要承重结构的刚度，而刚度很大的砌体填充墙的刚度在计算中未予以反映，因此计算所得的周期比实际周期长，如果按计算周期直接计算地震作用，将偏于不安全。因此，计算各振型地震影响系数所采用的结构自振周期应考虑非承重墙体的刚度影响予以折减，乘以周期折减系数 Ψ_T。

周期折减系数取决于结构形式和砌体填充墙的多少。框架结构主体刚度较小，刚度影响较大，实测周期一般只是计算周期的 $50\% \sim 60\%$；相反，剪力墙结构具有很大的刚度，少数甚至没有砌体填充墙，因此实测周期接近计算周期。当非承重墙体为填充砖墙时，高层建筑结构各振型的计算自振周期折减系数 Ψ_T 可按下列规定取值：

框架结构 $\Psi_T = 0.6 \sim 0.7$

框架-剪力墙结构 $\Psi_T = 0.7 \sim 0.8$

框架-核心筒结构 $\Psi_T = 0.8 \sim 0.9$

剪力墙结构　　　　　　　　　　　　$\Psi_T = 0.8 \sim 01.0$

当采用其他非承重填充墙时，建议框架结构取 0.8～0.9；框架-剪力墙结构取 0.9～1.0；剪力墙结构取 1.0。对于其他结构体系，可根据工程情况确定周期折减系数。

对于质量与刚度沿高度分布比较均匀的框架结构、框架-剪力墙结构和剪力墙结构，其基本自振周期可按下式计算

$$T_1 = 1.7\Psi_T \sqrt{u_T} \tag{3.33}$$

式中　T_1——结构基本自振周期，s；

u_T——假想的结构顶点水平位移，m，即假想把集中在各楼层处的重力荷载代表值 G_i 作为该楼层水平荷载按照弹性方法计算的结构顶点水平位移；

Ψ_T——考虑非承重墙刚度对结构自振周期影响的折减系数。

结构初步设计时，其基本自振周期也可采用根据实测资料并考虑地震作用影响的经验公式确定。

3.3.7　竖向地震作用计算

震害表明，竖向地震作用对高层建筑结构有很大影响；在高烈度地震区，影响更为强烈。JGJ 3—2010 规定，竖向地震作用一般只在 9 度设防区的建筑物中考虑；但对高层建筑中的长悬臂及大跨度构件，竖向地震的作用不容忽视，在 8 度及 9 度设防时都应计算。

（1）9 度抗震设防时，结构竖向地震作用如图 3.7 所示。高层建筑结构的竖向地震作用可采用类似于水平地震作用时的底部剪力法进行计算，也就是先求出结构的总竖向地震作用，再在各质点上进行分配。总竖向地震作用标准值可按下列公式计算

$$F_{EVk} = \alpha_{Vmax} G_{eq} \tag{3.34}$$

$$G_{eq} = 0.75 G_E \tag{3.35}$$

$$\alpha_{Vmax} = 0.65 \alpha_{max} \tag{3.36}$$

式中　F_{EVk}——结构总竖向地震作用标准值；

α_{Vmax}——结构竖向地震影响系数最大值；

G_{eq}——结构总等效重力荷载代表值；

G_E——结构总重力荷载代表值，应取各质点重力荷载代表值之和。

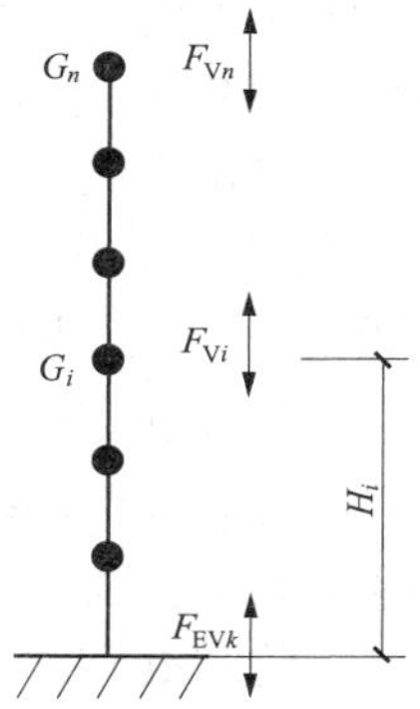

图 3.7　结构竖向地震作用计算示意图

结构质点 i 的竖向地震作用标准值可按下式计算

$$F_{Vi} = \frac{G_i H_i}{\sum_{j=1}^{n} G_j H_j} F_{EVk} \tag{3.37}$$

式中　F_{Vi}——质点 i 的竖向地震作用标准值；

G_i、G_j——集中于质点 i、j 的重力荷载代表值；

H_i、H_j——质点 i、j 的计算高度。

楼层各构件的竖向地震作用效应可按各构件承受的重力荷载代表值比例分配，并宜乘以增大系数 1.5。

（2）8 度及 9 度抗震设防时，水平长悬臂构件、大跨度结构及结构上部楼层外挑部分考虑竖向地震作用时，竖向地震作用的标准值可分别取该结构或构件承受的重力荷载代表值的

10%和20%进行计算。

3.4 温度和其他作用

建筑结构使用周期内，温差、材料收缩、不均匀沉降等都会使结构产生内力。实际工程设计过程中一般不计算由温度、收缩产生的结构内力。大量经验说明，多层建筑的温差作用可以忽略不计；9～30层建筑物只要设计、施工及材料等方面综合技术措施适当，内力计算时可忽略其影响；30层以上的超高层建筑，必须考虑温度的影响。

在高层建筑中，减少温差作用的综合技术措施有：

(1) 平面和立面布置合理，避免截面的突变。

(2) 合理布置结构形式，降低结构约束程度以减小约束应力。

(3) 在屋顶、顶层、山墙和檐墙端开间等受温度变化影响较大的部位提高配筋率。

(4) 优先选择有利于抗拉性能的混凝土级配，减小坍落度，对于超长结构采用后浇带施工或将结构划分为长度较短的区段施工。

高层建筑结构中应尽量避免设沉降缝解决不均匀沉降的影响。减少由于地基不均匀沉降产生的结构内力的技术措施有：

(1) 利用压缩性小的地基，减小沉降量及沉降差。

(2) 有不同高度及基础设计成整体的结构，在施工时将它们暂时断开，待主体结构施工完毕后，已完成大部分沉降量以后再浇灌连接部位的混凝土。

(3) 将裙房做在高层建筑的悬挑基础上，达到裙房与高层部分沉降一致。

在抗震设计中，高层建筑宜调整平面形状和结构布置避免结构不规则，不设防震缝。当必须设缝时，已将防震缝将其划分为较简单的结构单元，满足以下要求：

(1) 防震缝宽度必须符合 JGJ 3—2010 的规定。

(2) 防震缝两侧结构体系不同时，其宽度应按不利的结构类型确定；防震缝两侧的房屋高度不同时，其宽度应按较低的房屋高度确定。

(3) 防震缝宜沿房屋全高布置；地下室、基础可不设防震缝，但在与上部防震缝对应处应加强构造和连接。

(4) 当结构单元之间或主楼与裙房之间如无可靠措施，不应采用牛腿托梁的做法。

习　　题

3.1 简述抗震设计的三水准和二阶段设计方法。

3.2 计算地震作用的方法有哪些？如何选用？什么情况下应采用动力时程分析法？在什么情况下需要考虑竖向地震作用效应？

3.3 为什么要限制结构在正常情况下的水平位移？哪些结构需进行罕遇地震下的薄弱层变形验算？

3.4 为什么抗震结构的延性要求不通过计算延性比来实现？

3.5 高层结构计算时，基本风压、风荷载体形系数和高度变化系数应分别如何取值？

3.6 在计算地震作用时，什么情况下采用动力时程分析法计算，有哪些要求？

3.7　何谓反应谱？底部剪力法和振型分解反应谱法在地震作用计算时有何异同？

3.8　什么是荷载效应组合？有地震作用组合和无地震作用组合表达式是什么？

3.9　某四层钢筋混凝土框架结构，建造于基本烈度为 7 度区，场地为 II 类，设计地震分组为第 2 组的场地上，结构层高和各层重力代表值见图 3.8，取典型一榀框架进行分析，考虑填充墙的刚度影响，结构的基本周期为 0.53s，求各层地震剪力的标准值。

3.10　某 10 层现浇框架-剪力墙结构办公楼，其平面及剖面如图 3.9 所示。当地基本风压为 $0.7kN/m^2$，地面粗糙度 A 类，求在图示风向作用下，建筑物各楼层的风力标准值。

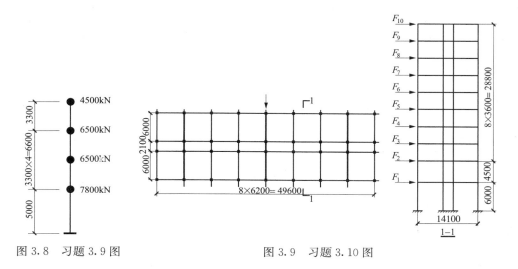

图 3.8　习题 3.9 图　　　　　　　　图 3.9　习题 3.10 图

第4章 高层建筑结构的计算分析和设计要求

4.1 高层建筑结构的计算分析

随着高层建筑的快速发展，结构层数越来越多，高度越来越大，平面布置和立面体形越来越复杂，从而使结构计算分析的重要性越来越明显，用计算机进行计算分析已成为高层建筑结构设计不可或缺的手段。在计算机和计算机软件广泛应用的条件下，除了要根据具体工程情况，选择使用合适、可靠的计算分析软件外，还应对计算软件产生的计算结果从力学概念和工程经验等方面加以分析判断，确认其合理性和可靠性，方可用于工程设计。工程经验上的判断一般包括结构整体位移、结构楼层剪力、振型形态和位移形态、结构自振周期、超筋超限情况等。

4.1.1 结构计算原则

高层建筑结构可按下述原则计算：

（1）内力与变形可按弹性方法计算，截面设计则应考虑材料弹塑性性质。

（2）对于比较柔软的结构，要考虑重力二阶效应的不利影响。

（3）复杂结构和混合结构高层建筑的计算分析，除应符合本章要求外，尚应符合后面章节的有关规定。

（4）框架梁及连梁等构件可考虑局部塑性变形引起的内力重分布。

4.1.2 结构计算模型

高层建筑结构的计算模型很多，如质点系模型、刚片系模型、杆系模型、有限元模型等。高层建筑结构分析模型应根据结构实际情况确定。所选取的分析模型应能较准确地反映结构中各构件的实际受力情况。高层建筑结构分析，常用的计算模型有平面结构空间协同模型、空间杆系模型、空间杆-薄壁杆系模型、空间杆-墙板元模型及其他组合有限元模型等计算模型。例如：对于平面和立面布置简单规则的框架结构、框架-剪力墙结构，可采用平面或空间协同计算模型；对剪力墙结构、筒体结构和复杂布置的框架结构、框架-剪力墙结构，应采用空间分析模型。

高层建筑的楼、屋面绝大多数为现浇钢筋混凝土楼板和有现浇面层的预制装配整体式楼板，进行高层建筑内力与位移计算时，可视其为水平放置的深梁，具有很大的面内刚度，可近似认为楼板在其自身平面内为无限刚性。计算分析和工程实践证明，对很多高层建筑结构采用刚性楼（屋）面板假定进行分析可满足工程精度的要求。若采用刚性楼（屋）面板假定进行结构分析，设计上应采取必要的措施保证楼（屋）面的整体刚度，如结构平面宜简单、规则、对称，平面长度不宜过长，突出部分长度不宜过大；宜采用现浇钢筋混凝土楼板和有现浇面层的装配整体式楼板；对局部削弱的楼面，可采取楼板局部加厚、设置边梁、加大楼板配筋等措施。

对于楼板有效宽度较窄的环形楼面，或其他有大开洞楼面，有狭长外伸楼段楼面、局部变窄产生薄弱连接的楼面、连体结构的狭长连接体楼面等场合，因楼板面内刚度有较大削弱且不均匀。根据楼面结构的实际情况，楼板平面内变形可全考虑或仅部分楼层考虑或仅部分楼层的部分区域考虑。考虑楼板平面内的实际刚度可采用将楼板等效为剪弯水平深梁的简化方法，也可采用有限单元法进行计算。当需要考虑楼板平面内变形而计算中采用了楼板平面内刚度无限刚性的假定时，应对所得的计算结果进行适当调整，一般可对楼板削弱部位的侧向刚度相对较小的结构构件适当增大计算内力，加强配筋和构造措施。

　　高层建筑结构按空间整体工作计算时，应考虑下列变形：梁的弯曲、剪切、扭转变形，当考虑楼板平面内变形时，还有轴向变形；柱和墙的弯曲、剪切、轴向和扭转变形。高层建筑层数多，质量大，柱、墙沿高度累积的轴向变形影响显著，计算时应予以考虑。

　　构件内力是与其变形相对应的，分别为弯矩、剪力、轴力、扭矩等，这些内力是构件截面承载力计算的基础，如梁的弯、剪、扭，柱的压拉、弯、剪、扭，墙肢的压拉、弯、剪等。

　　对体形复杂、结构布置复杂的高层建筑结构，如结构平面不规则、竖向不规则等，其受力情况较为复杂，应采用至少两个不同力学模型的结构分析软件进行整体计算分析，以相互比较和校核，确保力学分析的可靠性。

　　带加强层或转换层的高层建筑结构、错层结构、连体和立面开洞结构、多塔楼结构等均属复杂高层建筑结构，其竖向刚度变化大、受力复杂、易形成薄弱部位；B 级高度的高层建筑结构工程经验不多，其整体计算分析应从严要求。因此，竖向不规则高层建筑结构、复杂高层建筑结构和 B 级高度的高层建筑结构的计算分析，应符合下列要求：

　　（1）应采用至少两个不同力学模型的三维空间分析软件进行整体内力和位移计算。

　　（2）抗震计算时，宜考虑平扭耦联计算结构的扭转效应，振型数不应小于 15，对多塔楼结构的振型数不应小于塔楼数的 9 倍，且计算振型数应使振型参与质量不小于总质量的 90%。

　　（3）应采用弹性时程分析法进行补充计算。

　　（4）宜采用弹塑性静力或动力分析方法验算薄弱层弹塑性变形。

　　对受力复杂的结构构件，如竖向布置复杂的剪力墙、加强层构件、转换层构件、错层构件、连接体及其相关构件等，由于采用杆系模型整体分析不能较准确地获取其内力分布，对这些构件，除整体分析外，尚应按有限元等方法进行局部应力分析，并据此进行截面配筋设计校核。

　　计算机和结构分析软件应用已十分普及，高层分析一般用 SATWE、PMSAP、ETABS、迈达斯；钢结构比较流行的用 3D3S、MTS、STS、perform-3D；有限元分析用 ANSYS 和 ABAQUS。结构设计时，除了选用可靠的结构分析软件外，还应对软件的计算结果从力学概念和工程经验等方面加以分析判断，确认其合理、有效后方可作为工程设计的依据。如对结构整体位移、结构楼层剪力、振型形态和位移形态、结构自振周期、超筋情况等计算结果进行工程经验判断。

4.2　荷载效应和地震作用效应的组合

　　结构或结构构件在使用期间，可能遇到同时承受永久荷载和两种以上可变荷载的情况。但这些荷载同时都达到它们在设计基准期内的最大值的概率较小，且对某些控制截面来说，并非全部可变荷载同时作用时其内力最大。按照概率统计和可靠度理论把各种荷载效应按一定规律加以组合，就是荷载效应组合。

各种荷载标准值单独作用产生的内力及位移称为荷载效应标准值，结构计算时，应首先分别计算各种荷载作用下产生的荷载效应，然后将各项荷载效应乘以分项系数和组合系数进行组合得到结构或构件的内力设计值。分项系数是考虑各种荷载可能出现超过标准值的情况而确定的荷载效应增大系数，而组合系数则是考虑某些荷载同时作用的概率较小，故荷载组合时要乘以小于 1 的系数。

在持久设计状况和短暂设计状况下，当荷载与荷载效应按线性关系考虑时，荷载基本组合的效应设计值应按下式确定：

（1）无地震作用效应组合时

$$S_d = \gamma_G S_{Gk} + \gamma_L \Psi_Q \gamma_Q S_{Qk} + \Psi_w \gamma_w S_{wk} \tag{4.1}$$

式中　　S_d——荷载效应组合的设计值；

γ_G、γ_Q、γ_w——永久荷载、楼面活荷载和风荷载的分项系数，其取值见表 4.1；

γ_L——考虑结构设计使用年限的荷载调整系数，设计使用年限为 50 年时取 1.0，设计使用年限为 100 年时取 1.1；

S_{Gk}——永久荷载效应标准值；

S_{Qk}——楼面活荷载效应标准值；

S_{wk}——风荷载效应标准值；

Ψ_Q、Ψ_w——楼面活荷载组合值系数和风荷载组合值系数，当永久荷载效应起控制作用时应分别取 0.7 和 0.0，当可变荷载效应起控制作用时应分别取 1.0 和 0.6 或 0.7 和 1.0。

对书库、档案库、储藏库、通风机房和电梯机房，本条楼面活荷载组合值系数取 0.7 的场合应取为 0.9。

表 4.1　　　　　　　　　　　　　　无地震作用时的分项系数

情况		分项系数值
承载力计算时	永久荷载的分项系数 γ_G：	
	其效应对结构不利且由可变荷载效应控制的组合	1.2
	其效应对结构不利且由可变荷载效应控制的组合	1.35
	其效应对结构有利	1.0
	楼面活荷载的分项系数 γ_Q	1.4
	风荷载的分项系数 γ_w	1.4
位移计算时	各项的分项系数 γ_G、γ_Q、γ_w	1.0

（2）有地震作用效应组合时

$$S = \gamma_G S_{GE} + \gamma_{Eh} S_{Ehk} + \gamma_{Ev} S_{Evk} + \Psi_w \gamma_w S_{wk} \tag{4.2}$$

式中　　　　S——荷载效应和地震作用效应组合的设计值；

S_{GE}——重力荷载代表值的效应；

S_{Ehk}——水平地震作用标准值的效应，尚应乘以相应的增大系数和调整系数；

S_{Evk}——竖向地震作用标准值的效应，尚应乘以相应的增大系数和调整系数；

γ_G、γ_w、γ_{Eh}、γ_{Ev}——重力荷载、风荷载、水平地震作用、竖向地震作用的分项系数，承载能力计算时，可按表 4.2 采用，当重力荷载效应对结构承载力有利时，表 4.2 中 γ_G 不应大于 1.0，位移计算时，各分项系数均取 1.0；

　　　　Ψ_w——风荷载的组合系数，一般取 0.0，对 60m 以上的高层建筑取 0.2。

表 4.2　　　　　　　　　**有地震作用效应组合时荷载和作用分项系数表**

所考虑的组合	γ_G	γ_{Ek}	γ_{Ev}	γ_w	说明
重力荷载及水平地震作用	1.2	1.3	不考虑	不考虑	抗震设计的高层建筑结构均应考虑
重力荷载及竖向地震作用	1.2	不考虑	1.3	不考虑	9 度抗震设防时考虑；水平长悬臂结构 8、9 度抗震设计时考虑
重力荷载、水平地震及竖向地震作用	1.2	1.3	0.5	不考虑	9 度抗震设防时考虑；水平长悬臂结构 8、9 度抗震设计时考虑
重力荷载、水平地震作用及风荷载	1.2	1.3	不考虑	1.4	60m 以上的高层建筑考虑
重力荷载、水平地震作用、竖向地震作用及风荷载	1.2	0.5	1.3	1.4	60m 以上的高层建筑考虑；9 度抗震设防时考虑；水平长悬臂结构 8、9 度抗震设计时考虑

4.3　高层建筑结构的设计要求

4.3.1　承载力要求

1. 无地震作用时

无地震作用时，结构构件截面承载力设计表达式为

$$\gamma_0 S \leqslant R \tag{4.3}$$

式中　γ_0——结构重要性系数，对安全等级为一级、二级和三级的结构构件，可分别取 1.1、1.0 和 0.9；

　　　R——结构构件抗力的设计值；

　　　S——作用效应组合的设计值。

2. 有地震作用时

抗震设计时，其设计表达式为

$$S \leqslant R / \gamma_{RE} \tag{4.4}$$

式中　γ_{RE}——承载力抗震调整系数，对钢筋混凝土构件，应按表 4.3 的规定采用，当仅考虑竖向地震作用组合时，各类结构构件的承载力抗震调整系数均应取为 1.0。

从理论上来讲，抗震设计中采用的材料强度设计值应高于非抗震设计时的材料强度设计值。但为了应用方便，在抗震设计中仍采用非抗震设计时的材料强度设计值，而是通过引入承载力抗震调整系数 γ_{RE} 来提高其承载力。另外，对轴压比小于 0.15 的偏心受压柱，因柱的变形能力与梁相近，故其承载力抗震调整系数与梁相同。

表 4.3　　　　　　　　　　　　　　承载力抗震调整系数

构件类别	梁	轴压比小于 0.15 的柱	轴压比不小于 0.15柱	剪力墙		各类构件	节点
受力状态	受弯	偏压	偏压	偏压	局部承压	受剪、偏拉	受剪
γ_{RE}	0.75	0.75	0.80	0.85	1.0	0.85	0.85

4.3.2　水平位移限制和舒适度要求

1. 弹性位移验算

高层建筑层数多、高度大，为保证高层建筑结构具有必要的刚度，应对其层间位移加以控制。这个控制实际上是对构件截面大小、刚度大小控制的一个相对指标。

在国外一般对层间位移角（剪切变形角）加以限制，而不包括建筑物整体弯曲产生的水平位移，数值较宽松。

为了保证高层建筑中的主体结构在多遇地震作用下基本处于弹性受力状态，以及填充墙、隔墙和幕墙等非结构构件基本完好，避免产生明显损伤，应限制结构的层间位移；考虑层间位移控制是一个宏观的侧向刚度指标，为便于设计人员在工程设计中应用，可采用层间最大位移与层高之比 $\Delta u/h$，即层间位移角 θ 作为控制指标。在风荷载或多遇地震作用下，高层建筑按弹性方法计算的楼层层间最大位移应符合下式要求

$$\Delta u_e \leqslant [\theta_e]h \tag{4.5}$$

式中　Δu_e——风荷载或多遇地震作用标准值产生的楼层内最大的层间弹性位移；

h——计算楼层层高；

$[\theta_e]$——弹性层间位移角限值，宜按表 4.4 采用。

表 4.4　　　　　　　　　　　　　　弹性层间位移角限值

结构类型	$[\theta_e]$
钢筋混凝土框架	1/550
钢筋混凝土框架-抗震墙，板柱-抗震墙，框架-核心筒	1/800
钢筋混凝土抗震墙，筒中筒	1/1000
钢筋混凝土框支层	1/1000
多、高层钢结构	1/300

在正常使用条件下，限制高层建筑结构层间位移的主要目的有两点：首先要保证主结构基本处于弹性受力状态。对钢筋混凝土结构来讲，就是要避免混凝土墙或柱出现裂缝；与此同时要将混凝土梁等楼面构件的裂缝数量、宽度和高度限制在规范允许范围之内。其次，要保证填充墙、隔墙和幕墙等非结构构件的完好，避免产生明显损伤。

高度不大于 150m 的常规高度高层建筑的整体弯曲变形相对影响较小，层间位移角限值按不同的结构体系在 1/1000～1/550 之间分别取值。但当高度超过 150m 时，弯曲变形产生的侧移有较快增长，所以超过 250m 高度的建筑，层间位移角按 1/500 作为限值。150～250m 高度的高层建筑按线性插入法考虑。

2. 弹塑性位移限值和验算

震害表明，结构如果存在薄弱层，在强烈地震作用下，结构薄弱部位将产生较大的弹塑性变形，会导致结构构件严重破坏甚至引起房屋倒塌。为此，结构薄弱层（部位）层间弹塑

性位移应符合下式要求

$$\Delta u_{p} \leqslant [\theta_{p}]h \tag{4.6}$$

式中　Δu_{p}——层间弹塑性位移；

　　　　$[\theta_{p}]$——层间弹塑性位移角限值，可按表 4.5 采用，对框架结构，当轴压比小于 0.40 时，可提高 10%，当柱子全高的箍筋构造采用比规定的框架柱箍筋最小含箍特征值大 30% 时，可提高 20%，但累计不超过 25%。

表 4.5　　　　　　　　　　　层间弹塑性位移角限值 $[\boldsymbol{\theta}_{p}]$

结构类别	$[\theta_{p}]$
框架结构	1/50
框架-剪力墙结构、框架-核心筒结构、板柱-剪力墙结构	1/100
剪力墙结构和筒中筒结构	1/120
框支层	1/120

7～9 度时，楼层屈服强度系数小于 0.5 的框架结构；甲类建筑和 9 度抗震设防的乙类建筑结构；采用隔震和消能减震技术的建筑结构均应进行弹塑性变形验算。竖向不规则高层建筑结构；7 度 Ⅲ、Ⅳ 类场地和 8 度抗震设防的乙类建筑结构；板柱-剪力墙结构等宜进行弹塑性变形验算，此处，楼层屈服强度系数 ξ_{y} 按下式计算

$$\xi_{y} = V_{y}/V_{e} \tag{4.7}$$

式中　V_{y}——按构件实际配筋和材料强度标准值计算的楼层受剪承载力；

　　　　V_{e}——按罕遇地震作用计算的楼层弹性地震剪力。

（1）弹塑性变形计算的简化方法。该方法适用于不超过 12 层，且层侧向刚度无突变的框架结构。结构的薄弱层或薄弱部位，对楼层屈服强度系数沿高度分布均匀的结构，可取底层；对楼层屈服强度系数沿高度分布不均匀的结构，可取该系数最小的楼层（部位）和相对较小的楼层，一般不超过 2～3 处。

层间弹塑性位移可按下列公式计算

$$\Delta u_{p} = \eta_{p} \Delta u_{e} \tag{4.8a}$$

或

$$\Delta u_{p} = \mu \Delta u_{y} = \frac{\eta_{p}}{\xi_{y}} \Delta u_{y} \tag{4.8b}$$

式中　Δu_{p}——层间弹塑性位移；

　　　　Δu_{y}——层间屈服位移；

　　　　μ——楼层延性系数；

　　　　Δu_{e}——罕遇地震作用下按弹性分析的层间位移，计算时水平地震影响系数最大值应按表 3.8 采用；

　　　　η_{p}——弹塑性位移增大系数，当薄弱层（部位）的屈服强度系数不小于相邻层（部位）该系数平均值的 0.8 时，可按表 4.6 采用，当不大于该平均值的 0.5 时，可按表内相应数值的 1.5 倍采用，其他情况可采用内插法取值。

表 4.6　　　　　　　　　　结构的弹塑性位移增大系数 η_p

ξ_y	0.5	0.4	0.3
η_p	1.8	2.0	2.2

（2）弹塑性变形计算的弹塑性分析法。当弹塑性变形计算的简化方法不适用时，可采用结构的弹塑性分析方法。该方法的基本原理是以结构构件、材料的实际力学性能为依据，得出相应的非线性本构关系，建立变形协调方程和力学平衡方程，求解结构在各个阶段的变形和受力变化，必要时可考虑结构和构件几何非线性的影响。目前，一般可采用的方法有静力弹塑性分析方法（如 Push-over 方法）和弹塑性动力时程分析方法。但由于准确地确定结构各个阶段的水平地震作用力模式和本构关系较为复杂，且现有的分析软件还不够成熟和完善，计算工作量大，计算结果的整理、分析、判断和使用也都比较复杂，因此，弹塑性分析方法的普遍应用还受到较大的限制。

采用弹塑性动力分析方法进行薄弱层验算时，应按建筑场地类别和设计地震分组选用不少于两组实际地震波和一组人工模拟的地震波的加速度时程曲线，且地震波持续时间不宜少于 12s，数值化时距可取为 0.01s 或 0.02s；输入地震波的最大加速度，可按表 4.7 采用。

在计算弹塑性变形时，对需要考虑重力二阶效应的不利影响，但在计算中难以考虑时，应将未考虑二阶效应计算的弹塑性变形乘以增大系数 1.2。

表 4.7　　　　　弹塑性动力时程分析时输入地震加速度的最大值 a_{max}

抗震设防烈度	6 度	7 度	8 度	9 度
a_{max}（cm/s²）	125	220（310）	400（510）	620

注　7、8 度时括号内数值分别对应于设计基本加速度为 0.15g 和 0.30g 的地区。

3. 舒适度要求

高层建筑在风荷载作用下将产生振动，过大的振动加速度将使在高层建筑内居住的人们感觉不舒服，甚至不能忍受，表 4.8 为两者之间的关系。

表 4.8　　　　　　　　　　舒适度与风振加速度关系

不舒适的程度	建筑物的加速度
无感觉	$<0.005g$
有感觉	$0.005g\sim0.015g$
扰人	$0.015g\sim0.05g$
十分扰人	$0.05g\sim0.15g$
不能忍受	$>0.15g$

参照国外研究成果和有关标准，JGJ 3—2010 规定，高度超过 150m 的高层建筑结构应具有良好的使用条件，以满足舒适度要求，按 10 年一遇的风荷载取值计算的顺风向与横风向结构顶点最大加速度 a_{max} 不应超过表 4.9 的限值。必要时，可通过专门风洞试验结果计算确定顺风向与横风向结构顶点最大加速度 a_{max}。

表 4.9 结构顶点最大加速度限值 $a_{\max}$

使用功能	$a_{\max}(\mathrm{m/s^2})$
住宅、公寓	0.15
办公、旅馆	0.25

4.3.3　整体稳定和倾覆问题

1. 重力二阶效应及结构稳定

重力二阶效应一般包括两部分：①由于构件自身挠曲引起的附加重力效应，即 $P-\delta$ 效应，二阶内力与构件挠曲形态有关，一般是构件的中间大，两端为零；②在水平荷载作用下结构产生侧移后，重力荷载由于该侧移而引起的附加效应，即 $P-\Delta$ 效应。分析表明，对于一般高层建筑结构而言，挠曲二阶效应的影响相对较小，而重力荷载因结构侧移产生的 $P-\Delta$ 效应相对较大，可使结构的内力和位移增加，当位移较大、竖向构件出现显著的弹塑性变形时，甚至导致结构失稳。因此，高层建筑结构构件的稳定设计，主要是控制和验算结构在风或地震作用下，重力 $P-\Delta$ 效应对结构构件性能的降低及由此可能引起的结构构件失稳。

控制结构有足够的侧向刚度，宏观上有两个容易判断的指标：①结构侧移应满足规程的位移限制条件；②结构的楼层剪力与该层及其以上各层重力荷载代表值的比值（即楼层剪重比），应满足最小规定。一般情况下，满足了这些规定，即可基本保证结构的整体稳定性，且重力二阶效应的影响较小。

（1）高层建筑结构的临界荷重。高层建筑结构的高宽比一般为 $3\sim8$，可视为具有中等长细比的悬臂杆。这种悬臂杆的整体失稳或整体楼层失稳形态有三种可能：剪切型、弯曲型和弯剪型。在水平力作用下，高层剪力墙结构的变形形态一般为弯曲型或弯剪型。框架结构的失稳形态一般为剪切型；剪力墙结构的失稳形态为弯曲型或弯剪型，取决于结构体系中剪力墙的类型；框架-剪力墙、框架-筒体等含有剪力墙或筒体的结构，其失稳形态一般为弯剪型。

1）剪切型失稳的临界荷载。这种失稳通常表现为整体楼层的失稳，框架的梁、柱因双曲率弯曲产生层间侧移而使整个楼层屈曲。若不考虑柱子轴向变形的影响，则临界荷载可近似表达为

$$\Big(\sum_{j=i}^{n}G_j\Big)_{\mathrm{cr}}=D_ih_i \tag{4.9}$$

式中　$\Big(\sum\limits_{j=i}^{n}G_j\Big)_{\mathrm{cr}}$——第 i 层的临界荷载，等于第 i 楼层及其以上各楼层重力荷载的总和；

　　　　D_i——第 i 层的侧向刚度；

　　　　h_i——第 i 层的层高。

2）弯曲型和弯剪型失稳的临界荷载。剪力墙结构、框架-剪力墙结构和筒体结构属于弯剪型结构。弯曲型悬臂杆的临界荷载可由欧拉公式确定，即

$$P_{\mathrm{cr}}=\pi^2EJ/(4H^2) \tag{4.10}$$

式中　P_{cr}——作用在悬臂杆顶部的竖向临界荷载；

　　　　EJ——悬臂杆的弯曲刚度；

H——悬臂杆的高度，即房屋高度。

如用沿楼层均匀分布的重力荷载之和表示作用在顶部的临界荷载，则可近似地取

$$P_{cr} = \frac{1}{3} \left(\sum_{j=i}^{n} G_j \right)_{cr} \tag{4.11}$$

令式（4.10）等于式（4.11），则得

$$\left(\sum_{i=1}^{n} G_i \right)_{cr} = \frac{3\pi^2 EJ}{4H^2} = 7.4 \frac{EJ}{H^2} \tag{4.12}$$

对于弯剪型悬臂杆，可近似用 EJ_d 等效侧向刚度取代式（4.12）的弯曲刚度 EJ。作为临界荷载的近似计算公式，对弯曲型和弯剪型悬臂杆可统一表示为

$$\left(\sum_{i=1}^{n} G_i \right)_{cr} = 7.4 \frac{EJ_d}{H^2} \tag{4.13}$$

（2）影响效应及结构稳定的主要参数 $P - \Delta$。考虑效应后，结构的侧移可近似用下列公式表示。对于弯剪型结构 $P - \Delta$

$$u_i^* = \frac{1}{1 - \sum_{j=i}^{n} G_j / \left(\sum_{j=n}^{n} G_j \right)_{cr}} u_i \tag{4.14}$$

对于剪切型结构

$$\Delta u_i^* = \frac{1}{1 - \sum_{j=i}^{n} G_j / \left(\sum_{j=n}^{n} G_j \right)_{cr}} \Delta u_i \tag{4.15}$$

式中　u_i^*、u_i——考虑 $P - \Delta$ 效应和不考虑 $P - \Delta$ 效应的结构侧移；

Δu_i^*、Δu_i——考虑 $P - \Delta$ 效应和不考虑 $P - \Delta$ 效应的结构第 i 层的层间位移。

将式（4.13）代入式（4.14）、式（4.9）代入式（4.15）可分别得

弯剪型结构

$$u^* = \frac{1}{1 - 0.14 H^2 \sum_{j=i}^{n} G_j / (EJ_d)} \Delta u \tag{4.16}$$

剪切型结构

$$D_i \geqslant 20 \sum_{j=i}^{n} G_j / h_i \ (i = 1, \ 2, \ \cdots, \ n) \tag{4.17}$$

作为近似计算，在水平荷载用下，考虑 $P - \Delta$ 效应后结构构件的弯矩 M^* 与不考虑效应的弯矩 $P - \Delta$ 之间的关系可表示为：

弯剪型结构

$$M^* = \frac{1}{1 - \dfrac{0.135}{EJ_d / \left(H^2 \sum_{i=1}^{n} G_i \right)}} M \tag{4.18}$$

剪切型结构

$$M^* = \cfrac{1}{1 - \cfrac{1}{D_i h_i / \sum\limits_{i=1}^{n} G_i}} M \qquad (4.19)$$

由式（4.16）、式（4.18）和式（4.17）、式（4.19）可知，结构的侧向刚度与重力荷载之比 $EJ_d/(H^2\sum\limits_{i=1}^{n} G_i)$ 和 $D_i h_i / \sum\limits_{i=1}^{n} G_i$，即刚重比是影响 P - Δ 效应的主要因素。

为了分析 P - Δ 效应的影响，将式（4.16）和式（4.17）改为位移增量（P - Δ 效应）与刚重比的关系，并绘制成曲线，如图 4.1（a）、（b）所示。图 4.1 中左侧平行于竖轴的直线为双曲线的渐近线，其方程分别是式（4.13）和式（4.9），即结构临界荷载的近似表达式。由图 4.1 可知，P - Δ 效应（位移增量或附加位移）随结构刚重比的降低呈双曲线关系而增加。如控制结构刚重比，使位移（或内力）增幅小于 10% 或 15%，则在其限值内 P - Δ 效应随结构刚重比降低而引起的增加比较缓慢；如超过上述限值结构刚重比继续降低，则会使 P - Δ 效应增幅加快，甚至引起结构失稳。因此，控制结构刚重比是结构稳定设计的关键。

（3）可不考虑 P - Δ 效应的结构刚重比要求。由图 4.1 可知，当弯剪型结构的刚重比大于 2.7、剪切型结构的刚重比大于 20 时，重力效应引起的内力和位移增量在 5% 以内；当考虑结构实际刚度折减 50% 时，结构内力增量也可控制在 10% 以内。因此，JGJ 3—2010 规定，在水平荷载作用下，当高层建筑结构满足下列规定时，可不考虑重力二阶效应的不利影响。

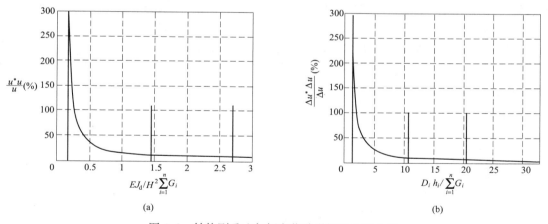

图 4.1　结构刚重比与侧向位移增幅的关系曲线

剪力墙结构、框架-剪力墙结构、筒体结构

$$EJ_d \geqslant 2.7H^2 \sum_{i=1}^{n} G_i \qquad (4.20)$$

框架结构

$$D_i \geqslant 20 \sum_{j=i}^{n} G_j / h_i \quad (i = 1, 2, \cdots, n) \qquad (4.21)$$

式中　　EJ_d——结构一个主轴方向的弹性等效侧向刚度，可按倒三角形分布水平荷载作用下
　　　　　　　　结构顶点位移相等的原则，将结构的侧向刚度折算为竖向悬臂受弯构件的等
　　　　　　　　效侧向刚度；

　　　　　　H——房屋总高度；

　　　　　h_i——第 i 楼层层高；

　　G_i、G_j——第 i、j 楼层重力荷载设计值；

　　　　　D_i——第 i 楼层的弹性等效侧向刚度，可取该层剪力与层间位移的比值；

　　　　　n——结构计算总层数。

（4）结构整体稳定要求。由图 4.1 可知，当弯剪型结构的刚重比小于 1.4、剪切型结构
的刚重比小于 10 时，会导致 P-Δ 效应较快增加，对结构设计是不安全的，是刚重比的下
限条件。因此，JGJ 3—2010 规定，高层建筑结构的稳定应符合下列要求。

剪力墙结构、框架-剪力墙结构、简体结构

$$EJ_d \geqslant 1.4H^2 \sum_{i=1}^{n} G_i \tag{4.22}$$

框架结构

$$D_i \geqslant 10 \sum_{j=i}^{n} G_j / h_i \quad (i=1,\ 2,\ \cdots,\ n) \tag{4.23}$$

如结构满足式（4.22）或式（4.23）的要求，则 P-Δ 效应的影响一般可控制在 20% 以
内，结构的稳定具有适宜的安全储备。若结构的刚重比进一步减小，则 P-Δ 效应将会呈非
线性关系急剧增加，甚至引起结构的整体失稳。应当强调指出，上述规定只是对 P-Δ 效应
影响程度的控制，满足上述要求的结构仍需计算 P-Δ 效应对结构内力和位移的影响。

对于高层建筑结构，可按 JGJ 3—2010 中提出的增大系数法近似考虑 P-Δ 效应的影
响。结构位移可采用未考虑重力二阶效应的计算结果乘以位移增大系数 F_1、F_{11}；结构构件
（梁、柱、剪力墙）端部的弯矩和剪力值，可采用未考虑重力二阶效应的计算结果乘以内力
增大系数。F_1、F_{1i}、F_2、F_{2i} 可分别按下列公式近似计算。

框架结构

$$F_{1i} = \cfrac{1}{1 - \sum\limits_{j=i}^{n} G_j / (D_i h_i)} \quad (i=1,\ 2,\ \cdots,\ n) \tag{4.24}$$

$$F_{2i} = \cfrac{1}{2 - \sum\limits_{j=i}^{n} G_j / (D_i h_i)} \quad (i=1,\ 2,\ \cdots,\ n) \tag{4.25}$$

剪力墙结构、框架-剪力墙结构和简体结构

$$F_1 = \cfrac{1}{1 - 0.14H^2 \sum\limits_{i=1}^{n} G_i / (EJ_d)} \tag{4.26}$$

$$F_2 = \cfrac{1}{1 - 0.28H^2 \sum\limits_{i=1}^{n} G_i / (EJ_d)} \tag{4.27}$$

2. 高层建筑结构的整体倾覆问题

当高层建筑的高宽比较大、风荷载或水平地震作用较大、地基刚度较弱时，则可能出现

倾覆问题。

在设计高层建筑结构时，一般都要控制高宽比。在设计基础时，对于高宽比大于 4 的高层建筑，在地震作用效应标准组合下，基础底面不宜出现零应力区；高宽比不大于 4 的高层建筑，基础底面与地基之间零应力区面积不应超过基础底面面积的 15%。当满足上述条件时，高层建筑结构的抗倾覆能力具有足够的安全储备，不需要进行专门的抗倾覆验算。

4.3.4　结构延性和抗震等级

在地震区，除了要求结构具有足够的承载力和合适的刚度外，还要求它具有良好的延性。延性比 μ 常用来衡量结构或构件塑性变形的能力，是结构抗震性能的一个重要指标；对于延性比大的结构，在地震作用下结构进入弹塑性状态时，能吸收、耗散大量的地震能量，此时结构虽然变形较大，但不会出现超出抗震要求的建筑物严重破坏或倒塌。相反，若结构延性较差，在地震作用下容易发生脆性破坏，甚至倒塌。而同时，在不同的情况下，结构的地震反应会有很大的差别，对抗震的要求则不相同。为了对不同的情况能够区别对待及方便设计，对一般建筑结构延性要求的严格程度可分为四级：很严格（一级）、严格（二级）、较严格（三级）和一般（四级），称为结构的抗震等级。相对于一般建筑而言，高层建筑更柔一些，地震作用下的变形就更大一些，因而对延性的要求就更高一些。因此，JGJ 3—2010 对地区设防烈度为 9 度时的 A 级高度乙类建筑及 B 级高度丙类建筑钢筋混凝土结构又增加了"特一级"抗震等级。抗震设计时，应根据不同的抗震等级对结构和构件采取相应的计算方法和构造措施。

特一级是比一级抗震等级更严格的构造措施。这些措施主要体现在：采用型钢混凝土或钢管混凝土构件提高延性，增大构件配筋率和配箍率，加大强柱弱梁和强剪弱弯的调整系数，加大剪力墙的受弯和受剪承载力，加强连梁的配筋构造等。框架角柱的弯矩和剪力设计值应乘以不小于 1.1 的增大系数。

抗震设计时，高层建筑钢筋混凝土结构构件应根据设防烈度、结构类型和房屋高度采用不同的抗震等级，并应符合相应的计算和构造措施要求。抗震等级的高低，体现了对结构抗震性能要求的严格程度。特殊要求时则提升至特一级，其计算和构造措施比一级更严格。A级高度丙类建筑钢筋混凝土结构的抗震等级应按表 4.10 确定，B 级高度丙类建筑钢筋混凝土结构的抗震等级应按表 4.11 确定。当本地区抗震设防烈度为 9 度时，A 级高度乙类建筑的抗震等级应按表 4.11 规定的特一级采用，甲类建筑应采取更有效的抗震措施。

表 4.10　　　　　　　　　　A 级高度的高层建筑结构抗震等级

结构类型		烈度						
		6 度		7 度		8 度		9 度
		≤30	>30	≤30	>30	≤30	>30	≤25
框架	高度（m）	≤30	>30	≤30	>30	≤30	>30	≤25
	框架	四	三	三	二	二	一	一
框架-剪力墙	高度（m）	≤60	>60	≤60	>60	≤60	>60	≤50
	框架	四	三	三	二	二	一	一
	剪力墙	三		二		一		一
剪力墙	高度（m）	≤80	>80	≤80	>80	≤80	>80	≤60
	剪力墙	四	三	三	二	二	一	一

续表

结构类型			烈度					
			6 度		7 度		8 度	9 度
框支剪力墙	非底部加强部位剪力墙		四	三	三	二	二	不应采用
	底部加强部位剪力墙		三	二	二		一	
	框架支框		二		二	一	一	
筒体	框架-核心筒	框架	三		二		一	一
		核心筒	二		二		一	
	筒中筒	内筒	三		二		一	一
		外筒						
板柱-剪力墙	板柱的柱		三		二		一	不应采用
	剪力墙		二		二		二	

注　1. 接近或等于高度分界时，应结合房屋不规则程度及场地、地基条件适当确定抗震等级。
　　2. 底部带转换层的筒体结构，其框支框架的抗震等级应按表中框支剪力墙结构的规定采用。
　　3. 板柱-剪力墙结构中框架的抗震等级应与表中"板柱的柱"相同。

表 4.11　　　　　　　　　**B 级高度的高层建筑结构抗震等级**

结构类型		烈度		
		6 度	7 度	8 度
框架-剪力墙	框架	二	一	一
	剪力墙	二	一	特一
剪力墙	剪力墙	二	一	一
框支剪力墙	非底部加强部位剪力墙	二	一	一
	底部加强部位剪力墙	一	一	特一
	框架支框		特一	特一
框架-核心筒	框架	二	一	一
	筒体	二	一	特一
筒中筒	外筒	二	一	特一
	内筒	二	一	特一

注　底部带转换层的筒体结构，其框支框架和底部加强部位筒体的抗震等级应按表中框支剪力墙结构的规定采用。

　　需要注意，表 4.10 和表 4.11 中的烈度不完全等于房屋所在地区的设防烈度，此时应根据建筑物的重要性确定。甲、乙类建筑：应按本地区抗震设防烈度提高一度的要求加强抗震措施；当本地区的设防烈度为 9 度时，应符合比 9 度抗震设防更高的要求。当建筑场地为 I 类时，应允许仍按本地区抗震设防烈度的要求采取抗震构造措施。丙类建筑：应符合本地区抗震设防烈度的要求。当建筑场地为 I 类时，除 6 度外，应允许按本地区抗震设防烈度降低一度的要求采取抗震构造措施。

4.4　高层建筑结构的抗震概念设计

　　国内外历次大地震的震害经验已经充分说明，抗震概念设计是决定结构抗震性能的重要因素。目前各国抗震规范中普遍采用的"小震不坏、中震可修、大震不倒"设防水准，被认为是目前处理地震作用高度不确定性的最科学合理的对策，这种设计思想在实践中也已取得巨大的成功。实际上，在发达国家和地区，即使在人口高度密集的城市周边区域，由于绝大多数建筑物按现行的抗震规范设计或加固，重大地震灾害造成的人员伤亡已经明显下降，然而这种设计思想是以保障生命安全，但它可能导致中小震下结构正常使用功能的丧失而引起巨大的经济损失。特别是随着经济的发展，结构内的装修、非结构构件、信息技术装备等费用往往大大超过结构物的费用。

另外，目前的抗震设计中还存在以下局限性：

首先，设计阶段建筑的抗震性能并不明确。目前的抗震设计只是按照规范给出的步骤进行，很少对结构在地震作用下的有关性能进行评估，因为没有对要求的性能进行明确规定。

其次，业主和使用者很难了解建筑的抗震性能，因为没有人向业主和使用者进行说明。

第三，建筑结构的抗震性能没有用来进行经济评估。

4.5　超限高层建筑工程抗震设计

随着城市现代化的不断推进，国内正在大规模地兴建各项高层建筑，由于该建筑对抗震要求比较高，因此，在国内高层建筑的发展历程中，对建筑物的抗震要求及相关理论研究一直是热点话题。为了能够有效避免高层建筑物短柱中发生脆性破坏的问题，有必要对超限高层建筑的设计原则、途径，以及所采用的抗震措施，进行正确的处理，这样才能彻底地提高建筑物中短柱的延性及抗震方面的性能。超限高层建筑工程是指超出国家现行规范、规程所规定的适用高度和适用结构类型的高层建筑工程、体形特别不规则的高层建筑工程，以及有关规范、规程规定应进行抗震专项审查的高层建筑工程。超限高层建筑工程抗震设计时，除遵守国家现有技术标准的要求外，还主要包括超限程度的控制和结构抗震概念设计、结构抗震计算分析和抗震构造措施、地基基础抗震设计，以及必要时须进行结构抗震试验等内容。

4.5.1　超限高层建筑工程的认定和抗震概念设计

1. 超限高层建筑工程的认定

下列工程属于超限高层建筑工程：

（1）房屋高度超过规定，包括超过 GB 50011—2010 第 6 章钢筋混凝土结构、第 8 章钢结构最大适用高度和超过 JGJ 3—2010 第 7 章中有较多短肢墙的剪力墙结构、第 10 章中错层结构及第 11 章混合结构最大适用高度的高层建筑工程。

（2）房屋高度不超过规定，但建筑结构布置属于 GB 50011—2010、JGJ 3—2010 规定的特别不规则的高层建筑工程。

（3）房屋高度大于 24m 且屋盖结构超出《网架结构设计与施工规程》（JGJ 7—1991）和《网壳结构技术规程》（JGJ 61—2003）规定的常用形式的大型公共建筑工程（暂不含轻型的膜结构）。

2. 超限高层建筑工程的控制和抗震概念设计

结构高度超限时，应对其结构规则性的要求从严掌握，高度超过规定的适用高度越多的高层建筑，对其规则性指标的控制应越严；高度未超过最大适用高度但规则性超限的高层建筑，应对结构的不规则程度加以控制，避免采用严重不规则结构。对于严重不规则结构，必须调整建筑方案或结构类型和体系，防止大震下结构倒塌。

（1）各种类型的结构应有其合适的使用高度、单位面积自重和墙体厚度。结构的总体刚度应适当（含两个主轴方向的刚度协调符合规范的要求），变形特征应合理；楼层最大层间位移和扭转位移比符合规范、规程的要求。

（2）应明确多道防线的要求。框架与墙体、筒体共同抗侧力的各类结构中，框架部分地震剪力的调整应依据其超限程度比规范的规定适当增加。主要抗侧力构件中沿全高不开洞的单肢墙，应针对其延性不足采取相应措施。

（3）超高时应从严掌握建筑结构规则性的要求，明确竖向不规则和水平向不规则的程度，应注意楼板局部开大洞导致较多数量的长短柱共用和细腰形平面可能造成的不利影响，避免过大的地震扭转效应。对不规则建筑的抗震设计要求，可依据抗震设防烈度和高度的不同有所区别。主楼与裙房间设置防震缝时，缝宽应适当加大或采取其他措施。

（4）应避免软弱层和薄弱层出现在同一楼层。

（5）转换层应严格控制上下刚度比；墙体通过次梁转换和柱顶墙体开洞，应有针对性的加强措施。水平加强层的设置数量、位置、结构形式，应认真分析比较；伸臂的构件内力计算宜采用弹性膜楼板假定，上下弦杆应贯通核心筒的墙体，墙体在伸臂斜腹杆的节点处应采取措施避免应力集中导致破坏。

（6）多塔、连体、错层等复杂体形的结构，应尽量减少不规则的类型和不规则的程度；应注意分析局部区域或沿某个地震作用方向上可能存在的问题，分别采取相应加强措施。

（7）当几部分结构的连接薄弱时，应考虑连接部位各构件的实际构造和连接的可靠程度，必要时可取结构整体模型和分开模型计算的不利情况，或要求某部分结构在设防烈度下保持弹性工作状态。

（8）注意加强楼板的整体性，避免楼板的削弱部位在大震下受剪破坏；当楼板在板面或板厚内开洞较大时，宜进行截面受剪承载力验算。

（9）出屋面结构和装饰构架自身较高或体形相对复杂时，应参与整体结构分析，材料不同时还需适当考虑阻尼比不同的影响，应特别加强其与主体结构的连接部位。

（10）高宽比较大时，应注意复核地震下地基基础的承载力和稳定。

4.5.2　超限高层建筑工程的抗震计算和抗震构造措施

1. 超限高层建筑工程在计算分析方面的总体要求

（1）应采用两个及两个以上符合结构实际情况的力学模型，且计算程序应经国务院建设行政主管部门鉴定认可。

（2）通过结构各部分受力分布的变化，以及最大层间位移的位置和分布特征，判断结构受力特征的不利情况。

（3）结构各层的地震剪力与其以上各层总重力荷载代表值的比值，应符合抗震规范的要求，Ⅲ、Ⅳ类场地条件时尚宜适当增加。

（4）当7度设防结构高度超过100m、8度设防结构高度超过80m，或结构竖向刚度不连续时，还应采用弹性时程分析法进行多遇地震下的补充计算，所用的地震波应符合规范要求，持续时间一般不小于结构基本周期的5倍，弹性时程分析的结果，一般取多条波的平均值，超高较多或体形复杂时宜取多条时程的包络。

（5）薄弱层地震剪力和不落地构件传给水平转换构件的地震内力的调整系数取值，超高时宜大于规范的规定值。

（6）上部墙体开设边门洞等的水平转换构件，应根据具体情况加强；必要时，宜采用重力荷载下不考虑墙体共同工作的复核。

（7）必要时，应采用静力弹塑性分析或动力弹塑性分析方法确定薄弱部位，弹塑性分析时整体模型应采用三维空间模型。

（8）钢结构和钢-混结构中，钢框架部分承担的地震剪力应依超限程度比规范的规定适当增加。

（9）必要时，应有重力荷载下的结构施工模拟分析。

2. 结构抗震加强措施

（1）对抗震等级、内力调整、轴压比、剪压比、钢材的材质选取等方面的加强，应根据烈度、超限程度和构件在结构中所处部位及其破坏影响的不同，区别对待、综合考虑。

（2）根据结构的实际情况，采用增设芯柱、约束边缘构件、型钢混凝土或钢管混凝土构件，以及减震耗能部件等提高延性的措施。

（3）抗震薄弱部位应在承载力和细部构造两方面有相应的综合措施。

此外，地基和基础的设计方案应符合下列要求：

（1）地基基础类型合理和地基持力层选择可靠。

（2）主楼和裙房设置沉降缝的利弊分析正确。

（3）建筑物总沉降量和差异沉降量控制在允许范围内。

对房屋高度超过规范最大适用高度较多、体形特别复杂或结构类型特殊的结构，应进行小比例的整体结构模型、大比例的局部结构模型的抗震性能试验研究和实际结构的动力特性测试。

习　题

4.1　高层建筑结构的计算原则有哪些？

4.2　高层建筑结构的计算模型有哪些？通常根据什么原则确定结构的计算模型？

4.3　什么是荷载效应组合？什么是荷载效应标准值？荷载基本组合的效应设计值如何确定？有地震作用效应组合和无地震作用效应组合有哪些区别？

4.4　为什么要限制结构在正常情况下的水平位移？

4.5　在高层建筑结构的设计中，承载力设计有什么要求？

4.6　弹塑性位移计算方法有哪些？什么条件下可以采用简化方法来计算薄弱层的弹塑性位移？

4.7　什么情况下需要进行舒适度验算？如何验算？

4.8　影响高层建筑整体稳定性的主要因素是什么？如何进行高层建筑整体稳定性验算？

4.9　重力二阶效应分为哪两部分？分别是什么？

4.10　什么是刚重比，如何采用刚重比进行结构的整体稳定验算？

4.11　什么情况下不需要进行专门的抗倾覆验算？

4.12　为什么抗震设计要区分抗震等级？抗震等级与延性要求是什么关系？

4.13　什么是建筑结构的抗震概念设计？

4.14　什么是超限高层建筑工程？其抗震概念设计有哪些？

第5章 框架结构设计

框架结构布置主要是确定柱在平面上的排列方式（柱网布置）和选择结构承重方案，这些均必须满足建筑平面及使用要求，同时也须使结构受力合理，施工简单。

5.1 框架结构的基本尺寸和承重方案

5.1.1 柱网和层高

框架结构的柱网尺寸，即平面框架的柱距（开间）与跨度（进深）和层高主要由使用要求决定，并应符合一定的模数要求。其原则是力求做到柱网平面简单规则，有利于装配化、定型化和施工工业化。根据使用性质不同，在工业建筑与民用建筑中柱网布置稍有不同。

民用建筑柱网和层高根据建筑使用功能确定。目前，住宅、宾馆和办公楼柱网可划分为小柱网和大柱网两类。小柱网指一个开间为一个柱距，柱距一般为 3.3、3.6、4.0m 等；大柱网指两个开间为一个柱距，柱距通常为 6.0、6.6、7.2、7.5m 等。常用的跨度（房屋进深）有 4.8、5.4、6.0、6.6、7.2、7.5m 等。在一些层数较多、标准较高的高层建筑中，由于标准不同，柱网较难定型，但这类建筑多为现浇结构，灵活性大。

工业建筑的柱网及层高是根据生产工艺要求而定的。车间的柱网有内廊式和等跨式两种。内廊式的边跨跨度一般为 6～8m，中间跨跨度为 2～4m。等跨式的跨度一般为 6～12m。柱距通常为 6m，层高为 3.6～5.4m。

5.1.2 框架结构的承重方案

（1）横向框架承重。主梁沿房屋横向布置，板和连梁沿房屋纵向布置［见图 5.1（a）］。由于竖向荷载主要由横向框架承受，横梁截面高度较大，因而有利于增加房屋的横向刚度。这种承重方案在实际结构中应用较多。

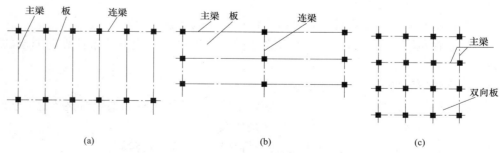

图 5.1 框架结构承重方案

（2）纵向框架承重。主梁沿房屋纵向布置，板和连系梁沿房屋横向布置［见图 5.1（b）］。这种方案对于地基较差的狭长房屋较为有利，且因横向只设置截面高度较小的连系梁，有利于楼层净高的有效利用。但房屋横向刚度较差，实际结构中应用较少。

（3）纵、横向框架承重。房屋的纵、横向都布置承重框架 ［见图 5.1 (c)］，楼盖常采用现浇双向板或井字梁楼盖。当柱网平面为正方形或接近正方形，或楼盖上有较大活荷载时，多采用这种承重方案。

以上是将框架结构视为竖向承重结构（vertical load-resisting structure）来讨论其承重方案的。框架结构同时也是抗侧力结构（lateral load-resisting structure），它可能承受纵、横两个方向的水平荷载（如风荷载和水平地震作用），这就要求纵、横两个方向的框架均应具有一定的侧向刚度和水平承载力。因此，JGJ 3—2010 规定，框架结构应设计成双向梁柱抗侧力体系，主体结构除个别部位外，不应采用铰接。

在框架结构布置中，梁、柱轴线宜重合，如梁须偏心放置，梁、柱中心线之间的偏心距不宜大于柱截面在该方向宽度的 1/4。如偏心距大于该方向柱宽的 1/4，可增设梁的水平加腋（见图 5.2）。试验表明，此法能明显改善梁柱节点承受反复荷载的性能。

梁水平加腋厚度可取梁截面高度，其水平尺寸宜满足下列要求

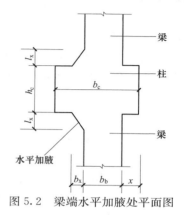

图 5.2　梁端水平加腋处平面图

$$b_x/l_x \leqslant 1/2,\; b_x/b_b \leqslant 2/3,\; b_b + b_x + x \geqslant b_c/2$$

5.2　框架结构的计算简图

在框架结构设计中，应首先确定构件截面尺寸及结构计算简图，然后进行荷载计算及结构内力和侧移分析。本节主要说明构件截面尺寸和结构计算简图的确定等内容，结构内力和侧移分析将在 5.3 和 5.4 节中介绍。

5.2.1　梁、柱截面尺寸

框架梁、柱截面尺寸应根据承载力、刚度及延性等要求确定。初步设计时，通常由经验或估算先选定截面尺寸，以后进行承载力、变形等验算，检查所选尺寸是否合适。

1. 梁截面尺寸

框架结构中框架梁的截面高度 h_b 可根据梁的计算跨度 l_b、活荷载大小等，按 $h_b = (1/18 \sim 1/10)l_b$ 确定。为了防止梁发生剪切脆性破坏，h_b 不宜大于 1/4 梁净跨。主梁截面宽度可取 $b_b = (1/3 \sim 1/2)h_b$，且不宜小于 200mm。为了保证梁的侧向稳定性，梁截面的高宽比 (h_b/b_b) 不宜大于 4。

为了降低楼层高度，可将梁设计成宽度较大而高度较小的扁梁，扁梁的截面高度可按 $(1/18 \sim 1/15)l_b$ 估算。扁梁的截面宽度 b（肋宽）与其高度 h 的比值 b/h 不宜超过 3。

设计中，如果梁上作用的荷载较大，可选择较大的高跨比 h_b/l_b。当梁高较小或采用扁梁时，除应验算其承载力和受剪截面要求外，尚应验算竖向荷载作用下梁的挠度和裂缝宽度，以满足其正常使用要求。在计算挠度时，对现浇梁板结构，宜考虑梁受压翼缘的有利影响，并可将梁的合理起拱值从其计算所得挠度中扣除。

当梁跨度较大时，为了节省材料和有利于建筑空间，可将梁设计成加腋形式（见图 5.3）。

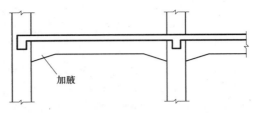

图 5.3　加腋梁

2. 柱截面尺寸

柱截面尺寸可直接凭经验确定，也可先根据其所受轴力按轴心受压构件估算，再乘以适当的放大系数以考虑弯矩的影响，即

$$A_c \geqslant (1.1 \sim 1.2)N/f_c \tag{5.1}$$

$$N = 1.25N_v \tag{5.2}$$

式中　A_c——柱截面面积；

　　　N——柱所承受的轴向压力设计值；

　　　N_v——根据柱支承的楼面面积计算由重力荷载产生的轴向力值；

　　1.25——重力荷载的荷载分项系数平均值，重力荷载标准值可根据实际荷载取值，也可近似按 (12～14)kN/m² 计算；

　　　f_c——混凝土轴心抗压强度设计值。

框架柱的截面宽度和高度均不宜小于 300mm，圆柱截面直径不宜小于 350mm，柱截面高宽比不宜大于 3。为避免柱产生剪切破坏，柱净高与截面长边之比宜大于 4，或柱的剪跨比宜大于 2。

3. 梁截面惯性矩

在结构内力与位移计算中，与梁一起现浇的楼板可作为框架梁的翼缘，每侧翼缘的有效宽度可取至板厚的 6 倍；装配整体式楼面视其整体性可取等于或小于 6 倍；无现浇面层的装配式楼面，楼板的作用不予考虑。

设计中，为简化计算，也可按下式近似确定梁截面惯性矩 I，即

$$I = \beta I_0 \tag{5.3}$$

式中　I_0——按矩形截面（见图 5.4 中阴影部分）计算的梁截面惯性矩；

　　　β——楼面梁刚度增大系数，应根据梁翼缘尺寸与梁截面尺寸的比例，取 $\beta=1.3\sim 2.0$，当框架梁截面较小、楼板较厚时，宜取较大值，而梁截面较大、楼板较薄时，宜取较小值，通常，对现浇楼面的边框架梁可取 1.5，中框架梁可取 2.0，有现浇面层的装配式楼面梁的 β 值可适当减小。

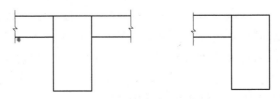

图 5.4　梁截面惯性矩 I_0

5.2.2　框架结构的计算简图

1. 计算单元

框架结构房屋是由梁、柱、楼板、基础等构件组成的空间结构体系，一般应按三维空间结构进行分析。但对于平面布置较规则的框架结构房屋（见图 5.5），为了简化计算，通常将实际的空间结构简化为若干个横向或纵向平面框架进行分析，每榀平面框架为一计算单元，如图 5.5（a）所示。

就承受竖向荷载而言，当横向（纵向）框架承重时，截取横向（纵向）框架进行计算，全部竖向荷载由横向（纵向）框架承担，不考虑纵向（横向）框架的作用。当纵、横向框架混合承重时，应根据结构的不同特点进行分析，并对竖向荷载按楼盖的实际支承情况进行传递，这时竖向荷载通常由纵、横向框架共同承担。

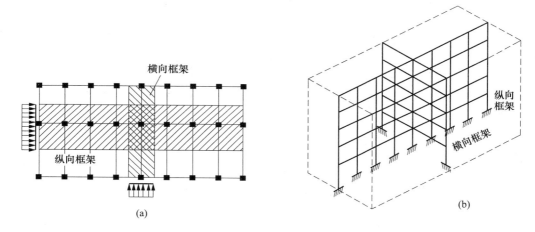

图 5.5　平面框架的计算单元及计算模型

在某一方向的水平荷载作用下，整个框架结构体系可视为若干个平面框架，共同抵抗与平面框架平行的水平荷载，与该方向正交的结构不参与受力。每榀平面框架所抵抗的水平荷载，当为风荷载时，可取计算单元范围内的风荷载［见图 5.5（a）］；当为水平地震作用时，则为按各平面框架的侧向刚度比例所分配到的水平力。

2. 计算简图

将复杂的空间框架结构简化为平面框架之后，应进一步将实际的平面框架转化为力学模型［见图 5.5（b）］，在该力学模型上作用荷载，就成为框架结构的计算简图。

在框架结构的计算简图中，梁、柱用其轴线表示，梁与柱之间的连接用节点（beam-column joints）表示，梁或柱的长度用节点间的距离表示，如图 5.6 所示。由图 5.6 可知，框架柱轴线之间的距离即为框架梁的计算跨度；框架柱的计算高度应为各横梁形心轴线间的距离，当各层梁截面尺寸相同时，除底层柱外，柱的计算高度即为各层层高。对于梁、柱、板均为现浇的情况，梁截面的形心线可近似取至板底。对于底层柱的下端，一般取至基础顶面；当设有整体刚度很大的地下室，且地下室结构的楼层侧向刚度不小于相邻上部结构楼层侧向刚度的 2 倍时，可取至地下室结构的顶板处。

对斜梁或折线形横梁，当倾斜度不超过 1/8 时，在计算简图中可取为水平轴线。

在实际工程中，框架柱的截面尺寸通常沿房屋高度变化。当上层柱截面尺寸减小，但其形心轴仍与下层柱的形心轴重合时，其计算简图与各层柱截面不变时的相同（见图 5.6）。当上、下层柱截面尺寸不同，且形心轴也不重合时，一般采取近似方法，即将顶层柱的形心线作为整个柱子的轴线，如图 5.7 所示。但是必须注意，在框架结构的内力和变形分析中，各层梁的计算跨度及线刚度仍应按实际情况取；另外，尚应考虑上、下层柱轴线不重合，由上层柱传来的轴力在变截面处所产生的力矩［见图 5.7（b）］。此力矩应视为外荷载，与其他竖向荷载一起进行框架内力分析。

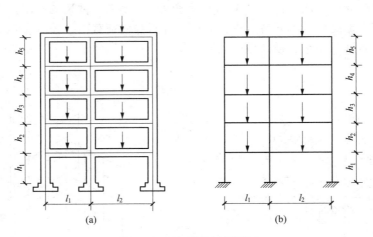

图 5.6　框架结构计算简图

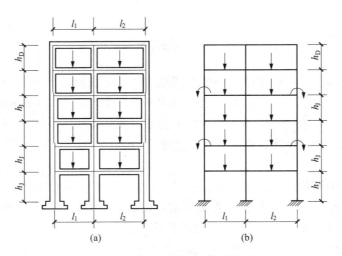

图 5.7　变截面柱框架结构计算简图

5.3　竖向荷载作用下框架结构内力的简化计算

在竖向荷载（vertical load）作用下，多、高层框架结构的内力可用力法、位移法等结构力学方法计算。工程设计中，如采用手算，可采用迭代法、分层法、弯矩二次分配法及系数法等简化方法计算。本节简要介绍后三种简化方法的基本概念和计算要点。

5.3.1　分层法

1. 竖向荷载作用下框架结构的受力特点及内力计算假定

力法或位移法的精确计算结果表明，在竖向荷载作用下，框架结构的侧移对其内力的影响较小。例如，图 5.8 为两层两跨不对称框架结构在竖向荷载作用下的弯矩图，其中 i 表示各杆件的相对线刚度。图 5.8 中不带括号的杆端弯矩值为精确值（考虑框架侧移影响），带括号的弯矩值是近似值（不考虑框架侧移影响）。可见，在梁线刚度大于柱线刚度的情况下，只要结构和荷载不是非常不对称，则竖向荷载作用下框架结构的侧移较小，对杆端弯矩的影响也较小。

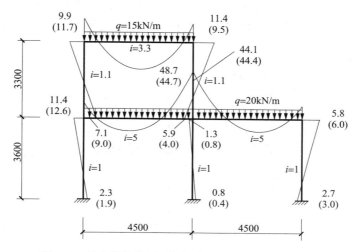

图 5.8　竖向荷载作用下框架弯矩图（单位：kN·m）

另外，由影响线理论及精确计算结果可知，框架各层横梁上的竖向荷载只对本层横梁及与之相连的上、下层柱的弯矩影响较大，对其他各层梁、柱的弯矩影响较小；也可从弯矩分配法的过程来理解，受荷载作用杆件的弯矩值通过弯矩的多次分配与传递，逐渐向左右上下衰减，在梁线刚度大于柱线刚度的情况下，柱中弯矩衰减得更快，因而对其他各层的杆端弯矩影响较小。

根据上述分析，计算竖向荷载作用下框架结构内力时，可采用以下两个简化假定：

（1）不考虑框架结构的侧移对其内力的影响。

（2）每层梁上的荷载仅对本层梁及其上、下柱的内力产生影响，对其他各层梁、柱内力的影响可忽略不计。

应当指出，上述假定中所指的内力不包括柱轴力，因为某层梁上的荷载对下部各层柱的轴力均有较大影响，不能忽略。

2. 计算要点及步骤

（1）将多层框架沿高度分成若干单层无侧移的敞口框架，每个敞口框架包括本层梁和与之相连的上、下层柱。梁上作用的荷载、各层柱高及梁跨度均与原结构相同，如图 5.9 所示。

（2）除底层柱的下端外，其他各柱的柱端应为弹性约束。为便于计算，均将其处理为固定端（见图 5.10）。这样将使柱的弯曲变形有所减小，为消除这种影响，可把除底层柱以外的其他各层柱的线刚度均乘以修正系数 0.9。

（3）用无侧移框架的计算方法（如弯矩分配法）计算各敞口框架的杆端弯矩，由此所得的梁端弯矩即为其最后的弯矩值；因每一柱属于上、下两层，所以每一柱端的最终弯矩值需将上、下层计算所得的弯矩值相加。在上、下层柱端弯矩值相加后，将引起新的节点不平衡弯矩，如欲进一步修正，可对这些不平衡弯矩再作一次弯矩分配。

如用弯矩分配法计算各敞口框架的杆端弯矩，在计算每个节点周围各杆件的弯矩分配系数时，应采用修正后的柱线刚度计算，并且底层柱和各层梁的传递系数均取 1/2，其他各层柱的传递系数改用 1/3。

（4）在杆端弯矩求出后，可用静力平衡条件计算梁端剪力及梁跨中弯矩；由逐层叠加柱上的竖向压力（包括节点集中力、柱自重等）和与之相连的梁端剪力，即得柱的轴力。

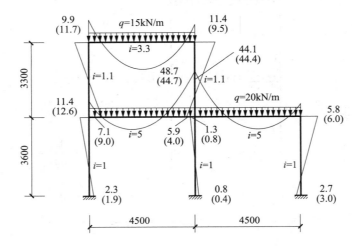

图 5.9　竖向荷载作用下框架弯矩图（单位：kN·m）

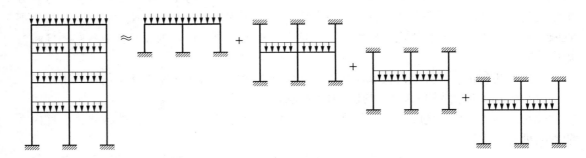

图 5.10　竖向荷载作用下分层计算示意图

【例题 5.1】　图 5.11 所示一个二层框架，用分层法作框架的弯矩图，括号中的数字表示每根杆件线刚度的相对值。

解　（1）求各节点的分配系数，见表 5.1。

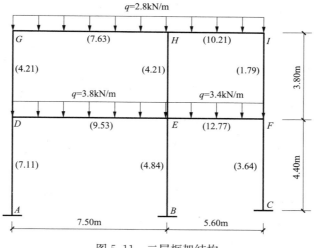

图 5.11 二层框架结构

表 5.1 各节点的分配系数

层次	节点	相对线刚度				相对线刚度总和	分配系数			
		左梁	右梁	上柱	下柱		左梁	右梁	上柱	下柱
顶层	G		7.63		4.21×0.9=3.79	11.42		0.668		0.332
	H	7.63	10.21		4.21×0.9=3.79	21.63	0.353	0.472		0.175
	I	10.21			1.79×0.9=1.61	11.82	0.846			0.136
底层	D		9.53	4.21×0.9=3.79	7.11	20.43		0.466	0.186	0.348
	E	9.53	12.77	4.21×0.9=3.79	4.84	30.93	0.308	0.413	0.123	0.156
	F	12.77		1.79×0.9=1.61	3.64	18.02	0.709		0.089	0.202

（2）固端弯矩为

$$M_{GH} = -M_{GH} = -\frac{1}{12} \times 2.8 \times 7.5^2 = 13.13(\text{kN} \cdot \text{m})$$

$$M_{HI} = -M_{IH} = -\frac{1}{12} \times 2.8 \times 5.6^2 = -7.32(\text{kN} \cdot \text{m})$$

$$M_{DE} = -M_{ED} = -\frac{1}{12} \times 3.8 \times 7.5^2 = -17.81(\text{kN} \cdot \text{m})$$

$$M_{EF} = -M_{FE} = -\frac{1}{12} \times 3.4 \times 5.6^2 = -8.89(\text{kN} \cdot \text{m})$$

利用分层法计算各节点弯矩，见图 5.12 和图 5.13。

（3）弯矩图。把图 5.12 和图 5.13 的计算结果叠加，得到最后弯矩图（见图 5.14），由图 5.14 可知，节点弯矩是不平衡的，可将节点不平衡弯矩再进行一次分配。

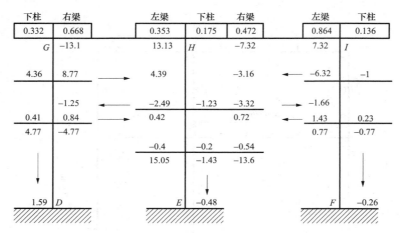

图 5.12　顶层计算简图

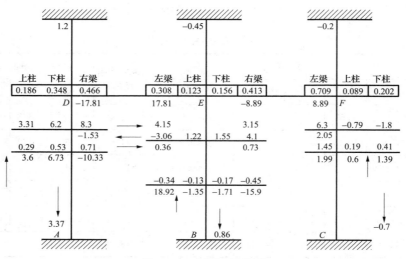

图 5.13　底层计算简图

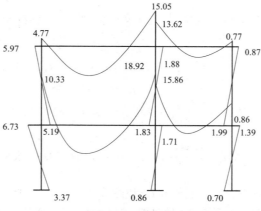

图 5.14　弯矩图

5.3.2　弯矩二次分配法

计算竖向荷载作用下多层多跨框架结构的杆端弯矩时，如用无侧移框架的弯矩分配法，由于该法要考虑任一节点的不平衡弯矩对框架结构所有杆件的影响，因而计算相当繁复。根据在分层法中所作的分析可知，多层框架中某节点的不平衡弯矩对与其相邻的节点影响较大，对其他节点的影响较小，因而可假定某一节点的不平衡弯矩只对与该节点相交的各杆件的远端有影响，这样可将弯矩分配法的循环次数简化到弯矩二次分配和其间的一次传递，此即弯矩二次分配法。下面说明这种方法的具体计算步骤。

（1）根据各杆件的线刚度计算各节点的杆端弯矩分配系数，并计算竖向荷载作用下各跨梁的固端弯矩。

（2）计算框架各节点的不平衡弯矩，并对所有节点的反号后的不平衡弯矩均进行第一次分配（其间不进行弯矩传递）。

（3）将所有杆端的分配弯矩同时向其远端传递（对于刚接框架，传递系数均取 1/2）。

（4）将各节点因传递弯矩而产生的新的不平衡弯矩反号后进行第二次分配，使各节点处于平衡状态。

至此，整个弯矩分配和传递过程即告结束。

（5）将各杆端的固端弯矩（fixed-end moment）、分配弯矩和传递弯矩叠加，即得各杆端弯矩。

【例题 5.2】　某 5 层框架，每层高 4.2m（见图 5.15）。截面尺寸：各层柱截面为 $600\text{mm}\times600\text{mm}$，横向边跨梁截面 $300\text{mm}\times700\text{mm}$，横向中跨梁截面 $300\text{mm}\times700\text{mm}$，纵向边跨梁和中跨梁截面为 $300\text{mm}\times700\text{mm}$。

荷载条件：

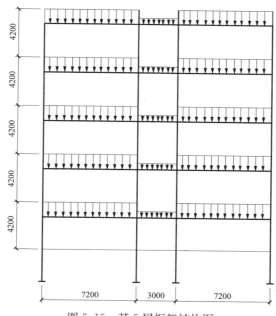

图 5.15　某 5 层框架结构图

（1）屋面梁上线荷载标准值为

边跨　　　　　　　　　$g_1=4.89\times7.2\times0.873+5.46=36.195(\text{kN/m})$

中跨　　　　　　　$g_2 = 4.89 \times 3.0 \times 0.625 + 3.9 = 13.069 (\text{kN/m})$

（2）楼面梁上线荷载标准值为

边跨（CD）　$g_3 = 4.0 \times 7.2 \times 0.873 + 5.46 + (3.9-0.6) \times 3.04 = 40.634 (\text{kN/m})$

边跨（BC）　$g_4 = 4.0 \times 3.0 \times 0.625 + 3.9 = 11.4 (\text{kN/m})$

求此框架在竖向荷载作用下的弯矩。

解　（1）梁固端弯矩：梁端弯矩以绕杆端顺时针为正；反之，为负，$M = QL^2/12$，见表 5.2。

表 5.2　　　　　　　竖向荷载作用下框架的固端弯矩

荷载	部位	边跨（CD）				中跨（BD）			
		跨度	均布荷载	固端弯矩		跨度	均布荷载	固端弯矩	
				左	右			左	右
恒荷载	顶层	7.2	36.195	−156.36	156.36	3.0	13.07	−9.80	9.80
	其他层	7.2	40.634	−175.54	175.54	3.0	11.4	−8.55	8.55

（2）内力分配系数计算，见表 5.3。转动刚度 S 及相对转动刚度 S' 计算（单位：kN·m）：

框架梁：边跨　　$S = 4Kb = 4 \times 7.15 \times 10^4 = 28.6 \times 10^4$，$S' = 2.288$

　　　　中跨　　$S = 2Kb = 2 \times 6.25 \times 10^4 = 12.5 \times 10^4$，$S' = 1.000$

框架柱：2～5 层　$S = 4Kc = 4 \times 7.71 \times 10^4 = 30.84 \times 10^4$，$S' = 2.467$

　　　首层　　$S = 4Kc = 4 \times 6.23 \times 10^4 = 24.92 \times 10^4$，$S' = 1.994$

表 5.3　　　　　　　转动刚度 S 及相对转动刚度 S'

构件名称		转动刚度 S(kN·m)	相对转动刚度 S'
框架梁	边跨	$4Kb = 4 \times 7.15 \times 10^4 = 28.6 \times 10^4$	2.288
	中跨	$2Kb = 2 \times 6.25 \times 10^4 = 12.5 \times 10^4$	1.000
框架柱	2～5 层	$4Kc = 4 \times 7.71 \times 10^4 = 30.84 \times 10^4$	2.467
	1 层	$4Kc = 4 \times 6.23 \times 10^4 = 24.92 \times 10^4$	1.994

分配系数计算（见表 5.4）

$$\mu = \frac{S'}{\sum S'_{ik}}$$

表 5.4　　　　　　　各杆件分配系数

节点	层	$\sum S'_{ik}$	$\mu_{左梁}$ （$\mu_{右梁}$）	$\mu_{右梁}$ （$\mu_{左梁}$）	$\mu_{上柱}$	$\mu_{下柱}$
边节点	5	4.755	—	0.481	—	0.519
	4	7.222	—	0.300	0.350	0.350
	3	7.222	—	0.300	0.350	0.350
	2	7.222	—	0.300	0.350	0.350
	1	6.749	—	0.339	0.366	0.295

续表

节点	层	$\sum S'_{ik}$	$\mu_{左梁}$ ($\mu_{右梁}$)	$\mu_{右梁}$ ($\mu_{左梁}$)	$\mu_{上柱}$	$\mu_{下柱}$
	5	5.755	0.398	0.174	—	0.428
	4	8.222	0.278	0.122	0.300	0.300
间节点	3	8.222	0.278	0.122	0.300	0.300
	2	8.222	0.278	0.122	0.300	0.300
	1	7.276	0.303	0.136	0.318	0.243

（3）弯矩分配与传递，见表 5.5。

表 5.5　　　　　　　　　　荷载作用下的弯矩分配

		A轴				B轴			
		上柱	下柱	右梁		左梁	上柱	下柱	右梁
F_5	分配系数		0.519	0.481	分配系数	0.398		0.429	0.174
	固端弯矩			−156.36	固端弯矩	156.36			−9.80
	一次分传		81.15	75.21	一次分传	−58.33		−62.87	−25.49
			30.72	−29.17		37.61		−25.05	
	二次分配		−0.807	−.075	二次分配	−4.99		−5.39	−2.19
	最终弯矩		111.063	−111.063	最终弯矩	130.64		93.20	−37.44
F_4	分配系数	0.35	0.35	0.30	分配系数	0.278	0.300	0.300	0.122
	固端弯矩	0	0	−175.54	固端弯矩	175.54	0	0	−8.55
	一次分传	61.44	61.44	52.66	一次分传	−46.42	−50.09	−50.09	−20.37
		40.58	30.72	−23.21		26.33	−31.44	−25.05	0
	二次分配	−16.83	−16.83	−14.43	二次分配	8.38	9.05	9.05	3.68
	最终弯矩	85.18	75.33	−160.51	最终弯矩	163.83	−72.49	−66.09	−25.24
F_3	分配系数	0.35	0.35	0.30	分配系数	0.278	0.300	0.300	0.122
	固端弯矩	0	0	−175.54	固端弯矩	175.54	0	0	−8.55
	一次分传	61.44	61.44	52.66	一次分传	−46.42	−50.10	−50.10	−20.37
		30.72	30.72	−23.21		26.33	−25.05	−25.05	0
	二次分配	−13.38	−13.38	−11.47	二次分配	6.61	7.13	7.13	2.90
	最终弯矩	78.78	78.78	−157.56	最终弯矩	162.05	−68.02	−68.02	−26.02
F_2	分配系数	0.35	0.35	0.30	分配系数	0.30	0.29	0.29	0.12
	固端弯矩	0	0	−175.54	固端弯矩	53.51	0	0	−46.36
	一次分传	61.44	61.44	52.66	一次分传	−2.17	−2.04	−2.04	−0.89
		30.72	30.72	−23.21		9.26	−1.02	0	0.44
	二次分配	−13.38	−13.38	−11.47	二次分配	−2.64	−2.48	−2.48	−1.08
	最终弯矩	78.78	78.78	−157.56	最终弯矩	162.05	−68.02	−68.02	−26.02

		A 轴				B 轴			
		上柱	下柱	右梁		左梁	上柱	下柱	右梁
	分配系数	0.366	0.295	0.339	分配系数	0.303	0.319	0.243	0.136
	固端弯矩	0	0	−175.54	固端弯矩	175.54	0	0	−8.55
F_1	一次分传	64.25	51.78	59.51	一次分传	−50.59	−53.27	−40.58	−22.71
		30.72	0	−25.29		29.75	−25.05	0	0
	二次分配	−1.98	−1.59	−1.84	二次分配	−1.43	−1.50	1.14	0.64
	最终弯矩	92.98	50.16	−143.17	最终弯矩	149.88	−79.82	−39.44	−30.62

恒荷载作用下的弯矩，见表 5.6：

跨中弯矩 $\qquad\qquad ql^2/8-(|左|+|右|)/2$

表 5.6　　　　　　　　　　荷 载 作 用 下 的 弯 矩

楼层	CD 跨			BC 跨		
	左端	中间	右端	左端	中间	右端
	M	M	M	M	M	M
5	−111.06	113.69	130.64	−37.44	22.73	22.73
4	−160.51	72.37	163.83	−25.24	12.42	12.42
3	−157.56	74.73	162.05	−26.02	13.19	13.19
2	−48.57	74.73	162.05	−26.02	13.19	13.19
1	−143.17	88.02	149.88	−30.62	17.79	17.79

注　弯矩符号逆时针为正。

荷载作用下弯矩分配如图 5.16 所示。

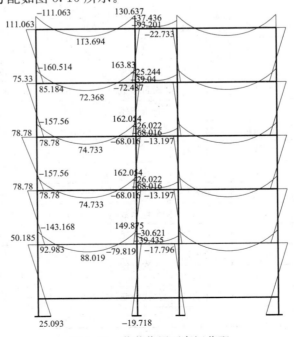

图 5.16　荷载作用下弯矩分配

5.4　水平荷载作用下框架结构内力和侧移的简化计算

水平荷载作用下框架结构的内力和侧移可用结构力学方法计算，常用的简化方法有反弯点法、D 值法和门架法等。本节主要介绍 D 值法和反弯点法的基本原理和计算要点。

5.4.1　水平荷载作用下框架结构的受力及变形特点

框架结构在水平荷载（如风荷载、水平地震作用等）作用下，一般都可归结为受节点水平力的作用，这时梁柱杆件的变形图和弯矩图如图 5.17 所示。由图 5.17 可知，框架的每个节点除产生相对水平位移 δ_i 外，还产生转角 θ_i，由于越靠近底层框架所受层间剪力越大，故各节点的相对水平位移 δ_i 和转角 θ_i 都具有越靠近底层越大的特点。柱上、下两段弯曲方向相反，柱中一般都有一个反弯点。梁和柱的弯矩图都是直线，梁中也有一个反弯点。如果能够求出各柱的剪力及其反弯点位置，则梁、柱内力均可方便地求得。因此，水平荷载作用下框架结构内力近似计算的关键：①确定层间剪力在各柱间的分配；②确定各柱的反弯点位置。

5.4.2　反弯点法

无论是风荷载还是地震作用，在计算时均可将其转化为框架节点荷载，框架在节点水平荷载作用下，将产生节点水平位移及节点角位移。图 5.17 为竖杆（柱）AB 由于层间水平位移和上下节点角位移而引起的变形曲线。由图 5.17 可知，这两种变形曲线都具有上下两段弯曲方向相反的特点，所以必定存在着弯矩为零的点——反弯点。如果能确定各柱的反弯点位置及反弯点处的水平剪力，侧梁、柱的弯矩即可求出。

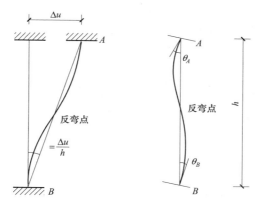

图 5.17　柱变形曲线

柱内反弯点的位置及柱的侧向刚度都与梁、柱的刚度比有关，或者说与柱端的支承条件有关。由结构力学可知，两端无转角但有单位水平位移时杆件的杆端剪力与水平位移的关系为

$$V = \frac{12i_c}{h^2}\delta \tag{5.4}$$

$$i_c = \frac{EI}{h} \tag{5.5}$$

式中　V——柱剪力；

δ——柱层间位移；

h——层高；

i_c——柱线刚度；

EI——柱抗弯刚度。

对于层数不多的框架，往往柱子刚度较小，梁的刚度相对较大。当梁的线刚度与柱的线刚度之比大于 3 时，可采用反弯点法计算水平荷载下的内力，并做以下简化。

1. 基本假定

（1）在确定柱的侧向刚度时，认为梁的刚度为无限大，则上下柱端只有侧移没有转角，且同一层柱中各端的侧移相等。

（2）在确定各柱的反弯点位置时，认为除底层以外的各层柱，受力后的上下两端将产生相同的转角。

2. 计算方法

（1）确定反弯点高度。反弯点高度 $\overline{y}$ 即为反弯点至柱下端的距离。对上部各层柱，反弯点在柱中央 $\overline{y}=\dfrac{h}{2}$。对于底层柱（柱脚为固定时）柱下端转角为零，上端不为零，反弯点偏于上端，故取 $\overline{y}=\dfrac{2h}{3}$。

（2）确定侧向刚度系数。由基本假定 1 可知，在多层框架中，梁的线刚度比柱的大很多，柱端转角为零。因此，由式（5.4），柱的侧向刚度系数为

$$d=\frac{12i_c}{h^2} \tag{5.6}$$

（3）同层各柱剪力的确定。设同层各柱剪力为 V_1，V_2，…，V_j 根据层剪力平衡，有

$$V_1+V_2\cdots+V_j+\cdots=\sum P \tag{5.7}$$

由于同层各柱柱端水平位移相等，均为 Δ，按侧向刚度系数 d 的定义，有

$$V_1=d_1\Delta$$

$$V_2=d_2\Delta$$

$$\vdots$$

$$V_j=d_j\Delta$$

$$\vdots$$

把上式代入（5.7），有

$$\Delta=\frac{\sum P}{d_1+d_2+\cdots+d_j+\cdots}=\frac{\sum P}{\sum d} \tag{5.8}$$

于是有

$$V_j=\frac{\sum P}{\sum d}d_j=\mu_j\sum P \tag{5.9}$$

式中　$\mu_j=\dfrac{d_j}{\sum d}$——剪力分配系数；

d_j——第 n 层第 j 柱的侧向刚度系数；

$\sum d$——第 n 层各柱侧向刚度系数的总和；

$\sum P$——第 n 层以上所有水平荷载总和；

V_j——第 n 层第 j 柱的剪力。

式（5.9）即为计算各柱剪力的公式。

（4）柱端弯矩的确定。底层柱：

上端弯矩
$$M_{1上} = V_1 \frac{h_1}{3} \tag{5.10}$$

下端弯矩
$$M_{1下} = V_1 \frac{2h_1}{3} \tag{5.11}$$

其他层柱上下端弯矩相等

$$M_{m上} = M_{m下} = V_m \frac{h_j}{2}$$

（5）梁端弯矩的确定。根据节点弯矩平衡条件，如图 5.18 所示，可求得：

边节点
$$M_m = M_{m上} + M_{(m+1)下} \tag{5.12}$$

中节点
$$M_{m左} = [M_{m上} + M_{(m+1)下}] \frac{i_{b左}}{i_{b左} + i_{b右}} \tag{5.13}$$

$$M_{m右} = [M_{m上} + M_{(m+1)下}] \frac{i_{b右}}{i_{b左} + i_{b右}}$$

式中　i_b——梁的线刚度；

$i_{b左}$——节点左侧梁的线刚度；

$i_{b右}$——节点右侧梁的线刚度。

以上方法，对于层数不多的框架，误差不大，但对于多高层框架，由于柱截面加大，梁柱相对线刚度比值相应减小，用这种方法计算内力，误差则较大。

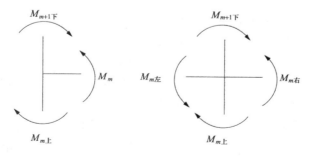

图 5.18　节点弯矩

【例题 5.3】　使用反弯点法求图 5.19 所示框架的弯矩图。图中的数值为该杆的线刚度比值。

解　由于框架同层各柱 h 相等，可直接用杆件线刚度的相对值计算各柱的分配系数。

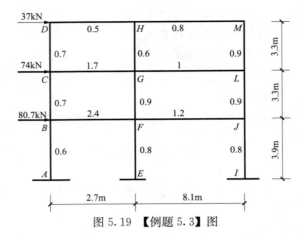

图 5.19　【例题 5.3】图

（1）求各柱剪力分配系数：

顶层

$$\mu_{DC} = \frac{0.7}{0.7 + 0.6 + 0.9} = 0.318$$

$$\mu_{HG} = \frac{0.6}{0.7 + 0.6 + 0.9} = 0.273$$

$$\mu_{ML} = \frac{0.9}{0.7 + 0.6 + 0.9} = 0.409$$

二层

$$\mu_{CB} = \frac{0.7}{0.7 + 0.9 + 0.9} = 0.280$$

$$\mu_{GF} = \mu_{LJ}\frac{0.7}{0.7 + 0.9 + 0.9} = 0.360$$

底层

$$\mu_{BA} = \frac{0.6}{0.6 + 0.8 + 0.8} = 0.272$$

$$\mu_{FE} = \mu_{JI}\frac{0.8}{0.6 + 0.8 + 0.8} = 0.364$$

（2）求各柱在反弯点处的剪力值

$$V_{DC} = V_{DC} \times 37 = 11.77 (\text{kN})$$
$$V_{HG} = \mu_{HG} \times 37 = 10.10 (\text{kN})$$
$$V_{ML} = \mu_{ML} \times 37 = 15.13 (\text{kN})$$
$$V_{CB} = \mu_{CB} \times (37 + 74) = 31.08 (\text{kN})$$
$$V_{GF} = V_{LJ} = \mu_{GF} \times (37 + 74) = 39.96 (\text{kN})$$
$$V_{BA} = \mu_{BA} \times (37 + 74 + 80.7) = 52.14 (\text{kN})$$
$$V_{FE} = V_{JI} = \mu_{FE} \times (37 + 74 + 80.7) = 69.78 (\text{kN})$$

（3）求柱端弯矩

$$M_{DC} = M_{CD} = V_{DC} \times \frac{3.3}{2} = 19.42 (\text{kN} \cdot \text{m})$$

$$M_{HG} = M_{GH} = V_{HG} \times \frac{3.3}{2} = 16.67 (\text{kN} \cdot \text{m})$$

$$M_{ML} = M_{LM} = V_{ML} \times \frac{3.3}{2} = 24.96 (\text{kN} \cdot \text{m})$$

$$M_{CB} = M_{BC} = V_{CB} \times \frac{3.3}{2} = 51.28 (\text{kN} \cdot \text{m})$$

$$M_{GF} = M_{FG} = V_{GF} \times \frac{3.3}{2} = 65.93 (\text{kN} \cdot \text{m})$$

$$M_{LJ} = M_{JL} = V_{LJ} \times \frac{3.3}{2} = 65.93 (\text{kN} \cdot \text{m})$$

$$M_{BA} = V_{BA} \times \frac{3.9}{2} = 67.78 (\text{kN} \cdot \text{m})$$

$$M_{AB} = V_{AB} \times \frac{2 \times 3.9}{3} = 135.56 (\text{kN} \cdot \text{m})$$

$$M_{FE} = V_{FE} \times \frac{3.9}{3} = 90.71 (\text{kN} \cdot \text{m})$$

$$M_{EF} = V_{FE} \times \frac{2 \times 3.9}{3} = 181.42 (\text{kN} \cdot \text{m})$$

$$M_{JI} = V_{JI} \times \frac{3.9}{3} = 90.71 (\text{kN} \cdot \text{m})$$

$$M_{IJ} = V_{JI} \times \frac{2 \times 3.9}{3} = 181.42 (\text{kN} \cdot \text{m})$$

（4）求梁端弯矩。梁端弯矩按梁线刚度分配

$$M_{DH} = M_{DC} = 19.42 (\text{kN} \cdot \text{m})$$

$$M_{HD} = M_{HG} \times \frac{1.5}{1.5 + 0.8} = 16.65 \times 0.625 = 10.86 (\text{kN} \cdot \text{m})$$

$$M_{HM} = M_{HG} \times \frac{0.8}{1.5 + 0.8} = 16.65 \times 0.348 = 5.79 (\text{kN} \cdot \text{m})$$

$$M_{MH} = M_{ML} = 24.96 (\text{kN} \cdot \text{m})$$

$$M_{CG} = M_{CB} + M_{CD} = 51.28 + 19.42 = 70.70 (\text{kN} \cdot \text{m})$$

$$M_{GC} = (M_{GH} + M_{GF}) \times \frac{1.7}{1.7 + 1.0} = 82.60 + 0.630 = 52.04 (\text{kN} \cdot \text{m})$$

$$M_{GL} = (M_{GH} + M_{GF}) \times \frac{1.0}{1.7 + 1.0} = 82.60 + 0.370 = 30.56 (\text{kN} \cdot \text{m})$$

$$M_{LG} = M_{LM} + M_{LJ} = 24.96 + 65.93 = 90.89 (\text{kN} \cdot \text{m})$$

$$M_{BF} = M_{BC} + M_{BA} = 51.28 + 67.78 = 119.06 (\text{kN} \cdot \text{m})$$

$$M_{FB} = (M_{FE} + M_{FG}) \times \frac{2.4}{2.4 + 1.2} = 156.64 + 0.667 = 104.48 (\text{kN} \cdot \text{m})$$

$$M_{FJ} = (M_{FE} + M_{FG}) \times \frac{1.2}{2.4 + 1.2} = 156.64 + 0.333 = 52.16 (\text{kN} \cdot \text{m})$$

$$M_{JF} = M_{JL} + M_{JI} = 65.93 + 90.71 = 156.64 (\text{kN} \cdot \text{m})$$

（5）绘制弯矩图，见图 5.20。

5.4.3　D 值法

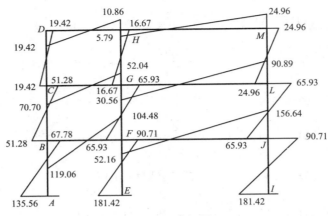

图 5.20　弯矩图

1. 层间剪力在各柱间的分配

从图 5.21（a）所示框架的第 2 层柱反弯点处截取脱离体（见图 5.22），由水平方向力的平衡条件，可得该框架第 2 层的层间剪力 $V_2 = F_2 + F_3$。一般地，框架结构第 i 层的层间剪力 V_i 可表示为

$$V_i = \sum_{k=i}^{m} F_k \qquad (5.14)$$

式中　F_k——作用于第 k 层楼面处的水平荷载；
　　　m——框架结构的总层数。

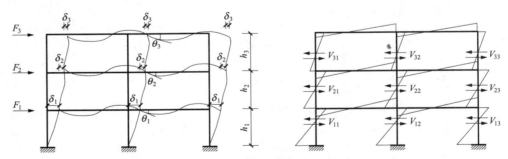

图 5.21　水平荷载作用下框架结构的变形图及弯矩图

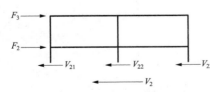

图 5.22　框架第 2 层脱离体图

令 V_{ij} 表示第 i 层第 j 柱分配到的剪力，如该层共有 s 根柱，则由平衡条件可得

$$\sum_{j=1}^{s} V_{ij} = V_i \qquad (5.14a)$$

框架横梁的轴向变形一般很小，可忽略不计，则同层各柱的相对侧移 δ_{ij} 相等（变形协调条件），即

$$\delta_{i1} = \delta_{i2} = \cdots = \delta_{ij} = \cdots = \delta_1 \qquad (5.14b)$$

用 D_{ij} 表示框架结构第 i 层第 j 柱的侧向刚度（lateral stiffness），它是框架柱两端产生单位相对侧移所需的水平剪力，称为框架柱的侧向刚度，也称为框架柱的抗剪刚度，则由物理条件得

$$V_{ij} = D_{ij}\delta_{ij} \tag{5.14c}$$

将式（5.14c）代入式（5.14a），并考虑式（b）的变形条件，则得

$$\delta_{ij} = \delta_i = \frac{1}{\sum\limits_{j=1}^{s} D_{ij}} V_i \tag{5.14d}$$

将式（5.14d）代入式（5.14c），得

$$V_{ij} = \frac{D_{ij}}{\sum\limits_{j=1}^{s} D_{ij}} V_i \tag{5.15}$$

式（5.15）即为层间剪力 V_i 在该层各柱间的分配公式，它适用于整个框架结构同层各柱之间的剪力分配。可见，每根柱分配到的剪力值与其侧向刚度成比例。

2. 框架柱的侧向刚度——D 值

（1）一般规则框架中的柱。所谓规则框架是指各层层高、各跨跨度和各层柱线刚度分别相等的框架，如图 5.23（a）所示。现从框架中取柱 AB 及与其相连的梁柱为脱离体［见图 5.23（b）］，框架侧移后，柱 AB 达到新的位置。柱 AB 的相对侧移为 δ，弦转角为 $\varphi = \delta/h$，上、下端均产生转角 θ。

对图 5.23（b）所示的框架单元，有 8 个节点转角 θ 和 3 个弦转角 φ 共 11 个未知数，而只有节点 A、B 两个力矩平衡条件。为此，作如下假定：

1）柱 AB 两端及与之相邻各杆远端的转角 θ 均相等；

2）柱 AB 及与之相邻的上、下层柱的弦转角 φ 均相等；

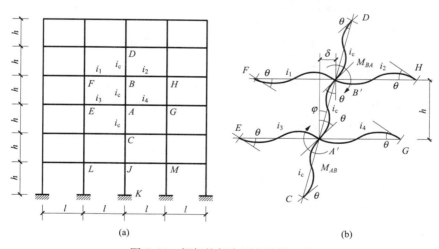

（a）　　　　　　　　　　　　　　　　（b）

图 5.23　框架柱侧向刚度计算图式

3）柱 AB 及与之相邻的上、下层柱的线刚度 i_c 均相等。

由前两个假定，整个框架单元［见图 5.23（b）］只有 θ 和 φ 两个未知数，用两个节点力矩平衡条件可以求解。

由转角位移方程及上述假定可得

$$M_{AB} = M_{BA} = M_{AC} = M_{BD} = 4i_c\theta + 2i_c\theta - 6i_c\varphi = 6i_c(\theta - \varphi)$$
$$M_{AE} = 6i_3\theta, \quad M_{AG} = 6i_4\theta, \quad M_{BF} = 6i_1\theta, \quad M_{BH} = 6i_2\theta$$

由节点 A 和节点 B 的力矩平衡条件分别得

$$6(i_3 + i_4 + 2i_c)\theta - 12i_c\varphi = 0$$
$$6(i_1 + i_2 + 2i_c)\theta - 12i_c\varphi = 0$$

将以上两式相加，经整理后得

$$\frac{\theta}{\varphi} = \frac{2}{2 + \overline{K}} \tag{5.16}$$

$$\overline{K} = \sum i/2i_c = [(i_1 + i_3)/2 + (i_2 + i_4)/2]/i_c$$

式中　$\overline{K}$——节点两侧梁平均线刚度与柱线刚度的比值，简称梁柱线刚度比。

柱 AB 所受到的剪力为

$$V = -\frac{M_{AB} + M_{BA}}{h} = \frac{12i_c}{h}\left(1 - \frac{\theta}{\varphi}\right)\varphi$$

将式（5.16）代入上式得

$$V = \frac{\overline{K}}{2 + \overline{K}}\frac{12i_c}{h}\varphi = \frac{\overline{K}}{2 + \overline{K}}\frac{12i_c}{h^2}\delta$$

由此可得柱的侧向刚度 D 为

$$D = \frac{V}{\delta} = \frac{\overline{K}}{2 + \overline{K}}\frac{12i_c}{h^2} = \alpha_c\frac{12i_c}{h^2} \tag{5.17}$$

$$\alpha_c = \frac{\overline{K}}{2 + \overline{K}} \tag{5.18}$$

式中　α_c——柱的侧向刚度修正系数，它反映了节点转动降低了柱的侧向刚度，而节点转动
　　　　的大小则取决于梁对节点转动的约束程度。

由式（5.18）可知，$\overline{K} \to \infty$，$\alpha_c \to 1$，这表明梁线刚度越大，对节点的约束能力越强，
节点转动越小，柱的侧向刚度越大。

现讨论底层柱的 D 值。由于底层柱下端为固定（或铰接），因此其 D 值与一般层不同。
从图 5.23（a）中取出柱 JK 和与之相连的上柱和左、右梁，如图 5.24 所示。当底层柱的
下端为固定时，由转角位移方程得

$$M_{JK} = 4i_c\theta - 6i_c\varphi, \quad M_{KJ} = 2i_c\theta - 6i_c\varphi$$
$$M_{JL} = 6i_5\theta, \quad M_{JM} = 6i_6\theta$$

柱 JK 所受的剪力为

$$V_{JK} = -\frac{M_{JK} + M_{KJ}}{h} = -\frac{6i_c\theta - 12i_c\varphi}{h}$$
$$= \frac{12i_c}{h^2}\left(1 - \frac{1}{2}\frac{\theta}{\varphi}\right)\delta$$

则柱 JK 的侧向刚度为

$$D = \frac{V_{JK}}{\delta} = \left(1 - \frac{1}{2}\frac{\theta}{\varphi}\right)\frac{12i_c}{h^2} = \alpha_c\frac{12i_c}{h^2} \tag{5.19}$$

$$\alpha_c = 1 - \frac{1}{2}\frac{\theta}{\varphi}$$

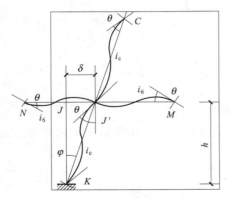

图 5.24　底层柱 D 值计算图式

设

$$\beta = \frac{M_{JK}}{M_{JL} + M_{JM}} = \frac{4i_c\theta - 6i_c\varphi}{6(i_5 + i_6)\theta} = \frac{2\theta - 3\varphi}{3\overline{K}\theta}$$

则

$$\frac{\theta}{\varphi} = \frac{3}{2 - 3\beta\overline{K}}$$

故

$$\alpha_c = 1 - \frac{1}{2}\frac{\theta}{\varphi} = \frac{0.5 - 3\beta\overline{K}}{2 - 3\beta\overline{K}}$$

$$\overline{K} = (i_5 + i_6)/i_c$$

式中　β——柱所承受的弯矩与其两侧梁弯矩之和的比值，因梁、柱弯矩反向，故 β 为负值。

实际工程中，$\overline{K}$ 值通常在 $0.3\sim5.0$ 范围内变化，β 在 $0.14\sim-0.50$ 之间变化，相应的 α_c 值为 $0.30\sim0.84$。为简化计算，若令 β 为一常数，且取 $\beta=-1/3$，则相应的 α_c 值为 $0.35\sim$ 0.79，可见对 D 值产生的误差不大。当取 $\beta=-1/3$ 时，α_c 可简化为

$$\alpha_c = \frac{0.5 + \overline{K}}{2 + \overline{K}} \tag{5.20}$$

同理，当底层柱的下端为铰接时，可得

$$M_{JK} = 3i_c\theta - 3i_c\varphi, \quad M_{KJ} = 0$$

$$V_{JK} = \frac{3i_c\theta - 3i_c\varphi}{h} = \left(1 - \frac{\theta}{\varphi}\right)\frac{3i_c}{h^2}\delta$$

$$D = \frac{V_{JK}}{\delta} = \frac{1}{4}\left(1 - \frac{\theta}{\varphi}\right)\frac{12i_c}{h^2} = \alpha_c\frac{12i_c}{h^2} \tag{5.21}$$

$$\alpha_c = \frac{1}{4}\left(1 - \frac{\theta}{\varphi}\right)$$

令

$$\beta = \frac{M_{JK}}{M_{JL} + M_{JM}} = \frac{\theta - \varphi}{2\overline{K}\theta}$$

则

$$\frac{\theta}{\varphi} = \frac{1}{1 - 2\beta\overline{K}}$$

当 $\overline{K}$ 取不同值时，β 通常在 $-1\sim-0.67$ 范围内变化，为简化计算且在保证精度的条件下，可取 $\beta=1$，则得 $\theta/\varphi = 1/(1 + 2\overline{K})$，故而

$$\alpha_c = \frac{0.5\overline{K}}{1 + 2\overline{K}} \tag{5.22}$$

综上所述，各种情况下柱的侧向刚度 D 值均可按式（5.17）计算，其中系数 α_c 及梁柱线刚度比 $\overline{K}$ 按表 5.7 所列公式计算。

表 5.7 柱侧向刚度修正系数 α_c

位置		边　柱		中　柱		α_c
		简图	$\overline{K}$	简图	$\overline{K}$	
一般层		i_c　$\begin{matrix}i_2\\i_4\end{matrix}$	$\overline{K}=\dfrac{i_2+i_4}{2i_c}$	$\begin{matrix}i_1\\i_3\end{matrix}$　i_c　$\begin{matrix}i_2\\i_4\end{matrix}$	$\overline{K}=\dfrac{i_1+i_2+i_3+i_4}{2i_c}$	$\alpha_c=\dfrac{\overline{K}}{2+\overline{K}}$
底层	固接	i_c　i_2	$\overline{K}=\dfrac{i_2}{i_c}$	i_1　i_c　i_2	$\overline{K}=\dfrac{i_1+i_2}{i_c}$	$\alpha_c=\dfrac{0.5+\overline{K}}{2+\overline{K}}$
	铰接	i_c　i_2	$\overline{K}=\dfrac{i_2}{i_c}$	i_1　i_c　i_2	$\overline{K}=\dfrac{i_1+i_2}{i_c}$	$\alpha_c=\dfrac{0.5\overline{K}}{1+2\overline{K}}$

（2）柱高不等及有夹层的柱。当底层中有个别柱的高度 h_a、h_b 与一般柱的高度不相等时（见图 5.25），其层间水平位移 δ 对各柱仍是相等的，因此仍可用式（5.16）计算这些不等高柱的侧向刚度。对图 5.25 所示的情况，两柱的侧向刚度分别为

$$D_a=\alpha_{ca}\frac{12i_{ca}}{h_a^2},\ \ D_b=\alpha_{cb}\frac{12i_{cb}}{h_b^2}$$

式中　α_{ca}、α_{cb}——A、B 柱的侧向刚度修正系数，其余符号意义见图 5.25。

当同层中有夹层时（见图 5.26），对于特殊柱 B，其层间水平位移为

$$\delta=\delta_1+\delta_2$$

设 B 柱所承受的剪力为 V_B，用 D_1、D_2 表示下段柱和上段柱的 D 值，则上式可表示为

$$\delta=\frac{V_B}{D_1}+\frac{V_B}{D_2}=V_B\left(\frac{1}{D_1}+\frac{1}{D_2}\right)$$

故 B 柱的侧向刚度为

$$D_B=\frac{V_B}{\delta}=\frac{1}{\dfrac{1}{D_1}+\dfrac{1}{D_2}} \tag{5.23}$$

由图 5.26 可知，如把 B 柱视为下段柱（高度为 h_1）和上段柱（高度为 h_2）的串联，则式（5.23）可理解为串联柱的总侧向刚度，其中 D_1、D_2 可按式（5.17）计算。

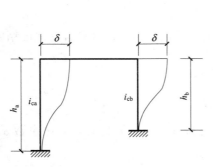

图 5.25　不等高柱

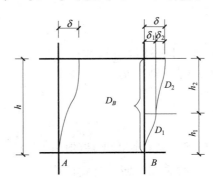

图 5.26　夹层柱

3. 柱的反弯点高度 yh

柱的反弯点高度 yh 是指柱中反弯点（points of contraflexure）至柱下端的距离，如图 5.27 所示，其中 y 称为反弯点高度比。对图 5.27 所示的单层框架，由几何关系得反弯点高度比 y 为

$$y = \frac{3\overline{K}+1}{6\overline{K}+1} \tag{5.24}$$

$$\overline{K} = i_b/i_c$$

式中　$\overline{K}$——梁柱线刚度比。

由式（5.24）可知，在单层框架中，反弯点高度比 y 主要与梁柱线刚度比 $\overline{K}$ 有关。当横梁线刚度很弱（$\overline{K} \approx 0$）时，$y = 1.0$，反弯点移至柱顶，横梁相当于铰支连杆；当横梁线刚度很强（$\overline{K} \rightarrow \infty$）时，$y = 0.5$，反弯点在柱子中点，柱上端可视为有侧移但无转角的约束。

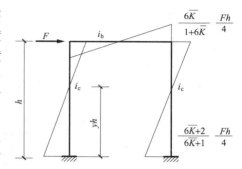

图 5.27　反弯点高度示意

根据上述分析，对于多、高层框架结构，可以认为柱的反弯点位置主要与柱两端的约束刚度有关。而影响柱端约束刚度的主要因素，除了梁柱线刚度比外，还有结构总层数及该柱所在的楼层位置、上层与下层梁线刚度比、上下层层高变化，以及作用于框架上的荷载形式等。因此，框架各柱的反弯点高度比 y 可用下式表示

$$y = y_n + y_1 + y_2 + y_3 \tag{5.25}$$

式中　y_n——标准反弯点高度比；

　　　y_1——上、下层横梁线刚度变化时反弯点高度比的修正值；

　　y_2、y_3——上、下层层高变化时反弯点高度比的修正值。

（1）标准反弯点高度比 y_n。y_n 是指规则框架［见图 5.28（a）］的反弯点高度比。在水平荷载作用下，如假定框架横梁的反弯点在跨中，且该点无竖向位移，则图 5.28（a）所示的框架可简化为图 5.28（b），进而可叠合成图 5.28（c）所示的合成框架。在合成框架中，柱的线刚度等于原框架同层各柱线刚度之和；由于半梁的线刚度等于原梁线刚度的 2 倍，因此梁的线刚度等于同层梁根数乘以 $4i_b$，其中 i_b 为原梁线刚度。

用力法解图 5.28（c）所示的合成框架内力时，以各柱下端截面的弯矩 M_n 作为基本未知量，取基本体系如图 5.28（d）所示。因各层剪力 V_n 可用平衡条件求出，是已知量，故求出 M_n，就可按下式确定各层柱的反弯点高度比 y_n，即

$$y_n = \frac{M_n}{V_n h} \tag{5.26}$$

按上述方法可确定各种荷载作用下规则框架的标准反弯点高度比。对于承受均布水平荷载、倒三角形分布水平荷载和顶点集中水平荷载作用的规则框架，其第 n 层的标准反弯点高度比 y_n 分别按下列各式计算

$$y_n = \frac{1}{2} - \frac{1}{6\overline{K}(m-n+1)} + \frac{1+2m}{2(m-n+1)} \cdot \frac{r^n}{1-r} + \frac{r^{m-n+1}}{6\overline{K}(m-n+1)} \tag{5.27}$$

$$y_n=\frac{1}{2}+\frac{1}{m^2+m-n^2+n}\left[\frac{1-2n}{6\overline{K}}+\frac{2m+1}{6\overline{K}}r^{m-n+1}+\left(m^2+m-\frac{1}{3\overline{K}}\right)\right]\frac{r^n}{1-r}$$

$$(5.28)$$

$$y_n=\frac{1}{2}+\frac{r^n}{1-r}-\frac{1}{2}r^{m-n+1} \tag{5.29}$$

$$r=(1+3\overline{K})-\sqrt{(1+3\overline{K})^2-1}$$

　　由式（5.27）~式（5.29）可知，不同荷载作用下框架柱的反弯点高度比 y_n 主要与梁柱线刚度比 $\overline{K}$、结构总层数 m 以及该柱所在的楼层位置 n 有关。为了便于应用，对上述三种荷载作用下的标准反弯点高度比 y_n 已制成数字表格，见附表1~附表4，计算时可直接查用。应当注意，按附表1~附表4查取 y_n 时，梁柱线刚度比 $\overline{K}$ 应按表5.7所列公式计算。

　　（2）上、下横梁线刚度变化时反弯点高度比的修正值 y_1。若与某层柱相连的上、下横梁线刚度不同，则其反弯点位置不同于标准反弯点位置 $y_n h$，其修正值为 $y_1 h$，如图5.28所示。y_1 的分析方法与 y_n 相仿，计算时可由附表3查取。

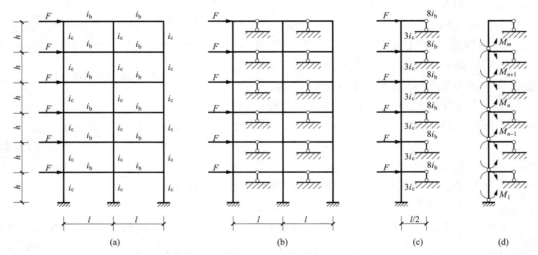

图 5.28　标准反弯点位置简化求解

　　由附表3查 y_1 时，梁柱线刚度比 $\overline{K}$ 仍按表5.7所列公式确定。当取 $i_1+i_2<i_3+i_4\alpha_1=(i_1+i_2)/(i_3+i_4)$ 时，则由 α_1 和 $\overline{K}$ 从附表3查出 y_1，这时反弯点应向上移动，y_1 取正值［见图5.29（a）］；当取 $i_3+i_4<i_1+i_2\alpha_1=(i_3+i_4)/(i_1+i_2)$ 时，则由 α_1 和 $\overline{K}$ 从附表3查出 y_1，这时反弯点应向下移动，故 y_1 取负值［见图5.29（b）］。

　　对底层框架柱，不考虑修正值 y_1。

　　（3）上、下层层高变化时反弯点高度比的修正值 y_2 和 y_3。当与某柱相邻的上层或下层层高改变时，柱上端或下端的约束刚度发生变化，引起反弯点移动，其修正值为 $y_2 h$ 或 $y_3 h$。y_2、y_3 的分析方法也与 y_n 相仿，计算时可由附表4查取。

　　当与某柱相邻的上层层高较大［见图5.30（a）］时，其上端的约束刚度相对较小，所以反弯点向上移动，移动值为 $y_2 h$。令 $\alpha_2=h_u/h>1.0$，则按 α_2 和 $\overline{K}$ 可由附表4查出 y_2，y_2 为正值；当 $\alpha_2<1.0$ 时，y_2 为负值，反弯点向下移动。

当与某柱相邻的下层层高变化 [见图 5.30 （b）]时，令 $\alpha_3 = h_l/h$，若 $\alpha_3 > 1.0$，则 y_3 为负值，反弯点向下移动；若 $\alpha_3 < 1.0$，则 y_3 为正值，反弯点向上移动。

对顶层柱不考虑修正值 y_2，对底层柱不考虑修正值 y_3。

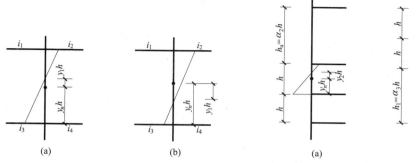

图 5.29　梁刚度变化对反弯点的修正　　　　图 5.30　层高变化对反弯点的修正

4．计算要点

（1）按式（5.14）计算框架结构各层层间剪力 V_i。

（2）按式（5.17）计算各柱的侧向刚度 D_{ij}，然后按式（5.15）求出第 i 层第 j 柱的剪力 V_{ij}。

（3）按式（5.25）及相应的表格（附表 1～附表 4）确定各柱的反弯点高度比 y，并按下式计算第 i 层第 j 柱的下端弯矩 M_{ij}^{b} 和上端弯矩 M_{ij}^{u}，即

$$\left.\begin{array}{c} M_{ij}^{b} = V_{ij} y h \\ M_{ij}^{u} = V_{ij}(1-y)h \end{array}\right\} \tag{5.30}$$

（4）根据节点的弯矩平衡条件（见图 5.31），将节点上、下柱端弯矩之和按左、右梁的线刚度（当各梁远端不都是刚接时，应取用梁的转动刚度）分配给梁端，即

$$\left.\begin{array}{c} M_{b}^{l} = (M_{i+1,\,j}^{b} + M_{ij}^{u}) \dfrac{i_b^l}{i_b^l + i_b^r} \\ M_{b}^{r} = (M_{i+1,\,j}^{b} + M_{ij}^{u}) \dfrac{i_b^r}{i_b^l + i_b^r} \end{array}\right\} \tag{5.31}$$

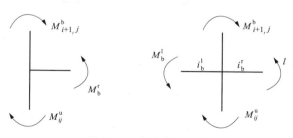

图 5.31　节点弯矩平衡

式中　i_b^l、i_b^r——节点左、右梁的线刚度。

（5）根据梁端弯矩计算梁端剪力，再由梁端剪力计算柱轴力，这些均可由静力平衡条件计算。

【例题 5.4】　试用 D 值法作【例题 5.3】所示框架的弯矩图。

解　（1）计算各层柱的 D 值及每根柱分配的剪力。计算过程及结果见表 5.8。

表 5.8 各层柱 D 值及每根柱分配的剪力

层数	3	2	1
层剪力（kN）	37	111	191.7
左边柱 D 值（相对值）	$\overline{K}=\dfrac{1.5+1.7}{2\times0.7}=2.286$ $D=\dfrac{2.286}{2+2.286}\times\dfrac{12\times0.7}{3.3^2}=0.411$	$\overline{K}=\dfrac{1.7+2.4}{2\times0.7}=2.929$ $D=\dfrac{2.929}{2+2.929}\times\dfrac{12\times0.7}{3.3^2}=0.458$	$\overline{K}=\dfrac{2.4}{0.6}=4.00$ $D=\dfrac{0.5+4.000}{2+4.000}\times\dfrac{12\times0.6}{3.9^2}=0.355$
右边柱 D 值（相对值）	$\overline{K}=\dfrac{0.8+1.0}{2\times0.9}=1.000$ $D=\dfrac{1.000}{2+1.000}\times\dfrac{12\times0.9}{3.3^2}=0.331$	$\overline{K}=\dfrac{1.0+1.2}{2\times0.9}=1.222$ $D=\dfrac{1.222}{2+1.222}\times\dfrac{12\times0.9}{3.3^2}=0.376$	$\overline{K}=\dfrac{1.2}{0.8}=1.500$ $D=\dfrac{0.5+1.500}{2+1.500}\times\dfrac{12\times0.8}{3.9^2}=0.361$
中柱 D 值（相对值）	$\overline{K}=\dfrac{1.5+0.8+1.7+1.0}{2\times0.6}=4.167$ $D=\dfrac{4.167}{2+4.167}\times\dfrac{12\times0.6}{3.3^2}=0.447$	$\overline{K}=\dfrac{1.7+1.0+2.4+1.2}{2\times0.9}=3.500$ $D=\dfrac{3.500}{2+3.500}\times\dfrac{12\times0.9}{3.3^2}=0.631$	$\overline{K}=\dfrac{2.4+1.2}{0.8}=4.500$ $D=\dfrac{0.5+4.500}{2+4.500}\times\dfrac{12\times0.8}{3.9^2}=0.486$
$\sum D$	1.189	1.465	1.202
左边柱剪力（kN）	$V_3=\dfrac{0.411}{1.189}\times37=12.790$	$V_2=\dfrac{0.458}{1.465}\times111=34.702$	$V_1=\dfrac{0.355}{1.202}\times191.7=56.617$
右边柱剪力（kN）	$V_3=\dfrac{0.331}{1.189}\times191.7=10.300$	$V_2=\dfrac{0.376}{1.465}\times111=28.489$	$V_1=\dfrac{0.361}{1.202}\times191.7=57.574$
中柱剪力（kN）	$V_3=\dfrac{0.447}{1.189}\times37=13.910$	$V_2=\dfrac{0.631}{1.465}\times111=47.810$	$V_1=\dfrac{0.486}{1.202}\times191.7=77.509$

（2）计算反弯点高度比，计算过程及结果见表 5.9。

表 5.9 反 弯 点 高 度 比

层数	3 ($n=3$, $j=3$)	2 ($n=3$, $j=3$)	1 ($n=3$, $j=3$)
左边柱	$\overline{K}=2.286$，$y_0=0.43$ $y_1=y_2=y_3=0$ $y=y_0=0.43$	$\overline{K}=2.929$，$y_0=0.50$ $y_1=y_2=y_3=0$ $y=y_0=0.50$	$\overline{K}=4.000$，$y_0=0.55$ $y_1=y_2=y_3=0$ $y=y_0=0.55$
右边柱	$\overline{K}=1.000$，$y_0=0.35$ $y_1=y_2=y_3=0$ $y=y_0=0.35$	$\overline{K}=1.222$，$y_0=0.45$ $y_1=y_2=y_3=0$ $y=y_0=0.45$	$\overline{K}=1.500$，$y_0=0.575$ $y_1=y_2=y_3=0$ $y=y_0=0.575$
中柱	$\overline{K}=4.167$，$y_0=0.45$ $y_1=y_2=y_3=0$ $y=y_0=0.45$	$\overline{K}=3.500$，$y_0=0.50$ $y_1=y_2=y_3=0$ $y=y_0=0.50$	$\overline{K}=4.500$，$y_0=0.55$ $y_1=y_2=y_3=0$ $y=y_0=0.55$

（3）求各柱的柱端弯矩

$M_{CD}=12.790\times0.43\times3.3=18.149(kN\cdot m)$

$M_{GH}=13.910\times0.45\times3.3=20.656(kN\cdot m)$

$M_{LM}=10.300\times0.35\times3.3=11.897(kN\cdot m)$

$M_{DC}=12.790\times(1-0.43)\times3.3=24.058(kN\cdot m)$

$M_{HG}=13.910\times(1-0.45)\times3.3=25.247(kN\cdot m)$

$M_{ML}=10.300\times(1-0.35)\times3.3=22.094(kN\cdot m)$

$M_{BC}=34.702\times0.5\times3.3=57.258(kN\cdot m)$

$M_{FG}=47.810\times0.5\times3.3=78.887(kN\cdot m)$

$M_{JL}=28.489\times0.45\times3.3=42.306(kN\cdot m)$

$M_{CB}=34.702\times(1-0.5)\times3.3=57.258(kN\cdot m)$

$M_{GF}=47.810\times(1-0.5)\times3.3=78.887(kN\cdot m)$

$M_{LJ}=28.489\times(1-0.45)\times3.3=51.708(kN\cdot m)$

$M_{AB}=56.617\times0.55\times3.9=121.443(kN\cdot m)$

$M_{EF}=77.509\times0.55\times3.9=166.257(kN\cdot m)$

$M_{IJ}=57.574\times0.575\times3.9=129.110(kN\cdot m)$

$M_{BA}=56.617\times(1-0.55)\times3.9=99.368(kN\cdot m)$

$M_{FE}=77.509\times(1-0.55)\times3.9=136.028(kN\cdot m)$

$M_{JI}=57.574\times(1-0.575)\times3.9=95.429(kN\cdot m)$

（4）求出各横梁梁端的弯矩

$M_{DH}=M_{DC}=24.058(kN\cdot m)$

$M_{HD}=\dfrac{1.5}{1.5+0.8}\times25.247=16.465(kN\cdot m)$

$M_{HM}=\dfrac{0.8}{1.5+0.8}\times25.247=8.782(kN\cdot m)$

$M_{HM}=M_{ML}=22.094(kN\cdot m)$

$M_{CG}=M_{CD}+M_{CB}=18.149+57.258=75.407(kN\cdot m)$

$M_{HM}=\dfrac{1.7}{1.7+1.0}(M_{GH}+M_{GF})=\dfrac{1.7}{1.7+1.0}\times99.543=62.675(kN\cdot m)$

$M_{GL}=\dfrac{1.0}{1.7+1.0}(M_{GH}+M_{GF})=\dfrac{1.0}{1.7+1.0}\times99.543=36.868(kN\cdot m)$

$M_{LG}=M_{LM}+M_{LJ}=11.897+51.708=63.605(kN\cdot m)$

$M_{BF}=M_{BC}+M_{BA}=57.258+99.368=156.626(kN\cdot m)$

$M_{FB}=\dfrac{2.4}{2.4+1.2}(M_{FG}+M_{FE})=\dfrac{2.4}{2.4+1.2}\times214.915=143.277(kN\cdot m)$

$M_{FB}=\dfrac{1.2}{2.4+1.2}(M_{FG}+M_{FE})=\dfrac{1.2}{2.4+1.2}\times214.915=71.638(kN\cdot m)$

$M_{JF}=M_{JL}+M_{JI}=42.306+95.429=137.735(kN\cdot m)$

（5）绘制弯矩图，见图5.32。

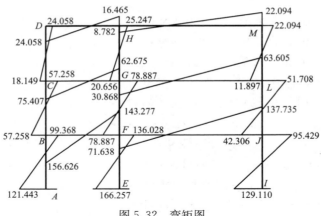

图 5.32　弯矩图

5.4.4　框架结构侧移的近似计算

水平荷载作用下框架结构的侧移（lateral displacement）如图 2.3 所示，它可以看作由梁、柱弯曲变形（flexural deformation）引起的侧移和由柱轴向变形（axial deformation）引起的侧移的叠加。前者是由水平荷载产生的层间剪力引起的，后者主要是由水平荷载产生的倾覆力矩引起的。

1. 梁、柱弯曲变形引起的侧移

层间剪力使框架层间的梁、柱产生弯曲变形并引起侧移，其侧移曲线与等截面剪切悬臂柱的剪切变形曲线相似，曲线凹向结构的竖轴，层间相对侧移（storey drift）是下大上小，属剪切型，故这种变形称为框架结构的总体剪切变形（见图 5.33）。由于剪切型变形主要表现为层间构件的错动，楼盖仅产生平移，所以可用下述近似方法计算其侧移，即

设 V_i 为第 i 层的层间剪力，为该层的总侧向刚度 $\sum_{j=1}^{s} D_{ij}$，则框架第 i 层的层间相对侧移 $(\Delta u)_i$ 可按下式计算

$$(\Delta u)_i = V_i / \sum_{j=1}^{s} D_{ij} \tag{5.32}$$

式中　s——第 i 层的柱总数。

第 i 层楼面标高处的侧移（floor displacement）u_i 为

$$u_i = \sum_{k=1}^{i} (\Delta u)_k \tag{5.33}$$

框架结构的顶点侧移（roof displacement）u_r 为

$$u_r = \sum_{k=1}^{m} (\Delta u)_k \tag{5.34}$$

式中　m——框架结构的总层数。

2. 柱轴向变形引起的侧移

倾覆力矩（overturn moment）使框架结构一侧的柱产生轴向拉力并伸长，另一侧的柱产生轴向压力并缩短，从而引起侧移［见图 5.34（a）］。这种侧移曲线凸向结构竖轴，其层间相对侧移下小上大，与等截面悬臂柱的弯曲变形曲线相似，属弯曲型，故称为框架结构的

总体弯曲变形 [见图 5.34（b）]。

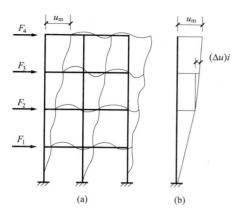

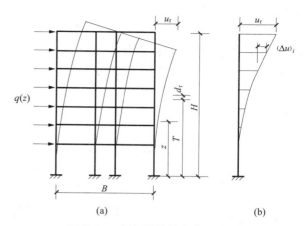

图 5.33　框架结构的剪切型变形　　　　　图 5.34　框架结构的弯曲型变形

　　柱轴向变形引起的框架侧移，可借助计算机用矩阵位移法求得精确值，也可用近似方法得到近似值，近似算法较多，下面仅介绍连续积分法。

　　用连续积分法计算柱轴向变形引起的侧移时，假定水平荷载只在边柱中产生轴力及轴向变形。在任意分布的水平荷载作用下，边柱的轴力可近似地按下式计算

$$N = \pm M(z)/B = \pm \frac{1}{B} \int_z^H q(\tau)(\tau - z) \mathrm{d}\tau \tag{5.35}$$

式中　$M(z)$ ——水平荷载在 z 高度处产生的倾覆力矩；

　　　　B ——外柱轴线间的距离；

　　　　H ——结构总高度。

　　假定柱轴向刚度由结构底部的 $(EA)_\mathrm{b}$ 线性地变化到顶部的 $(EA)_\mathrm{t}$，并采用图 5.34（a）所示坐标系，则由几何关系可得 z 高度处的轴向刚度 EA 为

$$EA = (EA)_\mathrm{b} \left(1 - \frac{b}{H} z \right) \tag{5.36}$$

$$b = 1 - (EA)_\mathrm{t}/(EA)_\mathrm{t} \tag{5.37}$$

　　用单位荷载法可求得结构顶点侧移 u_r 为

$$u_\mathrm{r} = 2 \int_0^H \frac{\overline{N} N}{EA} \mathrm{d}z \tag{5.38}$$

式中　系数 2 ——两个边柱，其轴力大小相等，方向相反；

　　　$\overline{N}$ ——在框架结构顶点作用单位水平力时，在 z 高度处产生的柱轴力，按下式计算

$$\overline{N} = \pm \frac{\overline{M}(z)}{B} = \pm \frac{H - z}{B} \tag{5.39}$$

　　将式（5.35）、式（5.36）及式（5.39）代入式（5.38），则得

$$u_\mathrm{r} = \frac{1}{B^2 (EA)_\mathrm{b}} \int_0^H \frac{H - z}{\left(1 - \frac{b}{H} z \right)} \int_z^H q(\tau)(\tau - z) \mathrm{d}\tau \mathrm{d}z \tag{5.40}$$

对于不同形式的水平荷载，经对上式积分运算后，可将顶点位移 u_r 写成统一公式

$$u_r = \frac{V_0 H^3}{B^2 (EA)_b} F(b) \tag{5.41}$$

式中　V_0——结构底部总剪力；

$F(b)$——与 b 有关的函数，按下列公式计算。

（1）均布水平荷载作用下，$q(\tau) = q$，$V_0 = qH$，则

$$F(b) = \frac{6b - 15b^2 + 11b^3 + 6(1-b)^3 \ln(1-b)}{6b^4}$$

（2）倒三角形水平分布荷载作用下，$q(\tau) = q\tau/H$，$V_0 = qH/2$，则

$$F(b) = \frac{2}{3b^2} \left[(1 - b - 3b^2 + 5b^3 - 2b^4) \ln(1-b) + b - \frac{b^2}{2} - \frac{19}{6}b^3 + \frac{41}{12}b^4 \right]$$

（3）顶点水平集中荷载作用下，$V_0 = F$，则

$$F(b) = \frac{-2b + 3b^2 - 2(1-b)^2 \ln(1-b)}{b^3}$$

由式（5.41）可知，房屋高度 H 越大，房屋宽度 B 越小，则柱轴向变形引起的侧移越大。因此，当房屋高度较大或高宽比（H/B）较大时，宜考虑柱轴向变形对框架结构侧移的影响。

5.4.5　框架结构的水平位移控制

框架结构的侧向刚度过小，水平位移过大，将影响正常使用；侧向刚度过大，水平位移过小，虽满足使用要求，但不满足经济性要求。因此，框架结构的侧向刚度宜合适，一般以使结构满足层间位移限值为宜。

JGJ 3—2010 规定，按弹性方法计算的楼层层间最大位移与层高之比 $\Delta u/h$ 宜小于其限值 $[\Delta u/h]$，即

$$\Delta u/h \leqslant [\Delta u/h] \tag{5.42}$$

式中　$[\Delta u/h]$——层间位移角限值，对框架结构取 1/550；

　　　h——层高。

由于变形验算属正常使用极限状态的验算，所以计算 Δu 时，各作用的分项系数均应采用 1.0，混凝土结构构件的截面刚度可采用弹性刚度。另外，楼层层间最大位移 Δu 以楼层最大的水平位移差计算，不扣除整体弯曲变形。

层间位移角（剪切变形角）限值 $[\Delta u/h]$ 是根据以下两条原则并综合考虑其他因素确定的。

（1）保证主体结构基本处于弹性受力状态，即避免混凝土柱构件出现裂缝；同时，将混凝土梁等楼面构件的裂缝数量、宽度和高度限制在规范允许范围之内。

（2）保证填充墙、隔墙和幕墙等非结构构件的完好，避免产生明显损伤。

如果式（5.42）不满足，则可增大构件截面尺寸或提高混凝土强度等级。

5.5　荷载效应组合和构件设计

5.5.1　荷载效应组合

框架结构在各种荷载作用下的荷载效应（内力、位移等）确定之后，必须进行荷载效应组合，才能求得框架梁、柱各控制截面的最不利内力。

　　一般来说，对于构件某个截面的某种内力，并不一定是所有荷载同时作用下其内力最为不利，而是在某些荷载作用下才能得到最不利内力。因此，必须对构件的控制截面进行最不利内力组合。

　　1. 控制截面及最不利内力

　　构件内力一般沿其长度变化。为了便于施工，构件配筋通常不完全与内力一样变化，而是分段配筋。设计时，可根据内力图的变化特点，选取内力较大或截面尺寸改变处的截面作为控制截面，并按控制截面内力进行配筋计算。

　　框架梁的控制截面通常是梁两端支座处和跨中这三个截面。竖向荷载作用下梁支座截面是最大负弯矩（弯矩绝对值）和最大剪力作用的截面，水平荷载作用下还可能出现正弯矩。因此，梁支座截面处的最不利内力有最大负弯矩（$-M_{max}$）、最大正弯矩（$+M_{max}$）和最大剪力（V_{max}）；跨中截面的最不利内力一般是最大正弯矩（$+M_{max}$），有时可能出现最大负弯矩（$-M_{max}$）。

　　根据竖向及水平荷载作用下框架的内力图，可知框架柱的弯矩在柱的两端最大，剪力和轴力在同一层柱内通常无变化或变化很小。因此，柱的控制截面为柱上、下端截面。柱属于偏心受力构件，随着截面上所作用的弯矩和轴力的不同组合，构件可能发生不同形态的破坏，故组合的不利内力类型有若干组。此外，同一柱端截面在不同内力组合时可能出现正弯矩或负弯矩，但框架柱一般采用对称配筋，所以只需选择绝对值最大的弯矩即可。综上所述，框架柱控制截面最不利内力组合一般有以下几种：

　　（1）$|M|_{max}$ 及相应的 N 和 V；

　　（2）$|N|_{max}$ 及相应的 M 和 V；

　　（3）N_{min} 及相应的 M 和 V；

　　（4）$|V|_{max}$ 及相应的 N。

　　这四组内力组合的前三组用来计算柱正截面受压承载力，以确定纵向受力钢筋数量；第四组用以计算斜截面受剪承载力，以确定箍筋数量。

　　应当指出，由结构分析所得内力是构件轴线处的内力值，而梁支座截面的最不利位置是柱边缘处，如图 5.35 所示。此外，不同荷载作用下构件内力的变化规律也不同。因此，内力组合前应将各种荷载作用下柱轴线处梁的弯矩值换算到柱边缘处的弯矩值（见图 5.35），然后进行内力组合。

　　2. 荷载的不利布置

　　永久荷载是长期作用于结构上的竖向荷载，结构内力分析时应按荷载的实际分布和数值作用于结构上，计算其效应。

　　楼面活荷载是随机作用的竖向荷载，对于框架房屋某层的某跨梁来说，它有时作用，有时不作用。如文献所述，对于连梁，应通过活荷载的不利布置确定其支座截面或跨中截面的

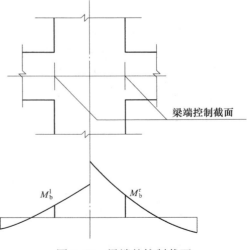

图 5.35　梁端的控制截面

最不利内力（弯矩或剪力）。对于多、高层框架结构，同样存在楼面活荷载不利布置问题，只是活荷载不利布置方式比连梁更为复杂。一般来说，结构构件的不同截面或同一截面的不同种类的最不利内力，有不同的活荷载最不利布置。因此，活荷载的最不利布置需要根据截面位置及最不利内力种类分别确定。设计中，一般按下述方法确定框架结构楼面活荷载的最不利布置。

（1）分层分跨组合法。这种方法是将楼面活荷载逐层逐跨单独作用在框架结构上，分别计算出结构的内力。然后对结构上各个控制截面上的不同内力，按照不利与可能的原则进行挑选与叠加，得到控制截面的最不利内力。这种方法的计算工作量很大，适用于计算机求解。

（2）最不利荷载布置法。对某一指定截面的某种最不利内力，可直接根据影响线原理确定产生此最不利内力的荷载位置，然后计算结构内力。图 5.36 表示一无侧移的多层多跨框

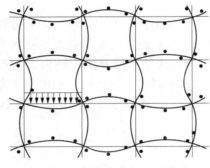

图 5.36　框架杆件的变形曲线

架某跨有活荷载时各杆的变形曲线示意图，其中圆点表示受拉纤维的一边。

由图 5.36 可知，如果某跨有活荷载作用，则该跨跨中产生正弯矩，并使沿横向隔跨、竖向隔层，然后隔跨隔层的各跨跨中引起正弯矩，还使横向邻跨、竖向邻层，然后隔跨隔层的各跨跨中产生负弯矩。由此可知，如果要求某跨跨中产生最大正弯矩，则应在该跨布置活荷载，然后沿横向隔跨、竖向隔层的各跨也布置活荷载；如果要求某跨跨中产生最大负弯矩（绝对值），则活荷载布置恰与上述相反。图 5.37（a）表示 B_1C_1、D_1E_1、A_2B_2、C_2D_2、B_3C_3、D_3E_3、A_4B_4 和 C_4D_4 各跨跨中产生最大正弯矩时活荷载的不利布置方式。

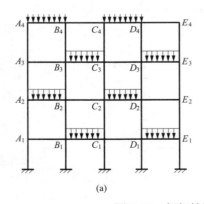
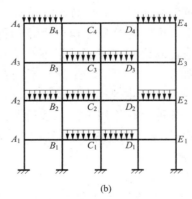

图 5.37　框架结构活荷载不利布置示例

另外，由图 5.36 可知，如果某跨有活荷载作用，则使该跨梁端产生负弯矩，并引起上、下邻层梁端负弯矩，然后逐层相反，还引起横向邻跨近端梁端负弯矩和远端梁端正弯矩，然后逐层逐跨相反。按此规律，如果要求图 5.37（b）中 BC 跨梁 B_2C_2 的左端 B_2 产生最大负弯矩（绝对值），则可按此图布置活荷载。按此图活荷载布置计算得到 B_2 截面的负弯矩，即为该截面的最大负弯矩（绝对值）。

对于梁和柱的其他截面，也可根据图 5.36 的规律得到最不利荷载布置。一般来说，对应于一个截面的一种内力，就有一种最不利荷载布置，相应地须进行一次结构内力计算，这样计算工作量就很大。

目前，国内混凝土框架结构由恒荷载和楼面活荷载引起的单位面积重力荷载为 12～14kN/m²，其中活荷载部分为 2～3kN/m²，只占全部重力荷载的 15％～20％，活荷载不利分布的影响较小。因此，一般情况下，可以不考虑楼面活荷载不利布置的影响，而按活荷载满布各层各跨梁的一种情况计算内力。为了安全起见，实用上可将这样求得的梁跨中截面弯矩及支座截面弯矩乘以 1.1～1.3 的放大系数，活荷载大时可选用较大的数值。但是，当楼面活荷载大于 4kN/m² 时，应考虑楼面活荷载不利布置引起的梁弯矩的增大。

风荷载和水平地震作用应考虑正、反两个方向的作用。如果结构对称，这两种作用均为反对称，只需要作一次内力计算，内力改变符号即可。

3. 荷载效应组合（load effect combination）

荷载效应组合实际上是指将各种荷载单独作用时所产生的内力，按照不利与可能的原则进行挑选与叠加，得到控制截面的最不利内力。内力组合时，既要分别考虑各种荷载单独作用时的不利分布情况，又要综合考虑它们同时作用的可能性。对于高层框架结构，荷载效应的设计值应按式（4.1）和式（4.2）进行组合确定。

5.5.2 构件设计

1. 框架梁

框架梁属受弯构件，应按受弯构件正截面受弯承载力计算所需要的纵筋数量，按斜截面受剪承载力计算所需要的箍筋数量，并采取相应的构造措施。

为了避免梁支座处抵抗负弯矩的钢筋过分拥挤，以及在抗震结构中形成梁铰破坏机构增加结构的延性，可以考虑框架梁端塑性变形内力重分布，对竖向荷载作用下梁端负弯矩进行调幅。对现浇框架梁，梁端负弯矩调幅系数可取 0.8～0.9；对于装配整体式框架梁，由于梁柱节点处钢筋焊接、锚固、接缝不密实等原因，受力后节点各杆件产生相对角变，其节点的整体性不如现浇框架，故其梁端负弯矩调幅系数可取 0.7～0.8。

框架梁端截面负弯矩调幅后，梁跨中截面弯矩应按平衡条件相应增大。截面设计时，框架梁跨中截面正弯矩设计值不应小于竖向荷载作用下按简支梁计算的跨中截面弯矩设计值的 50％。应先对竖向荷载作用下的框架梁弯矩进行调幅，再与水平荷载产生的框架梁弯矩进行组合。

框架截面设计包括梁、柱及节点的配筋设计。要根据荷载效应组合所得内力及构件正截面抗弯、斜截面抗剪承载力要求计算构件的配筋数量。对梁、柱及节点还有相应的构造要求。

非抗震及抗震结构在结构设计上有许多不同之处，其根本区别在于非抗震结构在外荷载作用下结构处于弹性状态或仅有微小裂缝，构件设计主要是满足承载力要求。而抗震结构在设防烈度（中震）下，构件进入塑性变形状态，为了有良好的耗能能力及在强震下结构不倒塌，抗震结构要设计成延性结构，其构件应有足够的延性。

2. 延性框架

如果结构能维持承载能力而又具有较大的塑性变形能力，就称为延性结构。在强地震下，要求结构处于弹性状态是没有必要的，也是不经济的。通常在中震作用下允许结构某些杆件屈服，出现塑性铰，使结构刚度降低，塑性变形加大。当塑性铰达到一定数量时，结构会出现"屈服"现象，即承受的地震作用不再增加或增加很少，而结构变形迅速增加。在地震区都应当设计成延性结构，这种结构在中震作用后，经过修复仍可继续使用，在强震作用下也不至于倒塌。大量震害调查和试验表明，经过合理设计，钢筋混凝土框架可以达到所需要的延性，称为延性框架结构。

在框架中，塑性铰可能出现在梁上，也可能出现在柱上，因此梁、柱构件都应有良好的延性。构件延性以构件的变形或塑性铰转动能力来衡量，称为构件位移延性比 $\mu_f = f_u/f_y$ 或截面曲率延性比 $\mu_\varphi = \varphi_u/\varphi_y$。

通过实验和理论分析，可得到以下一些结论：

（1）要保证框架结构有一定的延性，就必须保证梁柱构件具有足够的延性，钢筋混凝土构件的剪切破坏是脆性的，或者延性很小，因此，构件不能过早剪坏。

（2）框架结构中，塑性铰出现在梁上较为有利，如图 5.38 所示，在梁端出现的塑性铰数量可以很多而结构不致形成机动体系，每一个塑性铰都能吸收和耗散一部分地震能量。此外，梁是受弯构件，而受弯构件处理得当能够具有较好的延性。

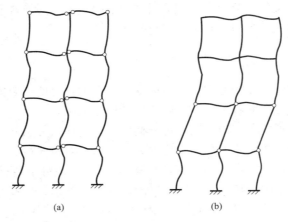

图 5.38　框架塑性铰出现状况

(a) 梁端塑性铰；(b) 柱端塑性铰

（3）塑性铰出现在柱中，很容易形成机动体系，如图 5.38（b）所示。如果在同一层柱上下都出现塑性铰，该层结构变形将迅速增大，成为不稳定结构而倒塌，在抗震结构中应避免出现这种情况。柱是压弯构件，受到很大轴力，这种受力状态决定了柱的延性较小，而且作为结构的主要承重部分，柱子破坏将引起严重后果，不易修复甚至引起结构倒塌。因此，柱子中出现塑性铰是不利的。

（4）要设计延性框架，除了梁柱构件必须具有延性外，还必须保证各构件的连接部分——节点区不出现脆性剪切破坏，同时还能保证支座连接和钢筋锚固不发生破坏。

综上所述，要设计延性框架结构，必须合理设计各个构件，控制塑性铰出现部位，防止构建过早剪坏，使构建具有一定延性。同时，也要合理设计节点区及各部分的连接和锚固，防止节点连接的脆性破坏。在抗震措施上可归纳为以下几个要点：

（1）墙柱弱梁——控制塑性铰的位置；

（2）强剪弱弯——控制构件的破坏形态；

（3）强节点弱构件——保证节点区的承载力。

5.5.3 框架梁设计

1. 框架梁的破坏形态

钢筋混凝土受弯构件主要有两种破坏形式：弯曲破坏和剪切破坏。

弯曲破坏时，由于纵筋配筋率的影响，可能出现三种破坏形态：少筋梁在钢筋屈服后立即破坏，这是一种脆性破坏；超筋梁则由于受拉钢筋配筋过多，在钢筋未屈服前混凝土就被压碎而丧失承载力，这种破坏无明显预兆，也是一种脆性破坏；适筋梁在钢筋屈服之后，由于钢筋屈服形成塑性铰，中性轴上升，直到压区混凝土被压碎而破坏，这种破坏有明显预兆，属于延性破坏。

梁的剪切破坏是脆性的，或延性很小，要防止梁在屈服以前出现剪切破坏，即要求强剪弱弯。

2. 截面尺寸的限制

限制梁的最小截面尺寸，主要是为了防止发生剪切破坏。其次是限制使用荷载下斜裂缝宽度，同时也是梁的最大配箍条件，因此框架梁的截面应符合下列要求：

无地震作用组合

$$V_b \leqslant 0.25 f_c b h_0 \tag{5.43}$$

有地震作用组合

$$V_b \leqslant \frac{1}{\gamma_{RE}} (0.2 f_c b h_0) \tag{5.44}$$

式中 f_c——混凝土轴心抗压强度设计值；

b——梁的宽度；

h_0——梁的有效高度；

γ_{RE}——承载力抗震调整系数，按《建筑抗震设计规范》（GB 50011—2010）中表 5.4.2 取值；

V_b——框架梁剪力设计值，其取值可按下列规定计算。

（1）非抗震设计时的框架梁及抗震设计时梁端箍筋加密区以外的梁截面需考虑水平荷载组合的剪力设计值；

（2）抗震设计时梁端箍筋加密区范围的梁截面，按下列要求确定：

一级抗震等级

$$V_b = 1.05 \frac{M_{bu}^l + M_{bu}^r}{l_b} + V_{bE} \tag{5.45}$$

二级抗震等级

$$V_b = 1.05 \frac{M_b^l + M_b^r}{l_b} + V_{bE} \tag{5.46}$$

三级抗震等级

$$V_b = \frac{M_b^l + M_b^r}{l_b} + V_{bE} \tag{5.47}$$

式中 V_{bE}——当考虑地震作用组合时的重力荷载代表值产生的剪力设计值，可按简支梁计算得到的剪力，当考虑竖向地震作用组合时，竖向地震作用产生的剪力应包括在内；

l_b——梁的净跨；

M_b^l、M_b^r——考虑地震作用组合时，框架梁左、右端的弯矩设计值；

M_{bu}^l、M_{bu}^r——框架梁左、右端按实配钢筋面积计算的正截面抗弯承载能力所对应的弯矩值。

当一端取上部纵向钢筋为受拉钢筋时，另一端应取下部纵向钢筋为受拉钢筋。此时框架两端的正截面抗弯承载能力 M_{bu} 可按下式计算

$$M_{bu} = f_{yk}A_s^a(h_0 - a_s')/\gamma_{RE} \tag{5.48}$$

式中　f_{yk}——受拉钢筋屈服强度标准值；

　　　　A_s^a——受拉钢筋实际配筋面积；

　　$h_0 - a_s'$——梁上部配筋重心与梁下部配筋重心之间的距离。

框架梁设计剪力的取值，主要是保证梁的抗剪能力大于其抗弯能力，不发生脆性破坏，即梁的设计要遵循"强剪弱弯"的原则。

3. 混凝土受压区高度的限制

控制框架梁混凝土受压区高度的目的是控制塑性铰区纵向受拉钢筋的最大配筋率，防止框架梁因过高的配筋率而不能满足延性的要求，故对梁的混凝土受压区应根据不同抗震等级加以限制，受压区高度小则有利于提高梁的延性，为此，框架梁的混凝土受压区高度 x 应符合下列要求：

有地震作用组合的梁端箍筋加密区：

一级抗震等级　　　　　　$x \leqslant 0.25h_0$ （5.49）

二、三抗震等级　　　　　$x \leqslant 0.35h_0$ （5.50）

其他情况　　　　　　　　$x \leqslant \xi_b h_0$ （5.51）

$$\xi_b \leqslant 0.8 \Big/ \Big(1 + \frac{f_y}{0.0033E_s}\Big) \tag{5.52}$$

式中　h_0——梁截面有效高度；

　　　ξ_b——受拉钢筋和受压区混凝土同时达到其设计强度时的界限相对受压区高度；

　　　f_y——受拉钢筋强度设计值；

　　　E_s——钢筋弹性模量。

4. 正截面抗弯承载力计算

由抗弯承载力确定截面配筋，按下式计算：

无地震作用组合时

$$M_{b,\,max} \leqslant f_y(A_s - A_s')(h_0 - 0.5x) + f_yA_s'(h_0 - a') \tag{5.53}$$

有地震作用组合时

$$M_{b,\,max} \leqslant \frac{1}{\gamma_{RE}}[f_y(A_s - A_s')(h_0 - 0.5x) + f_yA_s'(h_0 - a')] \tag{5.54}$$

梁截面抗弯配筋数量不能过少，其最小配筋率见表 5.10。

表 5.10　　　　　　　　　　　抗震设计框架梁最小配筋率

抗震等级	一	二	三
支座截面	0.40	0.30	0.25
跨中截面	0.30	0.25	0.20

5. 斜截面抗剪承载力计算

对框架梁的斜截面抗剪承载力可用下列公式验算：

（1）无地震作用组合　　　$V_b \leqslant 0.07 f_c bh_0 + 1.5 f_{yv} \dfrac{A_{sv}}{s} h_0$　　　　　　　（5.55）

（2）有地震作用组合　　　$V_b \leqslant \dfrac{1}{\gamma_{RE}} \left(0.056 f_c bh_0 + 1.2 f_{yv} \dfrac{A_{sv}}{s} h_0 \right)$　　　（5.56）

（3）当梁上有较大集中荷载，且集中荷载对支座截面产生的剪力值在 75% 以上时，框架梁斜截面抗剪承载力按下列公式计算：

无地震作用组合　　　$V_b \leqslant \dfrac{0.2}{\lambda + 1.5} f_c bh_0 + 1.25 f_{yv} \dfrac{A_{sv}}{s} h_0$　　　　（5.57）

有地震作用组合　　　$V_b \leqslant \dfrac{1}{\gamma_{RE}} \left(\dfrac{0.16}{\lambda + 1.5} f_c bh_0 + f_{yv} \dfrac{A_{sv}}{s} h_0 \right)$　　（5.58）

式中　λ——验算截面的剪跨比，可取 $\lambda = a/h_0$，a 为集中荷载在作用点到支座的距离，当 λ 大于 3 时，取 λ 等于 3，当 λ 小于 1.4 时，取 λ 等于 1.4；

　　　f_{yv}——箍筋强度设计值；

　　　A_{sv}——箍筋截面面积；

　　　s——箍筋间距。

5.5.4　框架柱设计

框架柱一般为偏心受压构件，通常采用对称配筋。柱中纵筋数量应按偏心受压构件的正截面受压承载力计算确定；箍筋数量应按偏心受压构件的斜截面受剪承载力计算确定。下面对框架柱截面设计中的两个问题作补充说明。

（1）柱截面最不利内力的选取。经内力组合后，每根柱上、下两端组合的内力设计值通常有 6～8 组，应从中挑选出一组最不利内力进行截面配筋计算。但是，由于 M 与 N 的相互影响，很难找出哪一组为最不利内力。此时可根据偏心受压构件的判别条件，将这几组内力分为大偏心受压组和小偏心受压组。对于大偏心受压组，按照"弯矩相差不多时，轴力越小越不利；轴力相差不多时，弯矩越大越不利"的原则进行比较，选出最不利内力。对于小偏心受压组，按照"弯矩相差不多时，轴力越大越不利；轴力相差不多时，弯矩越大越不利"的原则进行比较，选出最不利内力。

（2）框架柱的计算长度 l_0。在偏心受压柱的配筋计算中，需要确定柱的计算长度 l_0。JGJ 3—2010 规定，l_0 可按下列规定确定：

1）一般多层房屋中梁柱为刚接的框架结构，各层柱的计算长度 l_0 按表 5.11 取用。

表 5.11　　　　　　　　　　　　　框架结构各层柱的计算长度

楼盖类型	柱的类型	l_0
现浇楼盖	底层柱	$1.0H$
	其余各层柱	$1.25H$
装配式楼盖	底层柱	$1.25H$
	其余各层柱	$1.5H$

2）当水平荷载产生的弯矩设计值占总弯矩设计值的 75% 以上时，框架柱的计算长度 l_0 可按下列两个公式计算，并取其中的较小值，即

$$l_0 = [1 + 0.5(\psi_u + \psi_l)]H \qquad (5.59)$$

$$l_0 = (2 + 0.2\psi_{min})H \qquad (5.60)$$

式中　ψ_u、ψ_1——柱的上端、下端节点处交汇的各柱线刚度之和与交汇的各梁线刚度之和的比值；

　　　　$\psi_{\min}$——比值 ψ_u、ψ_1 中的较小值。

对底层柱的下端，当为刚接时，取 $\psi_1=0$（即认为梁线刚度为无穷大）；当为铰接时，取 $\psi_1=\infty$（即认为梁线刚度为零）。

表 5.11 和式（5.59）、式（5.60）中的 H 为柱的高度，其取值对底层柱为从基础顶面到一层楼盖顶面的高度；对其余各层柱为上、下两层楼盖顶面之间的距离。

1. 框架柱的破坏形态

框架柱的破坏一般均发生在柱的上下端。由于在地震作用下柱端弯矩最大，因此常在柱端出现水平或斜向裂缝，严重的柱端混凝土被压碎，钢筋压曲。震害表明，柱端破坏较多发生在梁底柱顶，这是因为在以前的框架结构设计中，柱内主筋往往在楼层上表面即柱底部搭接，而搭接处箍筋已加密，因此提高了柱底的抗剪和抗压弯能力。这也说明了箍筋加密对提高柱的承载力和延性有较大影响。

角柱的破坏比中柱和边柱严重，这是因为角柱在两个主轴方向的地震作用下，为双向偏心受压构件，并受有扭矩的作用，而设计时往往对此考虑不周。短柱的剪切破坏在地震中是十分普遍的。所谓短柱，一般是指柱的长细比不大于 4 的柱子，由于它的线刚度大，在地震作用下会产生较大的剪力，容易产生斜向或交叉的剪切裂缝，有时甚至错断，其破坏是脆性的。

2. 影响框架柱延性的因素

（1）剪跨比。由试验可知，影响钢筋混凝土柱破坏形态的主要因素是剪跨比。剪跨比是反映柱截面承受的弯矩与剪力相对大小的一个参数，表示为

$$\lambda=M/Vh_c \tag{5.61}$$

式中　M、V——柱端部截面的弯矩和剪力；

　　　　h_c——柱截面高度。

剪跨比 $\lambda>2$ 时，称为长柱，一般会出现弯曲破坏。

剪跨比 $1.5\leqslant\lambda\leqslant2$ 时，称为短柱，多数会出现剪切破坏。当提高混凝土强度或配有足够的箍筋时，可能出现具有一定延性的剪切破坏。

剪跨比 $\lambda<1.5$ 时，称为极短柱，一般发生脆性的剪切斜拉破坏，抗震性能不好，设计时应当尽量避免这种极短柱，否则需要采取特殊措施，慎重设计。

由于框架柱中的反弯点大都接近中点，为设计方便，常常用柱的长细比近似表示剪跨比的大小。设 H_0 为柱的净高，则

$$\lambda=M/Vh_0=H_0/2h_c \tag{5.62}$$

当 $H_0/h_c>4$ 时，为长柱；当 $3\leqslant H_0/h_c\leqslant4$ 时，为短柱；当 $H_0/h_c<3$ 时，为极短柱。

（2）轴压比。轴压比也是影响钢筋混凝土柱破坏形态和延性的一个重要参数，定义为

$$n=N/b_ch_cf_c \tag{5.63}$$

式中　N——考虑柱地震作用组合轴力设计值；

　　　　f_c——混凝土轴心抗压强度设计值；

b_c、h_c——柱截面宽度和高度。

在压弯构件中,轴压比加大,意味着截面上名义压区高度 x 增大。当压区高度加大时,压弯构件会从大偏压破坏状态向小偏压破坏状态过渡,小偏压破坏延性很小或者没有延性。在短柱中,轴压比较大时,会从剪压破坏变成脆性的剪拉破坏。图 5.39 是长柱与短柱的试验结果,由图中荷载-位移曲线可见,轴压比越大,塑性变形段越短,承载能力下降越快,即延性减小。

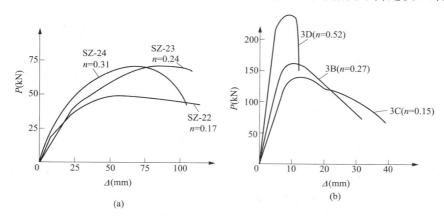

图 5.39 轴压比对柱强度及变形性能的影响
(a) 长柱;(b) 短柱

3. 截面尺寸的限制

为防止框架柱在地震作用下发生脆性剪切破坏,保证柱内纵筋和箍筋在柱破坏时能够有效地发挥作用,必须要限制柱受剪截面尺寸不能过小。根据静力作用下,梁截面受剪的限制条件,考虑地震作用时反复荷载的不利影响,规范规定,矩形截面框架柱的受剪截面应符合下列条件

$$V \leqslant \frac{1}{\gamma_{RE}}(0.2f_c b_c h_{c0}) \tag{5.64}$$

式中 h_{c0}——柱截面的有效高度。

4. 正截面抗弯承载力计算

按钢筋混凝土偏心受压进行计算。抗震设计时结构拉力计算公式与非抗震设计时相同,仅需考虑承载力抗震调整系数。

在对称配筋的矩形截面柱中,计算公式如下:

无地震作用组合时 $\qquad N_e \leqslant f_{cm}b_c x\left(h_{c0}-\dfrac{x}{2}\right)+f_y A_s'(h_{c0}-a') \tag{5.65}$

其中 $\qquad\qquad\qquad\qquad x=\dfrac{N}{f_{cm}b_c}$

有地震作用组合时 $N_e \leqslant \dfrac{1}{\gamma_{RE}}\left[f_{cm}b_c x\left(h_{c0}-\dfrac{x}{2}\right)+f_y A_s'(h_{c0}-a')\right] \tag{5.66}$

其中 $\qquad\qquad\qquad\qquad x=\dfrac{\gamma_{RE}N}{f_{cm}b_c}$

抗震设计时,柱的配筋应满足强柱弱梁要求。具体措施是要使同一节点处上、下柱截面弯矩设计值之和大于左、右两端截面抗弯承载力,图 5.40 为节点弯矩示意图。

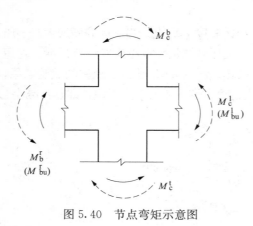

图 5.40　节点弯矩示意图

因此，柱的设计弯矩应满足下列公式，否则加大柱截面弯矩设计值：

一级抗震　$\sum M_c \geqslant 1.1 \sum M_{bu}$ （5.67）

二级抗震　$\sum M_c \geqslant 1.1 \sum M_b$ （5.68）

式中　$\sum M_{bu}$ ——同一节点左、右梁端抗弯承载力之和；

$\sum M_b$ ——同一节点左、右梁端抗界面弯矩设计值之和；

$\sum M_c$ ——同一节点上、下柱端抗界面弯矩设计值之和。

顶层柱及轴压比小于 0.15 的柱，可用不等式（5.65）及式（5.66）计算，三、四级抗震等级的框架也可不做此项要求。式（5.67）和式（5.68）中 $\sum M_{bu}$ 及 $\sum M_b$ 应分别按顺时针及逆时针两方向计算，并取其较大值。

5. 斜截面抗剪承载力计算

框架柱抗剪计算，也分为有地震组合及无地震组合两种情况：

无地震作用组合时

$$V_c \leqslant \frac{0.2}{\lambda + 1.5} f_c b_c h_{c0} + 1.25 f_{yv} \frac{A_{sv}}{s} h_{c0} + 0.07N \qquad (5.69)$$

有地震作用组合时

$$V_c \leqslant \frac{1}{\gamma_{RE}} \left(\frac{0.16}{\lambda + 1.5} f_c b_c h_{c0} + f_{yv} \frac{A_{sv}}{s} h_{c0} + 0.056N \right) \qquad (5.70)$$

式中　N ——与剪力设计值相应的柱轴向压力，当 $N > 0.3 f_c b_c h_{c0}$ 时，取 $N = 0.3 f_c b_c h_{c0}$。

一、二、三级抗震的框架柱也要保证强剪弱弯，在可能出现塑性铰或可能过早出现剪切破坏部位的抗剪承载力应该大于抗弯承载力。因此，根据柱的内力平衡，剪力设计值应符合下列要求：

（1）非抗震设计的框架柱及抗震设计时柱箍筋的非加密区，V_c 应取考虑水平荷载或地震作用的剪力设计值。

（2）抗震设计时柱箍筋加密区，V 应按下列公式计算

一级抗震　　　　　　　$V_c = 1.1 \dfrac{M_{cu}^t + M_{cu}^b}{H_0}$ （5.71）

二级抗震　　　　　　　$V_c = 1.1 \dfrac{M_c^t + M_c^b}{H_0}$ （5.72）

三级抗震　　　　　　　$V_c = \dfrac{M_c^t + M_c^b}{H_0}$ （5.73）

式中　M_{cu}^t、M_{cu}^b ——柱上、下端考虑承载力抗震调整系数的正截面抗弯承载力，当上端取一侧钢筋为受拉钢筋时，下端应取另一侧纵向筋作受拉钢筋，计算时取钢筋标准强度值；

M_c^t、M_c^b ——由内力组合得到的最不利的柱上、下端时设计弯矩。

5.6　框架结构的构造要求

5.6.1　框架梁

1. 梁纵向钢筋的构造要求

为使梁端塑性铰区截面有较大的塑性转动能力，抗震设计时，计入受压钢筋作用的梁端截面混凝土受压区高度与有效高度之比值，应满足下列要求：

一级框架梁 $\qquad\qquad\qquad\qquad \xi \leqslant 0.25$ 　　　　　　　　　　　　　　(5.74)

二、三级框架梁 $\qquad\qquad\qquad \xi \leqslant 0.35$ 　　　　　　　　　　　　　　(5.75)

梁纵向受拉钢筋的数量除按计算确定外，还必须考虑温度、收缩应力所需要的钢筋数量，以防止梁发生脆性破坏和控制裂缝宽度。纵向受拉钢筋的最小配筋率 $\rho_{\min}$（％）不应小于 0.2 和 $45 f_t / f_y$ 两者的较大值。抗震设计时，梁纵向受拉钢筋最小配筋率不应小于表 5.12 规定的数值。为防止超筋梁，当不考虑受压钢筋时，纵向受拉钢筋的最大配筋率不应超过 $\rho_{\max} = \xi_b \alpha_1 f_c / f_y$。抗震设计时，梁纵向受拉钢筋的配筋率不应大于 2.5％。

表 5.12　　　　　　　　　　框架梁纵向受拉钢筋最小配筋率　　　　　　　　　　　　　　％

抗震等级	梁中位置	
	支座（取较大值）	跨中（取较大值）
一	0.40 和 $80 f_t / f_y$	0.30 和 $65 f_t / f_y$
二	0.30 和 $65 f_t / f_y$	0.25 和 $55 f_t / f_y$
三、四	0.25 和 $55 f_t / f_y$	0.20 和 $45 f_t / f_y$

为增加受压区混凝土的延性，减小框架梁端塑性铰区范围内截面受压区高度，抗震设计时，梁端截面的底面与顶面纵向钢筋截面面积的比值，除按计算确定外，一级框架梁不应小于 0.5，二、三级框架梁不应小于 0.3。

沿梁全长顶面和底面应至少各配置两根纵向钢筋，一、二级抗震设计时钢筋直径不应小于 14mm，且分别不应小于梁两端顶面与底面纵向钢筋中较大截面面积的 1/4；三、四级抗震设计和非抗震设计时钢筋直径不应小于 12mm。为防止黏结破坏，一、二级抗震等级的框架梁内贯通中柱的每根纵向钢筋的直径，对矩形截面柱，不宜大于该方向柱截面尺寸的 1/20；对圆形截面柱，不宜大于纵向钢筋所在位置柱截面弦长的 1/20。

2. 梁箍筋的构造要求

抗震设计时，为提高梁端塑性铰区截面的塑性转动能力，梁端箍筋应加密。梁端箍筋的加密区长度、箍筋最大间距和最小直径应符合表 5.13 的要求；当梁端纵向钢筋配筋率大于 2％时，表中箍筋最小直径应增大 2mm。

表 5.13　　　　　　梁端箍筋加密区的长度、箍筋的最大间距和最小直径　　　　　　　　mm

抗震等级	加密区长度（采用较大值）	箍筋最大间距（采用最小值）	箍筋最小直径
一	$2h_b$，500	$h_b/4$，$6d$，100	10
二	$1.5h_b$，500	$h_b/4$，$8d$，100	8
三	$1.5h_b$，500	$h_b/4$，$8d$，100	8
四	$1.5h_b$，500	$h_b/4$，$8d$，100	6

注　d 为纵向钢筋直径，h_b 为梁截面高度。

应沿框架梁全长设置箍筋。框架梁沿梁全长箍筋的面积配筋率应符合下列要求

一级	$\rho_{sv} \geqslant 0.30 f_t / f_{yv}$	(5.76)
二级	$\rho_{sv} \geqslant 0.28 f_t / f_{yv}$	(5.77)
三、四级	$\rho_{sv} \geqslant 0.26 f_t / f_{yv}$	(5.78)

式中 ρ_s——框架梁沿梁全长箍筋的面积配筋率；

f_t、f_{yv}——混凝土抗拉强度设计值、箍筋抗拉强度设计值。

在箍筋加密区范围内的箍筋肢距：一级不宜大于 200mm 和 20 倍箍筋直径的较大值，二、三级不宜大于 250mm 和 20 倍箍筋直径的较大值，四级不宜大于 300mm。箍筋应有135°弯钩，弯钩端头直段长度不应小于 10 倍的箍筋直径和 75mm 的较大值。

在纵向钢筋搭接长度范围内的箍筋间距，钢筋受拉时不应大于搭接钢筋较小直径的 5 倍，且不应大于 100mm；钢筋受压时不应大于搭接钢筋较小直径的 10 倍，且不应大于 200mm。

非抗震设计时，框架梁箍筋的构造要求可参见 JGJ 3—2010 的有关内容。

5.6.2 框架柱

1. 轴压比要求

柱的轴压比是指柱考虑地震作用组合的轴向压力设计值与柱的全截面面积和混凝土轴心抗压强度设计值乘积之比。轴压比较小时，在水平地震作用下，柱将发生大偏心受压的弯曲型破坏，柱具有较好的位移延性；反之，柱将发生小偏心受压的压溃型破坏，柱几乎没有位移延性。因此，抗震设计时，柱的轴压比不宜超过表 5.14 的规定，表中数值适用于剪跨比大于 2、混凝土强度等级不高于 C60 的柱；其他情况下柱轴压比限值可参考有关规范规定。

表 5.14   柱 轴 压 比 限 值

结构类型	抗震等级			
	一	二	三	四
框架结构	0.65	0.75	0.85	—
板柱-剪力墙、框架剪-力墙、框架-核心筒、筒中筒结构	0.75	0.85	0.90	0.95
部分框支剪力墙结构	0.60	0.70	—	

2. 柱纵向钢筋的构造要求

框架结构受到的水平荷载可能来自正反两个方向，故柱的纵向钢筋宜采用对称配筋。

为了改善框架柱的延性，使柱的屈服弯矩大于其开裂弯矩，保证柱屈服时具有较大的变形能力，要求柱全部纵向钢筋的配筋率不应小于表 5.15 的规定值，且柱截面每一侧纵向钢筋配筋率不应小于 0.2%；当混凝土强度等级大于 C60 时，表中的数值应增加 0.1；当采用335、400MPa 级纵向受力钢筋时，应分别按表中数值增加 0.1 或 0.05 采用。同时，柱全部纵向钢筋的配筋率，非抗震设计时不宜大于 5%、不应大于 6%，抗震设计时不应大于 5%；一级且剪跨比不大于 2 的柱，其单侧纵向受拉钢筋的配筋率不宜大于 1.2%。

表 5.15	柱纵向钢筋最小总配筋率				%
柱类型	抗震等级				非抗震等级
	一级	二级	三级	四级	
中柱、边柱	0.9 (1.0)	0.7 (0.8)	0.6 (0.7)	0.5 (0.6)	0.5
角柱	1.1	0.9	0.8	0.7	0.5
框支柱	1.1	0.9	—	—	0.5

抗震设计时，截面尺寸大于 400mm 的柱，一、二、三级抗震设计时其纵向钢筋的间距不宜大于 200mm；抗震等级为四级和非抗震设计时，纵向钢筋的间距不宜大于 300mm；柱纵向钢筋净距均不应小于 50mm。柱的纵向钢筋不应与箍筋、拉结筋及预埋件等焊接。

3. 柱箍筋的构造要求

柱内箍筋形式常用的有普通箍筋和复合箍筋两种［见图 5.41 (a)、(b)］，当柱每边纵筋多于 3 根时，应设置复合箍筋。复合箍筋的周边箍筋应为封闭式，内部箍筋可为矩形封闭箍筋或拉结筋。当柱为圆形截面或柱承受的轴向压力较大而其截面尺寸受到限制时，可采用螺旋箍［见图 5.41 (c)］、复合螺旋箍［见图 5.41 (d)］或连续复合螺旋箍［见图 5.41 (e)］。

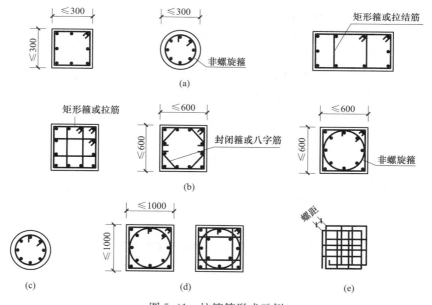

图 5.41　柱箍筋形式示例

抗震设计时，为提高柱潜在塑性铰区截面的塑性转动能力，柱在塑性铰区范围内的箍筋应加密。柱箍筋加密区的范围：底层柱的上端和其他各层柱的两端，应取矩形截面柱的长边尺寸（或圆形截面柱的直径）、柱净高的 1/6 和 500mm 三者的最大值范围；底层柱刚性地面上、下各 500mm 的范围；底层柱柱根以上 1/3 柱净高的范围；剪跨比不大于 2 的柱和因填充墙等形成的柱净高与截面高度之比不大于 4 的柱全高范围；一级及二级框架角柱和需要提高变形能力的柱的全高范围。

柱箍筋加密区的箍筋间距和直径：一般情况下应按表 5.16 采用；一级框架柱的箍筋直径大于 12mm，且箍筋肢距不大于 150mm 及二级框架柱箍筋直径不小于 10mm、肢距不大于 200mm 时，除柱根外最大间距应允许采用 150mm；三级框架柱的截面尺寸不大于 400mm 时，箍筋直径应允许采用 6mm；四级框架柱的剪跨比不大于 2 或柱中全部纵向钢筋的配筋率大于 3％时，箍筋直径不应小于 8mm；剪跨比不大于 2 的柱，箍筋间距不应大于 100mm。

表 5.16　　　　　　　　　　柱箍筋加密区的箍筋最大间距和最小直径

抗震等级	箍筋最大间距（mm）（采用较小值）	箍筋最小直径（mm）
一	$6d$，100	10
二	$8d$，100	8
三	$8d$，150（柱根 100）	8
四	$8d$，150（柱根 100）	6（柱根 8）

注　d 为纵向钢筋直径；柱根指框架底层柱的嵌固部位。

柱加密区箍筋的体积配箍率 ρ_v，可按下列公式计算

$$\rho_v = \frac{\sum A_{svi}l_i}{sA_{cor}} \tag{5.79}$$

式中　A_{svi}、l_i——第 i 根箍筋的截面面积和长度；

A_{cor}——箍筋包裹范围内混凝土核心面积，从最外箍筋的内边算起；

s——箍筋的间距。

计算复合箍筋的体积配箍率时，应扣除重叠部分的箍筋体积；计算复合螺旋箍筋的体积配箍率时，其非螺旋箍筋的体积应乘以换算系数 0.8。

柱加密区范围内箍筋的体积配箍率 ρ_v，应符合下列要求

$$\rho_v \geqslant \lambda_v f_c / f_{yv} \tag{5.80}$$

式中　ρ_v——柱加密区范围内箍筋的体积配箍率，可按式（5.79）计算；

f_c——混凝土抗压强度设计值，当柱混凝土强度等级低于 C35 时，应按 C35 计算；

f_{yv}——柱箍筋或拉结筋的抗拉强度设计值；

λ_v——最小配箍特征值，宜按表 5.17 采用。

表 5.17　　　　　　　　　柱箍筋加密区的箍筋最小配箍特征值

抗震等级	箍筋形式	柱轴压比								
		≤0.3	0.4	0.5	0.6	0.7	0.8	0.9	1.0	1.05
一级	普通箍、复合箍	0.10	0.11	0.13	0.15	0.17	0.20	0.23	—	—
	螺旋箍、复合或连续复合矩形螺旋箍	0.08	0.09	0.11	0.13	0.15	0.18	0.21	—	—
二级	普通箍、复合箍	0.08	0.09	0.11	0.13	0.15	0.17	0.19	0.22	0.24
	螺旋箍、复合或连续复合矩形螺旋箍	0.06	0.07	0.09	0.11	0.13	0.15	0.17	0.20	0.22
三级	普通箍、复合箍	0.06	0.07	0.09	0.11	0.13	0.15	0.17	0.20	0.22
	螺旋箍、复合或连续复合矩形螺旋箍	0.05	0.06	0.07	0.09	0.11	0.13	0.15	0.18	0.20

对一、二、三、四级框架柱，其箍筋加密区范围内箍筋的体积配箍率尚且分别不应小于 0.8%、0.6%、0.4%和 0.4%；剪跨比不大于 2 的柱宜采用复合螺旋箍筋或井字形复合箍，其体积配箍率不应小于 1.2%；设防烈度为 9 度时，不应小于 1.5%。

柱箍筋加密区的箍筋肢距，一级不宜大于 200mm，二、三级不宜大于 250mm 和 20 倍箍筋直径的较大值，四级不宜大于 300mm。每隔一根纵向钢筋宜在两个方向有箍筋约束；采用拉结筋组合箍时，拉结筋宜紧靠纵向钢筋并勾住封闭箍。

柱非加密区的箍筋，其体积配箍率不宜小于加密区的一半；其箍筋间距不应大于加密区箍筋间距的 2 倍，且一、二级不应大于 10 倍纵向钢筋直径，三、四级不应大于 15 倍纵向钢筋直径。

抗震设计时，柱箍筋应为封闭式，其末端应做成 135°弯钩，弯钩末端平直段长度不应小于 10 倍的箍筋直径，且不应小于 75mm。

非抗震设计时，柱箍筋间距不应大于 400mm，且不应大于构件截面的短边尺寸和最小纵向受力钢筋直径的 15 倍；箍筋直径不应小于最大纵向钢筋直径的 1/4，且不应小于 6mm。当柱中全部纵向受力钢筋的配筋率超过 3%时，箍筋直径不应小于 8mm；间距不应大于最小纵向钢筋直径的 10 倍，且不应大于 200mm；箍筋末端应做成 135°弯钩，且弯钩末端平直段长度不应小于 10 倍箍筋直径。

非抗震设计时，柱内纵向钢筋如采用搭接，搭接长度范围内箍筋直径不应小于搭接钢筋较大直径的 0.25 倍；在纵向受拉钢筋搭接长度范围内的箍筋间距不应大于搭接钢筋较小直径的 5 倍，且不应大于 100mm；在纵向受压钢筋搭接长度范围内的箍筋间距不应大于搭接钢筋较小直径的 10 倍，且不应大于 200mm。当受压钢筋直径大于 25mm 时，尚应在搭接接头端面外 100mm 的范围内各设两道箍筋。

5.6.3 梁柱节点

1. 现浇梁柱节点

梁柱节点处于剪压复合受力状态，为保证节点具有足够的受剪承载力，防止节点产生剪切脆性破坏，必须在节点内配置足够数量的水平箍筋。非抗震设计时，节点内的箍筋除应符合上述框架柱箍筋的构造要求外，其箍筋间距不宜大于 250mm；对四边有梁与之相连的节点，可仅沿节点周边设置矩形箍筋。抗震设计时，箍筋的最大间距和最小直径宜符合 5.6.2 节有关柱箍筋的规定。一、二、三级框架节点核心区配箍特征值分别不宜小于 0.12、0.10 和 0.08，且箍筋体积配箍率分别不宜小于 0.6%、0.5%和 0.4%。柱剪跨比不大于 2 的框架节点核心区的配箍特征值不宜小于核心区上、下柱端配箍特征值中的较大值。

2. 装配整体式梁柱节点

装配整体式框架的节点设计是这种结构设计的关键环节。设计时应保证节点的整体性；应进行施工阶段和使用阶段的承载力计算；在保证结构整体受力性能的前提下，连接形式力求简单，传力直接，受力明确；应安装方便，误差易于调整，并且安装后能较早承受荷载，以便于上部结构的继续施工。

5.6.4 钢筋连接和锚固

本节仅对框架梁、柱的纵向钢筋在框架节点区的锚固和搭接问题作简要说明。

非抗震设计时，框架梁、柱的纵向钢筋在框架节点区的锚固和搭接，应符合下列要求（见图 5.42）：

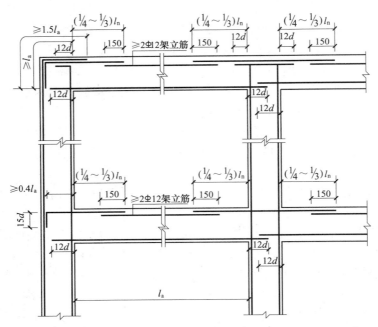

图 5.42　非抗震设计时框架梁、柱纵向钢筋在节点区的锚固要求

（1）顶层中节点柱纵向钢筋和边节点柱内侧纵向钢筋应伸至柱顶；当从梁底边计算的直线锚固长度不小于 l_a 时，可不必水平弯折，否则应向柱内或梁、板内水平弯折；当充分利用柱纵向钢筋的抗拉强度时，其锚固段弯折前的竖向投影长度不应小于 $0.5l_a$，弯折后的水平投影长度不宜小于 12 倍的柱纵向钢筋直径。

（2）顶层端节点处，在梁宽范围以内的柱外侧纵向钢筋可与梁上部纵向钢筋搭接，搭接长度不应小于 $1.5l_a$；在梁宽范围以外的柱外侧纵向钢筋可伸入现浇板内，其伸入长度与伸入梁内的相同。当柱外侧纵向钢筋的配筋率大于 1.2% 时，伸入梁内的柱纵向钢筋宜分批截断，其截断点之间的距离不宜小于 20 倍的柱纵向钢筋直径。

（3）梁上部纵向钢筋伸入端节点的锚固长度，直线锚固时不应小于 l_a，且伸过柱中心线的长度不宜小于 5 倍的梁纵向钢筋直径；当柱截面尺寸不足时，梁上部纵向钢筋应伸至节点对边并向下弯折，锚固段弯折前的水平投影长度不应小于 $0.4l_a$，弯折后的竖直投影长度不应小于 15 倍的梁纵向钢筋直径。

（4）当计算中不利用梁下部纵向钢筋的强度时，其伸入节点内的锚固长度应取不小于 12 倍的梁纵向钢筋直径。当计算中充分利用梁下部钢筋的抗拉强度时，梁下部纵向钢筋可采用直线方式或向上 90° 弯折方式锚固于节点内，直线锚固时的锚固长度不应小于 l_a；弯折锚固时，锚固段的水平投影长度不应小于 $0.4l_a$，竖直投影长度不应小于 15 倍的梁纵向钢筋直径。

另外，梁支座截面上部纵向受拉钢筋应向跨中延伸至 $(1/4\sim1/3)\,l_n$（l_n 为梁的净跨）处，并与跨中的架立筋（不少于 2Φ12）搭接，搭接长度可取 150mm，如图 5.42 所示。

抗震设计时，框架梁、柱的纵向钢筋在框架节点区的锚固和搭接，应符合下列要求（见图 5.43）：

（1）顶层中节点柱纵向钢筋和边节点柱内纵向钢筋应伸至柱顶；当从梁底计算的直线锚固长度不小于 l_{aE} 时，可不必水平弯折，否则应向柱内或梁内、板内水平弯折，锚固段弯折前的竖向投影长度不应小于 $0.5l_{aE}$，弯折后的水平投影长度不宜小于 12 倍的柱纵向钢筋直径。

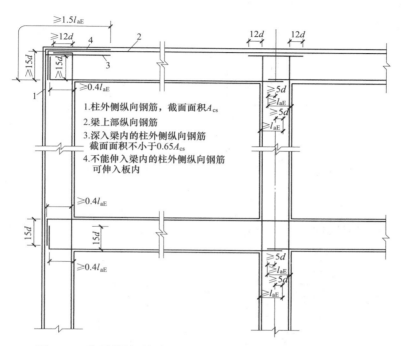

图 5.43　抗震设计时框架梁、柱纵向钢筋在节点区的锚固要求

（2）顶层端节点处，柱外侧纵向钢筋可与梁上部纵向钢筋搭接，搭接长度不应小于 $1.5l_{aE}$，且伸入梁内的柱外侧纵向钢筋截面面积不宜小于柱外侧全部纵向钢筋截面面积的 65%；在梁宽范围以外的柱外侧纵向钢筋可伸入现浇板内，其伸入长度与伸入梁内的相同。当柱外侧纵向钢筋的配筋率大于 1.2% 时，伸入梁内的柱纵向钢筋宜分两批截断，其截断点之间的距离不宜小于 20 倍的柱纵向钢筋直径。

（3）梁上部纵向钢筋伸入端节点的锚固长度，直线锚固时不应小于 l_{aE}，且伸过柱中心线的长度不应小于 5 倍的梁纵向钢筋直径；当柱截面尺寸不足时，梁上部纵向钢筋应伸至节点对边并向下弯折，锚固段弯折前的水平投影长度不应小于 $0.4l_{aE}$，弯折后的竖向投影长度应取 15 倍的梁纵向钢筋直径。

（4）梁下部纵向钢筋的锚固与梁上部纵向钢筋相同，但采用 90° 弯折方式锚固时，竖直段应向上弯入节点内。

 **习　　题**

5.1　框架结构有哪些优缺点？

5.2　为何要限制剪压比？

5.3　简述 D 值法和反弯点法的适用条件并比较它们的异同点。

5.4　为什么要对框架内力进行调整？怎样调整框架内力？

5.5　何谓"延性框架"？什么是"强柱弱梁"、"强剪弱弯"原则？在设计中如何体现？

5.6　已知：框架计算简图如图 5.44 所示，用 D 值法计算内力并绘制弯矩图。

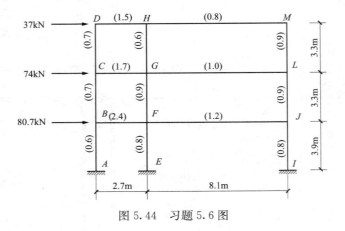

图 5.44　习题 5.6 图

　　5.7　用反弯点法计算图 5.45 所示刚架，并画出弯矩图。括号内数字为杆件线刚度的相对值。

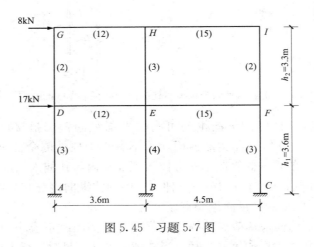

图 5.45　习题 5.7 图

5.8　何如保证框架梁柱节点的抗震性能？如何进行节点设计？

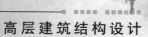

第6章 剪力墙结构分析与设计

6.1 结 构 布 置

本节主要介绍剪力墙结构布置具体要求，在介绍剪力墙结构布置前了解一下钢筋混凝土墙体承重方案，主要分为小开间横墙承重，大开间横墙承重，大间距纵、横墙承重三部分。

6.1.1 墙体承重方案

（1）小开间横墙承重。横墙上方放置预制空心板，开间中应设置一道钢筋混凝土承重墙，间距为 2.7~3.9m，适用要求小开间的建筑，如住宅，旅店等。

（2）大开间横墙承重。横墙上方楼盖多采用钢筋混凝土梁式板或无黏结预应力混凝土平板。每两开间设置一道钢筋混凝土承重横墙，间距一般为 6~8m。

（3）大间距纵、横墙承重。横墙上方楼盖采用钢筋混凝土双向板，每两开间设置一道钢筋混凝土横墙，间距为 8m 左右，或在每两道横墙之间布置一根进深梁，梁支承于纵墙上，形成纵、横墙混合承重。

目前趋向于采用大间距、大进深、大模板、无黏结预应力混凝土楼板的剪力墙结构体系，以满足对多种用途和灵活隔断等需要。

6.1.2 剪力墙的布置

（1）剪力墙结构中，剪力墙宜沿主轴方向或其他方向多向布置，抗震设计时，应避免仅单向有墙的结构布置形式，宜使两个方向侧向刚度及自振周期相近。

（2）剪力墙宜自下而上连续布置，避免刚度出现突变；允许混凝土强度和墙厚沿高度改变等级，或减少部分墙肢，使侧向刚度沿高度逐渐减小。抗震设计时，剪力墙宜贯通房屋全高，且横向与纵向的抗震墙宜相连。

（3）剪力墙的侧向刚度不宜过大。使其能充分利用剪力墙的能力，减轻结构自重，增大结构的可利用空间；若侧向刚度过大，既加大自重，又会增大地震力，对结构受力不利。

（4）为避免剪力墙的脆性的剪切破坏，使其具有一定的延性，应使用细高的剪力墙（高宽比大于2），从而可避免发生脆性的剪切破坏。因此，较长的剪力墙宜开设洞口，将其分成长度较为均匀的若干墙段，墙段之间宜采用弱连梁连接，洞口连梁的跨高比宜大于6，每个独立墙段的总高度与其截面高度之比应≥2，墙肢截面高度宜≤8m。

（5）剪力墙上的洞口应进行结构规则化的处理，剪力墙的门窗洞口宜上下对齐，成列布置，形成明确的连梁和墙肢。宜避免存在墙肢刚度相差悬殊的洞口设置，因其会影响剪力墙力学性能。较规则的应力分布使设计结果更安全，抗震设计时，剪力墙上的洞口边距离端柱宜≥300mm。

不规则开洞的剪力墙如错洞剪力墙和叠合错洞墙等，其应力分布比较复杂，常规计算无法获得实际应力，容易造成剪力墙的薄弱部位，因此宜避免使用错洞墙和叠合错洞墙。抗震设计时，一、二、三级抗震等级剪力墙的底部加强部位不宜采用错洞墙；必须采用错洞墙时，洞口错开的水平距离不宜小于 2m，见图 6.1（a），在洞口周边采取有效构造措施；一、二、三级抗震等级的剪力墙均不宜采用叠合错洞墙，如采用应形成按框架配筋或采用其他轻质材料填充，将叠合洞口转化为规则洞口，见图 6.1（b）。底层局部有错动墙时，采取以下措施［见图 6.1（c）、（d）］：

1）标准层部位的竖向钢筋，应伸至底层，并在一、二层形成上下连续的暗柱；

2）二层洞口下设暗梁并加强配筋；

3）底层墙截面的暗柱应伸至二层。

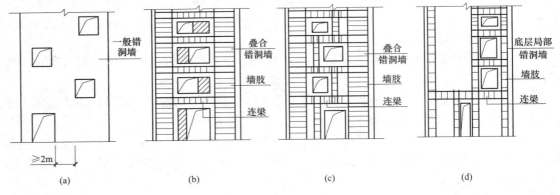

图 6.1　错洞墙的要求

（6）剪力墙的特点是平面内刚度及承载力大，而平面外刚度及承载力都相对较小。当剪力墙与平面外方向的梁连接时，会造成墙肢平面外弯矩，而一般情况下并不验算墙的平面外刚度及承载力。因此应控制剪力墙平面外的弯矩。当剪力墙墙肢与其平面外方向的楼面梁连接时，且梁截面高度大于墙厚时，可通过设置与梁相连的剪力墙、增设扶壁柱或暗柱、墙内设置与梁相连的型钢等措施以减小梁端部弯矩对墙的不利影响；除了加强剪力墙平面外的抗弯刚度和承载力外，还可采取减小梁端弯矩的措施。对截面较小的楼面梁可设计为铰接或半刚接，减小墙肢平面外的弯矩。

（7）短肢剪力墙是指墙肢截面长度与厚度之比为 5～8 的剪力墙，有利于减轻结构自重和建筑布置，住宅建筑中应用较多。但由于短肢剪力墙抗震性能较差，地震区应用经验不多，因此规定高层建筑结构不应全部采用短肢剪力墙的剪力墙结构。当短肢剪力墙较多时，应布置筒体（或一般剪力墙），形成短肢剪力墙与筒体（或一般剪力墙）共同抵抗水平力的剪力墙结构。短肢剪力墙结构的最大适用高度比一般剪力墙结构应适当降低。

6.2　剪力墙结构平面协同工作分析

剪力墙结构是由一系列竖向纵、横墙和水平楼板所组成的空间盒子结构体系（见图 6.2），承受竖向荷载及水平荷载作用。在竖向荷载作用下，各片剪力墙受力较简单，其承受的压力可近似按楼面传到该片剪力墙上的荷载及墙体自重计算，或按总竖向荷载引起的剪力墙截面上的平均压应力乘以该剪力墙的截面面积求得。本章主要介绍水平荷载作用下剪力墙结构分析方法。

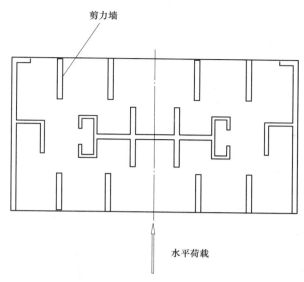

图 6.2　剪力墙的结构平面图

6.2.1　剪力墙的分类及计算方法

1. 剪力墙的分类

剪力墙按受力特性的不同可分为整体墙、整体小开口墙、联肢墙及壁式框架等几种不同类型的墙，其截面应力分布也不相同，计算其内力和位移时则需采用相应的计算方法。

（1）整体剪力墙。无洞口的剪力墙，或开洞面积与整个墙面积之比不大于 0.016，且洞口间的净距及洞口至墙边的距离均大于洞口长边尺寸时，可忽略洞口对墙体的影响，这类墙体称为整体剪力墙。整体剪力墙的受力性能如同一个整体的悬臂梁，截面变形后仍符合平面假定，如图 6.3（a）、（b）所示。

（2）整体小开口墙。剪力墙所开的洞口面积稍大且大于墙体总面积的 16%，但洞口对剪力墙的受力影响仍较小，洞口沿竖向成列布置 [图 6.3（c）]，这类墙体称为整体小开口墙。在水平荷载作用下，由于洞口的存在，剪力墙的墙肢中已出现局部弯曲，其截面应力可认为由墙体的整体弯曲和局部弯曲两者叠加组成，截面变形仍接近于整体墙。

（3）联肢墙。开有一列较大洞口的剪力墙叫双肢剪力墙。开有多列较大洞口的剪力墙叫多肢剪力墙。如图 6.3（d）所示，这类剪力墙可看成是若干个单肢剪力墙或墙肢（左、右洞口之间的部分）由一系列连梁（上、下洞口之间的部分）连接起来组成。

（4）壁式框架。当剪力墙成列布置的洞口很大，墙肢宽度相对较小，连梁的刚度接近或大于墙肢的刚度时，剪力墙的受力性能与框架结构类似，这类剪力墙称为壁式框架 [见图 6.3（e）]。

（5）错洞墙和叠合错洞墙。这类剪力墙受力较复杂，通常借助于有限元法等数值计算方法进行仔细计算。本书不作叙述。

2. 剪力墙简化分析方法

将结构进行某些简化使其得到较简单的解析解，剪力墙进行简化分析时一般采用以下计算方法：

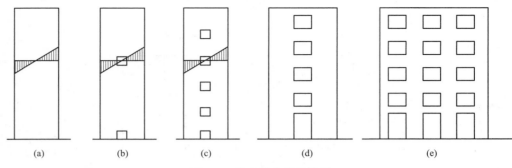

图 6.3　剪力墙分类示意图

（1）材料力学分析法。适用于整截面墙和整体小开口墙。可按照材料力学中的有关公式进行内力和位移的计算。

（2）连梁连续化的分析方法。适用于联肢墙的计算。将上下洞口处连梁假想为沿该楼层高度上均匀分布的连续连杆，根据力法原理建立微分方程进行剪力墙内力和位移的求解。

（3）带刚域框架的计算方法。适用于壁式框架及联肢墙的计算。将剪力墙简化为一个等效的多层框架，由于墙肢和连梁的截面高度较大，节点区也较大，计算时将节点区内的墙肢和连梁视为刚度无限大，从而形成带刚域的框架。可按照 D 值法，或矩阵位移法利用计算机进行较精确的计算。

6.2.2　剪力墙结构平面协同工作分析

1. 基本假定

剪力墙结构是空间结构体系，在水平荷载作用下，为简化计算，可以采用以下基本假定：

（1）楼板在自身平面内的刚度为无限大，可视为刚度无限的刚性楼板。而在其平面外的刚度很小时，可以忽略不计；

因楼板将各片剪力墙连在一起，而楼板在其自身平面内不发生相对变形，只做刚体运动——平动和转动，则在水平荷载作用下其楼层处具有相同的水平位移，因此结构上作用的水平荷载可按剪力墙的等效抗弯刚度的比例分配到各片剪力墙上去。

（2）各片剪力墙在自身平面内的刚度很大，而相对来说，在其平面外的刚度很小时，可忽略不计；

在水平荷载作用下，各片剪力墙结构受到的与自身平面垂直的力很小，可忽略不计；只承受在其自身平面内的水平力。把空间剪力墙结构简化为平面结构，将其分成纵、横两个方向的剪力墙，每个方向的水平荷载由同一方向平面的各片剪力墙承受，如图 6.4 所示。对于有斜交的剪力墙，可近似地将其刚度转换到主轴方向上再进行荷载的分配计算。

（3）水平荷载作用点与结构刚度中心重合，结构不发生扭转。结构无扭转，则可按同一楼层各片剪力墙水平位移相等的条件进行水平荷载的分配。

剪力墙结构体系纵横两个方向各片剪力墙是分别相互连在一起的，各片剪力墙的截面特性应计及纵、横墙的共同工作，即纵墙的一部分可作为横墙的有效翼缘宽度，横墙的一部分也可作为纵墙的有效翼缘，翼墙的有效宽度 b_i 为每侧由墙面算起可取相邻剪力墙净间距的一半、至门窗洞口的墙长度及剪力墙总高度的 15% 三者的最小值。

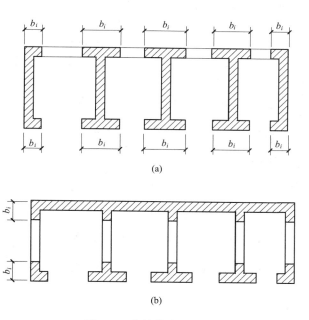

图 6.4　有效翼缘的宽度

（a）纵墙作为横墙的翼缘（横向水平力作用时）；（b）横墙作为纵墙的翼缘（纵向水平力作用时）

当剪力墙各墙段错开距离 a 不大于实体连接墙厚度的 8 倍，并且不大于 2.5m 时〔见图 6.5（a）〕，整片墙可以作为整体平面剪力墙考虑；计算所得的内力应乘以增大系数 1.2，等效刚度应乘以折减系数 0.8。当折线形剪力墙的各墙段总转角不大于 15°时，可按平面剪力墙考虑〔见图 6.5（b）〕。除上述两种情况外，对平面为折线形的剪力墙，不应将连续折线形剪力墙作为平面剪力墙计算；当将折线形（包括正交）剪力墙分为小段进行内力及位移计算时，应考虑在剪力墙转角处的竖向变形协调。

图 6.5　轴线错开剪力墙及折线形剪力墙

当各层剪力墙结构的刚度中心与各层水平荷载的合力作用点不重合时，要考虑结构扭转的影响，按本书第 7.6 节的方法计算。实际工程设计时，当房屋的体形比较规则，结构布置和质量分布基本对称时，为简化计算，通常不考虑扭转影响。

2. 剪力墙结构平面协同工作分析

剪力墙结构房屋中可能包含几种类型的剪力墙，故在进行剪力墙结构的内力和位移计算时，可将剪力墙分为两大类：第一类包括整体墙、整体小开口墙和联肢墙；第二类为壁式框架。

当结构单元内只有第一类剪力墙时，各片剪力墙的协同工作计算简图如图 6.6（a）所示，可按下述方法进行剪力墙结构的内力和位移计算：

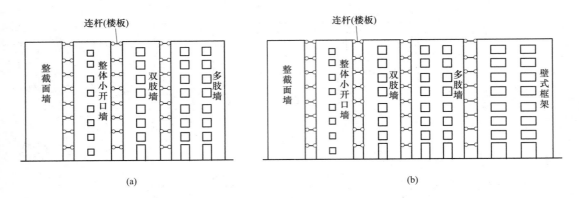

图 6.6　剪力墙平面协同工作计算简图

（1）将作用在结构上的水平荷载划分均布荷载、倒三角形分布荷载或顶点集中荷载，或划分为这三种荷载的某种组合。

（2）在每一种水平荷载作用下，计算结构单元内沿水平荷载作用方向的 m 片剪力墙的总等效刚度，即 $E_c I_{eq} = \sum_{j=1}^{m} E_c I_{eq(j)}$。

（3）由于剪力墙结构中每一片墙承受的荷载是按照剪力墙的等效刚度进行分配的，则对每一种水平荷载形式，可根据剪力墙的等效刚度计算剪力墙结构中每一片剪力墙所承受的水平荷载。

（4）根据每一片剪力墙所承受的水平荷载形式，进行各片剪力墙中连梁和墙肢的内力和位移计算。

当结构单元内同时有第一、二类墙体，各片剪力墙的协同工作计算简图如图 6.6（b）所示。此时先将水平荷载作用方向的所有第一类剪力墙合并为总剪力墙，将所有壁式框架合并为总框架，按框架-剪力墙铰接体系结构分析方法，求出水平荷载作用下总剪力墙的内力和位移。然后，根据总剪力墙的剪力确定其承受的等效水平荷载形式，再按第一类剪力墙的方法计算结构中各片剪力墙的墙肢和连梁的内力。

由上述可知，剪力墙结构体系在水平荷载作用下的计算问题就转变为单片剪力墙的计算，这也是本章的重点内容。

6.2.3　剪力墙的等效刚度

相同的水平荷载作用下，位移小的结构刚度大；反之，位移大的结构刚度小。这种用位移大小来间接表达结构的刚度称为等效刚度。对梁、柱等简单的构件可直接确定其刚度大小，如弯曲刚度 EI、剪切刚度 GA、轴向刚度 EA 等。但对高层建筑中的剪力墙等构件，则常用位移的大小来间接反映结构刚度的大小。

如图 6.7 所示，设剪力墙在某一水平荷载作用下的顶点位移为 u，而另一竖向悬臂受弯构件在相同的水平荷载作用下也有相同的水平位移 u，则可以认为剪力墙与竖向悬臂受弯构件具有相同的刚度，故可采用竖向悬臂受弯构件的刚度作为剪力墙的等效刚度。

用等效刚度计算时，先计算剪力墙在水平荷载作用下的顶点位移，再按顶点位移相等的

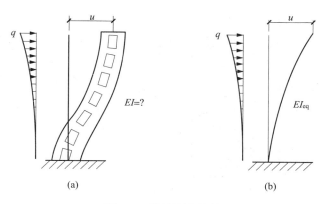

图 6.7　等效刚度计算

原则进行折算求得。在均布荷载、倒三角形荷载和顶点集中荷载分别作用下，剪力墙的等效刚度 EI_{eq} 可按下式计算

$$EI_{eq}=\begin{cases} \dfrac{qH^4}{8u_1} & \text{（均布荷载）} \\[3mm] \dfrac{11}{120}\cdot\dfrac{q_{max}H^4}{u_2} & \text{（倒三角形荷载）} \\[3mm] \dfrac{PH^3}{u_3} & \text{（顶点集中荷载）} \end{cases} \qquad (6.1)$$

式中　　　　H——剪力墙的总高度；

q、q_{max}、P——计算顶点位移 u_1、u_2、u_3 时所用的均布荷载、倒三角形分布荷载的最大值和顶点集中荷载；

u_1、u_2、u_3——由均布荷载、倒三角形分布荷载和顶点集中荷载所产生的顶点水平位移。

6.3　整体剪力墙内力和位移计算

6.3.1　整体剪力墙内力

整体剪力墙在水平荷载作用下，根据其变形特点，可视为整截面悬臂结构，如图 6.8 所示，其任意截面的弯矩和剪力可按照材料力学方法进行计算。计算时应考虑以下几点：

(1) 剪力墙的截面高度较大，计算位移时需考虑剪切变形的影响。

(2) 存在的小洞口对墙肢刚度及强度都有减小，应考虑小洞口对位移增大的影响。

6.3.2　位移和等效刚度

在水平荷载作用下，整体剪力墙考虑弯曲变形和剪切变形的顶点位移计算公式为

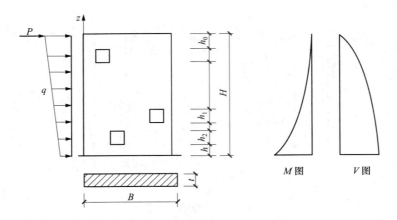

图 6.8　整体剪力墙计算简图

$$u = \begin{cases} \dfrac{V_0 H^3}{8EI_w}\left(1+\dfrac{4\mu EI_w}{GA_w H^2}\right) & \text{（均布荷载）} \\[3mm] \dfrac{11}{60} \cdot \dfrac{V_0 H^3}{EI_w}\left(1+\dfrac{3.64\mu EI_w}{GA_w H^2}\right) & \text{（倒三角形荷载）} \\[3mm] \dfrac{V_0 H^3}{3EI_w}\left(1+\dfrac{3\mu EI_w}{GA_w H^2}\right) & \text{（顶点集中荷载）} \end{cases} \tag{6.2}$$

$$A_w = \left(1-1.25\sqrt{\dfrac{A_{op}}{A_0}}\right)A$$

$$\tag{6.3}$$

$$I_w = \dfrac{\sum I_i h_i}{\sum h_i}$$

式中　V_0——墙底截面处的总剪力，等于全部水平荷载之和；

　　　　H——剪力墙总高度；

　E、G——混凝土的弹性模量和剪变模量，当各层混凝土强度等级不同时，沿竖向取加权平均值；

A_w、I_w——无洞口墙的墙腹板截面面积和惯性矩，对有洞口的整体墙，由于洞口的削弱影响；

　　　　A——墙腹板截面毛面积；

A_0、A_{op}——墙立面总面积和墙立面洞口面积；

I_i、h_i——将剪力墙沿高度分为无洞口段及有洞口段后，分别为第 i 段的惯性矩（有洞口处应扣除洞口）和高度（见图 6.8）；

　　　　μ——截面形状系数，矩形截面 $\mu=1.2$，I 形截面取墙全截面面积除以腹板截面面积，T 形截面按表 6.1 取值。

表 6.1　　　　　　　　　　　　　　　　T 形截面形状系数 μ

h_w/t ＼ b_f/t	2	3	6	8	10	12
2	1.383	1.496	1.521	1.511	1.483	1.445
4	1.441	1.876	2.287	2.682	3.061	3.424
6	1.362	1.097	2.033	2.367	2.698	3.026
8	1.313	1.572	1.838	2.106	2.374	2.641
10	1.283	1.489	1.707	1.927	2.148	2.370
12	1.264	1.432	1.614	1.800	1.988	2.178
15	1.245	1.374	1.519	1.669	1.820	1.973
20	1.228	1.317	1.422	1.534	1.648	1.763
30	1.214	1.264	1.328	1.399	1.473	1.549
40	1.208	1.240	1.284	1.334	1.387	1.442

注　b_f 为翼缘宽度；t 为剪力墙的厚度；h_w 为剪力墙截面高度。

将式（6.2）代入式（6.1），则可得到整体墙的等效刚度计算公式为

$$EI_{eq} = \begin{cases} EI_w \Big/ \left(1+\dfrac{4\mu EI_w}{GA_w H^2}\right) & \text{（均布载荷）} \\[2ex] EI_w \Big/ \left(1+\dfrac{3.64\mu EI_w}{GA_w H^2}\right) & \text{（倒三角形载荷）} \\[2ex] EI_w \Big/ \left(1+\dfrac{3\mu EI_w}{GA_w H^2}\right) & \text{（顶点集中载荷）} \end{cases} \tag{6.4}$$

为简化计算，可以引入整体剪力墙等效刚度概念，取 $G=0.4E$，计算公式为

$$EI_{eq} = EI_w \Big/ \left(1+\dfrac{9\mu I_w}{A_w H^2}\right) \tag{6.5}$$

整体剪力墙等效刚度可把剪切变形与弯曲变形综合成弯曲变形的表达形式，式（6.2）可写成

$$u = \begin{cases} \dfrac{V_0 H^3}{8EI_{eq}} & \text{（均布荷载）} \\[2ex] \dfrac{11}{60} \cdot \dfrac{V_0 H^3}{EI_{eq}} & \text{（倒三角形荷载）} \\[2ex] \dfrac{V_0 H^3}{3EI_{eq}} & \text{（顶点集中荷载）} \end{cases} \tag{6.6}$$

【例题 6.1】　某高层住宅，层高 3m，墙面开洞情况如图 6.9 所示。墙为 C30 级混凝土现浇墙，试计算在横向水平地震作用下顶点的水平位移。

解　（1）判断剪力墙类型

窗洞总面积 $A_{op}=1.5\times0.9\times10=13.5$（m^2）

墙面总面积 $A_f=10.06\times30=301.8$（m^2）

$$\frac{A_{op}}{A_f}=\frac{13.5}{301.8}=0.0447<0.16$$

且洞口的长边尺寸为1.5m，不超过洞边至墙边及洞边至洞边的净距，可按整体墙进行计算。

（2）组合截面形心轴的确定。不考虑纵墙，横墙作为翼缘参加工作。

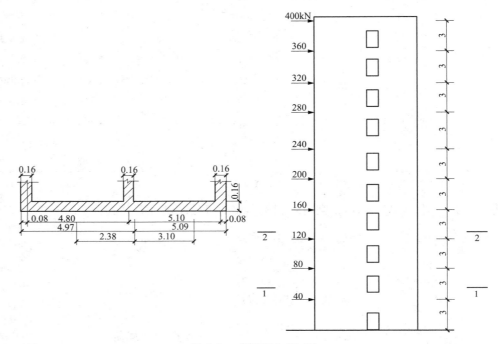

图 6.9　【例题 6.1】图

$$I'_1=\frac{1}{12}\times0.16\times5.18^3=1.853\ (\text{m}^4)$$

$$A'_1=0.16\times5.18=0.829\ (\text{m}^2)$$

$$I'_2=\frac{1}{12}\times0.16\times3.98^2=0.841\ (\text{m}^4)$$

$$A'_2=0.16\times3.98=0.637\ (\text{m}^2)$$

$$y=\frac{10.06\times0.16\times\frac{10.06}{2}-0.9\times0.16\times(5.18+0.45)}{0.829+0.637}=4.97\ (\text{m})$$

$$y_1=4.97-\frac{1}{2}\times5.18=2.38\ (\text{m})$$

$$y_2=5.09-\frac{1}{2}\times3.98=3.10\ (\text{m})$$

（3）截面特性计算（见图6.10）

$$I_{w1}=1.853+0.829\times2.38^2+0.841+0.637\times3.10^2=13.511\ (\text{m}^4)$$

$$I_{w2}=\frac{1}{12}\times0.16\times10.06^3=13.575\ (\text{m}^4)$$

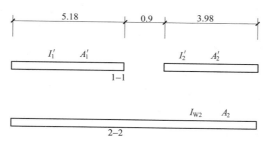

图 6.10　墙体特性计算图

$$I_w = \frac{\sum I_{wi} h_i}{\sum h_i} = \frac{(13.511 \times 10 + 13.575 \times 10) \times 1.5}{30} = 13.54 \ (\text{m}^4)$$

（4）墙底弯矩和剪力

$$M_0 = 400 \times 30 + 360 \times 27 + 320 \times 24 + 280 \times 21 + 240 \times 18 + 200 \times 15 + 160 \times 12$$

$$+ 120 \times 9 + 80 \times 6 + 40 \times 3 = 46\ 200 \ (\text{kN} \cdot \text{m})$$

$$V_0 = 400 + 360 + 320 + 280 + 240 + 200 + 160 + 120 + 80 + 40 = 2200 \ (\text{kN})$$

（5）顶点位移计算。按剪力墙墙底弯矩相等原则，将楼层处作用的荷载换算成倒三角形分布荷载，分布荷载的最大值 q_{max} 由下列公式求出

$$q_{max} = \frac{3M_0}{H^2} = \frac{3 \times 46\ 200}{30^2} = 154 \ (\text{kN/m})$$

$$E = 30 \times 10^6 (\text{kN/m}^2), \quad G = 0.42E, \quad \mu = 1.2$$

$$A_w = \left(1 - 1.25\sqrt{\frac{A_{op}}{A_f}}\right) A = (1 - 1.25\sqrt{0.0447}) \times 0.16 \times 10.06 = 1.185 \ (\text{m}^2)$$

$$I_{eq} = \frac{I_w}{1 + \dfrac{3.64\mu E I_w}{G A_w H^2}} = \frac{13.54}{1 + \dfrac{3.64 \times 1.2 \times 13.54}{0.42 \times 1.185 \times 30^2}} = 11.95 \ (\text{m}^4)$$

$$u = \frac{11}{120} \frac{q_{max} H^4}{E I_{eq}} = \frac{11}{120} \times \frac{154 \times 30^4}{30 \times 10^6 \times 11.95} = 0.0319 \ (\text{m})$$

$$\frac{u}{H} = \frac{0.0319}{30} = \frac{1}{940} < \frac{1}{900}$$

满足要求。

6.4　整体小开口墙的内力和位移计算

通过光弹性实验和钢筋混凝土模型试验，得知整体小开口剪力墙在水平荷载作用下的受力性能接近于整体剪力墙，其界面受力后基本上保持平面，正应力分布图形大致保持直线分布。在各墙肢中仅有少量的局部弯矩；沿墙肢的高度方向上，大部分楼层中的墙肢不应有反

弯点。整体看，剪力墙仍是一个竖向悬臂杆件，就可以利用材料力学公式来计算整体小开口剪力墙的内力和位移。最后做一些修正，即可求出其内力和位移的最终结果。

6.4.1　整体小开口墙内力计算

先将整体小开口墙作为一个悬臂梁，按材料力学公式算出标高 z 处的总截面所承受的总弯矩，总剪力和底层总剪力如图 6.11 所示。

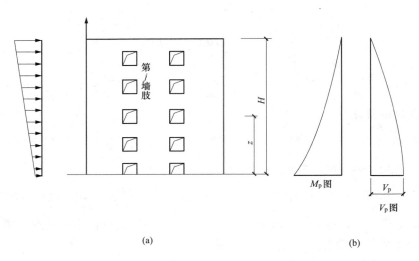

图 6.11　整体小开口墙计算简图

将总弯矩分为两部分：①对应于产生整体弯曲的总弯矩；②墙肢本身产生局部弯曲的局部弯矩，其大小为

$$M'_i = 0.85M_i$$
$$M''_i = 0.15M_i$$

（6.7）

分别求各墙肢内力。

1. 第 j 肢墙肢的弯矩

第 j 肢墙肢的整体弯矩

$$M'_{ij} = M'_i \frac{I_j}{I} = 0.85M_i \frac{I_j}{I}$$

（6.8）

式中　I_j——墙肢 j 的截面惯性矩；

　　　I——剪力墙组合截面惯性矩，即所用墙肢对组合截面形心轴的惯性矩之和。

第 j 墙肢的局部弯矩为

$$M''_{ij} = M''_i \frac{I_j}{J} = 0.85M_i \frac{I_j}{I}$$

（6.9）

第 j 墙肢的全部弯矩为（如图 6.12 所示）

$$M_{ij} = M'_i + M''_i = \left(0.85 \frac{I_j}{I} + 0.15 \frac{I_j}{\sum I_j}\right)M_i$$

（6.10）

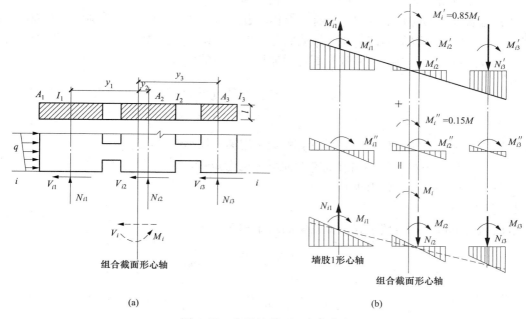

图 6.12　多肢墙截面正应力分布

2. 第 j 墙肢的剪力

求得的各墙肢剪力，应将总剪力 V_i 分配给各墙肢，第 j 墙肢分配的剪力 V_{ij} 可采用下式进行计算

$$V_{ij} = \frac{1}{2} V_{wi} \left(\frac{A_j}{\sum A_j} + \frac{I_j}{\sum I_j} \right) \tag{6.11}$$

对底层，墙肢剪力也可按墙肢截面面积分配，即

$$V_{ij} = V_0 \frac{A_j}{A} \tag{6.12}$$

3. 第 j 墙肢的轴力

各墙肢的轴力可认为由于整体弯矩使该墙肢产生正应力，其正应力的合力即为该墙的轴力（如图 6.12 所示）

$$N_{ij} = N'_{ij} = \int_{A_j} \frac{M'_{pz}(y_j + x_j)}{I} \mathrm{d}A = \frac{0.85M_i}{I} \left(\int_{A_j} y_j \, \mathrm{d}A + \int_{A_j} x_j \, \mathrm{d}A \right)$$

$$= \frac{0.85M_i}{I} A_j y_j \tag{6.13}$$

式中　y_j——墙肢 j 的截面形心至剪力墙组合截面形心之间的距离；

　　　x_j——微面积 $\mathrm{d}A$ 形心至墙肢 j 截面形心间的距离。

局部弯曲并不在各墙肢中产生轴力，计算不时不考虑。

由图 6.12 可知，剪力墙总弯矩的平衡条件为

$$M_i = \sum_j M_i + \sum_i N_{ij} y_j \tag{6.14}$$

  整体小开口墙连梁的剪力可由上、下墙肢的轴力差计算。

  当剪力墙多数墙肢基本均匀，又符合整体小开口墙的条件，但夹有个别细小墙肢时，由于细小墙肢会产生显著的局部弯曲，使墙肢弯矩增大。此时，作为近似考虑，仍可按上述整体小开口墙计算内力，但细小墙肢端部宜附加局部弯矩的修正

$$\left.\begin{array}{l} M_{ij}=M_{ij0}+\Delta M_{ij} \\ \Delta M_{ij}=V_{ij}h_0/2 \end{array}\right\} \tag{6.15}$$

式中 M_{ij0}、V_{ij}——按整体小开口墙计算的第 i 层第 j 细小墙肢弯矩和剪力；

     ΔM_{ij}——由于细小墙肢局部弯曲增加的弯矩；

     h_0——细小墙肢洞口高度。

  4. 连梁内力

  墙肢内力求得后，可按下式计算连梁的弯矩和剪力

$$V_{bij}=N_{ij}-N_{(i-1)} \tag{6.16}$$

$$M_{bij}=\frac{1}{2}l_{bj0}V_{bij} \tag{6.17}$$

式中 l_{bj0}——连梁的净跨，即洞口的宽度。

6.4.2 整体小开口墙等效刚度和位移计算

  试验研究和有限元分析表明，由于洞口的削弱，整体小开口墙的位移比按材料力学计算的组合截面构件的位移增大 20%，则整体小开口墙考虑弯曲和剪切变形后的顶点位移可按下式计算

$$u=\begin{cases} 1.2\times\dfrac{V_0H^3}{8EI}\Big(1+\dfrac{4\mu EI}{GAH^2}\Big) \\[2mm] 1.2\times\dfrac{11}{60}\cdot\dfrac{V_0H^3}{EI}\Big(1+\dfrac{3.64\mu EI}{GAH^2}\Big) \\[2mm] 1.2\times\dfrac{V_0H^3}{3EI}\Big(1+\dfrac{3\mu EI}{GAH^2}\Big) \\[2mm] A=\sum A_j \end{cases} \tag{6.18}$$

式中 A——截面总面积。

  将式（6.18）代入式（6.1），并取 $G=0.4E$，可将整体小开口墙的等效刚度写成如下统一公式

$$E_cI_{eq}=\frac{0.8E_cI}{1+\dfrac{9\mu I}{AH^2}} \tag{6.19}$$

  整体小开口剪力墙水平位移仍按整体剪力墙水平位移公式计算。

  【例题 6.2】 将【例题 6.1】增加一列窗口，如图 6.13 所示，其他条件不变，计算此整体小开口墙定点的水平位移。

  解 （1）截面特性计算

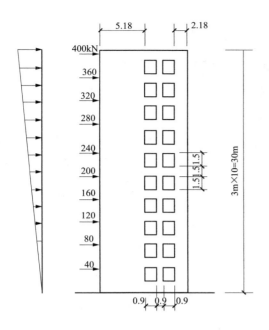

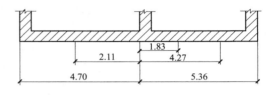

图 6.13　【例题 6.2】图

$$I_1 = \frac{1}{12} \times 0.16 \times 5.18^2 = 1.8532 \ (\text{m}^4)$$

$$I_2 = \frac{1}{12} \times 0.16 \times 0.9^3 = 0.0097 \ (\text{m}^4)$$

$$I_3 = \frac{1}{12} \times 0.16 \times 2.18^3 = 0.1381 \ (\text{m}^4)$$

$$A_1 = 0.16 \times 5.18 = 0.8288 \ (\text{m}^2)$$

$$A_2 = 0.16 \times 0.9 = 0.144 \ (\text{m}^2)$$

$$A_3 = 0.16 \times 2.18 = 0.3488 \ (\text{m}^2)$$

$$S = 0.8828 \times \frac{1}{2} \times 5.18 + 0.144 \times \left(5.18 + 0.9 + \frac{1}{2} \times 0.9\right) + 0.348 \times \left(10.06 - \frac{1}{2} \times 2.18\right)$$

$$= 6.2175 \ (\text{m}^3)$$

$$\sum A_i = 0.8288 + 0.144 + 0.3488 = 1.3216 \ (\text{m}^2)$$

由

$$y = \frac{S}{\sum A_i} = \frac{6.2157}{1.3216} = 4.7032 \ (\text{m}),$$

取

$$y = 4.70 \ (\text{m})$$

$$y_1 = 4.70 - \frac{1}{2} \times 5.18 = 2.11 \ (\text{m})$$

$$y_2 = 5.36 - \left(2.18 + 0.9 - \frac{1}{2} \times 0.9\right) = 1.83 \ (\text{m})$$

$$y_3 = 5.36 - \frac{1}{2} \times 2.18 = 4.27 \ (\text{m})$$

$$\sum I_i = 1.8532 + 0.8288 \times 2.11^2 + 0.144 \times + 0.3488 \times 4.27^2 = 12.53 \ (\text{m}^4)$$

（2）地震作用对基础底面产生的总弯矩及总剪力

$$M_0 = 46\ 200 \ (\text{kN} \cdot \text{m})$$

$$V_0 = 2200 \ (\text{kN})$$

（3）剪力墙底部墙肢内力：

1）底部墙肢弯矩

$$M_{i1} = 0.85 M_{pz} \frac{I_i}{I} + 0.15 M_{pz} \frac{I_i}{\sum I}$$

$$M_{pz} = M_0$$

$$M_{z1} = 0.85 \times 46\ 200 \times \frac{1.8532}{12.53} + 0.15 \times 46\ 200 \times \frac{1.8532}{2.001}$$

$$= 5808.1 + 6418.1$$

$$= 12\ 226.2 \ (\text{kN} \cdot \text{m})$$

$$M_{z2} = 0.85 \times 46\ 200 \times \frac{0.0097}{12.53} + 0.15 \times 46\ 200 \times \frac{0.0097}{2.001} = 30.4 + 33.59$$

$$= 64.0 \ (\text{kN} \cdot \text{m})$$

$$M_{z3} = 0.85 \times 46\ 200 \times \frac{0.1381}{12.53} + 0.15 \times 46\ 200 \times \frac{0.1381}{2.001}$$

$$= 432.8 + 478.3$$

$$= 9111 \ (\text{kN} \cdot \text{m})$$

2）底部墙肢轴力

$$N_{zi} = 0.85 M_{pz} \frac{y_i A_i}{I}$$

$$N_{z1} = 0.85 \times 46\ 200 \times 2.11 \times 0.8288/12.53 = 5480.8 \ (\text{kN})$$

$$N_{z2} = 0.85 \times 46\ 200 \times 1.83 \times 0.144/12.53 = 825.9 \ (\text{kN})$$

$$N_{z3} = 0.85 \times 46\ 200 \times 4.27 \times 0.3488/12.53 = 4667.8 \ (\text{kN})$$

3）底部墙肢剪力

$$V_{zi} = \frac{1}{2} \left(\frac{A_i}{\sum A_i} + \frac{I_i}{\sum I_i} \right) \cdot V_{pz}, \ V_{pz} = V_0$$

$$V_{z1} = \frac{1}{2} \times \left(\frac{0.8288}{1.3216} + \frac{1.8532}{2.001} \right) \times 2200 = 1708.6 \ (\text{kN})$$

$$V_{z2} = \frac{1}{2} \times \left(\frac{0.144}{1.3216} + \frac{0.0097}{2.001} \right) \times 2200 = 125.2 \ (\text{kN})$$

$$V_{z3} = \frac{1}{2} \times \left(\frac{0.3488}{1.3216} + \frac{0.1381}{2.001} \right) \times 2200 = 366.2 \ (\text{kN})$$

（4）墙肢 2 弯矩调整。墙肢 2 截面较小，与其他两个墙肢相差较大，为考虑局部弯曲的影响，对墙肢 2 的端弯矩加以调整，即

$$M_{z20} = M_{z2} + \frac{h_0}{2} V_{z2} = 64 + \frac{1}{2} \times 1.5 \times 125.2 = 157.9 \ (\text{kN} \cdot \text{m})$$

（5）顶点侧移

$$I_w = I = 12.53 \text{m}^4, \quad A_w = A = \sum A_i = 1.3216 \ (\text{m}^2)$$

$$u = 1.2 \times \frac{11}{120} \times \frac{q_{\max} H^4}{EI_w} \left(1 + \frac{3.67 \mu EI_w}{GA_w H^2} \right)$$

$$= 1.2 \times \frac{11}{120} \times \frac{154 \times 30^4}{30 \times 10^6 \times 12.53} \times \left(1 + \frac{3.67 \times 1.2 \times 30 \times 10^6 \times 12.53}{0.42 \times 30 \times 10^6 \times 1.3216 \times 30^2} \right)$$

$$= 0.040 \ (\text{m})$$

$$\frac{u}{H} = \frac{0.04}{30} = \frac{1}{750} > \frac{1}{900}$$

不满足要求。

6.5　双肢墙的内力和位移计算

双肢墙是由连梁将两墙肢连接在一起，且墙肢的刚度一般比连梁的刚度大较多。因此，双肢墙实际上相当于柱梁刚度比很大的一种框架，属于高次超静定结构，用一般的解法比较麻烦。为简化计算，可采用连续化的分析方法求解。

6.5.1　基本假定

图 6.14（a）所示为双肢墙及其几何参数，墙肢可以为矩形、I 形、T 形或 L 形截面，均以截面的形心线作为墙肢的轴线，连梁一般取矩形截面。利用连续化分析方法计算双肢墙的内力和位移时，基本假定如下：

（1）每一楼层处的连梁简化成均布于整个墙高上连续分布的连杆，即将仅在楼层标高处才有的有限个连接点看成在整个高度上连续分布的无限个连接点，如图 6.14（b）所示，从而为建立微分方程提供了条件。

（2）忽略连梁的轴向变形，故两墙肢在同一标高处的水平位移相等。

（3）各连梁的反弯点位于该连梁的跨度中央。

（4）同一标高处两墙肢的转角和曲率也相同。

（5）层高 h、惯性矩 I_1、I_2、I_{bc} 及截面面积 A_1、A_2、A_b 沿墙高方向均为常数。这样建立的是常微分方程便于求解。注意它的适用范围，对于开洞规则，楼层数较多的双肢墙，

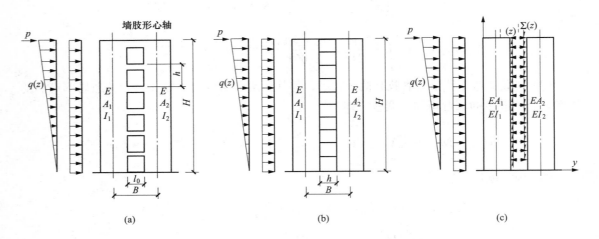

图 6.14　双肢墙的计算简图

其计算结果较精确，对低层或多层建筑中的剪力墙，则计算误差较大。

6.5.2　微分方程的建立

首先将连梁离散为在高层内均匀分布的连续连杆，在将连续化后的连梁沿其跨度中央切开，即超静定结构变为静定结构，如图 6.14（c）所示形成结构的基本体系。因连梁的跨中为反弯点，故切开后连杆切口处只存在剪力 $\tau(z)$ 和轴力 $\sigma(z)$。设剪力 $\tau(z)$ 为未知力，因基本体系在外荷载、连杆切口处的剪力 $\tau(z)$ 和轴力 $\sigma(z)$ 三者共同作用下，沿 $\tau(z)$ 方向的相对位移分别为墙肢弯曲变形、剪切变形、轴向变形及连梁的弯曲变形和剪切变形五种位移。

（1）墙肢弯曲和剪切变形所产生的相对位移。由于墙肢弯曲变形使切口处产生的相对位移为 ［见图 6.15（a）］

$$\delta_1 = -a\theta_M \tag{6.20}$$

式中　θ_M——由于墙肢弯曲变形所产生的转角，规定以顺时针方向为正；

　　　　a——两墙肢轴线间的距离。

式（6.20）中的负号表示相对位移与假设的未知剪力 $\tau(z)$ 方向相反。

当墙肢发生剪切变形时，只在墙肢的上、下截面产生相对水平错动，此错动不会使连梁切口处产生相对竖向位移，故由于墙肢剪切变形在切口处产生的相对位移为零，如图 6.15（b）所示。这一点可用结构力学中位移计算的图乘法予以证明。

（2）墙肢轴向变形所产生的相对位移。自两墙肢底至 z 截面处的轴向变形差为切口所产生的相对位移 ［见图 6.15（c）］，即

$$\delta_2 = \int_0^z \frac{N(z)}{EA_1}\mathrm{d}z + \int_0^z \frac{N(z)}{EA_2}\mathrm{d}z = \frac{1}{E}\left(\frac{1}{A_1} + \frac{1}{A_2}\right)\int_0^z N(z)\mathrm{d}z$$

由图 6.15（c）所示的基本体系可知，水平外荷载及切口处的轴力只使墙肢产生弯曲和剪切变形，并不使墙肢产生轴向变形，只有切口处的剪力 $\tau(z)$ 才使墙肢产生轴力和轴向变

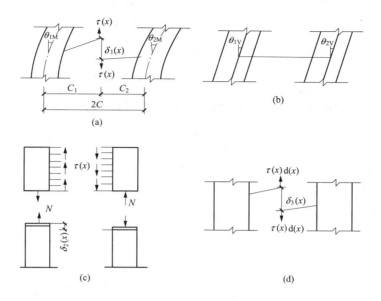

图 6.15　墙肢和连梁的变形

形。显然，z 截面处的轴力在数量上等于高度范围内切口处的剪力之和，即

$$N(z) = \int_z^H \tau(z)\mathrm{d}z$$

故由于墙肢轴向变形所产生的相对位移为

$$\delta_2 = \frac{1}{E}\left(\frac{1}{A_1} + \frac{1}{A_2}\right)\int_0^z\int_z^H \tau(z)\mathrm{d}z\,\mathrm{d}z \qquad (6.21)$$

（3）连梁弯曲和剪切变形所产生的相对位移。由于连梁切口处剪力 $\tau(z)$ 的作用，使连梁产生弯曲和剪切变形，则在切口处所产生的相对位移为 ［见图 6.15（d）］

$$\delta_3 = \delta_{3\mathrm{M}} + \delta_{3\mathrm{V}} = \frac{\tau(z)hl_\mathrm{b}^3}{12EI_{\mathrm{b}0}} + \frac{\mu\tau(z)hl_\mathrm{b}}{GA_\mathrm{b}} = \frac{\tau(z)hl_\mathrm{b}^3}{12EI_{\mathrm{b}0}}\left(1 + \frac{12\mu EI_{\mathrm{b}0}}{GA_\mathrm{b}l_\mathrm{b}^2}\right)$$

或改写为

$$\delta_3 = \frac{hl_\mathrm{b}^3}{12EI_\mathrm{b}}\tau(z) \qquad (6.22)$$

式中　h——层高；

$\quad l_\mathrm{b}$——连梁的计算跨度，取 $l_\mathrm{b} = l_0 + h_\mathrm{b}/2$；

$\quad h_\mathrm{b}$——连梁的截面高度；

$\quad l_0$——洞口宽度；

A_b、$I_{\mathrm{b}0}$——连梁的截面面积和惯性矩；

$\quad E$、G——混凝土的弹性模量和剪变模量；

I_b——连梁的折算惯性矩，当取 $G=0.4E$ 时，可按下式计算

$$I_b = I_{b0} \Big/ \left(1 + \frac{30\mu I_{b0}}{A_b l_b^2}\right) \tag{6.23}$$

μ——截面剪应力分布不均匀系数，矩形截面取 $\mu=1.2$。

由变形连续条件知，切开后连梁的切口处沿未知力 $\tau(z)$ 方向上的相对位移应为零，即

$$\delta_1 + \delta_2 + \delta_3 = 0$$

将式（6.20）～式（6.22）代入上式得

$$a\theta_M - \frac{1}{E}\left(\frac{1}{A_1}+\frac{1}{A_2}\right)\int_0^z \int_z^H \tau(z)\mathrm{d}z\,\mathrm{d}z - \frac{hl_b^3}{12EI_b}\tau(z) = 0 \tag{6.24}$$

对上式求一次导数有

$$a\frac{\mathrm{d}\theta_M}{\mathrm{d}z} - \frac{1}{E}\left(\frac{1}{A_1}+\frac{1}{A_2}\right)\int_z^H \tau(z)\mathrm{d}z - \frac{hl_b^3}{12EI_b}\frac{\mathrm{d}\tau(z)}{\mathrm{d}z} = 0 \tag{6.25}$$

再求一次导数有

$$a\frac{\mathrm{d}^2\theta_M}{\mathrm{d}z^2} + \frac{1}{E}\left(\frac{1}{A_1}+\frac{1}{A_2}\right)\tau(z) - \frac{hl_b^3}{12EI_b}\frac{\mathrm{d}^2\tau(z)}{\mathrm{d}z^2} = 0 \tag{6.26}$$

由图 6.14（c）所示的基本体系，可分别写出两墙肢的弯矩与其曲率的关系为

$$EI_1\frac{\mathrm{d}^2 y_M}{\mathrm{d}z^2} = M_1 = M_p(z) - a_1\int_z^H \tau(z)\mathrm{d}z - M_\sigma(z) \tag{6.27}$$

$$EI_2\frac{\mathrm{d}^2 y_M}{\mathrm{d}z^2} = M_2 = -a_2\int_z^H \tau(z)\mathrm{d}z + M_\sigma(z) \tag{6.28}$$

式中　M_1、M_2——墙肢 1、2 在计算截面 z 处的弯矩；

　　　　$M_p(z)$——外荷载在计算截面 z 处的弯矩，以顺时针为正；

　　　　$M_\sigma(z)$——连续连杆轴力 $\sigma(z)$ 所引起 z 截面的弯矩；

　　　　a_1、a_2——连梁切口处至两墙肢形心轴线的距离，$a=a_1+a_2$。

将式（6.27）和式（6.28）相加，可得

$$E(I_1+I_2)\frac{\mathrm{d}^2 y_M}{\mathrm{d}z^2} = M_1 + M_2 = M_p(z) - a\int_z^H \tau(z)\mathrm{d}z \tag{6.29}$$

对上式微分一次得

$$E(I_1+I_2)\frac{\mathrm{d}^2\theta_M}{\mathrm{d}z^2} = V_p(z) + a\tau(z) \tag{6.30}$$

或写成下述形式

$$\frac{\mathrm{d}^2\theta_M}{\mathrm{d}z^2}=\frac{1}{E(I_1+I_2)}\left[V_p(z)+a\tau(z)\right] \tag{6.31}$$

式中　$V_p(z)$——外荷载在计算截面 z 处所产生的剪力，按下式计算

$$V_p(z)=\begin{cases}-\left(1-\dfrac{z}{H}\right)V_0\\[2mm]-\left[1-\left(\dfrac{z}{H}\right)^2\right]V_0\\[2mm]-V_0\end{cases} \tag{6.32}$$

将式（6.31）代入式（6.26），并整理后可得

$$\frac{\mathrm{d}^2\tau(z)}{\mathrm{d}z^2}-\frac{12I_b}{hl_b^3}\left[\frac{a_2}{(I_1+I_2)}+\frac{A_1+A_2}{A_1A_2}\right]\tau(z)=\frac{12aI_b}{hl_b^3(I_1+I_2)}V_p(z) \tag{6.33}$$

令

$$D=\frac{2a^2I_b}{hl_b^3}$$

$$S=\frac{aA_1A_2}{A_1+A_2}$$

$$\alpha_1^2=\frac{6H^2D}{h\ (I_1+I_2)}$$

则式（6.33）可简化为

$$\frac{\mathrm{d}^2\tau(z)}{\mathrm{d}z^2}-\frac{1}{H}(\alpha_1^2+\frac{6H^2D}{hSa})\tau(z)=\frac{\alpha_1^2}{H^2a}V_p(z) \tag{6.34}$$

再令

$$\alpha^2=\alpha_1^2+\frac{6H^2D}{hSa} \tag{6.35}$$

可得到双肢墙的基本微分方程，即

$$\frac{\mathrm{d}^2\tau(z)}{\mathrm{d}z^2}-\frac{\alpha^2}{H^2}\tau(z)=\frac{\alpha_1^2}{H^2a}V_p(z) \tag{6.36}$$

式中　D——连梁的刚度；

　　S——双肢墙对组合截面形心轴的面积矩；

　　α_1——连梁与墙肢刚度比（或为不考虑墙肢轴向变形时剪力墙的整体工作系数）；

　　α——剪力墙的整体工作系数，S 越大，α 越小，整体性越差。

引入连续连杆对墙肢的线约束弯矩，表示剪力 $\tau(z)$ 对两墙肢的线约束弯矩之和（即单位高度上的约束弯矩），其表达式为

$$m(z)=a\tau(z) \tag{6.37}$$

则双肢墙的微分方程也可表达为

$$\frac{\mathrm{d}^2 m(z)}{\mathrm{d}z^2} - \frac{\alpha^2}{H^2} m(z) = \frac{\alpha_1^2}{H^2} V_p(z) \tag{6.38}$$

对常用的均布荷载、倒三角形分布荷载和顶点集中荷载，将式（6.32）代入式（6.38），则双肢墙的微分方程可表达为

$$\frac{\mathrm{d}^2 m(z)}{\mathrm{d}z^2} - \frac{\alpha^2}{H^2} m(z) = \begin{cases} -\dfrac{\alpha_1^2}{H^2}\left(1 - \dfrac{z}{H}\right) V_0 & \text{（均布荷载）} \\[3mm] -\dfrac{\alpha_1^2}{H^2}\left[1 - \left(\dfrac{z}{H}\right)^2\right] V_0 & \text{（倒三角形荷载）} \\[3mm] -\dfrac{\alpha_1^2}{H^2} V_0 & \text{（顶点集中荷载）} \end{cases} \tag{6.39}$$

6.5.3　微分方程的求解

为简化微分方程，便于求解，引入变量 $\xi = \dfrac{z}{H}$ ，并令

$$\Phi(\xi) = m(\xi) \frac{\alpha^2}{\alpha_1^2} \frac{1}{V_0} \tag{6.40}$$

则式（6.39）可简化为如下形式

$$\frac{\mathrm{d}^2 \Phi(\xi)}{\mathrm{d}\xi^2} - \alpha^2 \Phi(\xi) = \begin{cases} -\alpha^2(1-\xi) \\[2mm] -\alpha^2(1-\xi^2) \\[2mm] -\alpha^2 \end{cases} \tag{6.41}$$

上述微分方程为二阶常系数非齐次线性微分方程，方程的解由齐次方程的通解

$$\Phi(\xi) = C_1 \mathrm{ch}(\alpha\xi) + C_2 \mathrm{sh}(\alpha\xi)$$

和特解

$$\Phi(\xi) = \begin{cases} 1-\xi \\[2mm] 1-\xi-\dfrac{2}{\alpha^2} \\[2mm] 1 \end{cases}$$

两部分相加组成，即

$$\Phi(\xi) = C_1 \mathrm{ch}(\alpha\xi) + C_2 \mathrm{ch}(\alpha\xi) + \begin{cases} 1-\xi \\[2mm] 1-\xi-\dfrac{2}{\alpha^2} \\[2mm] 1 \end{cases} \tag{6.42}$$

式中　C_1 和 C_2——任意常数，由下列边界条件确定。

（1）当 $z=0$，$\xi=0$ 时，墙底弯曲转角 θ_M 为零。

（2）当 $z=H$，即 $\xi=1$ 时，墙顶弯矩为零。

将边界条件（1）代入式（6.24）得

$$\tau(0)=0$$

由式（6.37）和式（6.40），上式可写为

$$\Phi(0)=0$$

由式（6.42）可得

$$C_1=\begin{cases} -1 \\ \dfrac{2}{\alpha^2}-1 \\ -1 \end{cases}$$

根据弯矩和曲率之间的关系，边界条件（2）可写为

$$\left.\frac{\mathrm{d}^2 y_\mathrm{M}}{\mathrm{d}z^2}\right|_{z=H}=0$$

将上式及 $z=H$ 代入式（6.25）得

$$\left.\frac{\mathrm{d}\tau(z)}{\mathrm{d}z}\right|_{z=H}=0$$

或改写为

$$\left.\frac{\mathrm{d}\Phi(\xi)}{\mathrm{d}\xi}\right|_{\xi=1}=0$$

由式（6.42）可得

$$C_2=\begin{cases} \dfrac{1+\alpha\,\mathrm{sh}\alpha}{\alpha\,\mathrm{ch}\alpha} & \text{（均布荷载）} \\[3mm] \dfrac{2-\left(\dfrac{2}{\alpha^2}-1\right)\alpha\,\mathrm{sh}\alpha}{\alpha\,\mathrm{ch}\alpha} & \text{（倒三角形荷载）} \\[3mm] \dfrac{\mathrm{sh}\alpha}{\mathrm{ch}\alpha} & \text{（顶点集中荷载）} \end{cases}$$

将积分常数 C_1 和 C_2 的表达式代入式（6.42）得到微分方程的解为

$$\Phi(\xi)=\begin{cases} -\dfrac{\mathrm{ch}\alpha(1-\xi)}{\mathrm{ch}\alpha}+\dfrac{\mathrm{sh}\alpha}{\alpha\,\mathrm{sh}\alpha}+(1-\xi) & \text{（均布荷载）} \\[3mm] \left(\dfrac{2}{\alpha^2}-1\right)\left[\dfrac{\mathrm{ch}\alpha(1-\xi)}{\mathrm{ch}\alpha}-1\right]+\dfrac{2}{\alpha}\dfrac{\mathrm{sh}\alpha}{\mathrm{ch}\alpha}-\xi^2 & \text{（倒三角形荷载）} \\[3mm] \dfrac{\mathrm{sh}\alpha}{\mathrm{ch}\alpha}\cdot\mathrm{sh}\alpha-\mathrm{ch}\alpha+1 & \text{（顶点集中荷载）} \end{cases} \qquad (6.43)$$

由式（6.43）可知，Φ 为 α 和 ξ 两个变量的函数，为便于应用，根据荷载类型、参数 α 和 ξ，将 Φ 值进行表格化，可供使用时查取；也可将上述公式进行编程直接计算求得。

以上利用连续化方法，根据连杆切口处相对竖向位移为零，可求得 $\tau(z)$。还可以利用

切口处相对水平位移为零的条件，求得 $\sigma(z)$ ，然后计算墙肢及连梁内力。但考虑双肢墙的特点，通过整体考虑双肢墙的受力以求得墙肢及连梁内力。

6.5.4　内力计算

$\tau(\xi)$、$m(\xi)$、$\Phi(\xi)$ 都是沿高度变化的连续函数，且连续连杆线约束弯矩可表达为

$$m(\xi)=m_1(\xi)+m_2(\xi)=\alpha_1(\xi)+\alpha_2(\xi)$$

如将线约束弯矩 $m_1(\xi)$、$m_2(\xi)$ 分别施加在两墙肢上，则刚接连杆可变换成铰接连杆 [此处忽略了 $\tau(\xi)$ 对墙肢轴力的影响]，如图 6.16（a）所示。铰接连杆只能保证两墙肢位移相等并传递轴力 $\sigma(z)$，这样，两墙肢独立工作，可按独立悬臂梁分析，其整体工作通过约束弯矩考虑。双肢墙第 i 层的内力作用情况如图 6.16（b）所示。

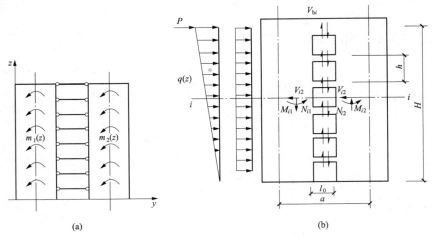

图 6.16　双肢墙弯矩及内力图

（a）双肢墙简图；（b）双肢墙的内力作用图

（1）连梁内力。连续连杆的线约束弯矩为

$$m(\xi)=\Phi(\xi)\frac{\alpha_1^2}{\alpha^2}V_0 \tag{6.44}$$

第 i 层连梁的约束弯矩为

$$m_i=m(\xi)h=\Phi(\xi)\frac{\alpha_1^2}{\alpha^2}V_0h \tag{6.45}$$

第 i 层连梁的剪力和梁端弯矩为

$$V_{\mathrm{b}i}=\frac{m_i}{a} \tag{6.46}$$

$$M_{\mathrm{b}i}=V_{\mathrm{b}i}\frac{l_\mathrm{b}}{2} \tag{6.47}$$

（2）墙肢内力。第 i 层两墙肢的弯矩分别为

$$M_{i1}=\frac{I_1}{I_1+I_2}\left[m_\mathrm{p}(\xi)-\sum_i^n m_i\right] \tag{6.48a}$$

$$M_{i2} = \frac{I_2}{I_1 + I_2} \left[m_p(\xi) - \sum_i^n m_i \right] \tag{6.48b}$$

第 i 层两墙肢的剪力近似为

$$V_{i1} = \frac{I'_1}{I'_1 + I'_2} V_p(\xi) \tag{6.49a}$$

$$V_{i2} = \frac{I'_2}{I'_1 + I'_2} \tag{6.49b}$$

第 i 层第 i 墙肢的轴力为

$$N_{ij} = \sum_i^n V_b \quad (j = 1,\ 2) \tag{6.50a}$$

$$N_{i1} = -N_{i2} \tag{6.50b}$$

式中　I_1、I_2——两墙肢对各自截面形心轴的惯性矩；

　　　I'_1、I'_2——两墙肢的折算惯性矩，当取 $G = 0.4E$ 时，可按下式计算

$$I'_j = \frac{I_j}{1 + \dfrac{30\mu I}{A_j h^2}} \quad (j = 1,\ 2) \tag{6.51}$$

　　　　　A_j——两墙肢的截面面积；

$M_p(\xi)$、$V_p(\xi)$——第 i 层由于外荷载所产生的弯矩和剪力；

　　　　　n——总层数。

6.5.5　位移和等效刚度

由于墙肢截面较宽，位移计算时应同时考虑墙肢弯曲变形和剪切变形的影响，即

$$y = y_M + y_V$$

式中　y_M、y_V——墙肢弯曲变形和剪切变形产生的水平位移。

墙肢弯曲变形所产生的位移可由式（6.29）求得

$$y_M = \frac{1}{E(I_1 + I_2)} \left[\int_0^z \int_0^z M_p(z)\, dz\, dz - \int_0^z \int_0^z \int_z^H a\tau(z)\, dz\, dz\, dz \right] \tag{6.52}$$

根据墙肢剪力与剪切变形的关系

$$G(A_1 + A_2) \frac{dy_V}{dz} = \mu V_p(z)$$

可求得墙肢剪切变形所产生的位移

$$y_V = \frac{\mu}{G(A_1 + A_2)} \int_0^z V_p(z)\, dz \tag{6.53}$$

引入无量纲参数 $\xi = z/H$，将 $\tau(\xi) = \Phi(\xi) \dfrac{\alpha_1^2}{A\alpha^2} V_0$ 及水平外荷载产生的弯矩 $M_p(z)$ 和剪力 $V_p(z)$ 代入式（6.52）和式（6.53），经过积分并整理后可得双肢墙的位移计

算公式为

$$
y = \begin{cases}
\dfrac{V_0 H^3}{2E(I_1+I_2)}\xi^2\left(\dfrac{1}{2}-\dfrac{1}{3}\xi+\dfrac{1}{12}\xi^2\right)-\dfrac{\tau V_0 H^3}{E(I_1+I_2)}\left[\dfrac{\xi(\xi-2)}{2\alpha^2}-\dfrac{\mathrm{ch}\,\alpha\xi-1}{\alpha^4\,\mathrm{ch}\,\alpha}\right. \\
\left.+\dfrac{\mathrm{sh}\,\alpha-\mathrm{sh}\,\alpha(-\xi)}{\alpha^3\,\mathrm{ch}\,\alpha}+\xi^2\left(\dfrac{1}{4}-\dfrac{1}{6}\xi+\dfrac{1}{24}\xi^2\right)\right]+\dfrac{\mu V_0 H}{G(A_1+A_2)}\left(\xi-\dfrac{1}{2}\xi^2\right) \quad \text{(均布荷载)} \\[3mm]
\dfrac{V_0 H^3}{3E(I_1+I_2)}\xi^2\left(1-\dfrac{1}{2}\xi+\dfrac{1}{20}\xi^3\right)-\dfrac{\tau V_0 H^3}{E(I_1+I_2)} \\
\left\{\left(1-\dfrac{2}{\alpha^2}\right)\left[\dfrac{1}{2}\xi^2-\dfrac{1}{6}\xi^3-\dfrac{1}{\alpha^2}\xi+\dfrac{\mathrm{sh}\,\alpha-\mathrm{sh}\,\alpha(-\xi)}{\alpha^3\,\mathrm{ch}\,\alpha}\right]\right. \\
\left.-\dfrac{2}{\alpha^4}\dfrac{\mathrm{ch}\,\alpha\xi-1}{\mathrm{ch}\,\alpha}+\dfrac{1}{\alpha^2}\xi^2-\dfrac{1}{6}\xi^3+\dfrac{1}{60}\xi^5\right\}+\dfrac{\mu V_0 H}{G(A_1+A_2)}\left(\xi-\dfrac{1}{3}\xi^3\right) \quad \text{(倒三角形荷载)} \\[3mm]
\dfrac{V_0 H^3}{3E(I_1+I_2)}\left\{\dfrac{1}{2}(1-\tau)(3\xi-\xi^3)-\dfrac{\tau}{\alpha^3}\cdot\dfrac{3}{\mathrm{ch}\,\alpha}\left[\mathrm{sh}\,\alpha(1-\xi)\right]+\xi\alpha\,\mathrm{ch}\,\alpha-\mathrm{sh}\,\alpha\right\} \\
+\dfrac{\mu V H_0}{G(A_1+A_2)} \quad \text{(顶点集中荷载)}
\end{cases}
$$

$$(6.54)$$

当 $\xi=1$ 时，由式（6.54）可求得双肢墙的顶点位移为

$$
u = \begin{cases}
\dfrac{V_0 H^3}{8E(I_1+I_2)}\left[1+\tau(\Psi-1)+4\gamma^2\right] & \text{（均布荷载）} \\[3mm]
\dfrac{11}{60}\cdot\dfrac{V_0 H^3}{8E(I_1+I_2)}\left[1+\tau(\Psi-1)+3.64\gamma^2\right] & \text{（倒三角形荷载）} \\[3mm]
\dfrac{V_0 H^3}{3E(I_1+I_2)}\left[1+\tau(\Psi-1)+3\gamma^2\right] & \text{（顶点集中荷载）}
\end{cases}
$$

$$(6.55)$$

式中　$\tau=\dfrac{\alpha_1^2}{\alpha^2}$——轴向变形影响系数；

　　　γ——墙肢剪切变形系数，其表达式为

$$
\gamma^2=\frac{\mu E(I_1+I_2)}{H^2 G(A_1+A_2)}=\frac{2.5\mu(I_1+I_2)}{H^2(A_1+A_2)} \tag{6.56}
$$

$$
\Psi = \begin{cases}
\dfrac{8}{\alpha^2}\left(\dfrac{1}{2}+\dfrac{1}{\alpha^2}-\dfrac{1}{\alpha^2\,\mathrm{ch}\,\alpha}-\dfrac{\mathrm{sh}\,\alpha}{\alpha\,\mathrm{ch}\,\alpha}\right) & \text{（均布荷载）} \\[3mm]
\dfrac{60}{11}\dfrac{1}{\alpha^2}\left(\dfrac{2}{3}+\dfrac{2\mathrm{sh}\,\alpha}{\alpha^3\,\mathrm{ch}\,\alpha}-\dfrac{2}{\alpha^2\,\mathrm{ch}\,\alpha}-\dfrac{\mathrm{sh}\,\alpha}{\alpha\,\mathrm{ch}\,\alpha}\right) & \text{（倒三角形荷载）} \\[3mm]
\dfrac{3}{\alpha^2}\left(1-\dfrac{\mathrm{sh}\,\alpha}{\alpha\,\mathrm{ch}\,\alpha}\right) & \text{（顶点集中荷载）}
\end{cases}
$$

$$(6.57)$$

式中　Ψ——α 的函数，也可以直接查表6.2。

将式（6.55）代入式（6.1）可得双肢墙的等效刚度表达式为

$$EI_{eq} = \begin{cases} \dfrac{E(I_1 + I_2)}{1 + \tau(\Psi - 1) + 4\gamma^2} & \text{（均布荷载）} \\[3mm] \dfrac{E(I_1 + I_2)}{1 + \tau(\Psi - 1) + 3.64\gamma^2} & \text{（倒三角形荷载）} \\[3mm] \dfrac{E(I_1 + I_2)}{1 + \tau(\Psi - 1) + 3\gamma^2} & \text{（顶点集中荷载）} \end{cases} \quad (6.58)$$

则顶点位移仍可用整截面剪力墙水平位移公式计算。

表 6.2 ψ 值表

α	均布荷载	倒三角形荷载	顶点集中荷载	α	均布荷载	倒三角形荷载	顶点集中荷载
1.0	0.722	0.720	0.715	11.0	0.027	0.026	0.022
1.5	0.540	0.537	0.528	11.5	0.025	0.023	0.020
2.0	0.403	0.399	0.388	12.0	0.023	0.022	0.019
2.5	0.306	0.302	0.299	12.5	0.021	0.020	0.017
3.0	0.238	0.234	0.222	13.0	0.020	0.019	0.016
3.5	0.190	0.186	0.175	13.5	0.018	0.017	0.015
4.0	0.155	0.151	0.140	14.0	0.017	0.016	0.014
4.5	0.128	0.125	0.115	14.5	0.016	0.015	0.013
5.0	0.108	0.105	0.096	15.0	0.015	0.014	0.012
5.5	0.092	0.089	0.081	15.5	0.014	0.013	0.011
6.0	0.080	0.077	0.069	16.0	0.013	0.012	0.010
6.5	0.070	0.067	0.060	16.5	0.013	0.012	0.010
7.0	0.061	0.058	0.052	17.0	0.012	0.011	0.009
7.5	0.054	0.052	0.046	17.5	0.011	0.010	0.009
8.0	0.048	0.046	0.041	18.0	0.011	0.010	0.008
8.5	0.043	0.041	0.036	18.5	0.010	0.009	0.008
9.0	0.039	0.037	0.032	19.0	0.009	0.009	0.007
9.5	0.035	0.034	0.029	19.5	0.009	0.009	0.007
10.0	0.032	0.031	0.027	20.0	0.009	0.008	0.007
10.5	0.030	0.028	0.024				

6.5.6 双肢墙内力和位移分布特点

图 6.17 给出了某双肢墙按连续连杆法计算的双肢墙侧移 $y(\xi)$、连梁剪力 $\tau(\xi)$、墙肢轴力 $N(\xi)$ 及弯矩 $M(\xi)$ 沿高度的分布曲线，由该曲线可知其内力和位移分布具有下述特点：

（1）双肢墙的侧移曲线呈弯曲形。α 值越大，墙的刚度越大，位移越小。

（2）连梁的剪力分布具有明显的特点。剪力最大（也是弯矩最大）的连梁不在底层，其位置和大小将随 α 值而改变。当 α 值较大时，连梁剪力加大，剪力最大的连梁位置向下移。

（3）墙肢的轴力与 α 值有关。当 α 值增大时，连梁剪力增大，则墙肢轴力也加大。

（4）墙肢弯矩也与 α 值有关。因为 $M_{i1} + M_{i2} + N_{ij}a = M_p(z)$，$\alpha$ 值增大，墙肢轴力增

大，则墙肢弯矩减小。

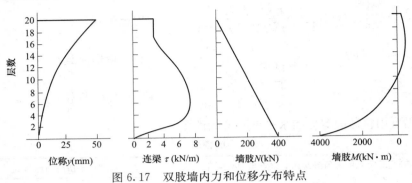

图 6.17　双肢墙内力和位移分布特点

6.6　多肢墙的内力和位移计算

6.6.1　微分方程的建立和求解

多肢墙仍采用连续化方法进行内力和位移计算，其基本假定和基本体系的取法均与双肢墙类似。图 6.18（a）所示为有 m 列洞口、$m+1$ 列墙肢的多肢墙，将其每列连梁沿全高连续化 [见图 6.18（b）]，并将每列连梁反弯点处切开，则切口处作用有剪力集度 $\tau_j(z)$ 和轴力集度 $\sigma_j(z)$，从而可得到多肢墙用力法求解的基本体系 [见图 6.18（c）]。与双肢墙的求解一样，根据切口处的变形连续条件，可建立各微分方程。

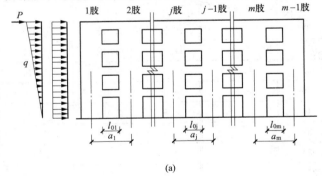

(a)

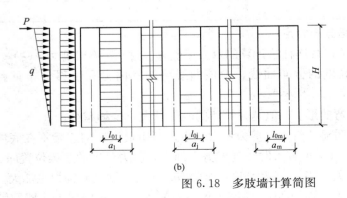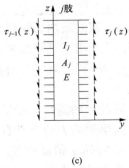

(b)　　　　(c)

图 6.18　多肢墙计算简图

为简化计算，工程设计时可采用将多肢墙合并在一起的近似解法，通过引入以下参数，可将多肢墙的计算公式表达为与双肢墙类似的形式，以便于应用，即

$$m_i(z) = \sum_{j=1}^{m} m_j(z) \tag{6.59}$$

$$\eta_j = \frac{m_j(z)}{m_i(z)} \tag{6.60}$$

$$D_j = \frac{2I_{bj}a_j^2}{l_{bj}^3} \tag{6.61}$$

$$S_j = \frac{a_j A_j A_{j+1}}{A_j + A_{j+1}} \tag{6.62}$$

$$\alpha_1^2 = \frac{6H^2}{h\sum\limits_{j=1}^{m+1} I_j} \sum_{j=1}^{m} D_j \tag{6.63}$$

$$\alpha^2 = \alpha_1^2 + \frac{6H^2}{h} \sum_{j=1}^{m} \left[\frac{D_j}{a_j} \left(\frac{1}{S_j}\eta_j - \frac{1}{A_j a_{j-1}}\eta_{j-1} - \frac{1}{A_{j+1} a_{j+1}}\eta_{j+1} \right) \right] \tag{6.64}$$

式中　$m_i(z)$——标高 z 处各列连梁约束弯矩的总和，称为总约束弯矩；

$\quad\quad\ \eta_j$——第 j 列连梁约束弯矩与总约束弯矩之比，称为第 j 列连梁约束弯矩分配系数；

$\quad\quad\ D_j$——第 j 列连梁的刚度系数；

$\quad\quad\ \alpha_1$——未考虑墙肢轴向变形的整体工作系数；

$\quad\quad\ \alpha$——多肢墙的整体工作系数。

通过引入上述参数，所建立多肢墙的微分方程表达式与双肢墙相同，其解与双肢墙的表达式完全一样，只是式中有关参数应按多肢墙计算。

6.6.2　约束弯矩分配系数

第 i 层（对应于标高 z 或相对高度 ξ）的总约束弯矩为

$$m_i(\xi) = \Phi(\xi)\frac{\alpha_1^2}{\alpha^2}V_0 h \tag{6.65}$$

或改写为

$$m_i(\xi) = \Phi(\xi)\tau V_0 h \tag{6.66}$$

式中　τ——墙肢轴向变形影响系数，其表达式为

$$\tau = 1 \Big/ \left\{ 1 + \frac{\sum\limits_{j=1}^{m+1} I_j}{\sum\limits_{j=1}^{m} D_j} \sum_{j=1}^{m} \left[\frac{D_j}{a_j} \left(\frac{1}{S_j}\eta_j - \frac{1}{A_j a_{j-1}}\eta_{j-1} - \frac{1}{A_{j+1} a_{j+1}}\eta_{j+1} \right) \right] \right\}$$

多肢墙的轴向变形一般较小，但当层数较多、连梁刚度较大时，轴向变形影响也较大。轴向变形影响较大时，τ 值相应较小；不考虑轴向变形时，取 $\tau = 1$。为简化计算，一般规定为，当为 3~4 肢时取 0.8，5~7 肢时取 0.85，8 肢以上时取 0.9。

每层连梁总约束弯矩按一定的比例分配到各列连梁，则第 i 层第 j 列连梁的约束弯矩为

$$m_{ij}(\xi) = \eta_j m_i(\xi) \tag{6.67}$$

为确定连梁约束弯矩分配系数 η_j，先讨论影响约束弯矩分布的下列诸因素。

（1）各列连梁的刚度系数 D_j。连梁的刚度系数表示连梁两端各产生转角 θ 时，两端所需施加的力矩之和，即与连梁的刚度系数成正比。因此值越大的连梁分配到的弯矩也越大，也即约束弯矩分配系数 $m_j D_j D_j \eta_j$ 也越大。

（2）多肢墙的整体工作系数 α。对整体性很好的墙，即 $\alpha \to \infty$，剪力墙截面的剪应力呈抛物线分布，两边缘为零，中间部位约为平均剪应力的 1.5 倍；对整体性很差的墙，即 $\alpha \to 0$，剪力墙截面的剪应力近似均匀分布；当墙的整体性介于两者之间时，即 $0 < \alpha < \infty$，剪力墙截面的剪应力与其平均值之比，在两边缘处为 1 与 0 之间，在中间处为 1 与 1.5 之间，如图 6.19 所示。由剪应力互等定律可知，各列连梁跨度中点处的竖向剪应力也符合上述分布。因为各列连梁的约束弯矩与其跨中剪应力成正比，故跨度中点剪应力较大的连梁，分配到的约束弯矩要大些，η_j 相应较大；反之，跨度中点剪应力较小的连梁，分配到的约束弯矩也越小，即 η_j 值也较小。由截面剪应力分布可知，α 值越小，各列连梁约束弯矩分布越平缓；α 值越大，整体性越强，各列连梁约束弯矩分布呈现两边小中央大的趋势越明显。

（3）连梁的位置。连梁跨度中点的剪应力分布与连梁的水平位置 r_j/B 和竖向位置 $\xi = z/H$ 有关。在水平方向上，由前述分析可知，靠近中央部位的连梁跨中剪应力较大，而两侧连梁跨中剪应力较小。在竖直方向上，底部连梁跨中剪应力沿水平方向变化较平缓，上部连梁跨中剪应力呈中央大两侧小的趋势较明显。连梁的约束弯矩分布也与其剪应力分布具有相同的变化规律。

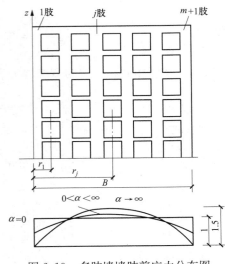

图 6.19　多肢墙墙肢剪应力分布图

由上述分析可知，约束弯矩分配系数是连梁刚度系数、连梁的位置 $D_j r_j / B$ 和 $\xi = z/H$ 及剪力墙整体工作系数 α 的函数，可按下列经验公式计算

$$\eta_j = \frac{D_j \varphi_j}{\sum_{j=1}^{m} D_j \varphi_j} \tag{6.68}$$

式中　η_j——第 j 列连梁约束弯矩分配系数。

φ_j——第 j 列连梁跨中剪应力与剪力墙截面平均剪应力的比值，可按下列公式计算

$$\varphi_j = \frac{1}{1 + \frac{\alpha \xi}{2}} \left[1 + 3\alpha\xi \frac{r_j}{B} \left(1 - \frac{r_j}{B} \right) \right] \tag{6.69}$$

r_j——第 j 列连梁跨度中点到墙边的距离（见图 6.19）；

B——多肢墙的总宽度。

在实际计算中，为简化计算，可取 $\xi = \dfrac{1}{2}$，则

$$\varphi_j = \frac{1}{1 + \alpha/4} \left[1 + 1.5\alpha \left(1 - \frac{r_j}{B} \right) \right] \tag{6.70}$$

因为在计算 α 时，η_j 尚未知，一般可先按 $\alpha = \alpha_1$ 及 r_j/B 由式（6.70）求得 φ_j，待求出 η_j 后再进一步迭代；也可根据墙肢数，由墙肢轴向变形影响系数 $\tau = \alpha_1^2 / \alpha^2$ 计算 α 值，然后由式（6.70）求得 φ_j，进而求得连梁的约束弯矩分配系数 η_j。

6.6.3　内力计算

（1）连梁内力。第 i 层连梁的总约束弯矩按式（6.66）计算，相应于第 j 列连梁的约束弯矩按式（6.67）计算，则第 i 层第 j 列连梁的剪力和梁端弯矩分别为

$$V_{bij} = m_{ij}/a_j \tag{6.71a}$$

$$M_{bij} = V_{bij}\frac{l_{bj}}{2} \tag{6.71b}$$

（2）墙肢内力。

第 i 层第 j 墙肢的弯矩为

$$M_{wij} = \frac{I_j}{\sum I_j}\left[M_p(\xi) - \sum_i^n m_i(\xi)\right] \tag{6.72}$$

第 i 层第 j 墙肢的剪力近似为

$$V_{wij} = \frac{I'_j}{\sum I'_j}V_p(\xi) \tag{6.73}$$

第 i 层第 1、i 、$m+1$ 墙肢的轴力分别为

$$N_{wij} = \sum_i^n V_{bi1} \tag{6.74a}$$

$$N_{wij} = \sum_i^n \left[V_{bij} - V_{bi(j-1)}\right] \tag{6.74b}$$

$$N_{wi(m+1)} = \sum_{i=1}^n V_{bin} \tag{6.74c}$$

式中　I'_j——第 j 墙肢考虑剪切变形后的折算惯性矩，当 $G=0.4E$ 时，可按下式计算

$$I'_j = \frac{I_j}{1+\dfrac{30\mu I_j}{A_j h^2}} \tag{6.75}$$

A_j、I_j——第 j 墙肢的截面面积和惯性矩；

h——层高；

$M_p(\xi)$、$V_p(\xi)$ ——第 i 层由外荷载所产生的弯矩和剪力。

6.6.4　位移和等效刚度

多肢墙的位移须同时考虑弯曲变形和剪切变形的影响，即

$$y = y_M + y_V$$

根据墙肢的弯矩和曲率关系可得

$$y_M = \frac{1}{E\sum I_j}\left[\int_0^z\int_0^z M_p(z)\mathrm{d}z\mathrm{d}z - \int_0^z\int_0^z\int_z^H m(z)\mathrm{d}z\mathrm{d}z\mathrm{d}z\right]$$

根据墙肢的剪力和剪切变形关系可得

$$y_V = \frac{\mu}{G\sum A_j}\int_0^z V_p(z)\mathrm{d}z$$

由于 $m(z)$、$M_p(\xi)$、$V_p(\xi)$ 的表达式与双肢墙相同，故多肢墙顶点位移可表达为

$$u=\begin{cases} \dfrac{V_0H^3}{8E\sum I_j}\left[1+\tau\left(\varPsi-1\right)+4\gamma^2\right] & \text{（均布荷载）} \\[3mm] \dfrac{11V_0H^3}{60E\sum I_j}\left[1+\tau\left(\varPsi-1\right)+3.64\gamma^2\right] & \text{（倒三角形荷载）} \\[3mm] \dfrac{V_0H^3}{3E\sum I_j}\left[1+\tau\left(\varPsi-1\right)+3\gamma^2\right] & \text{（顶点集中荷载）} \end{cases}\tag{6.76}$$

式中，系数 τ、γ、$\varPsi$、$\sum I_j$ 等需按多肢墙考虑，对墙肢少、层数多、$H/B\geqslant4$ 的细高剪力墙，可不考虑剪切变形的影响，取 $\gamma=0$。

将式（6.76）代入式（6.1）可得多肢墙的等效刚度为

$$E_c I_{\mathrm{eq}}=\begin{cases} E_c\sum I_j/\left[1+\tau\left(\varPsi-1\right)+4\gamma^2\right] & \text{（均布荷载）} \\[2mm] E_c\sum I_j/\left[1+\tau\left(\varPsi-1\right)+3.64\gamma^2\right] & \text{（倒三角形荷载）} \\[2mm] E_c\sum I_j/\left[1+\tau\left(\varPsi-1\right)+3\gamma^2\right] & \text{（顶点集中荷载）} \end{cases}\tag{6.77}$$

则顶点位移仍可用式（6.2）计算。

【例题 6.2】　计算图 6.20 所示 13 层多肢墙的内力及位移。已知剪力墙厚 $t=200\mathrm{mm}$，混凝土为 C20，$E=2.55\times10^7\mathrm{kN/m^2}$，其他尺寸及参数见图 6.20。

解　（1）计算几何参数。

连梁惯性矩

$$I_{\mathrm{b1}}=I_{\mathrm{b2}}=\frac{1}{12}\times0.2\times0.6^3=0.0036\ (\mathrm{m^4})$$

连梁计算跨度

$$a_1=a_2=1+\frac{0.6}{4}=1.15\ (\mathrm{m})$$

墙肢轴线距离

$$2C_1=2C_2=\frac{1}{2}\times3.3+2+\frac{1}{2}\times6=6.65\ (\mathrm{m})$$

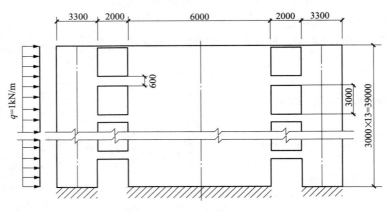

图 6.20　【例题 6.2】图

连梁折算惯性矩

$$I_{b1}^0 = I_{b2}^0 = \frac{I_{b1}}{1 + \dfrac{3\mu E I_{b1}}{a_1^2 G I_{b1}}}$$

$$= \frac{0.0036}{1 + \dfrac{3 \times 1.2 \times 0.0036}{1.15^2 \times 0.42 \times 0.6 \times 0.2}} = 0.0030 \ (\text{m}^4)$$

连梁刚度　　$D_1 = D_2 = \dfrac{C_1^2 I_{b1}^0}{a_1^3} = \dfrac{3.325^2 \times 0.0030}{1.15^3} = 0.0218 \ (\text{m}^3)$

$$\sum D_j = D_2 + D_1 = 2 \times 0.0218 = 0.0436 \ (\text{m}^3)$$

墙肢截面面积　　　　$A_1 = A_3 = 3.3 \times 0.2 = 0.66 \ (\text{m}^2)$

$$A_2 = 6 \times 0.2 = 1.2 \ (\text{m}^2)$$

$$\sum A_i = 2 \times 0.66 + 1.2 = 2.52 \ (\text{m}^2)$$

墙肢惯性矩　　$I_1^0 = I_3^0 = \dfrac{I_1}{1 + \dfrac{12\mu E I_1}{G h^2 A_1}} = \dfrac{0.599}{1 + \dfrac{12 \times 1.2 \times 0.599}{0.42 \times 3^2 \times 0.66}} = 0.134 \ (\text{m}^4)$

$$I_2^0 = \frac{I_2}{1 + \dfrac{12\mu E I_2}{G h^2 A_2}} = \frac{3.6}{1 + \dfrac{12 \times 1.2 \times 3.6}{0.42 \times 3^2 \times 1.2}} = 0.290 \ (\text{m}^4)$$

连梁与墙肢刚度比

$$\alpha_1 = \frac{6 H^2}{h \sum\limits_{j=1}^{3} I_j} \sum_{j=1}^{2} D_j = \frac{6 \times 39^2}{3 \times (3.6 + 0.599 \times 2)} \times 0.0436 = 27.64$$

墙肢轴向变形影响系数：三肢墙，查表 6.3，得 $\tau = 0.80$。

剪力墙整体参数

$$\alpha^2 = \alpha_1^2 / \tau = \frac{27.64}{0.8} = 34.55$$

$$\alpha = 5.88$$

剪切变形影响参数

$$\gamma^2 = \frac{E \sum\limits_{i=1}^{k+1} I_i}{H^2 G \sum\limits_{i=1}^{k+1} A_i / \mu_i} = \frac{3.6 + 0.599 \times 2}{39^2 \times 0.42 \times (2.52/1.2)} = 3.58 \times 10^{-3}$$

（2）连梁内力计算。i 层连梁总约束弯矩

$$V_0 = 39 \times 1 = 39 \ (\text{kN})$$

$$m_i = m(\xi) h = \frac{\alpha_1^2}{\alpha^2} V_0 h \varphi(\xi) = 93.6 \varphi(\xi)$$

在顶层及基础底面处（$\xi = 0$ 和 $\xi = 1$）求 m_i 时应乘以层高的一半

$$m_1 = m(\xi) \cdot \frac{h}{2} = 46.8 \varphi(\xi)$$

i 层连梁剪力：只有两列连梁且对称布置，有

$$\eta_i = \eta_2 = \frac{1}{2}$$

$$V_{bi1} = V_{bi2} = \frac{m_i \eta_i}{2C_j} = \frac{\frac{1}{2} \times 93.6\varphi(\xi)}{6.65} = 7.04\varphi(\xi)$$

顶层或底层连梁剪力

$$V_{b1} = 3.52\varphi(\xi)$$

i 层连梁梁端弯矩

$$M_{bi1} = M_{bi2} = V_{bi1}a_{0i} = V_{bi1}$$

连梁内力计算见表 6.3。

（3）剪力墙内力计算。外荷载对 i 截面产生的总弯矩及总剪力

$$M_{pi} = \frac{1}{2}q\xi^2 H^2 = \frac{1}{2} \times 1 \times \xi^2 \times 39^2 = 760.5\xi^2$$

$$V_{pi} = q\xi H = 39\xi$$

墙肢弯矩

$$M_{ij} = \frac{I_j}{\sum\limits_{l=1}^{k+1} I_l}\left(M_{pi} - \sum\limits_{l=1}^{n} m_l\right)$$

$$M_{i1} = M_{i3} = \frac{0.599}{2 \times 0.599 + 3.6}\left(M_{pi} - \sum m_i\right) = 0.125\left(M_{pi} - \sum m_i\right)$$

$$M_{i2} = \frac{3.6}{2 \times 0.599 + 3.6}\left(M_{pi} - \sum m_i\right) = 0.750\left(M_{pi} - \sum m_i\right)$$

表 6.3　　　　　　　　　　　　　**连梁内力计算**

层数	ξ	$\varphi(\xi)$	m_i	V_{bi}(kN)	M_{bi}(kN·m)	$\sum m_i$
13	0.000	0.164	7.675	0.577	0.577	7.675
12	0.077	0.179	16.754	1.260	1.260	24.429
11	0.154	0.215	20.124	1.514	1.514	44.553
10	0.231	0.263	24.617	1.852	1.852	69.170
9	0.308	0.318	29.765	2.239	2.239	98.935
8	0.385	0.375	35.100	2.640	2.640	134.035
7	0.462	0.431	40.342	3.034	3.034	174.377
6	0.538	0.479	44.834	3.372	3.372	219.211
5	0.615	0.515	48.204	3.626	3.626	267.415
4	0.692	0.531	49.702	3.738	3.738	317.117
3	0.769	0.514	48.110	3.619	3.619	365.227
2	0.846	0.433	41.465	3.119	3.119	406.692
1	0.923	0.288	26.957	2.028	2.028	433.649
0	1.000	0.000	0.000	0.000	0.000	433.649

墙肢剪力

$$V_{i1} = V_{i3} = \frac{I_1^0}{2I_1^0 + I_2^0} \times V_{pi} = \frac{0.134}{0.134 \times 2 + 0.290}V_{pi} = 0.240V_{pi}$$

墙肢轴力

$$V_{i2}=\frac{0.290}{0.134\times2+0.290}\times V_{pi}=0.520V_{pi}$$

$$N_{i1}=N_{i3}=\sum_{l=i}^{n}V_{bl1}$$
$$N_{i2}=0$$

墙肢内力计算结果见表 6.4。

（4）侧移计算。$\alpha=0.588$，查表 6.2 得 $\Psi=0.083$。

墙等效刚度

$$EI_{eq}=\frac{E\sum I_i}{1+4\gamma^2-\tau+\Psi\tau}=\frac{2.55\times10^7\times(3.6+0.599\times2)}{1+4\times3.58\times10^{-3}-0.8+0.083\times0.8}$$
$$=4.358\times10^8\ (\text{kN}\cdot\text{m}^2)$$

表 6.4　　墙肢内力计算

层数	ξ	M_{pi} (kN)	$M_{pi}-\sum m_i$	M_1、M_3	M_2	V_{pi}	V_1、V_3	V_2	N_1、N_3
13	0.000	0.000	−7.675	−0.959	−5.756	0.000	0.000	0.000	0.577
12	0.077	4.509	−19.920	−2.990	−14.940	3.003	0.721	1.562	1.837
11	0.154	18.036	−26.571	−3.315	−19.888	6.006	1.441	3.123	3.351
10	0.231	40.581	−28.589	−3.574	−21.442	9.009	2.162	4.685	5.203
9	0.308	72.144	−26.791	−3.349	−20.093	12.012	2.883	6.246	7.442
8	0.385	112.725	−21.310	−2.664	−15.983	15.015	3.604	7.808	10.082
7	0.462	162.324	−12.053	−1.507	−9.040	18.018	4.324	9.369	13.116
6	0.538	220.122	0.911	0.114	0.683	20.982	5.036	10.911	16.488
5	0.615	287.640	20.225	2.528	15.169	23.985	5.756	12.472	20.114
4	0.692	364.176	47.059	5.882	35.294	26.988	6.477	14.034	23.852
3	0.769	449.730	84.503	10.563	63.377	29.991	7.198	15.595	27.471
2	0.846	544.302	137.610	17.201	103.208	32.994	7.919	17.157	30.590
1	0.923	647.892	214.243	26.780	160.682	35.997	8.639	18.718	32.618
0	1.000	760.500	326.851	40.856	245.138	39.000	9.360	20.280	32.618

注　表中力的单位为 kN，力矩的单位为 kN·m。

$$u=\frac{1}{8}\frac{V_0H^3}{EI_{eq}}=\frac{1}{8}\times\frac{39\times39^3}{4.358\times10^8}=0.000\ 664(\text{m})$$

6.7　壁式框架的内力和位移计算

在联肢墙中，当洞口较大，连梁的线刚度大于或接近于墙肢的线刚度时，剪力墙的受力性能接近于框架，如图 6.21（a）所示。可以按带刚域框架计算简图进行内力及位移分析。水平荷载作用下，大部分层的墙肢具有反弯点，但它具有宽梁、宽柱，在梁、墙相交部分面积大、变形小，可以看成"刚域"。可以把梁、墙肢简化为杆端带刚域的变截面杆件。假定刚域部分没有任何弹性变形，因此称为带刚域框架，也可称壁式框架，如图 6.21（b）所示。

6.7.1　计算简图

带刚域框架的轴线，取连梁和墙肢的形心线，为简化计算，一般认为楼层层高与上下连梁的间距相等，计算简图如图 6.21（b）所示。

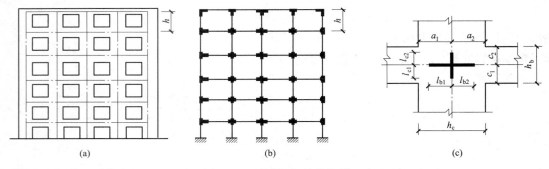

(a)	(b)	(c)

图 6.21　壁式框架计算简图

刚域长度如图 6.21（c）所示，可按下式计算

梁刚域长度　　　　　　　　　$l_{b1}=a_1-0.25h_b$，$l_{b2}=a_2-0.25h_b$

柱刚域长度　　　　　　　　　$l_{c1}=c_1-0.25h_c$，$l_{c2}=c_2-0.25h_c$　　　　　　　　(6.78)

当按上式计算的刚域长度小于零时，可不考虑刚域的影响。

6.7.2　带刚域杆件的线刚度计算

壁式框架与一般框架的区别主要有两点：①梁柱杆端均有刚域，从而使杆件的刚度增大；②梁柱截面高度较大，需考虑杆件剪切变形的影响。

1. 带刚域杆件考虑剪切变形的刚度系数

图 6.22（a）所示为一带刚域杆件，当两端均产生单位转角 $\theta=1$ 时所需的杆端弯矩称为杆端的转动刚度系数。现推导如下：

当杆端发生单位转角时，由于刚域做刚体转动，A、B 两点除产生单位转角外，还产生线位移和 bl，使杆 AB 发生旋转角 φ〔见图 6.22（b）〕

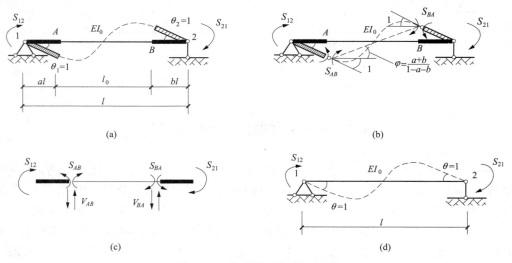

(a)	(b)
(c)	(d)

图 6.22　带刚域杆件计算简图

$$\varphi = \frac{al + bl}{l_0} = \frac{a+b}{1-a-b}$$

式中　a、b——杆件两端的刚域长度系数。

由结构力学可知，当杆件两端发生转角 $abAB_1 + \varphi$ 时，考虑杆件剪切变形后的杆端弯矩为

$$S_{AB} = S_{BA} = \frac{6EI_0}{l} \cdot \frac{1}{(1-a-b)^2(1+\beta)} \qquad (6.79)$$

AB 杆件相应的杆端剪力为

$$V_{AB} = V_{BA} = \frac{12EI_0}{l^2} \cdot \frac{1}{(1-a-b)^3(1+\beta)} \qquad (6.80)$$

根据刚域段的平衡条件，如图 6.22（c）所示，可得到杆端 1、2 的弯矩，即杆端的转动刚度系数

$$S_{12} = \frac{6EI_0}{l} \cdot \frac{1+a-b}{(1-a-b)^3(1+\beta)} \qquad (6.81a)$$

$$S_{21} = \frac{6EI_0}{l} \cdot \frac{1-a+b}{(1-a-b)^3(1+\beta)} \qquad (6.81b)$$

和杆端的约束弯矩

$$S = S_{12} + S_{21} = \frac{12EI_0}{l} \cdot \frac{1}{(1-a-b)^3(1+\beta)} \qquad (6.82)$$

式中　β——考虑杆件剪切变形影响的系数，当取 $G = 0.4E$ 时，可按下式计算

$$\beta = \frac{30\mu I_0}{A l_0^2} \qquad (6.83)$$

A、I_0——杆件中段的截面面积和惯性矩。

2. 带刚域杆件的等效刚度

为简化计算，可将带刚域杆件用一个具有相同长度的等截面受弯构件来代替，如图 6.22（d）所示，使两者具有相同的转动刚度，即 l

$$\frac{12EI}{l} = \frac{12EI_0}{l} \frac{1}{(1-a-b)^3 \ (1+\beta)}$$

整理后可求得带刚域杆件的等效刚度为

$$EI = EI_0 \eta_v \left(\frac{l}{l_0}\right)^3 \qquad (6.84)$$

式中　EI_0——杆件中段的截面抗弯刚度；

l_0——杆件中段的长度；

$\left(\dfrac{l}{l_0}\right)^3$——考虑刚域影响对杆件刚度的提高系数；

η_v——考虑剪切变形的刚度折减系数，取 $\eta_v = \dfrac{1}{(1+\beta)}$，为方便计算，可由表 6.5 查用。

表 6.5					η_v 值						
h_b/l_c	0.0	0.1	0.2	0.3	0.4	0.5	0.6	0.7	0.8	0.9	1.0
η_v	1.00	0.97	0.89	0.79	0.68	0.57	0.48	0.41	0.34	0.29	0.25

6.7.3　内力和位向计算

将带刚域杆件转换为具有等效刚度的等截面杆件后，可采用 D 值法进行壁式框架的内力和位移计算。

1. 带刚域柱的侧向刚度 D 值

带刚域柱的侧向刚度可按下式计算

$$D = \alpha_c \frac{12K_c}{h^2} \tag{6.85}$$

式中　　　　　K_c——考虑刚域和剪切变形影响后的柱线刚度，取 $K_c = \dfrac{EI}{h}$；

　　　　　　　EI——带刚域柱的等效刚度，按式（6.84）计算；

　　　　　　　h——层高；

　　　　　　　α_c——柱侧向刚度的修正系数，由梁柱刚度比较表中的规定计算，计算时梁柱均取其等效刚度，即将表中 i_1、i_2、i_3 和 i_4 用 K_1、K_2、K_3、K_4 来代替；

K_1、K_2、K_3、K_4——上、下层带刚域梁按等效刚度计算的线刚度。

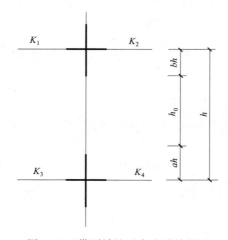

图 6.23　带刚域柱反弯点计算简图

2. 带刚域柱反弯点高度比的修正

为了利用等截面杆件求反弯点高度比的各种表格，将带刚域框架看成如图 6.23 中虚线表示的等截面梁柱框架，在等截面梁柱框架的弯矩图中，反弯点高度为 $y_n h'$，反弯点高度比 y_n 应符合普通框架规律。由于假想框架柱高为 h'，柱端弯矩为带刚域柱端弯矩的 s 倍，即假想框架的刚度应减小 s 倍，假想框架柱线刚度为 i_c/s。

柱反弯点高度比可按下式计算

$$y = a + s y_0 + y_1 + y_2 + y_3 \tag{6.86}$$

式中　y_0——标准反弯点高度比，由查附表 1 得，查附表 1 时梁柱刚度比 K 要用 K' 代替，K' 用下式计算

$$K' = \frac{sK_1 + sK_2 + sK_3 + sK_4}{2i_c/s}$$

$$= s^2 \frac{K_1 + K_2 + K_3 + K_4}{2i_c}$$

$$i_c = EI_0/h$$

$$\alpha_1 = (K_1 + K_2)/(K_3 + K_4) \ \text{或} \ (K_3 + K_4)/(K_1 + K_2)$$

α——柱下端刚域长度与柱高 h 的比值；

y_1——上下层梁刚度变化时的修正值，由 K' 及 α_1 查附表 3 得到

y_2——下层层高变化时的修正值，由 K' 及 α_2 查附表 4 得到，$\alpha_2 = h_上/h$；

y_3——下层层高变化时的修正值，由 K' 及 α_3 查附表 4 得到，$\alpha_3 = h_下/h$；

h_0——柱中段的高度；

$s = \dfrac{h_0}{h}$——柱端刚域长度的影响系数；

i_c——不考虑刚域及剪切变形影响时柱的线刚度，取 $\dfrac{EI_0}{h}$。

壁式框架在水平荷载作用下内力和位移计算的步骤与一般框架结构完全相同，详见本书第 5 章。

【例题 6.3】　计算图 6.24 所示壁式框架的弯矩及位移。已知剪力墙厚度为 0.2m，$E = 25.5\text{kN/mm}^2$。

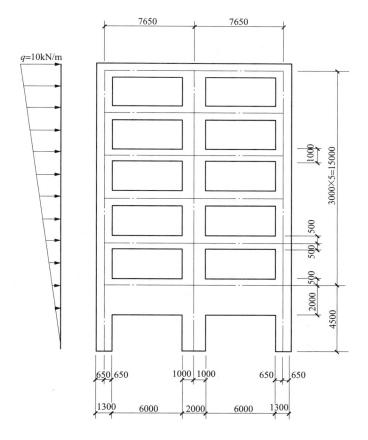

图 6.24　【例题 6.3】图（一）

解　（1）刚域长度计算。

1）壁梁刚域长度：

底层
$$l_{bl} = a_1 - \frac{1}{4}h_b = 1 - \frac{1}{4} \times 2.5 = 0.375 \text{ (m)}$$

$$l_{b2}=a_2-\frac{1}{4}h_b=0.65-\frac{1}{4}\times2.5=0.025\ (\text{m})$$

标准层
$$l_{b2}=0.65-\frac{1}{4}\times1=0.4\ (\text{m})$$

$$l_{b1}=1-\frac{1}{4}\times1=0.75\ (\text{m})$$

2）壁柱刚域长度：

底层：

边柱
$$l_{c1}=c_1-\frac{1}{4}b_c=2.0-\frac{1}{4}\times1.30=1.675\ (\text{m})$$

$$l_{c2}=c_2-\frac{1}{4}b_c=0.5-\frac{1}{4}\times1.30=0.175\ (\text{m})$$

中柱
$$l_{c1}=2.0-\frac{1}{4}\times2=1.5\ (\text{m}),\quad l_{c2}=0.5-\frac{1}{4}\times2=0$$

标准层：

边柱 　$l_{c1}=0.5-\frac{1}{4}\times1.3=0.175\ (\text{m}),\quad l_{c2}=0.5-\frac{1}{4}\times1.3=0.175\ (\text{m})$

中柱
$$l_{c1}=0.5-\frac{1}{4}\times2=0,\quad l_{c2}=0$$

节点处刚域长度见图 6.25。

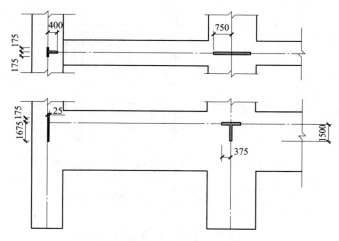

图 6.25　【例题 6.3】图（二）

（2）壁梁、壁柱惯性矩。

底层梁 　　　　　　　　$I_{b1}=0.2\times2.5^3/12=0.2604\ (\text{m}^4)$

标准层梁　　　　　　　　　$I_b = \dfrac{1}{12} \times 0.2 \times 1^3 = 0.0167$（m^4）

边柱　　　　　　　　　　　$I_{c1} = \dfrac{1}{12} \times 0.2 \times 1.3^3 = 0.0366$（m^4）

中柱　　　　　　　　　　　$I_{c2} = \dfrac{1}{12} \times 0.2 \times 2^3 = 0.1333$（m^4）

（3）梁柱刚度体系。

1）标准层梁（左、右端刚域长度分别为 al、bl）

$$\beta = \frac{12\mu E I_b}{GA_b l'^2} = \frac{12 \times 1.2 \times 0.0167}{0.42 \times 0.2 \times 1 \times (7.65 - 0.4 - 0.75)^2} = 0.0678$$

$$a = 0.4/7.65 = 0.0522$$

$$b = 0.75/7.65 = 0.0980$$

$$c = \frac{1+a-b}{(1+\beta)(1-a-b)^3} = \frac{1+0.0522-0.0980}{(1+0.0678)(1-0.0522-0.0980)^3} = 1.4561$$

$$c' = \frac{1-a+b}{(1+\beta)(1-a-b)^3} = \frac{1-0.0522+0.0980}{(1+0.0678)(1-0.0522-0.0980)^3} = 1.5959$$

2）标准层柱（下端刚域长度为 al，上端刚域长度为 bl）：

边柱　　　　$\beta = \dfrac{12 \times 1.2 \times 0.0366}{0.42 \times 0.2 \times 1.3 \times (7.65 - 0.4 - 0.75)} = 0.0678$

$$a = b = 0.175/3.0 = 0.0583$$

$$c = c' = \frac{1}{(1+0.6873)(1-2\times0.0583)} = 0.8597$$

$$\frac{1}{2}(c+c') = 0.8597$$

中柱　　　　$\beta = \dfrac{12 \times 1.2 \times 0.1333}{0.42 \times 0.2 \times 2 \times 3^2} = 1.2695$

$$a = b = 0$$

$$c = c' = \frac{1}{(1+1.2695)} = 0.4406$$

3）底层梁

$$\beta = \frac{12 \times 1.2 \times 0.2604}{0.42 \times 0.2 \times 2.5 \times (7.65 - 0.375 - 0.025)} = 0.3397$$

$$a = 0.025/7.65 = 0.0033$$

$$b = 0.375/7.65 = 0.0490$$

$$c=\frac{1+0.0033-0.0490}{(1+0.3397)\ (1-0.0033-0.0490)^3}=0.7516$$

$$c'=\frac{1-0.0033+0.0490}{(1+0.3397)\ (1-0.0033-0.0490)^3}=0.8236$$

4）底层柱

$$\beta=\frac{12\times1.2\times0.0366}{0.42\times0.2\times1.3\times(4.5-1.675)^2}=0.6048$$

$$a=0\quad b=1.675/4.5=0.3722$$

$$c=\frac{1-0.3722}{(1+0.6048)\ (1-0.3722)^3}=1.5810$$

$$c'=\frac{1+0.3722}{(1+0.6048)\ (1-0.3722)^3}=3.4557$$

$$\frac{1}{2}\ (c+c')=2.5184$$

5）中柱　　　　$$\beta=\frac{12\times1.2\times0.1333}{0.42\times0.2\times2\times(4.5-1.5)^2}=1.2695$$

$$a=0,\ b=1.5/4.5=0.3333$$

$$c=\frac{1-0.3333}{(1+1.2695)\ (1-0.3333)^3}=0.9913$$

$$c'=\frac{1+0.3333}{(1+1.2695)\ (1-0.3333)^3}=1.9825$$

$$\frac{1}{2}\ (c+c')=1.4869$$

（4）D 值计算。

1）边柱。

3～6 层

$$K_c=\frac{1}{2}(c+c')i_c=0.8597\times0.0366E/3.0=0.0105E$$

$$K_2=ci_2=1.4561\times0.0167E/7.65=0.0032E$$

$$K=(K_2+K_4)/2K_c=0.0032E/0.0105E$$

$$\alpha=\frac{K}{K+2}=\frac{0.3048}{2+0.3048}=0.1322$$

$$D_{31}=\frac{12}{h^2}\alpha K_c=\frac{12}{3^2}\times0.1322\times0.0105E=0.0019E$$

2 层

$$K_2=0.032E$$

$$K_4=0.7516\times0.2604E/7.65=0.0256E$$

$$K_c = 0.0105E$$
$$K = (K_2 + K_4)/2K_c = (0.0032E + 0.0256E)/(2 \times 0.0105E) = 1.3714$$
$$\alpha = 1.3714/(2 + 1.3714) = 0.4068$$
$$D_{21} = \frac{12}{3^2} \times 0.4068 \times 0.0105E = 0.0057E$$

底层

$$K_2 = 0.0256E$$
$$K_c = 2.5184 \times 0.0366E/4.5 = 0.0205E$$
$$K = 2 \times 0.0280E/0.0441E = 1.2698$$
$$\alpha = (0.5 + 1.2698)/(2 + 1.2698) = 0.5413$$
$$D_{12} = \frac{12}{4.5^2} \times 0.5413 \times 0.0441E = 0.0141E$$

2）中柱。

3～6 层

$$K_1 = K_2 = K_3 = K_4 = 1.5959 \times 0.0167E/7.65 = 0.0035E$$
$$K_c = 0.4406 \times 0.1333E/3.0 = 0.196E$$
$$K = (K_1 + K_2 + K_3 + K_4)/2K_c = 4 \times 0.0035E/0.0196E = 0.3571$$
$$\alpha = \frac{K}{K + 2} = \frac{0.3571}{2 + 0.3571} = 0.1515$$
$$D_{31} = \frac{12}{h^2}\alpha K_c = \frac{12}{3^2} \times 0.1515 \times 0.0196E = 0.0040E$$

2 层

$$K_1 = K_2 = 0.0035E$$
$$K_3 = K_4 = 0.8236 \times 0.2604E/7.65 = 0.0280E$$
$$K_c = 0.0196E$$
$$K = (K_2 + K_4)/2K_c = (0.0035E + 0.0280E)/(2 \times 0.0196E) = 1.6071$$
$$\alpha = 1.6071/(2 + 1.6071) = 0.4455$$
$$D_{22} = \frac{12}{3^2} \times 0.4455 \times 0.0196E = 0.116E$$

底层

$$K_1 = K_2 = 0.0280E$$
$$K_c = 1.4896 \times 0.1333E/4.5 = 0.0441E$$
$$K = 2 \times 0.0280E/0.441E = 1.2698$$
$$\alpha = (0.5 + 1.2698)/(2 + 1.2698) = 0.5413$$
$$D_{12} = \frac{12}{4.5^2} \times 0.5413 \times 0.441E = 0.0141E$$

（5）柱的剪力分配。

6 层：层剪力 $V_{p6} = 14.42\text{kN}$

$$边柱\ V_{61} = \frac{D_{31}}{2D_{31} + D_{32}}V_{p6} = \frac{0.0019E}{2 \times 0.0019E + 0.0040E} \times 14.42 = 3.5126\ (\text{kN})$$

中柱 $V_{62} = \dfrac{D_{32}}{2D_{31}+D_{32}} V_{p6} = \dfrac{0.004}{2 \times 0.0019+0.004} \times 14.42 = 7.3949$ （kN）

5层：层剪力 $V_{p5} = 39.80$ （kN）

边柱 $V_{51} = \dfrac{0.0019}{2 \times 0.0019+0.004} \times 39.80 = 9.6953$ （kN）

中柱 $V_{52} = 0.5128 \times 39.80 = 20.4094$ （kN）

4层：层剪力 $V_{p4} = 60.56$ （kN）

边柱 $V_{41} = 0.2436 \times 60.56 = 14.7524$ （kN）

中柱 $V_{42} = 0.5128 \times 60.56 = 31.0552$ （kN）

3层：层剪力 $V_{p3} = 76.76$ （kN）

边柱 $V_{31} = 0.2436 \times 76.76 = 18.6987$ （kN）

中柱 $V_{32} = 0.5128 \times 76.76 = 39.3625$ （kN）

2层：层剪力 $V_{p2} = 88.29$ （kN）

边柱 $V_{21} = \dfrac{0.0057}{2 \times 0.0057+0.0116} \times 88.29 = 21.8806$ （kN）

中柱 $V_{22} = \dfrac{0.0116}{2 \times 0.0057+0.0116} \times 88.29 = 44.5289$ （kN）

1层：层剪力 $V_{p1} = 96.21$ （kN）

边柱 $V_{11} = \dfrac{0.0065}{2 \times 0.0065+0.0141} \times 96.21 = 23.0762$ （kN）

中柱 $V_{12} = \dfrac{0.0141}{2 \times 0.0065+0.0141} \times 96.21 = 50.0576$ （kN）

（6）反弯点高度比计算。

6层：边柱

$$s = 2.65/3 = 0.8833$$
$$K' = s^2 K \times 0.8597 = 0.8833^2 \times 0.3048 \times 0.8597 = 0.2044$$
$$y_0 = 0.05$$
$$y_1 = y_2 = y_3 = 0$$
$$y = a + s y_0 = 0.0583 + 0.8833 \times 0.05 = 0.1025$$

中柱

$$s = 1.0, \ K' = s^2 K \times 0.4406 = 1^2 \times 0.3571 \times 0.4406 = 0.1573$$
$$y_0 = -0.0354, \ y_1 = y_2 = y_3 = 0.0$$
$$y = 0 - 1 \times 0.0354 = -0.0354$$

5层：边柱

$$K' = 0.2044, \ y_0 = 0.25, \ y_1 = y_2 = y_3 = 0$$
$$y = 0.0583 + 0.8833 \times 0.25 = 0.2791$$

中柱

$$K' = 0.1573, \ y_0 = 0.1860, \ y_1 = y_2 = y_3 = 0$$
$$y = 0.1860$$

4层：边柱

$$K' = 0.2044，y_0 = 0.35，y_1 = y_2 = y_3 = 0$$
$$y = 0.0583 + 0.8833 \times 0.35 = 0.3675$$

中柱

$$K' = 0.1573，y_0 = 0.3287，y_1 = y_2 = y_3 = 0$$
$$y = 0.3287$$

3 层：边柱

$$K' = 0.2044，y_0 = 0.45，y_1 = y_2 = y_3 = 0$$
$$y = 0.0583 + 0.8833 \times 0.45 = 0.4558$$

中柱

$$K' = 0.1573，y_0 = 0.0.4714，y_1 = y_2 = y_3 = 0$$
$$y = 0.4714$$

2 层：边柱

$$K' = 0.8833^2 \times 1.3714 \times 0.8597 = 0.9199$$
$$y_0 = 0.5$$
$$K_2 = ci_2 = 11.4561 \times 0.0167E/7.65 = 0.0032E$$
$$K_4 = 0.0256E$$
$$\alpha_1 = K_2/K_4 = 0.0032/0.0256 = 0.125$$
$$y_1 = 0.15，y_2 = 0$$
$$\alpha_3 = h_{下}/h = 4.5/3 = 1.5$$
$$y_3 = -0.05$$
$$y = 0.0583 + 0.8833 \times 0.5 + 0.15 - 0.05 = 0.60$$

中柱

$$K' = 1.6071 \times 0.4406 = 0.7081$$
$$y_0 = 0.50，y_2 = 0.0$$
$$\alpha_1 = 0.11，y_1 = 0.20$$
$$\alpha_3 = 1.5，y_3 = -0.05$$
$$y = 0.5 + 0.2 - 0.05 = 0.65$$

底层：边柱

$$s = 2.825/4.5 = 0.6278$$
$$K' = 0.6278^2 \times 1.2488 \times 2.5184 = 1.2395$$
$$y_0 = 0.6380，y_1 = y_3 = 0$$
$$\alpha_2 = 3/4.5 = 0.6667，y_2 = 0$$
$$y = 0.6380 \times 0.6278 = 0.4005$$

中柱

$$K' = (3/4.5)^2 \times 1.2698 \times 1.4896 = 0.8391$$
$$y_0 = 0.65，y_1 = y_3 = 0$$
$$\alpha_2 = 3/4.5 = 0.6667，y_2 = 0.03$$
$$y = 0.65 \times (3/4.5) - 0.03 = 0.4033$$

（7）柱端弯矩计算。各层柱端弯矩计算见表 6.6。

表 6.6   柱端弯矩计算

$V=3.516$, $y=0.1025$ $M_t=9.4577$ $M_b=1.080$	$V=7.3949$, $y=-0.0354$ $M_t=21.3994$ $M_b=-0.7853$
$V=9.6953$, $y=-0.2791$ $M_t=20.9680$ $M_b=8.1179$	$V=20.4094$, $y=0.1860$ $M_t=49.8400$ $M_b=11.3884$
$V=14.7524$, $y=-0.3675$ $M_t=27.9927$ $M_b=16.2645$	$V=31.0552$, $y=0.3287$ $M_t=62.5421$ $M_b=30.6235$
$V=18.6987$, $y=0.4558$ $M_t=30.5275$ $M_b=25.5686$	$V=39.3625$, $y=0.4714$ $M_t=62.4211$ $M_b=55.6664$
$V=21.8806$, $y=0.60$ $M_t=26.2576$ $M_b=39.3851$	$V=44.5289$, $y=0.65$ $M_t=46.7553$ $M_b=86.8314$
$V=23.0762$, $y=0.4005$ $M_t=62.2538$ $M_b=41.5891$	$V=50.0576$, $y=-0.4033$ $M_t=134.4122$ $M_b=90.8470$

注 V 单位为 kN，M_t 和 M_b 的单位为 kN·m，y 单为 m。

（8）梁端弯矩计算。由柱端弯矩，根据节点平衡即可求得梁端弯矩。

（9）框架弯矩图（见图 6.26）。

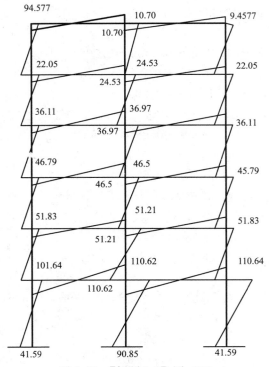

图 6.26 【例题 6.3】图（三）

（10）位移计算：层间位移　　$u_i = \dfrac{V_i}{\sum D}$

$$u_6 = 14.42 / [(2 \times 0.0019 + 0.004)E] = \frac{14.42}{0.0078E}$$

$$u_5 = 39.8 / [(2 \times 0.0019 + 0.004)E] = \frac{39.8}{0.0078E}$$

$$u_4 = \frac{60.56}{0.0078E}, \quad u_3 = \frac{76.76}{0.0078E}$$

$$u_2 = 88.29 / [(2 \times 0.0057 + 0.0116)E] = \frac{88.29}{0.023E}$$

$$u_1 = 96.21 / [(2 \times 0.065 + 0.141)E] = \frac{96.21}{0.0271E}$$

$$u = \sum u_i$$

$$= \frac{1}{E} \left[\frac{1}{0.0078}(14.42 + 39.8 + 60.56 + 76.76) + \frac{88.29}{0.023} + \frac{96.21}{0.0271} \right]$$

$$= \frac{1}{25.5 \times 10^6} \times 31\,945.3 = 0.001\,25 \ (\text{m})$$

6.8　剪力墙分类的判别

剪力墙结构设计时，应首先判别各片剪力墙属于哪一种类型，然后由协同工作分析计算各片剪力墙所分配的荷载，再采用相应的计算方法计算各墙肢和连梁的内力。本节讨论剪力墙的分类判别问题。

6.8.1　剪力墙判别方法

由于各类剪力墙洞口大小、位置及数量的不同，在水平荷载作用下其受力特点也不同，主要表现在两方面：①各墙肢截面上的正应力分布；②沿墙肢高度方向上弯矩的变化规律，如图 6.27 所示。

（1）整体剪力墙的受力状态如同竖向悬臂构件，截面正应力呈直线分布，沿墙的高度方向弯矩图既不发生突变也不出现反弯点，如图 6.27（a）所示，变形曲线以弯曲型为主。

（2）独立悬臂墙是指墙面洞口很大，连梁刚度很小，墙肢的刚度又相对较大时，即 α 值很小（α≤1）的剪力墙。此时连梁的约束作用很弱，犹如铰接于墙肢上的连杆，每个墙肢相当于一个独立悬臂墙，墙肢轴力为零，各墙肢自身截面上的正应力呈直线分布。弯矩图既不发生突变也无反弯点，如图 6.27（b）所示，变形曲线以弯曲型为主。

（3）整体小开口墙的洞口较小，连梁刚度很大，墙肢的刚度又相对较小，即 α 值很大。此时连梁的约束作用很强，墙的整体性很好。水平荷载产生的弯矩主要由墙肢的轴力负担，墙肢弯矩较小，弯矩图有突变，但基本上无反弯点，截面正应力接近于直线分布，如图 6.27（c）所示，变形曲线仍以弯曲型为主。

（4）双肢墙（联肢墙）介于整体小开口墙和独立悬臂墙之间，连梁对墙肢有一定的约束作用，墙肢弯矩图有突变，并且有反弯点存在（仅在一些楼层），墙肢局部弯矩较大，整个截面正应力已不再呈直线分布，如图 6.27（d）所示，变形曲线为弯曲型。

（5）壁式框架是指洞口较宽，连梁与墙肢的截面弯曲刚度接近，墙肢中弯矩与框架柱相似，其弯矩图不仅在楼层处有突变，而且在大多数楼层中都出现反弯点，如图 6.27（e）所示，变形曲线呈整体剪切型。

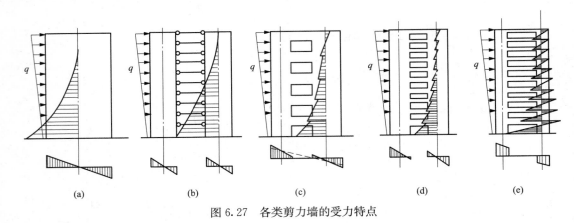

图 6.27　各类剪力墙的受力特点

由上可知，由于连梁对墙肢的约束作用，使墙肢弯矩产生突变，突变值的大小主要取决于连梁与墙肢的相对刚度比。

6.8.2　剪力墙分类的判别

1. 剪力墙的整体性

剪力墙因洞口尺寸不同而形成不同宽度的连梁和墙肢，其整体性能取决于连梁与墙肢的相对刚度，用剪力墙整体工作系数 α 来表示。现以双肢墙为例来说明。

由式（6.35）可得

$$\alpha^2 = \alpha_1^2 + \frac{6H^2D}{hS\alpha} = \alpha_1^2\left(\frac{Sa + I_1 + I_2}{Sa}\right) = \frac{\alpha_1^2}{\tau} \tag{6.87}$$

$$\tau = \frac{Sa}{Sa + I_1 + I_2} \tag{6.88}$$

当不考虑墙肢轴向变形时，$\tau=1$，即当考虑墙肢轴向变形时，$\alpha^2 = \alpha_1^2\tau < 1$，连梁与墙肢的刚度比将增大为 α，即相当于墙肢刚度变小了。因此，α 既反映了连梁与墙肢的刚度比，同时又考虑了墙肢轴向变形的影响。

如图 6.28 所示，双肢墙组合截面的惯性矩为

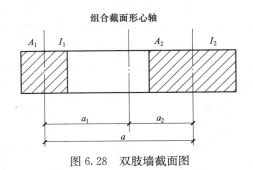

图 6.28　双肢墙截面图

$$I = I_1 + I_2 + A_1 a_1^2 + A_2 a_2^2 = I_1 + I_2 + I_n$$

因为

$$A_1 a_1 = A_2 a_2, \quad a = a_1 + a_2$$

则

$$a_1 = \frac{A_2}{A_1 + A_2} a$$

$$a_2 = \frac{A_1}{A_1 + A_2} a$$

$$I_n = A_1 a_1^2 + A_2 a_2^2 = A_1 \left(\frac{A_2}{A_1 + A_2} a \right)^2 + A_2 \left(\frac{A_1}{A_1 + A_2} a \right)^2 = \frac{A_1 A_2 a}{A_1 + A_2} \cdot a = Sa \tag{6.89}$$

$$Sa = I_n = I - I_1 - I_2 \tag{6.90}$$

将式（6.90）代入式（6.87），并将 α_1、D 也代入式（6.87）可得

$$\alpha^2 = \alpha_1^2 \frac{I}{I - I_1 - I_2} = \frac{12 H^2 I_b a^2}{h l_b^3 (I_1 + I_2)} \frac{I}{I - I_1 - I_2}$$

$$\alpha = H \sqrt{\frac{12 I_b a^2}{h l_b^3 (I_1 + I_2)} \frac{I}{I - I_1 - I_2}} \tag{6.91}$$

式中 $I_b / (I_1 + I_2)$ 反映了连梁与墙肢刚度比的影响，即洞口大小的影响；$I / (I - I_1 - I_2)$ 反映了洞口宽窄的影响，即洞口形状的影响。

由式（6.88）和式（6.90）可得

$$\tau = \frac{I_n}{I_1 + I_2 + I_n} = \frac{I_n}{I} \tag{6.92}$$

因此式（6.91）可写成如下形式

$$\alpha = H \sqrt{\frac{12 I_b a^2}{\tau h l_b^2 (I_1 + I_2)}} \tag{6.93}$$

同理，可得出多肢墙的整体工作系数为

$$\alpha = H \sqrt{\frac{12}{\tau h \sum_{j=1}^{m+1} \sum_{j=1}^{m} \frac{I_{bj} a_j^2}{l_{bj}^3}}} \tag{6.94}$$

由式（6.93）和式（6.94）可知，α 值越大，表明连梁的相对刚度越大，墙肢刚度相对较小，连梁对墙肢的约束作用也较大，墙的整体工作性能好，接近于整体剪力墙或整体小开口墙。

由式（6.43）可知，当 α 趋于零时，$\Phi(\xi)$ 也趋于零，则相应的约束弯矩也趋于零，这说明相当于独立悬臂墙的受力情况（见图 6.27）；当 α 值增大时，$\Phi(\xi)$ 逐渐增大，则连梁的约束作用也逐渐加强；当 $\alpha > 10$ 时，除靠近底部（$\xi = 0$）和顶部（$\xi = 1$）处外，$\Phi(\xi)$ 值变化已很小，可以认为 α 趋于无穷大，这相当于连梁约束弯矩作用很大，接近于整体剪力墙或整体小开口墙的受力情况。

由以上分析可知，α 值的大小反映了连梁对墙肢约束作用的程度，对剪力墙的受力特点影响很大。因此可利用 α 值作为剪力墙分类的判别准则之一。

2. 剪力墙分类判别式

由以上分析可知，根据墙整体参数 α 不同，可分为不同类型墙进行计算。

（1）当剪力墙无洞口，或虽有洞口但洞口面积与墙面面积之比不大于 0.16，且孔洞口净距及孔洞边至墙边距离大于孔洞长边尺寸时，按整体剪力墙计算。

（2）当 $\alpha < 1$ 时，可不考虑连梁的约束作用，各墙肢分别按独立的悬臂墙计算。

（3）当 $1 \leqslant \alpha < 10$ 时，按联肢墙计算。

实际上还有一种情形，例如洞口很大，但梁柱刚度比很大，此时算出的 α（>10）也很大，结构整体性很强，但属于框架受力特点，下面专门介绍。

3. 墙肢惯性矩比 I_n / I

剪力墙分类时，在一般情况下利用其整体工作系数 α 是可以说明问题的，但也有例外情况。例如，对洞口很大的壁式框架，当连梁比墙肢线刚度大很多时，则计算的 α 值也很大，表示它具有很好的整体性。因为壁式框架与整体剪力墙或整体小开口墙都有很大的 α 值，但从两者弯矩图分布来看，壁式框架与整体剪力墙或整体小开口墙是受力特点完全不同的剪力墙。所以，除根据 α 值进行剪力墙分类判别外，还应判别沿高度方向墙肢弯矩图是否会出现反弯点。

墙肢是否出现反弯点，与墙肢惯性矩的比值 I_n / I、整体工作系数 α 和层数 n 等多种因素有关。I_n / I 值反映了剪力墙截面削弱的程度，I_n / I 值大，说明截面削弱较多，洞口较宽，墙肢相对较弱。因此，当 I_n / I 增大到某一值时，墙肢表现出框架柱的受力特点，即沿高度方向出现反弯点。因此，通常将 I_n / I 值作为剪力墙分类的第二个判别准则。

综合以上两方面因素，对各类墙及其算法划分条件：

当 $\alpha \geqslant 10$，$I_n / I \leqslant \zeta$ 时，可按整体小开口墙计算；

当满足 $\alpha < 10$，$I_n / I \leqslant \zeta$ 时，按多肢墙计算；

当只满足 $\alpha \geqslant 10$ 时，按壁式框架法计算。

判别墙肢出现反弯点时的界限值用 I_n / I 表示，ζ 值与 α 和层数 n 有关，可按表 6.7 查得。

表 6.7　　　　　　　　　　　系 数 ζ 的 数 值

层数 n α	8	10	12	16	20	$\geqslant 30$
10	0.886	0.948	0.975	1.000	1.000	1.000
12	0.866	0.924	0.950	0.994	1.000	1.000
14	0.853	0.908	0.934	0.978	1.000	1.000
16	0.844	0.896	0.923	0.964	0.988	1.000
18	0.836	0.888	0.914	0.952	0.978	1.000
20	0.831	0.880	0.906	0.945	0.970	1.000
22	0.827	0.875	0.901	0.940	0.965	1.000
24	0.824	0.871	0.897	0.936	0.960	0.989
26	0.822	0.876	0.894	0.932	0.955	0.986
28	0.820	0.864	0.890	0.929	0.952	0.982
$\geqslant 30$	0.818	0.861	0.887	0.926	0.950	0.979

【例题 6.4】　以【例题 6.3】为例说明剪力墙类别的判别方法。

解　【例题 6.3】已算出 $\alpha = 5.88$，$I_1 = I_3 = 0.599\text{m}^4$，$I_2 = 3.6\text{m}^4$，下面求 I。由对称

性可知，组合截面的形心轴就在中间墙肢截面自身形心轴上，即

$$I = \left(\frac{1}{12} \times 0.2 \times 3.3^2 \times 6.65^2\right) \times 2 + \frac{1}{12} \times 0.2 \times 6^3 = 63.17 \ (\text{m}^4)$$

荷载为均布荷载，由 $n=13$，$\alpha=5.88$，查表 6.7 确定出 $\zeta=0.988$，则

$$I_n/I = (I - \sum I_i)/I = \frac{63.17 - 4.80}{63.17} = 0.924 < \zeta = 0.988$$

$$1 < \alpha = 5.88 < 10$$

由此可判断出该剪力墙为连肢墙。

6.9　剪力墙截面设计和构造要求

剪力墙属于截面高度较大而厚度相对较小的"片"状构件，它具有较大的承载力和平面刚度。各种类型的剪力墙，其破坏形态和配筋构造既有共性，又各有其特殊性。剪力墙通常可分为墙肢和连梁两类构件，设计时应分别计算出水平荷载和竖向荷载作用下的内力，经内力组合后，可进行截面的配筋计算。

6.9.1　剪力墙的厚度和混凝土强度等级

剪力墙的厚度和混凝土强度等级一般根据结构的刚度和承载力要求确定。此外，墙厚还应考虑平面外稳定、开裂、减轻自重、轴压比的要求等因素。JGJ 3—2010 规定了剪力墙截面的最小厚度，见表 6.8，其目的是保证剪力墙出平面的刚度和稳定性能。当墙平面外有与其相交的剪力墙时，可视为剪力墙的支承，有利于保证剪力墙出平面的刚度和稳定性能，因而可在层高及无支长度两者中取较小值计算剪力墙的最小厚度。无支长度是指沿剪力墙长度方向没有平面外横向支承墙的长度。

表 6.8　　　　　　　　　　　　　剪力墙截面最小厚度

抗震等级	剪力墙部位	最小厚度（两者中取较大值）			
		有端柱或翼墙		无端柱或无翼墙	
一、二级	底部加强部位	$H/16$	200mm	$h/12$	200mm
	其他部位	$H/20$	160mm	$h/15$	180mm
三、四级	底部加强部位	$H/20$	180mm	$H/20$	180mm
	其他部位	$H/25$	160mm	$H/25$	160mm
非抗震设计		$H/25$	160mm	$H/25$	160mm

注　表内符号 H 为层高或无支长度，两者中取较小值；h 为层高。

若剪力墙的截面厚度不满足表 6.8 的要求，应进行墙体的稳定性验算。

在剪力墙井筒中，分隔电梯井或管道井的墙肢截面厚度可适当减小，但不应小于 160mm。

剪力墙结构的混凝土强度等级不应低于 C20，带有筒体和短肢的剪力墙结构，其混凝土强度等级不应低于 C25，为了保证剪力墙的承载能力及变形性能，混凝土强度等级不宜太低。

6.9.2　剪力墙的加强部位

通常剪力墙的底部截面弯矩最大，可能出现塑性铰，底部截面钢筋屈服以后，由于钢筋和混凝土的黏结力破坏，钢筋屈服的范围扩大而形成塑性铰区。同时，塑性铰区也是剪力最

大的部位，斜裂缝常常在这个部位出现，且分布在一定的范围，反复荷载作用下就形成了交叉裂缝，可能出现剪切破坏。在塑性铰区要采取加强措施，称为剪力墙的加强部位。

抗震设计时，为保证剪力墙出现塑性铰后具有足够的延性，该范围内应当加强构造措施，提高其抗剪破坏的能力。JGJ 3—2010规定，一般剪力墙结构底部加强部位的高度可取墙肢总高度的1/8和底部两层两者的较大值，当剪力墙高度超过150m时，为避免加强区太高，其底部加强部位的高度可取墙肢总高度的1/10；部分框支剪力墙结构底部加强部位的高度可取为框支层加上框支层以上两层的高度及墙肢总高度的1/8两者的较大值。

6.9.3　剪力墙内力设计值的调整

一级抗震等级的剪力墙，应按照设计意图控制塑性铰的出现部位，在其他部位则应保证不出现塑性铰，因此，对一级抗震等级的剪力墙各截面的弯矩设计值，应符合下列规定（见图6.29）：

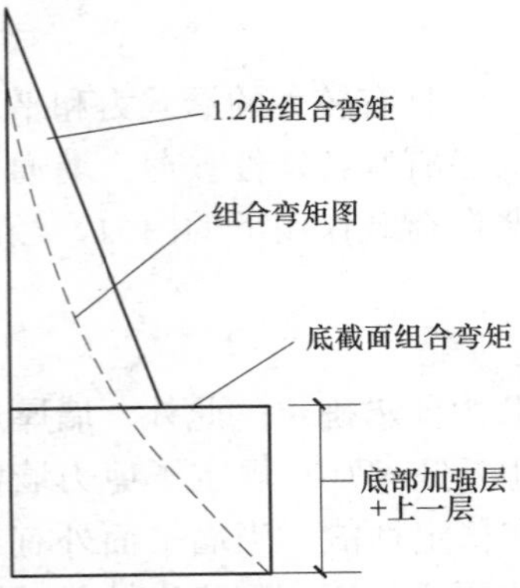

（1）底部加强部位及其上一层应按墙底截面组合弯矩计算值采用；

（2）其他部位可按墙肢组合弯矩计算值的1.2倍采用。

对于双肢剪力墙，如果有一个墙肢出现小偏心受拉，该墙肢可能会出现水平通缝而失去受剪承载力，则由荷载产生的剪力将全部转移给另一个墙肢，导致其受剪承载力不足，因此在双肢墙中墙肢不宜出现小偏心受拉。当墙肢出现大偏心受拉时，墙肢会出现裂缝，使其刚度降低，剪力将在两墙肢中进行重分配，此时，可将另一墙肢按弹性计算的弯矩设计值和剪力设计值乘以增大系数1.25，以提高其承载力。

图6.29　一级抗震等级设计的剪力墙各截面弯矩的调整

抗震设计时，为了体现强剪弱弯的原则，剪力墙底部加强部位的剪力设计值要乘以增大系数，剪力墙底部加强区范围内的剪力设计值V，一、二、三级抗震等级时应按式（6.95）调整，四级抗震等级及无地震作用组合时可不调整

$$V = \eta_{vw} V_w \tag{6.95}$$

在设防烈度为9度时，一级剪力墙底部加强部位应按式（6.96）调整，三级的其他部位及四级时可不调整

$$V = 1.1 \frac{M_{wua}}{M_w} V_w \tag{6.96}$$

式中　V——底部加强部位剪力墙截面剪力设计值；

M_{wua}——剪力墙正截面抗震受弯承载力，应考虑承载力调整系数γ_{RE}、采用实配纵筋面积、材料强度标准值和组合的轴力设计值等计算，有翼墙时应计入墙两侧各一倍翼墙厚度范围内的纵向钢筋；

M_w、V_w——考虑地震作用组合的剪力墙墙肢底部加强部位截面的弯矩设计值、剪力设计值；

η_w——抗震墙剪力增大系数，一级为1.6，二级为1.4，三级为1.2。

6.9.4　剪力墙截面设计

钢筋混凝土剪力墙应进行平面内的偏心受压或偏心受拉、平面外轴心受压承载力及斜截面受剪承载力计算。在集中荷载作用下，墙内无暗柱时还应进行局部受压承载力计算。一般

情况下主要验算剪力墙平面内的承载力，当平面外有较大弯矩时，还应验算平面外的受弯承载力。

1. 正截面偏心受压承载力计算

矩形、T 形、工字形截面偏心受压剪力墙（见图 6.30）的正截面受压承载力可按《混凝土结构设计规范》(GB 50010—2002) 的有关规定计算，也可按下列公式计算：

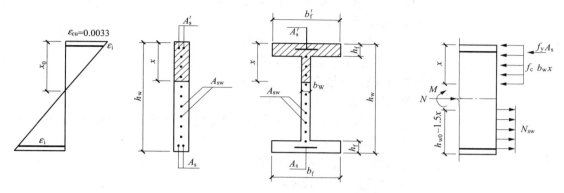

图 6.30　剪力墙截面尺寸及计算简图

无地震作用效应组合时

$$N \leqslant A'_s f'_y - A_s \sigma_s - N_{sw} + N_c \tag{6.97}$$

$$N(e_0 + h_{w0} - h_w/2) \leqslant A'_s f'_y (h_{w0} - a'_s) - M_{sw} + M_c \tag{6.98}$$

当 $x > h'_f$ 时

$$N_c = \alpha_1 f_c [b_w x + (b'_f - b_w) h'_f] \tag{6.99}$$

$$M_c = \alpha_1 f_c \left[b_w x \left(h_{w0} - \frac{x}{2} \right) + (b'_f - b_w) h'_f \right] \left(h_{w0} - \frac{h'_f}{2} \right) \tag{6.100}$$

当 $x \leqslant h'_f$ 时

$$N_c = \alpha_1 f_c b'_f x \tag{6.101}$$

$$M_c = \alpha_1 f_c b'_f x \left(h_{w0} - \frac{x}{2} \right) \tag{6.102}$$

当 $x \leqslant \xi_b h_{w0}$ 时

$$\sigma_s = f_y \tag{6.103}$$

$$N_{sw} = (h_{w0} - 1.5x) b_w f_{yw} \rho_w \tag{6.104}$$

$$M_{sw} = \frac{1}{2} (h_{w0} - 1.5x)^2 b_w f_{yw} \rho_w \tag{6.105}$$

当 $x > \xi_b h_{w0}$ 时

$$\sigma_s = \frac{f_y}{\xi_b - \beta_1} \left(\frac{x}{h_{w0}} - \beta \right) \tag{6.106}$$

$$N_{sw} = 0, \qquad M_{sw} = 0 \tag{6.107}$$

$$\xi_b = \frac{\beta_1}{1 + \dfrac{f_y}{E_s \varepsilon_{cu}}} \tag{6.108}$$

式中 f_y、f'_y、f_{yw}——剪力墙端部受拉、受压钢筋和墙体竖向分布钢筋强度设计值；

α_1——受压区混凝土矩形应力图的应力与混凝土轴心抗压强度设计值的比值，当混凝土强度等级不超过 C50 时，α_1 取 1.0，当混凝土强度等级为 C80 时，α_1 取 0.94，其间按线性内插法取用；

β_1——受压区混凝土矩形应力图高度调整系数，当混凝土强度等级不超过 C50 时，β_1 取 0.8，当混凝土强度等级为 C80 时，β_1 取 0.74，其间按线性内插法取用；

f_c——混凝土轴心抗压强度设计值；

h'_f、b'_f——剪力墙受压翼缘厚度与有效宽度；

b_w、h_w——剪力墙腹板截面厚度与高度；

h_{w0}——剪力墙截面有效高度，$h_{w0}=h_w-a$；

a_s、a'_s——剪力墙受拉区和受压区端部钢筋合力点到受拉区和受压区边缘的距离，可取 a_s、$a'_s=b_w$；

ρ_w——剪力墙竖向分布钢筋配筋率；

ξ_b——界限相对受压区高度；

e_0——偏心距，$e_0=M/N$。

有地震作用效应组合时，式（6.97）及式（6.98）的右端均应除以承载力抗震调整系数 γ_{RE}，取 0.85。

2. 正截面偏心受拉承载力计算

无地震作用效应组合时

$$N \leqslant \frac{1}{\dfrac{1}{N_{ou}}+\dfrac{e_0}{M_{wu}}} \tag{6.109}$$

有地震作用效应组合时

$$N \leqslant \frac{1}{\gamma_{RE}} \left[\frac{1}{\dfrac{1}{N_{ou}}+\dfrac{e_0}{M_{wu}}} \right] \tag{6.110}$$

其中，N_{ou} 和 M_{wu} 可按下列公式计算

$$N_{ou}=2A_s f_y + A_{sw} f_{yw} \tag{6.111}$$

$$M_{wu}=A_s f_y (h_{w0}-a'_s) + A_{sw} f_{yw} \frac{h_{w0}-a'_s}{2} \tag{6.112}$$

式中 A_{sw}——剪力墙腹板竖向分布钢筋的全部截面面积；

其余符号意义同前。

3. 斜截面受剪承载力计算

（1）偏心受压剪力墙斜截面受剪承载力计算。在剪力墙设计时，通过构造措施防止发生剪拉破坏和斜压破坏，通过计算确定墙中的水平分布钢筋，防止发生剪切破坏。

对偏心受压构件，轴向压力可提高其受剪承载力，但当压力增大到一定程度后，对抗剪的有利作用减小，因此对轴向压力的取值应加以限制。

剪力墙在偏心受压时的斜截面受剪承载力，应按下列公式计算：

无地震作用效应组合时

$$V_\mathrm{w} \leqslant \frac{1}{\lambda - 0.5}\left(0.5f_\mathrm{t}b_\mathrm{w}h_\mathrm{w0} + 0.13N\frac{A_\mathrm{w}}{A}\right) + f_\mathrm{yv}\frac{A_\mathrm{sh}}{s}h_\mathrm{w0} \tag{6.113}$$

有地震作用效应组合时

$$V_\mathrm{w} \leqslant \frac{1}{\gamma_\mathrm{RE}}\left[\frac{1}{\lambda - 0.5}\left(0.4f_\mathrm{t}b_\mathrm{w}h_\mathrm{w0} + 0.1N\frac{A_\mathrm{w}}{A}\right) + 0.8f_\mathrm{yv}\frac{A_\mathrm{sh}}{s}h_\mathrm{w0}\right] \tag{6.114}$$

式中　N——剪力墙的轴向压力设计值，当 N 大于 $0.2f_\mathrm{c}b_\mathrm{w}h_\mathrm{w}$ 时，取 N 等于 $0.2f_\mathrm{c}b_\mathrm{w}h_\mathrm{w}$，抗震设计时，应考虑地震作用效应组合；

　　　　A——剪力墙截面面积；

　　　　A_w——T 形或工形截面剪力墙腹板面积，矩形截面取 A_w 等于 A；

　　　　λ——计算截面处的剪跨比，$\lambda = M/(Vh_\mathrm{w0})$，$\lambda$ 小于 1.5 时应取 1.5，λ 大于 2.2 时应取 2.2，当计算截面与墙底之间的距离小于 $0.5h_\mathrm{w0}$ 时，λ 应按距墙底处的弯矩值和剪力值计算；

　　　　s——剪力墙水平分布钢筋间距；

　　　　f_t——混凝土抗拉强度设计值；

　　　　f_yv——水平分布钢筋强度设计值；

　　　　A_sh——同一截面剪力墙的水平分布钢筋的全部截面面积。

（2）偏心受拉剪力墙斜截面受剪承载力计算。偏心受拉构件中，考虑轴向拉力的不利影响，轴力项取负值。剪力墙在偏心受拉时的斜截面受剪承载力，应按下列公式计算：

无地震作用效应组合时

$$V_\mathrm{w} \leqslant \frac{1}{\lambda - 0.5}\left(0.5f_\mathrm{t}b_\mathrm{w}h_\mathrm{w0} - 0.13N\frac{A_\mathrm{w}}{A}\right) + f_\mathrm{yv}\frac{A_\mathrm{sh}}{s}h_\mathrm{w0} \tag{6.115}$$

当公式右边计算值小于 $f_\mathrm{yv}\dfrac{A_\mathrm{sh}}{s}h_\mathrm{w0}$ 时，取 $f_\mathrm{yv}\dfrac{A_\mathrm{sh}}{s}h_\mathrm{w0}$。

有地震作用效应组合时

$$V_\mathrm{w} \leqslant \frac{1}{\gamma_\mathrm{RE}}\left[\frac{1}{\lambda - 0.5}\left(0.4f_\mathrm{t}b_\mathrm{w}h_\mathrm{w0} - 0.1N\frac{A_\mathrm{w}}{A}\right) + 0.8f_\mathrm{yv}\frac{A_\mathrm{sh}}{s}h_\mathrm{w0}\right] \tag{6.116}$$

当公式右边计算值小于 $\dfrac{1}{\gamma_\mathrm{RE}}\left(0.8f_\mathrm{yv}\dfrac{A_\mathrm{sh}}{s}h_\mathrm{w0}\right)$ 时，取 $\dfrac{1}{\gamma_\mathrm{RE}}\left(0.8f_\mathrm{yv}\dfrac{A_\mathrm{sh}}{s}h_\mathrm{w0}\right)$。

4. 施工缝的抗滑移计算

按一级抗震等级设计的剪力墙，要防止水平施工缝处发生滑移。考虑摩擦力的有利影响后，验算水平施工缝处的竖向钢筋是否足以抵抗水平剪力。其受剪承载力应符合下列要求

$$V_\mathrm{w} \leqslant \frac{1}{\gamma_\mathrm{RE}}(0.6f_\mathrm{y}A_\mathrm{s} + 0.8N) \tag{6.117}$$

式中　V_w——剪力墙施工缝处组合的剪力设计值；

　　　　f_y——竖向钢筋抗拉强度设计值；

　　　　N——施工缝处不利组合的轴向力设计值，压力取正值，拉力取负值；

　　　　A_s——施工缝处剪力墙的竖向分布钢筋、竖向插筋和边缘构件（不包括边缘构件以外的两侧翼墙）纵向钢筋的总截面面积。

6.9.5 剪力墙轴压比限值和边缘构件

1. 轴压比限值

当偏心受压剪力墙轴力较大时，截面受压区高度增大，与钢筋混凝土柱相同，其延性降低。研究表明，剪力墙的边缘构件（暗柱、明柱、翼柱）由于受横向钢筋的约束，可改善混凝土的受压性能，增大延性。为了保证在地震作用下钢筋混凝土剪力墙具有足够的延性，JGJ 3—2010 规定，抗震设计时，一、二级抗震等级剪力墙的底部加强部位，在重力荷载代表值作用下的轴压比 $N/(f_c A_w)$ 不宜超过表 6.9 的限值。为简化计算，规程采用了重力荷载代表值作用下轴力设计值（不考虑地震作用效应组合），即考虑重力荷载分项系数后的最大轴力设计值，计算剪力墙的名义轴压比。

表 6.9   剪力墙轴压比限值 $N/(f_c A_w)$

抗震等级	一级（9度）	一级（7、8度）	二级
轴压比限值	0.4	0.5	0.6

注 墙的平均轴压比是指重力荷载代表值 N 与墙截面面积 A_w 和混凝土轴心抗压强度设计值乘积之比。

延性系数不仅与轴向压力有关，而且还与截面的形状有关。在相同的轴向压力作用下，带翼缘的剪力墙延性较好，一字形截面剪力墙最为不利。上述规定没有区分工字形、T 形及一字形截面，因此，设计时对一字形截面剪力墙墙肢应从严掌握其轴压比。

2. 边缘构件

一、二级抗震等级剪力墙底部加强部位及其上一层的墙肢端部应设置约束边缘构件；一、二级抗震设计剪力墙的其他部位，以及三、四级抗震设计的剪力墙墙肢端部，应设置构造边缘构件。约束边缘构件的截面尺寸及配筋都比构造边缘构件要求高，其长度及箍筋配置量都需要通过计算确定。

（1）剪力墙约束边缘构件的设计应符合下列要求：

1）约束边缘构件的主要措施是加大边缘构件的长度 l_c 及其体积配箍率 ρ_v，体积配箍率 ρ_v 由配箍特征值 λ_v 计算。约束边缘构件沿墙肢的长度 l_c 和配箍特征值 λ_v 应符合表 6.10 的要求，且一、二级抗震设计时箍筋直径均不应小于 8mm，箍筋间距分别不应大于 100mm 和 150mm。箍筋的配筋范围如图 6.31 所示阴影部分，其体积配箍率 ρ_v 须满足下式要求

$$\rho_v \geqslant \lambda_v \frac{f_c}{f_{yv}} \tag{6.118}$$

式中 f_c——混凝土轴心抗压强度设计值；

f_{yv}——箍筋或拉结筋的抗拉强度设计值，超过 360MPa 时，应按 360MPa 计算。

表 6.10   约束边缘构件范围 l_c 及其配箍特征值 λ_v

项目	一级（9度）	一级（8度）	二级
λ_v	0.2	0.2	0.2
l_c（暗柱）	$0.25h_w$	$0.20h_w$	$0.20h_w$
l_c（有翼墙或端柱）	$0.20h_w$	$0.15h_w$	$0.15h_w$

注 1. λ_v 为约束边缘构件的配箍特征值，h_w 为剪力墙墙肢长度。
　　2. l_c 为约束边缘构件沿墙肢方向长度，不应小于表内数值、$1.5b_w$ 和 450mm 三者的最大值；有翼墙或端柱时尚不应小于翼墙厚度或端柱沿墙肢方向截面高度加 300mm。
　　3. 翼墙长度小于其 3 倍厚度或端柱截面边长小于 2 倍墙厚时，视为无翼墙、无端柱。

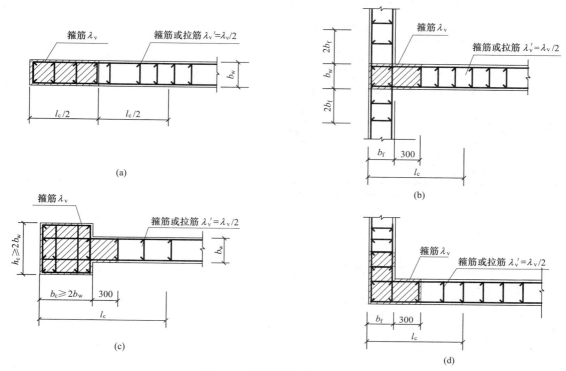

图 6.31　剪力墙的约束边缘构件

约束边缘构件纵向钢筋的配筋范围不应小于图 6.31 所示阴影面积，其纵向钢筋最小截面面积，一、二级抗震设计时分别不应小于图中阴影面积的 1.2％和 1.0％，并分别不应小于 $6\phi16$ 和 $6\phi14$。

2）当墙肢轴压比达到或接近表 6.9 中限值时，约束边缘构件的配箍特征值 λ_v 按表 6.10 采用；当墙肢轴压比较小时，约束边缘构件的配箍特征值 λ_v 可适当降低。

对于十字形截面剪力墙，可按两片墙分别在墙端部设置约束边缘构件，交叉部位只按构造要求配置暗柱。

约束边缘构件中的纵向钢筋宜采用 HRB335 级或 HRB400 级钢筋。

（2）剪力墙构造边缘构件的设计应符合下列要求：

1）构造边缘构件的范围和计算纵向钢筋用量的截面面积 A_c 宜取图 6.32 所示阴影部分，纵向钢筋应满足受弯承载力的要求。按抗震设计的剪力墙应按表 6.11 所列的构造要求设置纵向钢筋及箍筋（或拉结筋），其中箍筋的无支长度不应大于 300mm，拉结筋的水平间距不应大于纵向钢筋间距的 2 倍。凡剪力墙端部为端柱者，端柱中纵向钢筋及箍筋宜按框架柱的构造要求配置；非抗震设计的剪力墙，端部需按构造配置不少于 $4\phi12$ 的纵向钢筋，沿纵向钢筋应配置不少于 $\phi6@250$ 的拉结筋。

2）抗震设计时，对复杂高层建筑结构、混合结构、框架-剪力墙结构、筒体结构，以及 B 级高度的剪力墙结构中的剪力墙（筒体），由于剪力墙（筒体）比较重要或者房屋高度较高，故其构造边缘构件的最小配筋率应适当加强，其构造边缘构件的纵向钢筋最小配筋应将表 6.11 中的 $0.008A_c$、$0.006A_c$、$0.004A_c$ 分别用 $0.010A_c$、$0.008A_c$、$0.005A_c$ 来代替。

箍筋的配筋范围如图 6.32 中的阴影部分，配箍特征值 λ_v 不宜小于 0.1。

表 6.11　　　　　　　　　　　**剪力墙构造边缘构件的配筋要求**

抗震等级	度部加强区			其他部位		
	纵向钢筋最小量（取较大值）	箍格筋		纵向钢筋最小量（取较大值）	拉结筋	
		最小直径（mm）	最大间距（mm）		最小直径（mm）	最大间距（mm）
一级	—	—	100	$0.008A_c$，$6\phi14$	8	150
二级			150	$0.006A_c$，$6\phi12$	8	200
三级	$0.005A_c$，$4\phi12$	6	150	$0.004A_c$，$4\phi12$	6	200
四级	$0.005A_c$，$4\phi12$	6	200	$0.004A_c$，$4\phi12$	6	250

注　1. A_c 为计算边缘构件纵向构造钢筋的暗柱或端柱面积，即图 6.32 所示剪力墙截面的阴影部分。

　　　2. 对转角墙的暗柱，表中拉结筋宜采用箍筋。

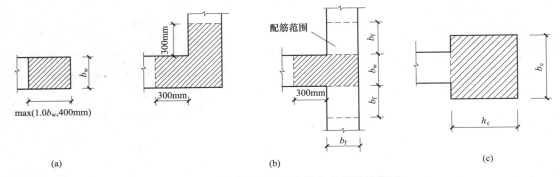

图 6.32　剪力墙的构造边缘构件的配筋范围

构造边缘构件中的纵向钢筋宜采用 HRB335 级或 HRB400 级钢筋。

6.9.6　剪力墙截面的构造要求

1. 一般要求

若剪力墙的名义剪应力值过高，早期会出现斜裂缝，此时抗剪钢筋不能充分发挥作用，即使配置很多的抗剪钢筋，也会过早发生剪切破坏。为此剪力墙的厚度及混凝土强度等级除满足 6.9.1 节所述的要求外，为了限制剪力墙截面的最大名义剪应力值，剪力墙的截面应符合下列要求：

无地震作用效应组合

$$V_w \leqslant 0.25\beta_c f_c b_w h_w \tag{6.119}$$

有地震作用效应组合

剪跨比大于 2.5 时　　　$$V_w \leqslant \frac{1}{\gamma_{RE}}(0.20\beta_c f_c b_w h_w \tag{6.120}$$

剪跨比不大于 2.5 时　　　$$V_w \leqslant \frac{1}{\gamma_{RE}}(0.15\beta_c f_c b_w h_w \tag{6.121}$$

式中　V_w——剪力墙截面组合的剪力设计值，应按式（6.95）或式（6.96）进行调整；

　　　β_c——混凝土强度影响系数，当混凝土强度等级小于或等于 C50 时，β_c 取 1.0，混凝土强度等级为 C80 时，β_c 取 0.8，混凝土强度等级为 C50~C80 时，取其内插值；

b_{w}、h_{w}——剪力墙截面厚度与高度。

2. 剪力墙分布钢筋的配筋方式

为了保证剪力墙能够有效地抵抗平面外的各种作用，同时，由于剪力墙的厚度较大，为防止混凝土表面出现收缩裂缝，高层剪力墙中竖向和水平分布钢筋，不应采用单排配筋。

剪力墙宜采用的分布钢筋配筋方式见表 6.12。当剪力墙厚度 b_{w} 大于 400mm 时，如仅采用双排配筋，形成中间大面积的素混凝土，会使剪力墙截面应力分布不均匀，故宜采用三排或四排配筋，受力钢筋可均匀分布成数排，或靠墙面的配筋略大。

表 6.12 　　　　　　　　　　　　　分布钢筋配筋方式

截面厚度	配筋方式
$b_{w} \leqslant 400mm$	双排配筋
$400mm < b_{w} \leqslant 700mm$	三排配筋
$b_{w} > 700mm$	四排配筋

各排分布钢筋之间的拉结筋间距不应大于 600mm，直径不宜小于 6mm；在底部加强部位，约束边缘构件以外的拉结筋间距尚应适当加密。

3. 剪力墙分布钢筋的最小配筋率

剪力墙截面分布钢筋的配筋率按下式计算

$$\rho_{sw} = \frac{A_{sw}}{b_{w}s} \tag{6.122}$$

式中　A_{sw}——间距 s 范围内配置在同一截面内的竖向或水平分布钢筋各肢总面积。

为了防止剪力墙在受弯裂缝出现后立即达到极限受弯承载力，以及斜裂缝出现后发生脆性破坏，其竖向和水平分布钢筋应满足表 6.13 的要求。对墙体受力不利和受温度影响较大的部位，主要包括房屋的顶层、长矩形平面房屋的楼电梯间、纵向剪力墙端开间、山墙和纵墙的端开间等温度应力较大的部位，应适当增大其分布钢筋的配筋量，以抵抗温度应力的不利影响。

表 6.13 　　　　　　　　　　　　剪力墙分布钢筋最小配筋率

类型	抗震等级	最小配筋率（%）	最大间距（mm）	最小直径（mm）
一般剪力墙	一、二、三级	0.25	300	8
	四级、非抗震	0.20	300	8
B 级高度剪力墙	特一级	0.35 0.40（加强部位）	300	8
1. 房屋顶层 2. 长矩形平面房屋的楼电梯间 3. 纵向剪力墙端开间 4. 端山墙	抗震与非抗震	0.25	0.25	—

为了保证分布钢筋具有可靠的混凝土握裹力，剪力墙竖向、水平分布钢筋的直径不宜大于墙肢截面厚度的 1/10，如果分布钢筋直径过大，则应加大墙肢截面的厚度。

4. 钢筋的连接和锚固

非抗震设计时，剪力墙要求的钢筋锚固长度为 l_{a}；抗震设计时，剪力墙要求的钢筋锚固

长度为 l_{aE}。

　　剪力墙竖向及水平分布钢筋的搭接连接如图 6.33 所示，一、二级抗震等级剪力墙的加强部位，接头位置应错开，每次连接的钢筋数量不宜超过总数量的 50%，错开的净距不宜小于 500mm；其他情况剪力墙的钢筋可在同一部位连接。非抗震设计时，分布钢筋的搭接长度不应小于 $1.2l_a$；抗震设计时，不应小于 $1.2l_{aE}$。

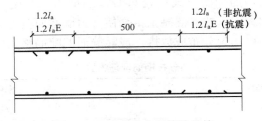

图 6.33　墙内分布钢筋的连接

　　暗柱及端柱内纵向钢筋连接和锚固要求宜与框架柱相同。

6.9.7　连梁截面设计

　　剪力墙开洞形成的跨高比较小的连梁，竖向荷载作用下的弯矩所占比例较小，水平荷载作用下产生的反弯使其对剪切变形十分敏感，容易出现剪切裂缝。JGJ 3—2010 规定，对剪力墙开洞形成的跨高比小于 5 的连梁，应按本节的方法计算，否则，宜按框架梁进行设计。

　　1. 连梁截面尺寸

　　连梁对剪力墙结构的抗震性能有较大的影响。研究表明，若连梁截面的平均剪应力过大，箍筋就不能充分发挥作用，连梁就会发生剪切破坏，尤其是连梁跨高比较小的情况。为此，应限制连梁截面的平均剪应力。连梁截面尺寸应符合下列要求：

　　无地震作用效应组合时

$$V_b \leqslant 0.25\beta_c f_c b_b h_{b0} \tag{6.123}$$

　　有地震作用效应组合时

　　跨高比大于 2.5 时　　　$$V_b \leqslant 0.25\beta_c f_c b_b h_{b0}/\gamma_{RE} \tag{6.124}$$

　　跨高比不大于 2.5 时　　$$V_b \leqslant 0.15\beta_c f_c b_b h_{b0}/\gamma_{RE} \tag{6.125}$$

式中　b_b、h_{b0}——连梁的截面宽度和有效高度。

　　2. 连梁截面承载力计算

　　连梁截面承载力计算包括正截面受弯及斜截面受剪两部分。

　　(1) 连梁正截面受弯承载力计算。连梁的正截面受弯承载力可按一般受弯构件的要求计算。由于连梁通常都采用对称配筋（$A_s = A_s'$），故无地震作用效应组合时，其正截面受弯承载力可按下式计算

$$M \leqslant f_y A_s (h_{b0} - a_s') \tag{6.126}$$

式中　A_s——纵向受力钢筋截面面积；

　　　　h_{b0}——连梁截面有效高度；

　　　　a_s'——受拉区纵向钢筋合力点至受拉边缘的距离。

　　有地震作用效应组合时，仍按式（6.126）计算，但其右端应除以承载力抗震调整系数 γ_{RE}。

（2）连梁斜截面受剪承载力计算。连梁斜截面受剪承载力应按下列公式计算：

无地震作用效应组合时

$$V_b \leqslant 0.7 f_t b_b h_{b0} + f_{yv} \frac{A_{sv}}{s} h_{b0} \qquad (6.127)$$

有地震作用效应组合时

跨高比大于 2.5 时

$$V_b \leqslant (0.42 f_t b_b h_{b0} + f_{yv} \frac{A_{sv}}{s} h_{b0})/\gamma_{RE} \qquad (6.128)$$

跨高比不大于 2.5 时

$$V_b \leqslant (0.38 f_t b_b h_{b0} + 0.9 f_{yv} \frac{A_{sv}}{s} h_{b0})/\gamma_{RE} \qquad (6.129)$$

当连梁不满足式（6.123）～式（6.125）或式（6.127）～式（6.129）的要求，可作如下处理：减小连梁截面高度，加大连梁截面宽度；对连梁的弯矩设计值进行调幅，以降低其剪力设计值；当连梁破坏对承受竖向荷载无大影响时，可考虑在大震作用下该连梁不参与工作，按独立墙肢进行第二次多遇地震作用下结构内力分析，墙肢应按两次计算所得的较大内力进行配筋设计；采用斜向交叉配筋方式配筋。

3. 连梁剪力设计值

为了实现连梁的强剪弱弯，推迟剪切破坏，提高其延性，应将连梁的剪力设计值进行调整，即将连梁的剪力设计值乘以增大系数。

无地震作用效应组合，以及有地震作用效应组合的四级抗震等级时，应取考虑水平风荷载或水平地震作用效应组合的剪力设计值。

有地震作用效应组合的一、二、三级抗震等级时，连梁的剪力设计值应按下式进行调整

$$V_b = \eta_{vb} \frac{M_b^l + M_b^r}{l_n} + V_{Gb} \qquad (6.130)$$

9 度设防时要求用连梁实际抗弯配筋反算该增大系数，按下式进行计算

$$V_b = 1.1(M_{bua}^l + M_{bua}^r)/l_n + V_{Gt} \qquad (6.131)$$

式中　　l_n——连梁的净跨；

　　V_{Gt}——在重力荷载代表值（9 度时还应包括竖向地震作用标准值）作用下，按简支梁计算的梁端截面剪力设计值；

　M_b^l、M_b^r——梁左、右端顺时针或反时针方向考虑地震作用组合的弯矩设计值，对一级抗震等级且两端均为负弯矩时，绝对值较小一端的弯矩应取为零；

M_{bua}^l、M_{bua}^r——梁左、右端顺时针或反时针方向实配的受弯承载力所对应的弯矩值，应按实配钢筋面积（计入受压钢筋）和材料强度标准值考虑承载力抗震调整系数计算；

　　η_{vb}——连梁剪力的增大系数，一级为 1.3，二级为 1.2，三级为 1.1。

4. 连梁的构造要求

一般连梁的跨高比都较小，容易出现剪切斜裂缝，为了防止斜裂缝出现后的脆性破坏，除了减小其名义剪应力，并加大其箍筋配置外，还可通过一些特殊的构造要求来保证，如钢筋锚固、箍筋加密区范围、腰筋配置等。为此规定连梁的配筋应满足下列要求（见图 6.34）：

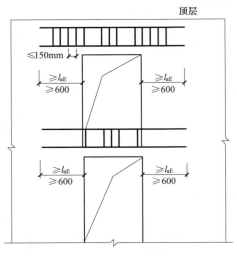

图 6.34　连梁配筋构造

（1）连梁顶面、底面纵向受力钢筋伸入墙内的锚固长度，抗震设计时不应小于 l_{aE}，非抗震设计时不应小于 l_a，且伸入墙内长度不应小于 600mm。l_a 为钢筋的锚固长度。

（2）一、二级抗震等级剪力墙，跨高比不大于 2，且墙厚不小于 200mm 的连梁，除普通箍筋外宜另设斜向交叉构造钢筋。

（3）抗震剪力墙中，沿连梁全长箍筋的构造要求应按框架梁梁端加密区箍筋构造要求采用；非抗震设计时，沿连梁全长箍筋直径不应小于 6mm，间距不大于 150mm。

（4）在顶层连梁纵向钢筋伸入墙体的长度范围内，应配置间距不大于 150mm 的构造箍筋，构造箍筋直径与该连梁的箍筋直径相同。

（5）墙体水平分布钢筋应作为连梁的腰筋在连梁范围内拉通连续配置；当连梁截面高度大于 700mm 时，其两侧面沿梁高范围设置的纵向构造钢筋（腰筋）的直径不应小于 10mm，间距不应大于 200mm；对跨高比不大于 2.5 的连梁，梁两侧的纵向构造钢筋（腰筋）的面积配筋率应不低于 0.30%。

6.9.8　剪力墙墙面和连梁开洞时的构造要求

当开洞较小，在整体计算中不考虑其影响时，除了将切断的分布钢筋集中在洞口边缘补足外，还要有所加强，以抵抗洞口处的应力集中。连梁是剪力墙的薄弱部位，应对连梁中开洞后的截面受剪承载力进行计算和采取构造加强措施。

当剪力墙墙面开有非连续小洞口（其各边长度小于 800mm），且在整体计算中不考虑其影响时，应将洞口处被截断的分布钢筋分别集中配置在洞口上、下和左、右两边［见图 6.35（a）］，且钢筋直径不应小于 12mm。

穿过连梁的管道宜预埋套管，洞口上、下的有效高度不宜小于梁高的 1/3，且不宜小于 200mm，洞口处宜配置补强钢筋，被洞口削弱的截面应进行承载力计算［图 6.35（b）］。

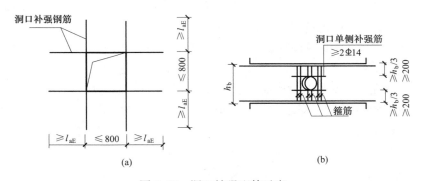

(a)　　　　　　　　　　　　　　　　(b)

图 6.35　洞口补强配筋示意

习　题

6.1　什么是剪力墙结构体系？

6.2　剪力墙结构房屋的承重方案有哪些？

6.3　剪力墙有哪几种类型？

6.4　什么是剪力墙整体工作系数 α？

6.5　计算剪力墙的内力时如何判断剪力墙的类型？

6.6　在水平荷载作用下，计算剪力墙结构时的基本假定是什么？

6.7　根据基本假定，在水平荷载作用下，剪力墙的荷载、内力、位移是如何考虑的？

6.8　竖向荷载作用下，剪力墙结构的内力是如何考虑的？

6.9　如何确定剪力墙剪力设计值？

6.10　剪力墙的布置原则是什么？

6.11　高墙和矮墙的主要区别是什么？

6.12　联肢剪力墙"强墙弱梁"的设计要点是什么？

第7章 框架-剪力墙结构房屋设计

7.1 框架-剪力墙协同工作原理与计算简图

7.1.1 协同工作理论基础

框架-剪力墙结构是由框架和剪力墙组成的结构体系。在水平荷载作用下，框架和剪力墙是变形特点不同的两种结构，当用平面内刚度很大的楼盖将两者连接在一起组成框架-剪力墙结构时，框架与剪力墙在楼盖处的变形必须协调一致，即两者之间存在协同工作问题。

在框架-剪力墙结构中，剪力墙的抗侧力能力比框架的要大。纯剪力墙结构是竖向悬臂弯曲构件，在水平荷载作用下，剪力墙的变形曲线呈弯曲型，如图7.1所示。框架的工作特点类似于竖向悬臂剪切梁，其变形曲线为剪切型，如图7.2所示。而对于框架-剪力墙结构，平面内刚度很大的楼板把剪力墙与框架联系在一起，使它们不在自由变形，而必须在同一楼层上保持相同的位移，其变形介于剪力墙结构与框架结构之间，呈弯剪变形，图7.3（a）中绘出了三种侧移曲线及其相互关系。可见，在结构下部，剪力墙的位移比框架小，墙将框架向左拉，框架将墙向右拉，故而框架-剪力墙结构的位移比框架的单独位移小，比剪力墙的单独位移大；在结构上部，剪力墙的位移比框架大，框架将墙向左推，墙将框架向右推，因而框架-剪力墙的位移比框架的单独位移大，比剪力墙的单独位移小，如图7.3（b）所示。框架与剪力墙之间的这种协同工作是非常有利的，它使框架-剪力墙结构的侧移大大减小，且使框架与剪力墙中的内力分布更趋合理。

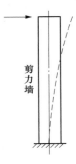

图7.1 剪力墙
变形曲线

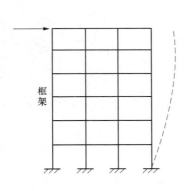

图7.2 框架变形曲线

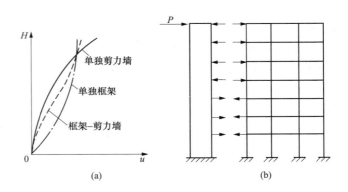

图7.3 三种侧移曲线

7.1.2 基本假定与计算简图

框架与剪力墙结构的计算方法有两种：①借助计算机计算的单元矩阵位移法；②手算的近似方法。本章主要介绍后面一种算法，并在结构分析时做如下假设：

（1）楼板在自身平面内的刚度为无限大。这保证了楼板将整个计算区段内的框架和剪力墙连为整体，在水平荷载作用下，框架和剪力墙之间不产生相对位移。

（2）结构刚度中心与作用在结构上的水平荷载（风荷载或水平地震作用）的合力作用点重合，在水平荷载作用下房屋不产生绕竖轴的扭转。

在这两个基本假定的前提下，同一楼层标高处，各榀框架和剪力墙的水平位移相等。此时，可将结构单元内所有剪力墙综合在一起，形成一榀假想的总剪力墙，总剪力墙的弯曲刚度等于各榀剪力墙弯曲刚度之和；把结构单元内所有框架综合起来，形成一榀假想的总框架，总框架的剪切刚度等于各榀框架剪切刚度之和。

按照剪力墙之间和剪力墙与框架之间有无连梁，或者是否考虑这些连梁对剪力墙转动的结束作用，框架-剪力墙结构可分为下列两类：

（1）框架-剪力墙铰接体系。对于图 7.4（a）所示结构单元平面，框架和剪力墙是通过楼板的作用连接在一起的。刚性楼板保证了有水平力作用时，同一楼层标高处的框架和剪力墙具有相同的水平位移，且楼板在平面外的转动约束作用很小可予以忽略，则总框架与总剪力墙之间可按铰接考虑，其横向计算简图如图 7.4（b）所示。其中总剪力墙代表图 7.4（a）中的 2 榀剪力墙的总和，总框架则代表 5 榀框架的总和，链杆代表刚性楼板的作用，将剪力墙和框架连在一起，同一楼层标高处，有相同的位移。这种连接方式称为框架-剪力墙铰接体系。

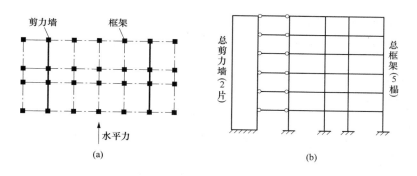

图 7.4　框架-剪力墙铰接体系计算简图

（2）框架-剪力墙刚接体系。对于图 7.5（a）所示结构单元平面，沿房屋横向有 3 片剪力墙，剪力墙与框架之间有连梁连接，当考虑连梁的转动约束作用时，连梁两端可按刚接考虑，其横向计算简图如图 7.5（b）所示。此处，总剪力墙代表图 7.5（a）中②、⑤、⑧轴线的 3 片剪力墙的综合；总框架代表 9 榀框架的综合，其中①、③、④、⑥、⑦、⑨轴线均为 3 跨框架，②、⑤、⑧轴线为单跨框架。在总剪力墙与总框架之间有一列总连梁，把两者连为整体。总连梁代表②、⑤、⑧轴线 3 列连梁的综合。总连梁与总剪力墙刚接的一列梁端，代表了 3 列连梁与 3 片墙刚接的综合；总连梁与总框架刚接的一列梁端，代表了②、⑤、⑧轴线处 3 个梁端与单跨框架的刚接，以及楼板与其他各榀框架的铰接。

框架-剪力墙结构的下端为固定端，一般取至基础顶面；当设置地下室，且地下室的楼层侧向刚度不小于相邻上部结构楼层侧向刚度的 2 倍时，可将地下室的顶板作为上部结构嵌固部位。

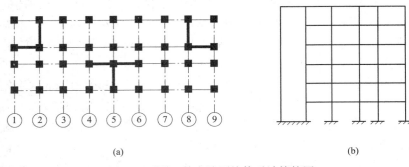

(a)   (b)

图 7.5　框架-剪力墙刚接体系计算简图

　　综上得出的计算简图仍是一个多次超静定的平面结构。它可以用力法或位移法借助电子计算机计算，也可采用适合于手算的连续栅片法。连续栅片法是沿结构的竖向采用连续化假定，即把连杆作为连续栅片。这个假定使总剪力墙与总框架不仅在每一楼层标高处具有相同的侧移，而且沿整个高度都有相同的侧移，从而使计算简化到能用四阶微分方程来求解。当房屋各层层高相等且层数较多时，连续栅片法具有较高的计算精度。

7.2　结构布置与基本计算参数

　　本节主要介绍框架-剪力墙结构和板柱-剪力墙结构。框架-剪力墙结构、板柱-剪力墙结构的布置形式、计算方法、截面设计及构造要求除应满足本节规定外，尚应符合其他有关章节的规定。

7.2.1　框架-剪力墙结构中剪力墙的布置

　　框架-剪力墙结构中，剪力墙有较大的刚度，能有效地控制侧移，具有较强的抗震能力。大量的震害表明，剪力墙数量的增加对结构抗震是有利的，但也并不是越多越好。剪力墙的数量和布置对结构的整体刚度和刚度中心位置影响很大，所以确定剪力墙的数量并进行合理的布置是这种结构在设计时所要解决的关键问题。

　　1. 剪力墙合理数量的确定

　　在框架-剪力墙结构中，结构的侧向刚度主要由同方向各片剪力墙截面弯曲刚度的总和 E_cI_w 控制，结构的水平位移随 E_cI_w 增大而减小。建筑物越高，所需要的 E_cI_w 值越大。但剪力墙数量也不宜过多，否则绝大部分水平地震力会被剪力墙吸收，框架的作用不能充分发挥，造成材料的浪费。一般以满足结构的水平位移限值作为设置剪力墙数量的依据较为合理。

　　2. 剪力墙的结构布置

　　（1）为了增强结构的抗扭能力，弥补由于结构平面形状凹凸引起的薄弱部位，减小剪力墙设置在房屋外围而受室内外温度变化的不利影响，剪力墙宜均匀布置在建筑物的周边附近、楼梯间、电梯间、平面形状变化及恒荷载较大的部位，剪力墙的间距不宜过大；平面形状凹凸较大时，宜在凸出部分的端部附近布置剪力墙。

　　（2）单片剪力墙底部承担的水平剪力不应超过结构底部总水平剪力的30%，以免结构的刚度中心与房屋的质量中心偏离过大造成截面配筋的不合理。

（3）纵、横向剪力墙宜组成 L 形、T 形和匚形等形式；楼、电梯间等竖井宜尽量与靠近的抗侧力结构结合布置，以增强结构的空间刚度和整体性。

（4）剪力墙宜贯通建筑物全高，避免刚度突变；剪力墙开洞时，洞口宜上、下对齐。抗震设计时，剪力墙的布置宜使结构各主轴方向的侧向刚度接近。

从结构布置上来看，在两片剪力墙之间布置框架时，楼盖必须具有足够大的刚度才能将水平剪力传递到两端的剪力墙上去，使剪力墙发挥作用。否则，楼盖在水平作用下将产生弯曲变形，导致框架侧移增大。通常以限制结构的长宽比限值作为楼盖刚度的主要措施。JGJ 3—2010 规定的剪力墙间距见表 7.1。当这些剪力墙之间的楼盖有较大开洞时，剪力墙的间距应适当地减小。

表 7.1　　　　　　　　　　　　　　　　剪力墙间距　　　　　　　　　　　　　　　　　　m

楼面形式	非抗震设计（取较小值）	抗震设防烈度		
		6、7 度（取较小值）	8 度（取较小值）	9 度（取较小值）
现浇	5.0B，60	4.0B，50	3.0B，40	2.0B，30
装配整体	3.5B，50	3.0B，40	2.5B，30	——

注　1. 表中 B 为剪力墙之间楼面宽度，单位为 m。

　　2. 现浇层厚度大于 60mm 的叠合楼板可作为现浇板考虑。

　　3. 当房屋端部未布置剪力墙时，第一片剪力墙与房屋端部的距离，不宜大于表中剪力墙间距的 1/2。

7.2.2　板柱-剪力墙结构的布置

板柱-剪力墙结构的布置应符合下列规定：

（1）应同时布置筒体或两主轴方向的剪力墙以形成双向抗侧力体系，并应避免结构刚度中心偏心，且宜在对应剪力墙或筒体的各楼层处设置暗梁。

（2）抗震设计时，房屋的周边应设置边梁形成周边框架，房屋的顶层及地下室一层顶板宜采用梁板结构。当楼、电梯间等有较大开洞时，洞口周边宜设置框架梁或边梁。

（3）板柱-剪力墙结构与框架-剪力墙结构中剪力墙的布置要求相同。

（4）无梁板可根据承载力和变形要求采用无柱帽板或有柱帽板的形式。柱托板的长度和厚度应按计算确定且每方向长度不宜小于板跨度的 1/6，其厚度不宜小于板厚度的 1/4。7 度时宜采用有柱托板，8 度时应采用有柱托板，板托每方向长度不宜小于同方向柱截面宽度和 4 倍板厚之和，托板总厚度不应小于柱纵向钢筋直径的 16 倍。当无柱托板且无梁板受冲切承载力不足时，可采用型钢剪力架，但板的厚度不应小于 200mm。

（5）双向无梁板厚度与长跨之比，不宜小于表 7.2 的规定。

表 7.2　　　　　　　　　　　　双向无梁板厚度与长跨的最小比值

非预应力楼板		预应力楼板	
无柱托板	有柱托板	无柱托板	有柱托板
1/30	1/35	1/40	1/45

7.2.3　梁、柱截面尺寸及剪力墙数量的初步拟定

1. 梁、柱截面尺寸

框架梁的截面尺寸一般根据工程经验确定，框架柱的截面尺寸与框架结构相同，可按

第 5.2.1 节有关规定进行。

2. 剪力墙数量

在初步设计阶段，可采用房屋底层全部剪力墙截面面积 A_w 和全部柱截面面积 A_c 之和与楼面面积 A_f 的比值，或者采用全部剪力墙截面面积 A_w 与楼面面积 A_f 的比值，作为一个指标来粗略估计剪力墙的数量。根据以往设计较合理的工程来看，$(A_w + A_c)/A_f$ 或 A_w/A_f 比值大致分布在表 7.3 的范围内。层数多、高度大的框架-剪力墙结构体系，宜取表中的上限值。

表 7.3　　　　　　　　　　底层剪力墙（柱）截面面积与楼面面积的比值

设计条件	$(A_w + A_c)/A_f$	A_w/A_f
7 度，Ⅱ类场地	3%～5%	2%～3%
8 度，Ⅱ类场地	4%～6%	3%～4%

7.2.4　基本计算参数

框架-剪力墙结构分析时，需确定总框架的剪切刚度、总连梁的等效剪切刚度和总剪力墙的弯曲刚度。采用连续栅片法计算时，假定这些结构参数沿房屋高度不变。如有变化，可取沿高度的加权平均值，仍近似按参数沿高度不变来计算。

1. 总框架的剪切刚度计算

框架柱的侧向刚度 C_{fi} 的定义：使框架柱两端产生单位相对侧移所需施加的水平剪力［见图 7.6（a）］，用符号 D 表示同层各柱侧向刚度的总和。总框架的剪切刚度定义 C_{fi} 为：使总框架在楼层间产生单位剪切变形（$\gamma = 1$）所需施加的水平剪力［见图 7.6（b）］，则 C_{fi} 与 D 有如下关系

$$C_{fi} = Dh = h \sum D_{ij} \tag{7.1}$$

式中　D_{ij}——第 i 层第 j 根柱的侧向刚度；

　　　D——同一层内所有框架柱 D_{ij} 之和；

　　　h——为层高。

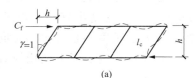
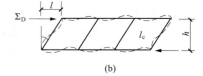

图 7.6　框架的剪切刚度

在实际工程中，总框架的各层 C_{fi} 沿高度方向不一定完全相同，如果变化不大，计算 C_f 时可近似地以各层 C_{fi} 按高度加权取平均值，即

$$C_f = \frac{C_{f1}h_1 + C_{f2}h_2 + \cdots + C_{fn}h_n}{h_1 + h_2 + \cdots + h_n} \tag{7.2}$$

式（7.1）所表示的总框架剪切刚度，未考虑框架柱的轴向变形，当框架高度不太大时引起的误差不大，在计算中可不予考虑。但是当高度大于 50m 或框架高宽比大于 4 时，宜采用考虑柱轴向变形后的等效刚度来代替框架的刚度。考虑柱轴向变形时框架的剪切刚度可用下述比拟的方法近似导出。

根据框架剪切刚度 C_f 的定义，当楼层间的剪切角为 γ 时，楼层剪力 V_f 等于

$$V_f = C_f \gamma = C_f \frac{dy}{dz} \tag{7.3}$$

式中　y、z——柱弦线的水平及竖向坐标。

将上式对 z 微分一次，得

$$-q_f(z) = \frac{dV_f}{dz} = C_f \frac{d^2 y}{dz^2} \tag{7.4}$$

其中，$q_f(z)$ 为框架所承受的分布水平力；V_f 以及 q_f 以自左向右为正。

将式（7.4）积分两次，得

$$y = -\frac{1}{C_f} \left[\int_0^z \int_z^H q_f(z) dz dz \right] \tag{7.5}$$

式中　H——框架总高度。

式（7.5）中的 y 是由梁、柱弯曲变形产生的框架水平位移，框架顶点的侧移 u_M 为

$$u_M = [y]_{z=H} = -\frac{1}{C_f} \left[\iint_{0\,z}^{z\,H} q_f(z) dz dz \right]_{z=H}$$

或者写成

$$C_f = -\frac{1}{u_M} \left[\int_0^z \int_z^H q_f(z) dz dz \right]_{Z=H} \tag{7.6}$$

若用 u_N 表示由柱轴向变形产生的框架顶点侧移，比照上式，可以定义考虑柱轴向变形后框架的剪切刚度 C_{f0} 为

$$C_{f0} = -\frac{1}{u_N + u_M} \left[\int_0^z \int_z^H q_f(z) dz dz \right]_{z=H} \tag{7.7}$$

由式（7.6）和式（7.7）得

$$C_{f0} = \frac{u_M}{u_N + u_M} C_f \tag{7.8}$$

式中　u_M——仅考虑梁、柱弯曲变形时框架的顶点侧移，可用 D 值法计算；

　　　　u_N——柱轴向变形引起的框架顶点侧移，可按式（5.33）或其他简化方法计算。

2. 剪力墙的弯曲刚度计算

先按 6.2.2 节所述方法判别剪力墙类别。对整片截面墙，按式（6.4）计算等效刚度，当各层剪力墙的厚度或混凝土强度等级不同时，式中 E_c、I_w、A_w、μ 应取沿高度的加权平均值。同样，按式（6.19）计算整体小开口墙的等效刚度时，只考虑带洞部分的墙，不计无洞部分墙的作用，式中 E_c、I、A、μ 也应沿高度取加权平均值，对联肢墙，可按式（6.58）或式（6.77）计算等效刚度。

总剪力墙的等效刚度为结构单元内同一方向所有剪力墙等效刚度之和，即

$$E_c I_{eq} = \sum (E_c I_{eq})j \tag{7.9}$$

3. 连梁的等效剪切刚度计算

框架-剪力墙刚接体系的连梁进入墙的部分刚度很大，因此连梁应作为带刚域的梁进行分析。剪力墙间的连梁是两端带刚域的梁［见图 7.7（a）］，剪力墙与框架间的连梁是一端带刚域的梁［见图 7.7（b）］。

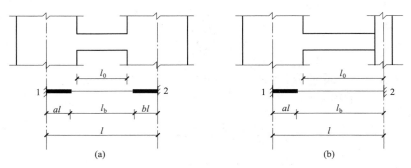

图 7.7 连梁的计算简图

在水平荷载作用下，根据刚性楼板的假定，同层框架与剪力墙的水平位移相同，同时假定同层所有结点的转角 θ 也相同，则可得两端带刚域连梁的杆端转动刚度

$$S_{12} = \frac{6EI_0}{l} \cdot \frac{1+a-b}{(1-a-b)^3(1+\beta)}$$

$$S_{21} = \frac{6EI_0}{l} \cdot \frac{1-a+b}{(1-a-b)^3(1+\beta)} \tag{7.10}$$

在上式中令 $b=0$，可得一端带刚域连梁的杆端转动刚度

$$S_{12} = \frac{6EI_0}{l} \cdot \frac{1+a}{(1-a)^3(1+\beta)}$$

$$S_{21} = \frac{6EI_0}{l} \cdot \frac{1}{(1-a)^2(1+\beta)} \tag{7.11}$$

式中符号意义与 6.2.3 节相同。

其中，a，b 为刚域长度系数，β 为剪切影响系数，当取 $G=0.4E$ 时，可按下式计算

$$\beta = \frac{30\mu I_0}{Al_0^2}$$

式中 A、I_0——杆件中段的截面面积和惯性矩。

当采用连续化方法计算框架-剪力墙结构内力时，应将 S_{12} 和 S_{21} 简化为沿层高 h 的线约束刚度 C_{12} 和 C_{21}，其值为

$$C_{12} = \frac{S_{12}}{h}$$

$$C_{21} = \frac{S_{21}}{h} \tag{7.12}$$

单位高度上连梁两端线约束刚度之和为

$$C_b = C_{12} + C_{21}$$

当第 i 层的同一层内共有 s 根刚接连梁时，总连梁的线约束刚度为

$$C_{bi} = \sum_{j=1}^{s} (C_{12} + C_{21})_j \qquad (7.13)$$

上式适用于两端与墙连接的连梁，对一端与墙连接的连梁，应令与柱连接端的 C_{21} 为零。

当各层总连梁 C_{bi} 的不同时，可近似地取各层 C_{bi} 按高度取加权平均值，即

$$C_b = \frac{C_{b1} h_1 + C_{b2} h_2 + \cdots + C_{bn} h_n}{h_1 + h_2 + \cdots + h_n} \qquad (7.14)$$

7.2.5　截面设计及抗震要求

（1）框架-剪力墙结构、板柱-剪力墙结构中，剪力墙的竖向、水平分布钢筋的配筋率，抗震设计时均不应小于 0.25%，非抗震设计时均不应小于 0.20%，且应至少双排布置。各排分布筋之间应设置拉结筋，拉结筋的直径不应小于 6mm，间距不应大于 600mm。

（2）带边框剪力墙的截面厚度应符合下列规定：抗震设计时，一、二级剪力墙的底部加强部位不应小于 200mm；其他情况下不应小于 160mm。

（3）剪力墙的水平钢筋应全部锚入边框内，锚固长度不应小于 l_a（非抗震设计）或 l_{ae}（抗震设计）。

（4）与剪力墙重合的框架梁可保留，也可做成宽度与墙厚度相同的暗梁，暗梁截面高度可取墙厚度的 2 倍或与该榀框架截面等高，暗梁的配筋可按构造配置，且应符合一般框架梁相应抗震等级的最小配筋要求。

（5）剪力墙截面宜按工字形设计，其端部的纵向受力钢筋应配置在边框柱截面内。

（6）边框柱截面宜与该榀框架其他柱的截面相同，剪力墙底部加强部位边框的箍筋宜全程加密；当带边框剪力墙上的洞口紧邻边框时，边框柱的箍筋宜沿全高加密。

（7）板柱-剪力墙结构设计应符合下面的规定：结构分析中规则的板柱结构可用等代框架法，其等代梁的宽度宜采用垂直于等代框架方向两侧柱各 1/4；宜采用连续体有限元空间模型进行更准确的计算分析。

1）楼板在柱周边临界截面的冲切应力，不宜超过 $0.7f_t$，超过时应配置抗冲切钢筋或抗剪栓钉。

2）沿两个主轴方向均应布置通过柱截面的板底连续钢筋，且钢筋的总截面面积应符合下面的要求

$$A_s \geqslant N_G / f_y$$

式中　A_s——通过柱截面的板底连续钢筋的总截面面积；

　　　N_G——该层楼面重力荷载代表值作用下的柱轴向压力设计值，8 度时宜计入竖向地震影响；

　　　f_y——通过柱截面的板底连续钢筋的抗拉强度设计值。

3）抗震设计时，应在柱上板带中设置构造暗梁，暗梁宽度取柱宽及两侧各 1.5 倍板厚之和，暗梁支座上部钢筋截面面积不宜小于柱上板带钢筋截面面积的 50%，并应全跨拉通，暗梁下部钢筋应不小于上部钢筋的 1/2。暗梁箍筋的布置，当计算不需要时，直径不应小于 8mm，间距不宜大于 $3h_0/4$，肢距不宜大于 $2h_0$；当计算需要时应按计算确定，且直径不应小于 10mm，间距不宜大于 $h_0/2$，肢距不宜大于 $1.5h_0$。

4）设置柱托时，非抗震设计时托板底部宜布置构造钢筋；抗震设计时托板底部钢筋应按计算确定，并应满足抗震锚固要求。计算柱上板带的支座钢筋时，可考虑托板厚度的有利

影响。

　　5）无梁楼板开局部洞口时，应验算承载力及刚度要求。当未做专门分析时，在板的不同部位开单个洞口的大小应符合图 7.8 的要求。若在同一部位开多个洞口，则在同一截面上各个洞口之和不应大于该部位单个洞的允许宽度。所有洞口边均应设置补强筋。

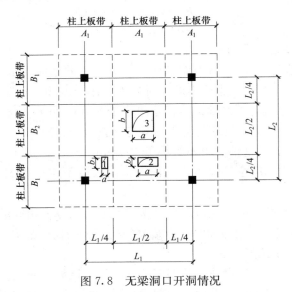

图 7.8　无梁洞口开洞情况

7.3　框架-剪力墙铰接体系结构分析

7.3.1　基本方程及其一般解

　　框架-剪力墙铰接体系的计算简图如图 7.9（a）所示。当采用连续化方法计算时，把连杆作为连续栅片，则在任意水平荷载 $q(z)$ 作用下，总框架与总剪力墙之间存在连续的相互作用力，如图 7.9（b）所示。

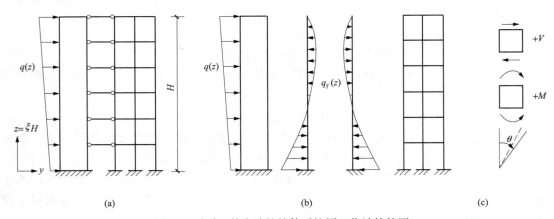

图 7.9　框架-剪力墙铰接体系协同工作计算简图

　　取总剪力墙为隔离体，弯矩 M 及剪力 V 的正负号仍采用梁中通用的规定，如图 7.9（c）

所示的正负号规定，则根据材料力学可得如下微分方程

$$E_c I_{eq} \frac{d^4 y}{dz^4} = q(z) - q_f(z)$$

式中　$q_f(z)$——框架与剪力墙的相互作用力，可表示为

$$q_f(z) = \frac{dV_f}{dz} = -C_f \frac{d^2 y}{dz^2} \qquad (7.15)$$

将式（7.15）代入微分方程，令 $\xi = \dfrac{z}{H}$ ，$\lambda = H \sqrt{\dfrac{C_f}{E_c I_{eq}}}$ ，则得

$$\frac{d^4 y}{d\xi^4} - \lambda^2 \frac{d^2 y}{d\xi^2} = \frac{q(\xi) H^4}{E_c I_{eq}} \qquad (7.16)$$

式中　λ——结构刚度特征值，是反映总框架和剪力墙之比的一个参数，对框架-剪力墙结构的受力和变形特征有重大影响。

式（7.16）是四阶常系数线性微分方程，其解包括两部分：一部分是相应齐次方程的解；另一部分是该方程的特解。其解的一般形式如下

$$y = C_1 - C_2 \xi + C_3 \, sh\lambda\xi + C_4 \, ch\lambda\xi + y_1 \qquad (7.17)$$

式中　$C_1 \sim C_4$——4 个任意常数，由框架-剪力墙结构的边界条件确定；

　　　　y_1——式（7.16）的任意特解，视具体荷载而定。

位移 y 求出后，框架-剪力墙结构任意截面的转角 θ ，总剪力墙的弯矩 M_w、剪力 V_w，以及总框架的剪力 V_f，可由下列微分关系求得

$$\left. \begin{aligned} \theta &= \frac{dy}{dz} = \frac{1}{H} \cdot \frac{dy}{d\xi} \\[2mm] M_w &= E_c I_{eq} \frac{d^2 y}{dz^2} = \frac{E_c I_{eq}}{H^2} \cdot \frac{d^2 y}{d\xi^2} \\[2mm] V_w &= -E_c I_{eq} \frac{d^3 y}{dz^3} = -\frac{E_c I_{eq}}{H^3} \cdot \frac{d^3 y}{d\xi^3} \\[2mm] V_f &= C_f \frac{dy}{dz} = \frac{C_f}{H} \cdot \frac{dy}{d\xi} \end{aligned} \right\} \qquad (7.18)$$

7.3.2　水平均布荷载作用下内力及侧移计算

当作用均布荷载时，式（7.16）中 $q(\xi) = q$ ，式（7.17）中的特解 $y_1 = -\dfrac{qH^2}{2C_f} \xi^2$ ，则由式（7.17）得一般解为

$$y = C_1 + C_2 \xi + C_3 \, sh\lambda\xi + C_4 \, ch\lambda\xi - \frac{qH^2}{2C_f} \xi^2 \qquad (7.19)$$

下面由边界条件确定积分常数。

（1）在结构顶部总剪力为零，即当 $\xi = 1$ 时，$V = V_w + V_f = 0$ 。将式（7.18）的第 3、4 式代入，则得

$$\lambda^2 \frac{dy}{d\xi} = \frac{d^3 y}{d\xi^3}$$

将式（7.19）代入上式，得

$$\lambda^2(C_2 - qH^2/C_f) + \lambda^3(C_3\,\mathrm{ch}\lambda + C_4\,\mathrm{sh}\lambda) = \lambda^3(C_3\,\mathrm{ch}\lambda + C_4\,\mathrm{sh}\lambda)$$

由此得

$$C_2 = qH^2/C_f$$

（2）在结构顶端，剪力墙的弯矩为零，即当 $\xi=1$ 时，由式（7.18）的第 2 式得 $\dfrac{\mathrm{d}^2 y}{\mathrm{d}\xi^2}=0$。

将式（7.19）代入得

$$C_3\lambda^2\,\mathrm{sh}\lambda + C_4\lambda^2\,\mathrm{ch}\lambda - qH^2/C_f = 0$$

由此得

$$C_4 = \frac{qH^2}{\lambda^2 C_f}\left(\frac{\lambda\,\mathrm{sh}\lambda + 1}{\mathrm{ch}\lambda}\right)$$

（3）剪力墙下端固定，弯曲转角为零，即当 $\xi=0$ 时，$\mathrm{d}y/\mathrm{d}\xi=0$。由式（7.19）可得

$$C_3 = -\frac{C_2}{\lambda} = -\frac{qH^2}{\lambda C_f}$$

（4）在结构下端，侧移为零，即当 $\xi=0$ 时，$y=0$。由式（7.19）得

$$C_1 = -C_4 = -\frac{qH^2}{\lambda^2 C_f}\left(\frac{\lambda\,\mathrm{sh}\lambda + 1}{\mathrm{ch}\lambda}\right)$$

将上述积分常数代入式（7.19），经整理后得

$$y = \frac{qH^4}{E_c I_{eq}} \cdot \frac{1}{\lambda^4}\left[\left(\frac{\lambda\,\mathrm{sh}\lambda + 1}{\mathrm{ch}\lambda}\right)(\mathrm{ch}\lambda\xi - 1) - \lambda\,\mathrm{sh}\lambda\xi + \lambda^2\left(\xi - \frac{\xi^2}{2}\right)\right] \tag{7.20}$$

上式就是水平均布荷载作用下框架-剪力墙结构侧移计算公式。

将式（7.20）代入式（7.18），可得转角 θ、总剪力墙弯矩 M_w、剪力 V_w 及总框架剪力 V_f 的计算公式

$$\theta = \frac{qH^3}{E_c I_{eq}} \cdot \frac{1}{\lambda^2}\left[\left(\frac{\lambda\,\mathrm{sh}\lambda + 1}{\lambda\,\mathrm{ch}\lambda}\right)\mathrm{sh}\lambda\xi - \mathrm{ch}\lambda\xi - \xi + 1\right] \tag{7.21}$$

$$M_w = \frac{E_c I_{eq}}{H^2} \cdot \frac{\mathrm{d}^2 y}{\mathrm{d}\xi^2} = \frac{qH^2}{\lambda^2}\left[\left(\frac{\lambda\,\mathrm{sh}\lambda + 1}{\mathrm{ch}\lambda}\right)\mathrm{ch}\lambda\xi - \lambda\,\mathrm{sh}\lambda\xi - 1\right] \tag{7.22}$$

$$V_w = -\frac{E_c I_{eq}}{H^3} \cdot \frac{\mathrm{d}^3 y}{\mathrm{d}\xi^3} = qH\left[\mathrm{ch}\lambda\xi - \left(\frac{\lambda\,\mathrm{sh}\lambda + 1}{\lambda\,\mathrm{ch}\lambda}\right)\mathrm{sh}\lambda\xi\right] \tag{7.23}$$

$$V_f = \frac{C_f}{H} \cdot \frac{\mathrm{d}y}{\mathrm{d}\xi} = qH\left[\left(\frac{\lambda\,\mathrm{sh}\lambda + 1}{\lambda\,\mathrm{ch}\lambda}\right)\mathrm{sh}\lambda\xi - \mathrm{ch}\lambda\xi - \xi + 1\right] \tag{7.24}$$

7.3.3　倒三角形分布水平荷载作用下内力及侧移计算

倒三角形水平分布荷载［见图 7.10（a）］作用时，$q(z) = q\dfrac{z}{H} = q\xi$，相应的特解 $y_1 = -\dfrac{qH^2}{6C_f}\xi^3$，代入式（7.17）得

$$y = C_1 + C_2\xi + C_3\,\mathrm{sh}\lambda\xi + C_4\,\mathrm{ch}\lambda\xi - \frac{qH^2}{6C_f}\xi^3 \tag{7.25}$$

4 个边界条件与均布荷载作用时是一样的，因此推导过程完全一样。这里略去推导过程，直接给出倒三角形水平荷载作用时的位移公式和总剪力墙弯矩 M_w、剪力 V_w 及总框架剪力 V_f 的计算公式。

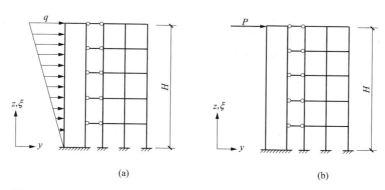

图 7.10　倒三角形分布荷载及顶点集中荷载作用下协同工作计算简图

倒三角形分布载荷作用时的侧移计算公式为

$$y = \frac{qH^4}{E_c I_{eq}} \cdot \frac{1}{\lambda^2}\left[\left(\frac{1}{\lambda^2} + \frac{\mathrm{sh}\lambda}{2\lambda} - \frac{\mathrm{sh}\lambda}{\lambda^3}\right)\left(\frac{\mathrm{ch}\lambda\xi - 1}{\mathrm{ch}\lambda}\right) + \left(\frac{1}{2} - \frac{1}{\lambda^2}\right)\left(\xi - \frac{\mathrm{sh}\lambda\xi}{\lambda}\right) - \frac{\xi^3}{6}\right] \tag{7.26}$$

总剪力墙弯矩 M_w、剪力 V_w 及总框架剪力 V_f 的计算公式为

$$M_w = \frac{E_c I_{eq}}{H^2} \cdot \frac{\mathrm{d}^2 y}{\mathrm{d}\xi^2} = \frac{qH^2}{\lambda^2}\left[\left(1 + \frac{\lambda\,\mathrm{sh}\lambda}{2} - \frac{\mathrm{sh}\lambda}{\lambda}\right)\frac{\mathrm{ch}\lambda\xi}{\mathrm{ch}\lambda} - \xi - \left(\frac{\lambda}{2} - \frac{1}{\lambda}\right)\mathrm{sh}\lambda\xi\right] \tag{7.27}$$

$$V_w = -\frac{E_c I_{eq}}{H^3} \cdot \frac{\mathrm{d}^3 y}{\mathrm{d}\xi^3} = -\frac{qH}{\lambda^2}\left[\left(\lambda + \frac{\lambda^2\,\mathrm{sh}\lambda}{2} - \mathrm{sh}\lambda\right)\frac{\mathrm{sh}\lambda\xi}{\mathrm{ch}\lambda} - \left(\frac{\lambda^2}{2} - 1\right)\mathrm{ch}\lambda\xi - 1\right] \tag{7.28}$$

$$V_f = \frac{C_f}{H} \cdot \frac{\mathrm{d}y}{\mathrm{d}\xi} = qH\left[\left(\frac{1}{\lambda} + \frac{\mathrm{sh}\lambda}{2} - \frac{\mathrm{sh}\lambda}{\lambda^2}\right)\frac{\mathrm{sh}\lambda\xi}{\mathrm{ch}\lambda} + \left(\frac{1}{2} - \frac{1}{\lambda^2}\right)(1 - \mathrm{ch}\lambda\xi) - \frac{\xi^2}{2}\right] \tag{7.29}$$

7.3.4　顶点集中水平荷载作用下内力及侧移计算

顶点集中荷载作用 [见图 7.10 (b)] 时，$q(z) = 0$，方程（7.16）为齐次方程，只有齐次解，特解 $y_1 = 0$，则

$$y = C_1 + C_2\xi + C_3\,\mathrm{sh}\lambda\xi + C_4\,\mathrm{ch}\lambda\xi \tag{7.30}$$

4 个边界条件分别为

（1）$\xi = 1$，$V_w + V_f = P$，即 $\lambda^2\dfrac{\mathrm{d}y}{\mathrm{d}\xi} - \dfrac{\mathrm{d}^3 y}{\mathrm{d}\xi^3} = \dfrac{PH^3}{E_c I_{eq}}$；

（2）$\xi = 1$，$\dfrac{\mathrm{d}^2 y}{\mathrm{d}\xi^2} = 0$；

（3）$\xi = 0$，$\dfrac{\mathrm{d}y}{\mathrm{d}\xi} = 0$；

（4）$\xi = 0$，$y = 0$。

将式 (7.30) 代入上述边界条件，得 4 个积分常数分别为

$$C_2 = \frac{PH}{C_f}, \quad C_4 = \frac{PH}{\lambda C_f}\text{th}\lambda, \quad C_3 = -\frac{PH}{\lambda C_f}, \quad C_1 = -C_4 = -\frac{PH}{C_f} \cdot \frac{\text{th}\lambda}{\lambda}$$

从而可得顶点集中荷载作用下微分方程的解

$$y = \frac{PH^3}{E_c I_{eq}} \cdot \frac{1}{\lambda^3}\left[(\text{ch}\lambda\xi - 1)\text{th}\lambda - \text{sh}\lambda\xi + \lambda\xi\right] \tag{7.31}$$

将式 (7.31) 代入式 (7.18)，得

$$\theta = \frac{PH^2}{E_c I_{eq}} \cdot \frac{1}{\lambda^2}(\text{th}\lambda\,\text{sh}\lambda\xi - \text{ch}\lambda\xi + 1) \tag{7.32}$$

$$M_w = \frac{PH}{\lambda}(\text{th}\lambda\,\text{ch}\lambda\xi - \text{sh}\lambda\xi) \tag{7.33}$$

$$V_w = P(\text{ch}\lambda\xi - \text{th}\lambda\,\text{sh}\lambda\xi) \tag{7.34}$$

$$V_f = P(\text{th}\lambda\,\text{sh}\lambda\xi - \text{ch}\lambda\xi + 1) \tag{7.35}$$

7.4　框架-剪力墙刚接体系结构分析

7.4.1　基本微分关系

当考虑连梁对剪力墙转动的约束作用时，框架-剪力墙结构可按刚接体系计算，如图 7.11 (a) 所示。把框架-剪力墙结构沿连梁的反弯点切开，可显示出连梁的剪力和轴力 [见图 7.11 (b)]。连梁的剪力体现了总框架与总剪力墙之间相互作用的竖向力；连梁的轴力则体现了总框架与总剪力墙之间相互作用的水平力 $q_f(z)$。把总连梁沿高度连续化后，连梁剪力就化为沿高度连续分布的剪力 $v(z)$。将分布剪力向剪力墙轴线简化，则剪力墙将产生分布轴力和线约束弯矩 $m(z)$，如图 7.11 (c) 所示。

1. 平衡方程

在框架-剪力墙结构任意高度 z 处，存在下列平衡关系

$$q(z) = q_w(z) + q_f(z) \tag{7.36}$$

式中　$q(z)$——结构 z 高度处的外荷载；

$q_w(z)$——总剪力墙承受的荷载；

$q_f(z)$——总框架承受的荷载。

2. 总剪力墙内力与位移的微分关系

总剪力墙的受力情况如图 7.11 (c) 所示。从图 7.11 中截取高度为 dz 的微段，并在两个横截面中引入截面内力，如图 7.11 (d)（图中未画分布轴力）所示。由该微段水平方向力的平衡条件，可得下列关系式

$$dV_w + q(z)dz - q_f(z)dz = 0$$

将式 (7.36) 代入上式得

$$\frac{dV_w}{dz} = -q_w(z) \tag{7.37}$$

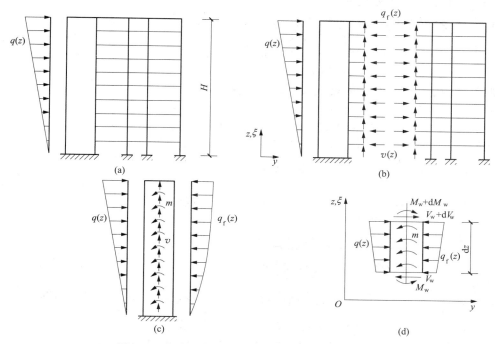

图 7.11　框架-剪力墙刚接体系协同工作计算简图

由作用在微段上所有力对截面下边缘形心的力矩之和为零，得

$$dM_w + (V_w + dV_w)dz + q(z) - q_f(z)dz \cdot \frac{dz}{2} - m(z)dz = 0$$

忽略上式中的二阶微量，得

$$\frac{dW_w}{dz} = -V_w + m(z) \tag{7.38}$$

将式（7.18）的第 2 式代入上式，得

$$V_w = -E_c I_{eq} \frac{d^3 y}{dz^3} + m(z) \tag{7.39}$$

式（7.39）即为框架-剪力墙刚接体系中剪力墙剪力的表达式。

　　3. 总框架内力与位移的微分关系

　　总框架剪力 V_f 与楼层间的剪切角 γ 的关系如式（7.3）所示。

　　4. 总连梁内力与位移的微分关系

　　根据杆端转动刚度 S 的定义，总连梁的约束刚度 C_b 可按下列公式计算

$$C_b = \sum \frac{S_{ij}}{h} = \sum \frac{M_{ij}}{\theta h} \tag{7.40}$$

式中　S_{ij}——第 i 层第 j 连梁与剪力墙刚接端的转动刚度；

　　　　M_{ij}——第 i 层第 j 连梁与剪力墙刚接端的转动弯矩。

　　总连梁的线约束弯矩 $m(z)$ 可表示为

$$C_b = \sum \frac{S_{ij}}{h} = \sum \frac{M_{ij}}{\theta h} \tag{7.41}$$

7.4.2　基本方程及其解

将式（7.39）代入式（7.37），并利用式（7.41）得

$$q_{w}(z)=E_{c}I_{eq}\frac{d^{4}y}{dz^{4}}-C_{b}\frac{d^{2}y}{dz^{2}} \tag{7.42}$$

将式（7.42）及式（7.4）代入式（7.36）得

$$E_{c}I_{eq}\frac{d^{4}y}{dz^{4}}-(C_{b}+C_{f})\frac{d^{2}y}{dz^{2}}=q(z)$$

令 $\xi=z/H$，$\lambda=H\sqrt{\dfrac{C_{b}+C_{f}}{E_{c}I_{eq}}}$，上式整理后得

$$\frac{d^{4}y}{d\xi^{4}}-\lambda^{2}\frac{d^{2}y}{d\xi^{2}}=\frac{q(\xi)H^{4}}{E_{c}I_{eq}} \tag{7.43}$$

式中　λ——框架-剪力墙刚接体系的刚度特征值。

与铰接体系刚度特征值相比，刚接体系刚度特征值的根号内分子项多了一项 C_{b}，当 $C_{b}=0$ 时，$\sqrt[H]{\dfrac{C_{b}+C_{f}}{E_{c}I_{eq}}}$ 就转化为铰接体系的刚度特征值。C_{b} 体现了连梁对剪力墙的约束作用。此外，在结构抗震计算中，式中的 C_{b} 可予以折减，折减系数不宜小于 0.5。

式（7.43）即为框架-剪力墙刚接体系的微分方程，与式（7.16）形式上相同。与式（7.43）相应的框架-剪力墙结构的侧移和内力如下

$$\left.\begin{aligned}
y&=C_{1}+C_{2}\xi+C_{3}\text{sh}\lambda\xi+C_{4}\text{ch}\lambda\xi+y_{1}\\
\theta&=\frac{dy}{dz}=\frac{1}{H}\frac{dy}{d\xi}\\
M_{w}&=E_{c}I_{eq}\frac{d^{2}y}{dz^{2}}=\frac{E_{c}I_{eq}}{H^{3}}\cdot\frac{d^{3}y}{d\xi^{3}}\\
V_{w}&-E_{c}I_{eq}\frac{d^{3}y}{dz^{3}}+m=\frac{E_{c}I_{eq}}{H^{3}}\cdot\frac{d^{3}y}{d\xi^{2}}+m\\
V_{f}&=V-\left(-\frac{E_{c}I_{eq}}{H^{3}}\cdot\frac{d^{3}y}{d\xi^{3}}+m\right)=V'_{f}-m\\
m&=C_{b}\frac{dy}{dz}=\frac{C_{b}}{H}\cdot\frac{dy}{d\xi}
\end{aligned}\right\} \tag{7.44}$$

式中　V'_{f}——总框架的名义剪力。

比较刚接体系与铰接体系的相应公式，可知两者有下列异同点：

（1）结构体系的侧移 y、转角 θ 及总剪力墙弯矩 M_{w}，刚接体系与铰接体系具有完全相同的表达式。因而 7.3 节对于铰接体系所推导的相应公式，对于刚接体系也完全适用，但对于刚度特征值，刚接体系与铰接体系具有不同的表达式。

（2）总剪力墙剪力的表达式不同。比较式（7.18）的第 3 式与式（7.44）的第 4 式，可见刚接体系总剪力墙剪力表达式中的第一项与铰接体系总剪力墙剪力的形式相同，因而对于铰接体系所推导的相应公式，可用于计算刚接体系总剪力墙剪力的第一项 $\left(-\dfrac{E_{c}I_{eq}}{H^{3}}\cdot\dfrac{d^{3}y}{d\xi^{3}}\right)$。

（3）总框架剪力的表达式也不同。由式（7.44）可知，对刚接体系，$V_{f}=V'_{f}-m$，其

中总框架的名义剪力 V_f' 与铰接体系中总框架剪力的表达式相同。

（4）框架-剪力墙刚接体系还应计算总连梁的线约束弯矩 m。由式（7.44）的第 6 式，可得均布荷载、倒三角形水平分布荷载和顶点集中水平荷载作用下 m 的表达式

$$m=\frac{qH^3C_\mathrm{b}}{E_\mathrm{c}I_\mathrm{eq}}\cdot\frac{1}{\lambda^2}\left[\left(\frac{\lambda\,\mathrm{sh}\lambda+1}{\lambda\,\mathrm{ch}\lambda}\right)\mathrm{sh}\lambda\xi-\mathrm{ch}\lambda\xi-\xi+1\right]\quad（均布荷载）\tag{7.45}$$

$$m=\frac{qH^3C_\mathrm{b}}{E_\mathrm{c}I_\mathrm{eq}}\cdot\frac{1}{\lambda^2}\left[\left(\frac{1}{\lambda}+\frac{\mathrm{sh}\lambda}{2}-\frac{\mathrm{sh}\lambda}{\lambda^2}\right)\frac{\mathrm{sh}\lambda\xi}{\mathrm{ch}\lambda}\right.$$
$$\left.+\left(\frac{1}{2}-\frac{1}{\lambda^2}\right)(1-\mathrm{ch}\lambda\xi)-\frac{\xi^2}{2}\right]\quad（倒三角形分布荷载）\tag{7.46}$$

$$m=\frac{PH^2C_\mathrm{b}}{E_\mathrm{c}I_\mathrm{eq}}\cdot\frac{1}{\lambda^2}(\mathrm{th}\lambda\,\mathrm{sh}\lambda\xi-\mathrm{ch}\lambda\xi+1)\quad（顶点集中水平荷载）\tag{7.47}$$

7.4.3　总框架剪力 V_f 和总连梁的线约束弯矩 m 的另一种算法

框架-剪力墙刚接体系总框架剪力 V_f，可按式（7.44）的第 5 式计算，其中总框架的名义剪力 V_f' 应按式（7.24）、式（7.29）、式（7.35）计算；总连梁的线约束弯矩 m 可直接用式（7.45）～式（7.47）计算；V_f' 和 m 中的 λ 须按刚接体系计算。为了使计算更为简便，可利用框架-剪力墙铰接体系的公式，通常采用下述方法计算。

由水平方向力的平衡条件，图 7.11（a）所示任意截面水平外荷载产生的剪力 $V(z)$ 可写成

$$V(z)=C_\mathrm{w}(z)+V_\mathrm{f}(z)$$

式中　$V_\mathrm{w}(z)$——总剪力墙的剪力；

　　　$V_\mathrm{f}(z)$——总框架的剪力。

将式（7.39）代入上式，得

$$V_\mathrm{f}(z)+m(z)=V(z)-\left(-E_\mathrm{c}I_\mathrm{eq}\frac{\mathrm{d}^3y}{\mathrm{d}z^3}\right)$$

将式（7.3）和式（7.41）代入上式，得

$$\frac{\mathrm{d}y}{\mathrm{d}z}=V_\mathrm{f}'/(C_\mathrm{f}+C_\mathrm{b})$$

再将上式代入式（7.3）和式（7.41），得

$$\left.\begin{array}{l}V_\mathrm{f}=\dfrac{C_\mathrm{f}}{C_\mathrm{f}+C_\mathrm{b}}V_\mathrm{f}'\\[2mm]m=\dfrac{C_\mathrm{b}}{C_\mathrm{f}+C_\mathrm{b}}V_\mathrm{f}'\end{array}\right\}\tag{7.48}$$

式中，V_f' 为总框架的名义剪力，对均布荷载、倒三角形分布荷载和顶点集中荷载，分别按式（7.24）、式（7.29）和式（7.35）计算。

7.4.4　框架-剪力墙结构的受力和侧移特征

1. 侧移的特征

框架-剪力墙的侧移形状与结构刚度特征值 λ 有较大的关系。当框架刚度与剪力墙刚度

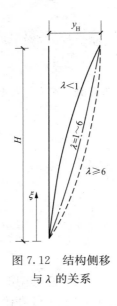

图 7.12 结构侧移
与 λ 的关系

之比较小，即 λ 较小时，剪力墙承受的水平荷载比例较大，侧移曲线呈以弯曲型为主的弯剪型；λ≤1 时，框架的作用已经很小，框架-剪力墙结构基本上为弯曲型变形。如果框架刚度与剪力墙刚度之比较大，即 λ 较大时，侧移曲线呈以剪切型为主的弯剪型变形；λ≥6 时，剪力墙的作用已经很小，框架-剪力墙结构基本上为整体剪切型变形，如图 7.12 所示。

2. 荷载与剪力的分布特征

以结构承受水平均布荷载时的情况为例，此时铰接体系总剪力墙和总框架的剪力可分别由式（7.23）和式（7.24）确定，即

$$V_{w}=qH\left[\mathrm{ch}\lambda\xi-\left(\frac{\lambda\,\mathrm{sh}\lambda+1}{\lambda\,\mathrm{ch}\lambda}\right)\mathrm{sh}\lambda\xi\right]$$

$$\left.V_{f}=qH\left[\left(\frac{\lambda\,\mathrm{sh}\lambda+1}{\lambda\,\mathrm{ch}\lambda}\right)\mathrm{sh}\lambda\xi-\mathrm{ch}\lambda\xi-\xi+1\right]\right\} \quad (7.49)$$

（1）由式（7.49）可得总剪力墙与总框架的荷载表达式，即

$$q_{w}=\frac{\mathrm{d}V_{w}}{\mathrm{d}z}=q\left[\left(\frac{\lambda\,\mathrm{sh}\lambda+1}{\mathrm{ch}\lambda}\right)\mathrm{ch}\lambda\xi-\lambda\,\mathrm{sh}\lambda\xi\right]$$

$$\left.q_{f}=-\frac{\mathrm{d}V_{f}}{\mathrm{d}z}=q\left[1+\lambda\,\mathrm{sh}\lambda\xi-\left(\frac{\lambda\,\mathrm{sh}\lambda+1}{\mathrm{ch}\lambda}\mathrm{ch}\lambda\xi\right)\right]\right\} \quad (7.50)$$

由式（7.50）所绘制的 q_w 和 q_f 沿结构高度的变化情况如图 7.13 所示，q_w 和 q_f 的作用方向与外荷载 q 方向一致时为正。可见，框架承受的荷载 q_f 在上部为正，下部为负。这是因为剪力墙和框架单独承受水平荷载时，其变形曲线是不同的，当两者协同工作时，相互间必然产生上述荷载形式，使两个不同的变形形式统一起来，如图 7.14 所示。

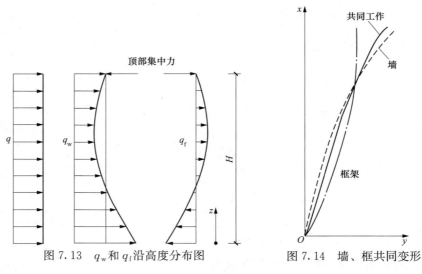

图 7.13 q_w 和 q_f 沿高度分布图　　图 7.14 墙、框共同变形

（2）在框架-剪力墙结构的顶部，即 $\xi=1$ 处，由式（7.49）得 $V_w=-V_f$。这表明在框架和剪力墙顶部，存在大小相等、方向相反的自平衡集中力，这也是由两者的变形曲线必须

协调一致所产生的。

（3）总框架与总剪力墙之间的剪力分配与结构刚度特征值 λ 有很大关系。图 7.15 是均布荷载作用时外荷载剪力 V、剪力墙剪力 V_w 和框架剪力 V_f 的分布示意图。当 $\lambda=0$ 时，框架剪力为零，剪力全部由剪力墙承担；当 λ 较大时，剪力墙承担的剪力就减小了；当 λ 很大时，则框架几乎承担了全部剪力。

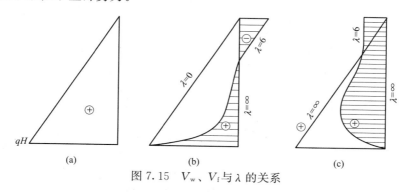

图 7.15　V_w、V_f 与 λ 的关系

此外，在结构底部即 $\xi=0$ 处，由式（7.49）得 $V_f=0$，$V_w=qH$。这表明结构底部框架不承担剪力，全部剪力由剪力墙承担。

（4）设框架最大剪力截面距基础底面的坐标为 ξ_0，ξ_0 可由下列条件求出

$$\frac{dV_f}{dz}=-q_f=0$$

将式（7.50）的第 2 式代入上式得

$$1+\lambda\,\mathrm{sh}\lambda\xi_0-\left(\frac{\lambda\,\mathrm{sh}\lambda+1}{\mathrm{ch}\lambda}\right)\mathrm{ch}\lambda\xi_0=0$$

对于不同的 λ，有不同的 ξ_0，见表 7.4。

表 7.4　　　　　　　　　　　　　　ξ_0 随 λ 的变化规律

λ	0.5	1.0	2.0	2.4	3.0	6.0	∞
ξ_0	1.0	0.772	0.537	0.483	0.426	0.301	0

由表 7.4 可知，随着 λ 值增大，框架最大剪力的位置向结构底部移动。λ 通常在 $1.0\sim3.0$ 范围内变化，因此框架最大剪力的位置大致处于结构中部附近，而不在结构底部，这与框架结构不同。另外，与框架结构相比，框架-剪力墙结构中 V_f 沿高度分布相对比较均匀，这对框架底部受力比较有利。

3. 连梁刚接对侧移和内力的影响

在框架-剪力墙结构上作用的外荷载不变的情况下：

（1）考虑连梁的约束作用时，结构的刚度特征值 λ 增大，侧移减小。

（2）由图 7.11（c）可知，由于连梁对剪力墙的线约束弯矩为逆时针方向，故考虑连梁的约束作用时，剪力墙下部截面的正弯矩将减小，上部截面的负弯矩将增大，反弯点下移，如图 7.16（a）所示。

（3）由式（7.44）可知，考虑连梁的约束作用时，剪力墙的剪力将增大，而框架的剪力减小，如图 7.16（b）、（c）所示。

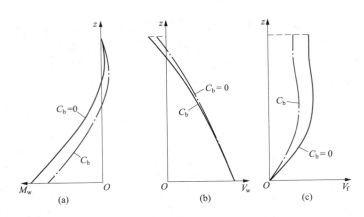

图 7.16　连梁刚接对结构内力的影响

7.5　框架-剪力墙结构内力计算

7.5.1　总框架、总连梁及总剪力墙内力

（1）对于框架-剪力墙铰接体系，按式（7.24）、式（7.29）和式（7.35）计算总框架剪力 V_f；如为刚接体系，则按上述公式计算所得的值是 V_f'，然后按式（7.48）计算总框架剪力 V_f 和总连梁的线约束弯矩 m。

（2）总剪力墙弯矩，对铰接和刚接体系均按式（7.22）、式（7.27）和式（7.33）计算。总剪力墙剪力，对铰接体系按式（7.23）、式（7.28）和式（7.34）计算；对刚接体系，按上述公式计算所得的值是式（7.44）第 4 式中的第一项$\left(-\dfrac{E_c I_{eq}}{H^3}\cdot\dfrac{d^3 y}{d\xi^3}\right)$，然后将其与上面所计算出的总连梁的线约束弯矩 m 相加，即得总剪力墙剪力。

7.5.2　构件内力

（1）框架梁柱内力。框架与剪力墙按协同工作分析时，假定楼板为绝对刚性，但实际上楼板是有一定的变形的，框架实际承受的剪力比计算值要大；此外，在地震作用过程中，剪力墙开裂后框架承担的剪力比例将增加。因此，抗震设计时，按上述方法求得的框架总剪力 V_f 应按下列方法调整。

1）框架柱数量从下至上基本不变的结构，对 $V_f\geqslant 0.2V_0$ 的楼层不必调整，V_f 可直接采用计算值；对 $V_f<0.2V_0$ 的楼层，V_f 取 $0.2V_0$ 和 $1.5V_{f,max}$ 中的较小值；其中 V_0 应取对应于地震作用标准值的结构底层总剪力，$V_{f,max}$ 应取对应于地震作用标准值且未经调整的各层框架承担的地震总剪力中的最大值。

2）框架柱数量从下至上分段有规律变化的结构，则分段按上述方法调整，其中每段的底层总剪力 V_0 取每段底层结构对应于地震作用标准值的总剪力；$V_{f,max}$ 应取每段中对应于地震作用标准值且未经调整的框架承担的地震总剪力中的最大值。

3）按振型分解反应谱法计算地震作用时，上述调整可在振型组合之后进行调整。

4）各层框架所承担的总剪力调整后，按调整前、后总剪力的比值调整柱和梁的剪力及端部弯矩标准值，框架柱的轴力可不予调整。

根据各层框架的总剪力 V_f，可用 D 值法计算梁柱内力，计算公式及步骤见 5.4.2 节。

（2）连梁内力。按式（7.48）求得总连梁的线约束弯矩 $m(z)$ 后，将 $m(z)$ 乘以层高 h 得到该层所有与剪力墙刚接的梁端弯矩 M_{ij} 之和，即

$$\sum M_{ij} = m(z)h$$

式中　z——从结构底部至所计算楼层高度。

将 $m(z)h$ 按下式分配给各梁端

$$M_{ij} = \frac{S_{ij}}{\sum S_{ij}} m(z)h \tag{7.51}$$

式中，S_{ij} 按式（7.10）或式（7.11）计算。按上式求得的弯矩是连梁在剪力墙形心轴处的弯矩。计算连梁截面配筋时，应按非刚域段的端弯矩计算，如图 7.17 所示。对于两剪力墙之间的连梁，由平衡条件可得

$$\left.\begin{array}{l} M_{12}^{c} = M_{12} - a\ (M_{12} + M_{21}) \\ M_{21}^{c} = M_{21} - b\ (M_{12} + M_{21}) \end{array}\right\} \tag{7.52}$$

式中，M_{12} 和 M_{21} 按式（7.51）计算。对于剪力墙与柱之间的连梁，同样由平衡条件可得

$$M_{12}^{c} = M_{12} - a(M_{12} + M_{21}) \tag{7.53}$$

假设连梁两端转角 θ 相等，则

$$M_{12} = S_{12}\theta$$

$$M_{21} = S_{21}\theta = \frac{S_{21}}{S_{12}} M_{12}$$

将式（7.11）代入上式，得

$$M_{21} = \left(\frac{1-a}{1+a}\right) M_{12} \tag{7.54}$$

即式（7.53）中的 M_{21} 应按式（7.54）计算。

对于图 7.17 所示的两种情况，连梁剪力均可按下式计算

$$V_{b} = \frac{M_{12} + M_{21}}{l} \tag{7.55}$$

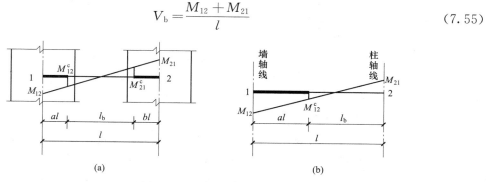

图 7.17　连梁梁端弯矩

（3）各片剪力墙内力。剪力墙的弯矩和剪力都是底部截面最大，随着高度的增加而减小。一般取楼板标高处的 M、V 作为设计内力。第 i 层第 j 片剪力墙的弯矩和剪力按式（7.56）和式（7.57）计算

$$M_{wij} = \frac{(E_c I_{eq})_{ij}}{\sum_j (E_c I_{eq})_{ij}} M_{wi} \tag{7.56}$$

$$V_{wij} = \frac{(E_c I_{eq})_{ij}}{\sum_j (E_c I_{eq})_{ij}} (V_{wi} - m_i) + m_{ij} \tag{7.57}$$

式中　V_{wi}——第 i 层总剪力墙剪力；

　m_i、m_{ij}——第 i 层总连梁及第 i 层与第 j 片剪力墙刚接的连梁端线约束弯矩。

第 i 层第 j 片剪力墙的轴力按下式计算

$$N_{wij} = \sum_{k=i}^{n} V_{bkj} \tag{7.58}$$

式中　V_{bkj}——第 k 层连梁与第 j 片剪力墙刚接的连梁剪力。

当框架-剪力墙结构按铰接体系分析时，可令式（7.57）中的线约束弯矩 m_i 和 m_{ij} 等于零，即可得到相应的墙肢剪力。

7.6　框架、剪力墙及框架-剪力墙结构考虑扭转效应的近似计算

前面所介绍的框架、剪力墙及框架-剪力墙结构内力与位移计算中，都是基于这样一个基本假定：水平荷载合力的作用线通过结构的刚度中心，因此结构不产生绕竖轴的扭转。这种假定只是在结构平面布置对称、规则、质量和刚度分布均匀时才成立。否则，该假定就不成立，这时水平荷载的存在将使结构产生扭转，并引起附加内力。本节将简要介绍考虑结构扭转效应的近似计算方法。

7.6.1　结构侧向刚度与刚度中心

材料力学给出的侧向刚度的定义：使抗侧力结构的层间产生单位相对侧移所需施加的水平力。在前面 D 值法的计算中可知：对于框架或壁式框架，D 值就是侧向刚度；对于剪力墙，侧向刚度 D_w 可按下式确定

$$D_w = \frac{V_w}{\Delta u}$$

式中　V_w——墙所承受的剪力；

　Δu——层间相对侧移。

图 7.18 表示抗侧力结构的某层沿 x 方向和 y 方向布置的情况及任选的 xOy 坐标系。如层间在 x 方向和 y 方向分别有相对侧移 Δu_x 和 Δu_y，则在 x 方向的第 j 榀抗侧力结构中产生的抗力为 V_{xj}，在 y 方向的第 k 榀抗侧力结构中产生的抗力为 V_{xj}。通常把结构平移时 $\sum V_{xj}$ 和 $\sum V_{yk}$ 的合力作用线的交点称为结构的刚度中心，其坐标为

$$x_0 = \frac{\sum V_{yk} x_k}{\sum V_{yk}} \left.\begin{array}{l} \\ \\ \\ \end{array}\right\}$$
$$y_0 = \frac{\sum V_{xj} y_j}{\sum V_{xj}}$$

(7.59)

式中　x_k、y_j——y 方向第 k 榀抗侧力结构和 x 方向第 j 榀抗侧力结构的坐标（见图 7.18）。

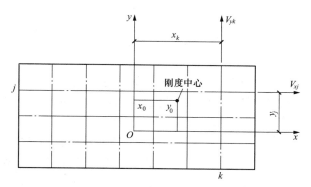

图 7.18　结构平面示意图

设某层 y 方向第 k 榀抗侧力结构和 x 方向第 j 榀抗侧力结构的侧向刚度分别为 D_{yk} 和 D_{xj}，则有

$$D_{xj} = \frac{V_{xj}}{\Delta u_x}$$

$$D_{yk} = \frac{V_{yk}}{\Delta u_y}$$

(7.60)

式中　V_{xj}——与 x 轴平行的第 j 片结构剪力；

　　　V_{yk}——与 y 轴平行的第 i 片结构剪力；

Δu_x、Δu_y——结构在 x 方向和 y 方向的层间位移。

将式（7.60）代入式（7.59）得

$$x_0 = \frac{\sum D_{yk} x_k}{\sum D_{yx}} \left.\begin{array}{l} \\ \\ \\ \end{array}\right\}$$
$$x_0 = \frac{\sum D_{xj} x_j}{\sum D_{xj}}$$

(7.61)

由式（7.61）可以给刚度中心另一个解释，即在未考虑扭转的影响下，按刚度所分配的层间剪力 V 的合力的中心，就是该层抗侧力结构的刚度中心。

7.6.2　考虑扭转后剪力修正

图 7.19（a）为一结构第 j 层平面示意图，设该层以上沿 y 方向的水平力为 $\sum\limits_{k=j}^{n} P_k$，第 j 层总剪力为 V_y 不通过该层的刚度中心 O_D，偏心距为 e_x。

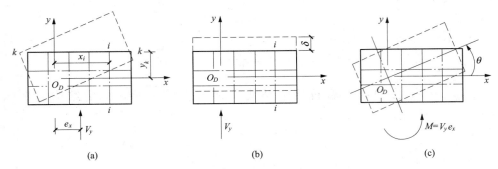

图 7.19　结构平移和扭转

　　假设楼盖在自身平面内为刚体，楼面上各点间没有发生相对变形，整个楼盖产生平动和转动。把图 7.19（a）所示的受力状态分解为图 7.19（b）和（c）。图 7.19（b）为通过刚度中心 O_D 作用有力 V_y，此时楼盖沿 y 方向产生层间相对水平位移 δ。图 7.19（c）为通过刚度中心作用有力矩 $M = V_y e_x$，此时楼盖绕通过刚度中心的竖轴产生层间相对转角 θ。这样，楼层各点处的层间位移均可用刚度中心处的层间相对水平位移 δ 和绕刚度中心的转角 θ 表示。如 y 方向第 i 榀刚度中心的距离为 x_i，沿 y 方向的层间位移可表示为

$$\delta_{yi} = \delta + \theta x_i \tag{7.62}$$

x 方向第 k 榀结构距刚度中心的距离为 y_k，沿 x 方向的层间相对位移可表示如下

$$\delta_{xk} = -\theta y_k \tag{7.63}$$

设 D_{xk} 为第 k 榀结构在 x 方向的抗推刚度，D_{yi} 为第 i 榀结构在 y 方向的抗推刚度；V_{xk} 为第 k 榀结构在 x 方向所承担的剪力，V_{yi} 为第 i 榀结构在 y 方向所承担的剪力，则有

$$V_{xk} = D_{xk}\delta_{xk} = -D_{xk}\theta y_k$$

$$V_{yi} = D_{yi}\delta_{yi} = D_{yi}（\delta + \theta x_i）= D_{yi}\delta + D_{yi}\theta x_i \tag{7.64}$$

如图 7.19（a）所示，沿 y 方向所受的总作用力 V_y 应与各榀结构在 y 方向所承担的剪力平衡，则

$$\sum Y = 0，\quad V_y = \sum D_{yi}\delta_{yi} = \sum D_{yi}\delta + \sum D_{yi}\theta x_i$$

由 O_D 是结构的刚度中心，可知

$$\sum D_{yi}x_i = 0 \tag{7.65}$$

因此由上式得

$$\delta = \frac{V_y}{\sum D_{yi}}$$

在图 7.19（a）中，对刚度中心外力矩 $M = V_y e_x$ 应与各榀结构所能承担的剪力对刚度中心的抵抗力矩平衡，即

$$\sum M_{OD} = 0，\quad V_y e_x = \sum（V_{yi}x_{xi}）- \sum（V_{xk}y_k） \tag{7.66}$$

式中　$\sum（V_{yi}x_{xi}）$——沿 y 方向各榀结构的抵抗力矩；

$\sum(V_{xk}y_k)$——沿 x 方向各榀结构的抵抗力矩。

将式（7.64）带入式（7.66），同时利用式（7.65），可得

$$V_y e_x = \theta\left(\sum D_{yi}x_i{}^2 + \sum D_{xk}y_k{}^2\right)$$

进而得

$$\theta = \frac{V_y e_x}{\sum D_{yi}x_i{}^2 + \sum D_{xk}y_k{}^2}$$

将 δ 和 θ 代入式（7.64），整理后得

$$V_{xk} = \frac{D_{xk}y_k}{\sum D_{yi}x_i{}^2 + \sum D_{xk}y_k{}^2}V_y e_x$$

$$V_{yi} = \frac{D_{yi}}{\sum D_{yi}}V_y + \frac{D_{yi}x_i}{\sum D_{yi}x_i{}^2 + \sum D_{xk}y_k{}^2}V_y e_x \qquad (7.67)$$

上式就是每榀结构在考虑扭转时所承担的剪力。

由于 y 方向作用荷载时，x 方向的受力一般不大，所以式（7.67）的第一式常可忽略不计。第二式的第一项表示平移产生的剪力，第二项表示扭转产生的附加剪力。扭转使结构的内力增大，属于不利因素，设计中应通过合理的结构布置予以避免。将式（7.67）的第二项改写为

$$V_{yi} = \left[1 + \frac{(\sum D_{yi})\,x_i e_x}{\sum D_{yi}x_i^2 + \sum D_{xk}y_k^2}\right]\frac{D_{yi}}{\sum D_{yi}}V_y$$

或简写为

$$V_{yi} = \alpha_{yi}\frac{D_{yi}}{\sum D_{yi}}V_y \qquad (7.68)$$

其中

$$\alpha_{yi} = 1 + \frac{(\sum D_{yi})x_i e_x}{\sum D_{yi}x_i{}^2 + \sum D_{xk}y_k{}^2} \qquad (7.69)$$

α_{yi} 是第 i 片抗侧力结构扭转影响对 y 方向的层间剪力修正系数。当外力合力通过刚度中心时，$e_x = 0$，则 $\alpha_{yi} = 1$，说明无扭转现象。

同理，可以得到当 x 方向作用偏心水平荷载时的剪力修正系数为

$$\alpha_{xk} = 1 + \frac{(\sum D_{xk})y_k e_y}{\sum D_{yi}x_i{}^2 + \sum D_{xk}y_k{}^2}$$

而

$$V_{xk} = \alpha_{xk}\frac{D_{xk}}{\sum D_{xk}}V_x$$

α_{xk} 的物理意义是：第 i 片抗侧力结构考虑扭转影响时 x 方向的层间剪力修正系数。当 x 方向外力的合力通过刚度中心时，$e_y = 0$，则 $\alpha_{xk} = 1$，即为无扭转发生时 D 值法计算公式。

通过以上分析可知：若某一房屋在有偏心的水平荷载作用下，求某一抗侧力单元的剪力，只需用平移分配到的剪力乘以该单元的修正系数 α_{yi} 或 α_{zk} 就可以得到考虑扭转后的剪力值。

7.6.3　讨论

(1) 每榀抗侧力结构的坐标位置有正、有负，这样扭转系数也有大于 1、等于 1 和小于 1 三种不同的情况。其含义是当修正系数大于 1 时，考虑扭转效应，抗侧力单元的剪力增大；修正系数等于 1 是平移的情况；修正系数小于 1 时则说明，当考虑扭转效应时该侧力单元的层间剪力将减小。为安全起见，对于小于 1 的情况不进行修正。

(2) 结构的抗扭刚度由 $\sum D_{yi}x_i^2$ 和 $\sum D_{zk}y_k^2$ 之和组成，也就是说，结构中纵向和横向抗侧力单元共同抵抗扭转。距离刚度中心越远的抗侧力单元对抗扭刚度的贡献就越大。因此，把侧向刚度较大的剪力墙放在离刚度中心远一点的地方，扭转效果较好。

(3) 在扭转作用下，各片抗侧力结构的层间变形不同，距离刚度中心较远的结构边缘抗侧力单元的层间侧移最大。

(4) 在上、下布置相同的框架-剪力墙结构中，各层的刚度中心并不一定在同一根竖轴上，有时刚度中心的位置还会相差很多。此时，各层结构的偏心距和扭转距都会改变，各层的扭转系数也会随之改变。

7.7　计算实例及分析

7.7.1　基本资料

某 12 层住宅大楼，建筑尺寸及结构布置如图 7.20 所示。设防烈度为 8 度，地基为 Ⅱ 类场地，梁 L1 的截面尺寸为 250mm×550mm，混凝土强度等级为 C20，其他设计资料见表 7.5 和表 7.6。试计算横向地震作用下结构的内力及侧移（剪力墙厚 160mm）。

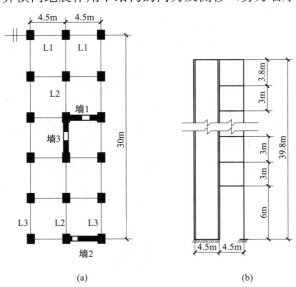

图 7.20　框架-剪力墙结构设计实例图
(a) 平面简图　(b) 剖面图

表 7.5　　　　　　　　　　　　　　　柱断面尺寸及混凝土强度等级

层数	1	2～3	4～7	8～11	12
断面尺寸（mm×mm）	500×500	450×450	450×450	450×450	450×450
混凝土强度等级	C40	C40	C30	C20	C20

表 7.6　　　　　　　　　　　　　　　　层　高　及　结　构　自　重

层数	1	2～10	11	12
层高（m）	6	3	3	3.8
结构总高度（m）	39.8			
层重（kN）	8344.6	6733.8	7076.4	5431.2
结构总重（kN）	81 456.4			

7.7.2　刚度计算

1. 框架刚度计算

（1）梁。横向计算只考虑梁 L1。考虑楼板对梁刚度的影响，梁刚度放大系数取 1.2，则

$$I_b = \frac{1}{12} \times 0.25 \times 0.55^3 \times 1.2 = 0.004\ 16 \text{（m}^4\text{）}$$

$$i_b = EI_b/l = 2.55 \times 10^7 \times 0.004\ 16/4.5 = 2.36 \times 10^4 \text{（kN）}$$

（2）柱。柱的线刚度见表 7.7。

表 7.7　　　　　　　　　　　　　　　柱　线　刚　度

层数	惯性矩 I_c（m）^{4}	I_c/h（m^3）	$i_c = EI_c/h$（kN·m）
12	0.003 42	0.0009	2.30×10^4
8～11	0.003 42	0.001 14	2.91×10^4
4～7	0.003 42	0.001 14	3.36×10^4
2～3	0.003 42	0.001 14	3.71×10^4
1	0.005 21	0.000 868	2.82×10^4

（3）框架。与剪力墙相连的边柱作为剪力墙的翼缘，计入剪力墙的刚度，不作为框架柱处理，因此框架柱计边柱 18 根，中柱 7 根。

标准层　$K = \dfrac{\sum i_b}{2i_c}$，$\alpha_c = \dfrac{K}{2+K}$，$C_f = Dh = \sum \alpha_c \cdot \dfrac{12i_c}{h}$

底层　　$K = \dfrac{\sum i_b}{i_c}$，$\alpha_c = \dfrac{0.5+K}{2+K}$，$C_f = Dh = \sum \alpha_c \cdot \dfrac{12i_c}{h}$

计算结果见表 7.8。

表 7.8 **框 架 刚 度**

层数	中柱			边柱			总刚度
	K	i_c	C_f（kN）	K	i_c	C_f（kN）	C_f（kN）
12	$\dfrac{4\times2.36\times10^4}{2\times2.30\times10^4}$ $=2.05$	$\dfrac{2.05}{2+2.05}$ $=0.506$	$7\times0.506\times12$ $\times2.3\times10^4\div3.8$ $=2.57\times10^5$	$\dfrac{2\times2.36\times10^4}{2\times2.30\times10^4}$ $=1.026$	$\dfrac{1.026}{2+1.026}$ $=0.339$	$18\times0.339\times12$ $\times2.36\times10^4\div3.8$ $=4.43\times10^5$	7.0×10^5
8～11	1.622	0.448	3.65×10^5	0.811	0.289	6.06×10^5	9.71×10^5
4～7	1.045	0.413	3.89×10^5	0.702	0.206	6.29×10^5	10.18×10^5
2～3	1.272	0.389	4.04×10^5	0.636	0.241	6.44×10^5	10.48×10^5
1	$\dfrac{2\times2.36\times10^4}{2.82\times10^4}$ $=1.674$	$\dfrac{0.5+1.674}{2+1.674}$ $=0.592$	$7\times0.592\times12$ $\times2.82\times10^4\div6$ $=2.34\times10^5$	$\dfrac{2.36\times10^4}{2.82\times10^4}$ $=0.837$	$\dfrac{0.5+0.837}{2+0.837}$ $=0.471$	$18\times0.471\times12$ $\times2.82\times10^4\div6$ $=4.78\times10^5$	7.12×10^5

平均刚度

$$C_f=\frac{(7\times3.8+9.71\times12+10.18\times12+10.48\times6+7.12\times6)\times10^5}{39.8}=9.32\times10^5\ （kN）$$

2. 剪力墙刚度

剪力墙厚度均为 160mm，混凝土强度等级与柱相同，墙截面尺寸如图 7.21 所示。

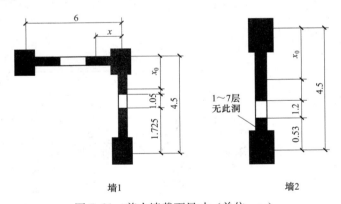

图 7.21 剪力墙截面尺寸（单位：m）

（1）墙 1。有效翼缘宽度取下列三式中最小值

$$x\leqslant\frac{b}{3}=\frac{6}{3}=2\ （m）$$

$$x\leqslant\frac{l}{2}=\frac{4.5}{2}=2.25\ （m），取\ x=2m$$

$$x\leqslant\frac{H}{10}=\frac{39.8}{10}=3.98\ （m）$$

底层组合截面形心 $x_0=1.75m$

其他层组合截面形心　$x_0 = 1.70 \text{m}$

1 层　$I_{w1} = (2-0.25) \times 0.16 \times 1.75^2 + 0.5 \times 0.5 \times 1.75^2 + 0.5 \times 0.5 \times (4.5-1.75)^2$

$$+ \frac{1}{12} \times 0.16 \times (1.725-0.25)^3 \times 2 + (1.725-0.25) \times 0.16 \times (1.75$$

$$-0.9875)^2 + (1.725-0.25) \times 0.16 \times (3.5125-1.75)^2$$

$$= 4.47 \ (\text{m}^4)$$

2～3 层　$I_{w1} = (2-0.25) \times 0.16 \times 1.7^2 + 0.5^2 \times 0.5 \times 1.7^2 + 0.5 \times 0.5$

$$\times (4.5-1.7)^2 + \frac{1}{12} \times 0.16 \times (1.725-0.225)^3 \times 2 + (1.725-0.225)$$

$$\times 0.16 \times (1.7-0.975)^2 + (1.725-0.225) \times 0.16 \times (3.525-1.7)^2$$

$$= 4.518 \ (\text{m}^4)$$

4～12 层　$I_{w4} \sim I_{w12} = I_{w2} = 4.518 \ (\text{m}^4)$

各层刚度：

1 层　$EI_{w1} = 3.25 \times 10^7 \times 4.47 = 1.45 \times 10^8 \ (\text{kN} \cdot \text{m}^2)$

2～3 层　$EI_{w2} = 3.25 \times 10^7 \times 4.518 = 1.47 \times 10^8 \ (\text{kN} \cdot \text{m}^2)$

4～7 层　$EI_{w4} = 2.95 \times 10^7 \times 4.518 = 1.33 \times 10^8 \ (\text{kN} \cdot \text{m}^2)$

8～12 层　$EI_{w8} = 2.55 \times 10^7 \times 4.518 = 1.15 \times 10^8 \ (\text{kN} \cdot \text{m}^2)$

平均抗弯刚度　$EI_w = \dfrac{(1.45 \times 6 + 1.47 \times 6 + 1.33 \times 12 + 1.15 \times 15.8) \times 10^8}{39.8}$

$$= 1.30 \times 10^8 \ (\text{kN} \cdot \text{m}^2)$$

（2）墙 2。

1 层　$I_{w1} = 2 \times 0.5^2 \times 2.25^2 + \dfrac{1}{12} \times 0.16 \times 4^3 = 3.38 \ (\text{m}^4)$

2～7 层　$I_{w2} = 2 \times 0.45^2 \times 2.25^2 + \dfrac{1}{12} \times 0.16 \times 4.05^3 = 2.94 \ (\text{m}^4)$

8～12 层　组合截面形心　$x_0 = 2.0 \text{m}$

$I_{w8} = 0.45^2 \times 2^2 + 0.45^2 \times 2.5^2 + \dfrac{1}{12} \times 0.16 \times 2.55^3 + 0.16 \times 2.55 \times (2-1.5)^2 + 0.16$

$$\times 0.3 \times (4.125-2)^2$$

$$= 2.62 \ (\text{m}^4)$$

各层抗弯刚度：

1 层　$EI_{w1} = 3.25 \times 10^7 \times 3.38 = 1.10 \times 10^8 \ (\text{kN} \cdot \text{m}^2)$

2～3 层　$EI_{w2} = 3.25 \times 10^7 \times 2.94 = 0.96 \times 10^8 \ (\text{kN} \cdot \text{m}^2)$

4～7 层　$EI_{w2} = 2.95 \times 10^7 \times 2.94 = 0.87 \times 10^8 \ (\text{kN} \cdot \text{m}^2)$

8～12 层　$EI_{w8} = 2.55 \times 10^7 \times 2.62 = 0.67 \times 10^8 \ (\text{kN} \cdot \text{m}^2)$

平均抗弯刚度　$EI_w = \dfrac{(1.1 \times 6 + 0.96 \times 6 + 0.87 \times 12 + 0.67 \times 15.8) \times 10^8}{39.8}$

$$= 0.84 \times 10^8 \ (\text{kN} \cdot \text{m}^2)$$

（3）总剪力墙抗弯刚度

$$EI_w = 2 \times (0.84 + 1.30) \times 10^8 = 4.28 \times 10^8 \ (kN \cdot m^2)$$

7.7.3 地震作用计算

1. 结构基本自震周期

结构自重和刚度沿高度分布比较均匀，结构自振周期由节点侧移确定，即

$$T_1 = 1.7 \alpha_0 \sqrt{u}$$

楼层水平力可近似地按均布水平力考虑 $q = 2040 kN/m$

（1）按铰接体系计算。铰接体系刚度特征值

$$\lambda = H\sqrt{\frac{C_F}{EI_w}} = 39.8 \times \sqrt{\frac{9.32 \times 10^5}{4.28 \times 10^8}} = 1.857$$

由 $\lambda = 1.857$，$\xi/H = 1$，得

$$y(\xi)/f_H = 0.44$$

$$f_H = \frac{qH^4}{8EI_w} = \frac{2040 \times 39.8^4}{8 \times 4.28 \times 10^8} = 1.495 \ (m)$$

结构顶点位移 $\quad u = y(1) = 0.44 \times 1.495 = 0.658 \ (m)$

取基本周期调整系数 $\alpha_0 = 0.75$，则结构基本自振周期

$$T_1 = 1.7 \alpha_0 \sqrt{u} = 1.7 \times 0.75 \times \sqrt{0.658} = 1.03 \ (s)$$

（2）按刚接体系计算。

连梁刚性长度

$$al = (4.5 + 0.45)/2 - \frac{1}{4} \times 0.55 = 2.34 \ (m)$$

$$l = \frac{4.5}{2} + 4.5 = 6.75$$

$$a = al/l = 2.34/6.75 = 0.347$$

$$m_{12} = \frac{1+a}{(1-a)^3} \cdot \frac{6EI_b}{l} = \frac{1+0.347}{(1-0.347)^3} \times \frac{6 \times 2.55 \times 10^7 \times 0.00416}{6.75}$$

$$= 4.56 \times 10^5$$

平均约束弯矩 $\quad \sum m_{ij}/\sum h_i = 12 \times 4.56 \times 10^5 / 39.8 = 1.375 \times 10^5$

有 4 处连梁与墙肢相连，则

$$\sum m_{ij}/h = 4 \times 1.375 \times 10^5 = 5.5 \times 10^5$$

刚度特征值 $\quad \lambda = H\sqrt{\frac{C_F + \sum m_{ij}/h}{EI_w}} = 39.8 \times \sqrt{\frac{9.32 \times 10^5 \times 5.5 \times 10^5}{4.28 \times 10^8}} = 2.34$

由 $\lambda = 2.34$，$\xi/H = 1$，得

$$y(\xi)/f_H = 0.33$$

顶点位移 $\quad u = y(1) = 0.33 \times 1.495 = 0.493 \ (m)$

$$T_1 = 1.7 \times 0.75 \times \sqrt{0.493} = 0.90 \ (s)$$

2. 地震作用

结构高度不超过 40m，刚度和质量沿高度分布比较均匀，用底部剪力反应谱法分析地震作用。该结构抗震设防烈度为 8 度，可知 $\alpha_{max} = 0.16$，由地基为 Ⅱ 类场地土，有

$T_g = 0.30s$。

（1）按铰接体系计算。

地震影响系数　　　$\alpha_1 = \left(\dfrac{T_g}{T_1}\right)^{0.9} \alpha_{max} = \left(\dfrac{0.3}{1.03}\right)^{0.9} \times 0.16 = 0.053$

总水平地震作用

$$F_{EK} = \alpha_1 G_{eq} = \alpha_1(0.85G_E) = 0.053 \times 0.85 \times 81\,456.4 = 3670\,(kN)$$

$$T_1 = 1.03, \quad 1.4T_g = 1.4 \times 0.3 = 0.42\,(s)$$

得顶点附加作用系数

$$\delta_n = 0.08T_1 + 0.01 = 0.08 \times 1.03 + 0.01 = 0.0924$$

第 i 个楼层处的地震作用 F_i 按下式计算

$$F_i = \frac{G_iH_i}{\sum\limits_{j=1}^{n} G_jH_j} F_{EK}(1-\delta_n) = \frac{G_iH_i}{\sum\limits_{j=1}^{n} G_jH_j} \times 3670 \times (1-0.0924) = 3330.9 \frac{G_iH_i}{\sum\limits_{j=1}^{n} G_jH_j}$$

$$\Delta F_n = F_{EK}\delta_n = 3670 \times 0.0924 = 339.1\,(kN)$$

（2）按刚接体系计算。

地震影响系数　　　$\alpha_1 = \left(\dfrac{T_g}{T_1}\right)^{0.9} \alpha_{max} = \left(\dfrac{0.3}{0.9}\right)^{0.9} \times 0.16 = 0.060$

总水平地震作用

$$F_{EK} = \alpha_1 G_{eq} = 0.060 \times 0.85 \times 81\,456.4 = 4154.3\,(kN)$$

顶点附加作用系数

$$\delta_n = 0.08T_1 + 0.01 = 0.08 \times 0.9 + 0.01 = 0.082$$

第 i 个楼层处的地震作用 F_i 为

$$F_i = \frac{G_iH_i}{\sum\limits_{j=1}^{n} G_jH_j} F_{EK}(1-\delta_n) = \frac{G_iH_i}{\sum\limits_{j=1}^{n} G_jH_j} \times 4154.3 \times (1-0.082) = 3813.4 \frac{G_iH_i}{\sum\limits_{j=1}^{n} G_jH_j}$$

$$\Delta F_n = F_{EK}\delta_n = 4154.3 \times 0.082 = 340.7\,(kN)$$

以上两种体系各层水平地震作用 F_i 及其相应楼层地震剪力 V_i 计算见表 7.9，其中顶点地震作用为 $F_i + \Delta F_n$。

表 7.9　　　　地震作用 F_i 及各楼层处剪力 V_i

层数	H_i (m)	G_i (kN)	$G_iH_i\times10^5$ (kN·m)	$\dfrac{G_iH_i}{\sum GH}$	铰接体系			刚接体系		
					F_i (kN)	V_i (kN)	$F_iH_i\times10^3$ (kN·m)	F_i (kN)	V_i (kN)	$F_iH_i\times10^3$ (kN·m)
12	39.8	5431.2	2.162	0.1205	740.5	740.5	29.472	800.2	800.2	31.848
11	36	7076.4	2.548	0.1421	473.3	1213.8	17.093	541.9	1342.1	19.508
10	33	6733.8	2.222	0.1239	412.7	1626.5	13.619	472.5	1814.6	15.593
9	30	6733.8	2.020	0.1126	375.1	2001.6	11.253	429.4	2244	12.882

层数	H_i (m)	G_i (kN)	$G_iH_i \times 10^5$ (kN·m)	$\dfrac{G_iH_i}{\sum GH}$	铰接体系			刚接体系		
					F_i (kN)	V_i (kN)	$F_iH_i \times 10^3$ (kN·m)	F_i (kN)	V_i (kN)	$F_iH_i \times 10^3$ (kN·m)
8	27	6733.8	1.818	0.1014	337.8	2339.4	9.121	386.7	2360.7	10.441
7	24	6733.8	1.616	0.0901	300.1	2639.5	7.202	343.6	2974.3	8.246
6	21	6733.8	1.414	0.0788	262.5	2902	5.513	300.5	3274.8	6.311
5	18	6733.8	1.212	0.0676	225.2	3127.2	4.054	257.8	3532.6	4.64
4	15	6733.8	1.010	0.0563	187.5	3314.7	2.813	214.7	3747.3	3.221
3	12	6733.8	0.808	0.045	149.9	3464.6	1.799	171.6	3918.9	2.059
2	9	6733.8	0.606	0.0338	112.6	3577.2	1.013	128.9	4047.8	1.16
1	6	8344.6	0.500	0.0279	92.9	3670.1	0.557	106.4	4154.2	0.638
$\sum$		81456.4	17.936		3670.1		103.455	4154.2		116.547

将楼层处集中力按基础底面等弯矩折算成倒三角形荷载，具体计算见表 7.10。

表 7.10　　　　　　　　　　　　　　　等效地震作用计算

荷载形式	铰接体系	刚接体系
	$M_0 = 103.455 \times 10^3 = \dfrac{1}{3}qH^2$ $q = \dfrac{3M_0}{H^2} = \dfrac{3 \times 103.455 \times 10^3}{39.8}$ $= 195.9 \ (\text{kN/m})$ $V_0 = \dfrac{qH}{2} = \dfrac{1}{2} \times 195.9 \times 39.8$ $= 3898.4 \ (\text{kN})$	$q = \dfrac{3M_0}{H^2} = \dfrac{3 \times 116.547 \times 10^3}{39.8}$ $= 220.7 \ (\text{kN/m})$ $V_0 = \dfrac{qH}{2} = \dfrac{1}{2} \times 220.7 \times 39.8$ $= 4391.9 \ (\text{kN})$

7.7.4　侧移计算

在刚接体系中，计算内力及侧移时应考虑连梁的塑性调幅，连梁刚度乘以折减系数 0.55，则有

$$\sum m_{ij}/h = 0.55 \times 5.5 \times 10^5 = 3.03 \times 10^5$$

$$\lambda = H\sqrt{\frac{C_f + \sum m_{ij}/h}{EI_w}} = \sqrt{\frac{9.32 \times 10^5 + 3.03 \times 10^5}{4.28 \times 10^8}} \times 39.8 = 2.14$$

侧移计算见表 7.11。

表 7.11　　　　　　　　　　　　　　侧　移　计　算

层数	标高 (m)	$\xi=\dfrac{x}{H}$	铰接体系　$q=195.9\text{kN/m}$ $\lambda=1.857,\ f_H=0.129\text{m}$		刚接体系　$q=220.7\text{kN/m}$ $\lambda=2.14,\ f_H=0.145\text{m}$	
			y/f_H	y (cm)	y/f_H	y (cm)
12	39.8	1.0	0.35	4.515	0.30	4.35
11	36	0.905	0.31	3.999	0.27	3.915
10	33	0.829	0.28	3.612	0.24	3.48
9	30	0.754	0.25	3.225	0.22	3.19
8	27	0.678	0.22	2.838	0.19	2.755
7	24	0.603	0.18	2.332	0.16	2.32
6	21	0.528	0.15	1.935	0.13	1.885
5	18	0.452	0.12	1.548	0.11	1.595
4	15	0.377	0.09	1.616	0.08	1.16
3	12	0.302	0.06	0.774	0.05	0.725
2	9	0.226	0.04	0.516	0.03	0.435
1	6	0.151	0.02	0.258	0.02	0.29

铰接体系　　　　　　　$\dfrac{\Delta}{H}=\dfrac{4.515}{3980}=\dfrac{1}{880}<\left[\dfrac{\Delta}{H}\right]=\dfrac{1}{750}$

刚接体系　　　　　　　$\dfrac{\Delta}{H}=\dfrac{4.35}{3980}=\dfrac{1}{915}<\left[\dfrac{\Delta}{H}\right]=\dfrac{1}{700}$

$$\dfrac{\delta}{h}=\dfrac{0.435}{300}=\dfrac{1}{689}<\left[\dfrac{\delta}{h}\right]=\dfrac{1}{650}$$

7.7.5　内力计算

1. 协同工作计算

由表 7.13 得到刚接和铰接下的总剪力墙的弯矩及剪力，总框架的剪力也易求得。对于刚接体系由表 7.12 得到 V'_w 和 M_w，剪力墙及框架所受剪力及连梁的约束弯矩由下列公式求得

$$V'_f=V_p-V'_w$$

$$V_f=\dfrac{C_f}{C_f+\sum m/h}V'_f=\dfrac{9.32\times10^5}{9.32\times10^5+3.03\times10^5}=0.755V'_f$$

$$m=\dfrac{\sum m/h}{C_f+\sum m/h}V'_f=\dfrac{3.03\times10^5}{9.32\times10^5+3.03\times10^5}=0.245V'_f$$

$$V_w=V'_w+m$$

以上计算见表 7.12 和表 7.13。

表 7.12　　　　　　　　　　　　铰接体系协同工作计算

层数	H_i (m)	$\xi=\dfrac{x}{H}$	M_w/M_0	$M_w\times10^3$ (kN·m)	V_w/V_0	$V_w\times10^3$ (kN)	V_f/V_0	$V_f\times10^3$ (kN)
12	39.8	1.0	0.0	0.0	−0.318	−1.239	0.318	1.239
11	36	0.905	−0.032	−3.358	−0.14	−0.545	0.332	1.254
10	33	0.829	−0.041	−4.257	−0.016	−0.062	0.328	1.280
9	30	0.754	−0.036	−3.774	0.097	0.377	0.335	1.307
8	27	0.678	−0.020	−2.034	0.200	0.778	0.340	1.327
7	24	0.603	0.008	0.863	0.295	1.150	0.341	1.331
6	21	0.528	0.047	4.843	0.385	1.500	0.337	1.313
5	18	0.425	0.095	9.850	0.471	1.836	0.325	1.265
4	15	0.377	0.153	15.848	0.555	2.163	0.303	1.182
3	12	0.302	0.221	22.823	0.638	2.488	0.271	1.056
2	9	0.226	0.298	30.778	0.723	2.817	0.226	0.882
1	6	0.151	0.384	39.737	0.810	3.158	0.167	0.652
0	0	0	0.588	60.856	1.0	3.898	0	0

表 7.13　　　　　　　　　　　　刚接体系协同工作计算

层数	H_i (m)	$\xi=\dfrac{x}{H}$	M_w/M_0	$M_w\times10^3$ (kN·m)	V'_w/V_0	$V'_w\times10^3$ (kN)	V'_f/V_0	$V'_f\times10^3$ (kN)	$V_f\times10^3$ (kN)	$m\times10^3$	$V_w\times10^3$
12	39.8	1.0	0.0	0	−0.342	−1.5	0.342	1.5	1.132	0.368	−1.132
11	36	0.905	−0.036	−4.193	−0.166	−0.727	0.347	1.526	1.152	0.374	−0.353
10	33	0.829	−0.048	−5.564	−0.045	−0.197	0.357	1.569	1.184	0.385	0.188
9	30	0.754	−0.047	−5.429	0.063	0.278	0.368	1.618	1.221	0.397	0.675
8	27	0.678	−0.034	−3.936	0.162	0.711	0.378	1.660	1.253	0.407	1.118
7	24	0.603	−0.010	−1.195	0.253	1.112	0.383	1.683	1.270	0.413	1.525
6	21	0.528	0.023	2.715	0.340	1.492	0.382	1.677	1.266	0.411	1.904
5	18	0.425	0.066	7.747	0.424	1.861	0.372	1.633	1.232	0.401	2.262
4	15	0.377	0.119	13.880	0.507	2.229	0.351	1.540	1.162	0.378	2.606
3	12	0.302	0.181	21.126	0.593	2.604	0.316	1.389	1.048	0.341	2.945
2	9	0.226	0.253	29.523	0.683	2.998	0.266	1.170	0.883	0.287	3.285
1	6	0.151	0.336	39.140	0.779	3.419	0.199	0.873	0.658	0.214	3.633
0	0	0	0.536	62.471	1.0	4.392	0	0	0	0	4.392

2. 总剪力墙、总框架及总连梁内力

总框架各层柱的剪力近似地取上、下楼层处 V_f 的平均值

$$V_f = \frac{1}{2}(V_{fi-1} + V_{fi})$$

总连梁各层的约束弯矩由下式给出

$$M_{bi} = m(\xi)\left(\frac{h_i + h_{i+1}}{2}\right)$$

以上计算见表 7.14。

表 7.14　　　　　　　　　总框架、总剪力墙及总连梁内力计算

层数	铰接体系			刚接体系			
	总剪力墙		总框架 $V_f \times 10^3$ (kN)	总剪力墙		总框架 $V_f \times 10^3$ (kN)	总连梁 $M_L \times 10^3$ (kN·m)
	$M_w \times 10^3$ (kN·m)	$V_w \times 10^3$ (kN)		$M_w \times 10^3$ (kN·m)	$V_w \times 10^3$ (kN)		
12	0	−1.239	1.247	0	−1.132	1.142	0.699
11	−3.358	−0.545	1.267	−4.193	−0.353	1.168	1.272
10	−4.257	−0.062	1.294	−5.564	0.188	1.203	1.155
9	−3.774	−0.377	1.317	−5.429	0.675	1.237	1.191
8	−2.034	−0.778	1.329	−3.936	1.118	1.262	1.221
7	0.863	1.15	1.322	−1.195	1.525	1.268	1.239
6	4.843	1.5	1.289	2.715	1.904	1.249	1.233
5	9.85	1.836	1.224	7.747	2.262	1.197	1.203
4	15.848	2.163	1.119	13.880	2.606	1.105	1.134
3	22.823	2.488	0.969	21.126	2.945	0.966	1.023
2	30.778	2.817	0.767	29.523	3.285	0.871	0.861
1	39.737	3.158	0.326	39.140	3.633	0.330	0.963
0	60.856	3.898	—	62.471	4.392	—	—

3. 剪力墙内力分配

求得剪力墙的内力 M_w 和 V_w 后，对各片剪力墙按抗弯刚度 EI_w 进行分配，各片墙分配到的剪力和弯矩见表 7.15。

4. 框架柱剪力墙分配

总框架的剪力 V_f 确定后，对各柱再按其侧向刚度进行第二次分配，表 7.16 给出了两种计算体系中各柱分担的剪力。

5. 连梁约束弯矩分配

各连梁的约束弯矩按其刚度系数进行分配。此例题有 4 根连梁，且刚度系数相同，因此分配系数为 0.25，分配结果见表 7.16。

表 7.15　剪力墙内力分配计算

层数	单片墙刚度 $EI_1\times10^7$ (kN·m²) 墙1	单片墙刚度 墙2	总刚度 $EI_w\times10^7$ (kN·m²)	分配系数 墙1	分配系数 墙2	铰接体系 总剪力墙内力 M_w (kN·m)	铰接 V_w (kN)	铰接 单片剪力墙内力 M(kN·m) 墙1	墙2	铰接 V(kN) 墙1	墙2	刚接体系 总剪力墙内力 M_w (kN·m)	刚接 V_w (kN)	刚接 单片剪力墙内力 M(kN·m) 墙1	墙2	刚接 V(kN) 墙1	墙2
12	11.5	6.7	36.4	0.316	0.184	0	−1239	0	0	−391	−228	0	−1132	0	0	−358	−208
11	11.5	6.7	36.4	0.316	0.184	−3358	−545	−1061	−618	−172	−100	−4193	−353	−1352	−772	−112	−65
10	11.5	6.7	36.4	0.316	0.184	−4257	−62	−1345	−784	−20	−11	−5564	188	−1758	−1024	59	35
9	11.5	6.7	36.4	0.316	0.184	−3774	377	−1192	−695	119	69	−5249	675	−1758	−999	213	124
8	11.5	6.7	36.4	0.316	0.184	−2034	778	−643	−374	246	143	−3936	1118	−1715	−724	353	206
7	13.3	8.7	44.0	0.302	0.198	863	1150	−261	171	348	227	−1195	1525	−1244	−236	461	302
6	13.3	8.7	44.0	0.302	0.198	4843	1500	1464	958	453	297	2715	1904	−361	537	576	376
5	13.3	8.7	44.0	0.302	0.198	9850	1836	2977	1948	555	363	7747	2262	821	1532	684	447
4	13.3	8.7	44.0	0.302	0.198	15848	2163	4790	3134	654	428	13880	2606	4196	2744	788	515
3	14.7	9.6	48.6	0.302	0.198	22823	2488	6903	4508	753	491	21126	2945	6390	4173	891	582
2	14.7	9.6	48.6	0.302	0.198	30778	2817	9309	6080	852	556	29523	3285	8930	5832	994	649
1	14.5	11.0	51.0	0.284	0.216	39737	3158	11298	8571	898	681	39140	3633	11128	8442	1033	784
0	14.5	11.0	51.0	0.284	0.216	60856	3898	17302	13126	1108	841	62471	4392	17761	13474	1249	947

表 7.16　　　　　　　　　　　　　　框架柱剪力及连梁弯矩分配计算

层数	$D=\alpha\dfrac{12i_c}{h^2}$ 边柱	中柱	$\sum D=\dfrac{12i_c}{h^2}$ $(18\alpha_{边}+7\alpha_{中})$	$D/\sum D$ 边柱	中柱	铰接体系 V_f (kN)	柱剪力 (kN) 边柱	中柱	刚接体系 V_f (kN)	柱剪力 (kN) 边柱	中柱	连梁约束弯矩 总连梁 (kN)	单个连梁 (kN)
12	0.339	0.506	9.644	0.0352	0.0525	1247	43.9	65.5	1142	40.2	60	699	174.8
11	0.289	0.448	8.338	0.0346	0.0537	1267	43.8	68.0	1168	40.4	62.7	1272	318
10	0.289	0.448	8.338	0.0346	0.0537	1294	44.8	69.5	1203	41.6	64.6	1155	288.8
9	0.289	0.448	8.338	0.0346	0.0537	1317	45.6	70.7	1237	42.8	66.4	1191	297.8
8	0.289	0.448	8.338	0.0346	0.0537	1329	46.0	71.4	1262	43.7	67.8	1221	305.3
7	0.260	0.413	7.571	0.0343	0.0545	1322	45.3	72.0	1268	43.5	69.1	1239	309.8
6	0.260	0.413	7.571	0.0343	0.0545	1289	44.2	70.3	1249	42.8	68.1	1233	308.3
5	0.260	0.413	7.571	0.0343	0.0545	1224	42.0	66.7	1197	41.1	65.2	1203	300.8
4	0.260	0.413	7.571	0.0343	0.0545	1119	38.4	61.0	1105	37.9	60.2	1134	283.5
3	0.241	0.389	7.086	0.0341	0.0550	969	33.0	53.3	966	32.9	53.1	1023	255.8
2	0.241	0.389	7.086	0.0341	0.0550	780*	26.6	42.9	878*	29.9	48.3	861	215.3
1	0.471	0.592	12.622	0.0373	0.0469	780*	29.1	36.6	878*	32.7	41.2	963	240.8

注　带 * 号的剪力值为调幅后的剪力值（按照计算此处剪力值小于 $0.2V_0$）。铰接体系：$0.2V_0=0.2\times3898.4=780$（kN）；刚接体系：$0.2V_0=0.2\times4391.9=878$（kN）。有了各柱的剪力、柱端弯矩、梁端弯矩、梁端剪力及柱的轴向力，可按平衡条件得。

习　　题

7.1　抗震设防烈度为 8 度的现浇高层钢筋混凝土框架-剪力墙结构，横向剪力墙的间距限值是多少？为什么规定剪力墙的间距不宜过大？

7.2　为什么框架-剪力墙结构中的剪力墙布置不宜过分集中？

7.3　框架-剪力墙结构中剪力墙的布置要求是什么？

7.4　什么是框架与剪力墙协同工作？试从变形方面分析框架-剪力墙是如何协同工作的？

7.5　按框架-剪力墙协同工作分配得到的框架内力什么部位最大？它对其他各层配筋有什么影响？

7.6　按框架-剪力墙协同工作分配得到的剪力墙剪力分布有什么特点？

7.7　什么是框架-剪力墙结构计算简图中的铰接体系和刚接体系？如何区分铰接体系和刚接体系？

7.8　铰接体系和刚接体系在计算方法和计算步骤上有什么不同？内力分配结果会有哪些变化？

7.9　框架-剪力墙结构按刚接体系计算，考虑连梁的约束刚度对结构的内力及变形有何影响？

7.10　什么是框架-剪力墙结构的刚度特征值 λ？它对结构的侧移和内力分配有何影响？

7.11　怎样建立框架-剪力墙结构的计算简图？

7.12　框架-剪力墙结构中的总框架、总剪力墙、总连梁是什么？

7.13　总框架、总剪力墙、总连梁的内力各应如何计算？

7.14　框架-剪力墙结构中框架的构件设计为什么可以降低要求？什么情况下不能降低要求？

7.15　根据框架-剪力墙结构的协同工作分析所求出的总框架剪力 V_f，为什么还要进行调整？

7.16　框架-剪力墙结构体系有什么优点？

7.17　总结框架-剪力墙结构在水平荷载作用下内力计算步骤。

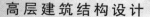

第8章 筒体结构设计

筒体结构具有造型美观，使用灵活，受力合理及整体性强等优点，适用于较高的高层建筑。筒体结构包括框筒、筒中筒、束筒结构及框架-核心筒结构等，其中框架-核心筒结构虽然都有筒体，但是这种结构与框筒、筒中筒、束筒结构的组成和传力体系有很大区别，需要了解它们的异同，掌握不同的受力特点和设计要求。框筒、筒中筒和束筒结构都是常用的高层建筑结构的形式，除符合高层建筑结构的一般布置原则外，其结构布置应从平面形状、高宽比、框筒的开孔率、柱距、框筒柱和裙梁截面、内筒布置、楼盖形式等方面考虑，减小剪力滞后，以便高效而充分地发挥所有柱子的作用。框架-核心筒结构可以做成钢筋混凝土结构、钢结构或混合结构，可以在一般的高层建筑中应用，也可以在超高层建筑中应用；框架-核心筒结构虽然与筒中筒结构在平面形式上可能相似，但受力性能却有很大区别，其结构布置对核心筒提出了更高的要求，对周边框架、框架与核心筒的内力分配、伸臂加强层及楼盖等也提出了相应的要求。

8.1 筒体结构基本概念

筒体结构是框架-剪力墙结构和剪力墙结构的演变与发展，它将抗侧力结构集中设置于房屋的内部或外部而形成空间封闭的筒体。筒体是空间整截面工作的结构，如同竖立在地面上的悬臂箱形截面梁，它使结构体系具有很大的侧向刚度和抗水平推力的能力，并随房屋高度增加而具有明显的空间作用，因此，筒体结构一般适用于层数较多或高度较大的结构。筒体结构多用于综合性办公楼等各类超高层公共建筑。

筒体结构的基本特征是：水平力主要是由一个或多个空间受力的竖向筒体承受。筒体可以由剪力墙组成，也可以由密柱框筒构成。

8.1.1 筒体结构的类型

（1）筒中筒结构。由中央剪力墙内筒和周边外框筒组成；框筒由密柱、深梁组成，见图 8.1（a）。

（2）筒体-框架结构，也称框架-核心筒结构。由中央剪力墙核心筒和周边外框架组成，见图 8.1（b）。

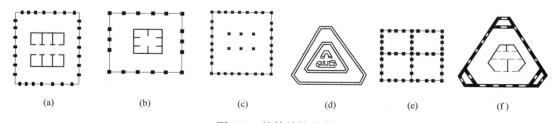

图 8.1 筒体结构的类型

（a）筒中筒结构；（b）筒体-框架结构；（c）框筒结构；（d）多重筒结构；（e）成束筒结构；（f）多筒体结构

（3）框筒结构。内部为了产生一个很大的自由灵活空间，在外围布置框筒，内部柱子主要承担竖向荷载，形成了单一的框筒结构，见图8.1（c）。

（4）多重筒结构。可以根据建筑和结构的要求，布置多个筒套共同工作，形成多重筒结构，见图8.1（d）。

（5）成束筒结构。或若干个框筒并联共同工作，形成成束筒结构，见图8.1（e）。

（6）多筒体结构。也可根据需要，再布置多个筒体见图8.1（f）。

8.1.2　筒体结构的受力性能和工作特点

（1）筒体是空间整截面工作的，如同一竖在地面上的悬臂箱形梁。框筒在水平力作用下不仅使平行于水平力作用方向上的框架（称为腹板框架）起作用，而且使垂直于水平方向上的框架（称为翼缘框架）也共同受力。薄壁筒在水平力作用下更接近于薄壁杆件，产生整体弯曲和扭转。筒体受力特点见图8.2。框架-筒体结构及计算简图见图8.3。

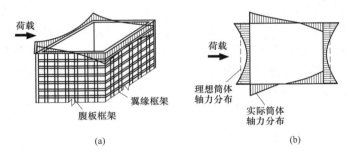

图 8.2　筒体受力特点

（a）框筒简图；（b）框筒轴力分析

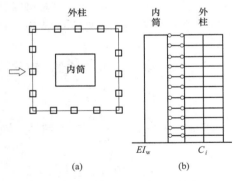

图 8.3　框架-筒体结构及计算简图

（a）框架-筒体结构；（b）计算简图

（2）框筒虽然整体受力，却与理想筒体的受力有明显的差别；理想筒体在水平力作用下，截面保持平面，腹板应力直线分布，翼缘应力相等，框筒则不保持平面变形，腹板框架柱的轴力是曲线分布的，翼缘框架柱的轴力也是不均匀分布的；靠近角柱的柱子轴力大，远离角柱的柱子轴力小。这种应力分布不再保持直线规律的现象称为剪力滞后。由于存在这种剪力滞后现象，因此筒体结构不能简单按平面假定进行内力计算。

（3）筒体结构的性能以圆形、正多边形为最佳，且边数越多性能越好，剪力滞后现象越不明显，结构的空间作用越大；反之，边数越少，结构的空间作用越差；也可采用椭圆形或矩形等其他形状，当采用矩形平面时，其平面尺寸应尽量接近于正方形，长宽比不宜大于1.5，不应大于2。若长宽比过大（超过1.5），可以增加横向加劲框架的数量，形成束筒结构。三角形平面宜切角，外筒的切角长度不宜小于相应边长的1/8，其角部可设置刚度较大的角柱或角筒，以避免角部应力过分集中；内筒的切角长度不宜小于相应边长的1/10，切角处的筒壁宜适当加厚。

（4）在筒体结构中，剪力墙筒的截面面积较大，它承受大部分水平剪力，所以柱子承受的剪力很小；而由水平力产生的倾覆力矩，则绝大部分由框筒柱的轴向力所形成的总体弯矩来平衡，剪力墙和柱承受的局部弯矩很小。由于这种整体受力的特点，使框筒和薄壁筒有较高的承载力和侧向刚度，而且比较经济。

（5）当外围柱子间距较大时，则外围柱子形不成框筒，中央剪力墙内筒往往将承受大部分外力产生的剪力和弯矩，外柱只能作为等效框架，共同承受水平力的作用，水平力在内筒与外柱之间的分配，类似框剪结构。

（6）成束筒由若干个筒体并联在一起，共同承受水平力，也可以看成是框筒中间加了一框架隔板。其截面应力分布大致与整截面筒体相似，但出现多波形的剪力滞后现象，这样，它比同样平面的单个框筒受力要均匀一些。成束筒的截面应力分布如图 8.4 所示。

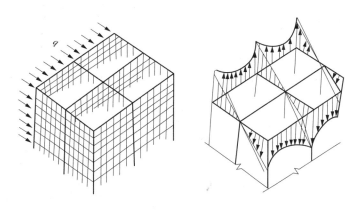

图 8.4　成束筒的截面应力分布

8.1.3　筒体结构建筑实例

筒体结构建筑实例如图 8-5～图 8-10 所示。

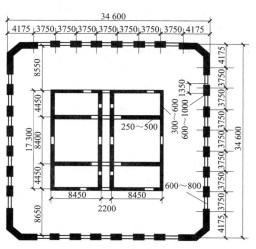

图 8.5　深圳国际贸易中心大厦
（50 层，158m，钢筋混凝土筒体，
外筒由钢骨混凝土柱组成）

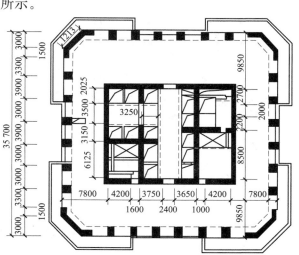

图 8.6　广东国际大厦（63 层，200m，
钢筋混凝土内筒体，外筒由
钢骨混凝土和钢柱组成）

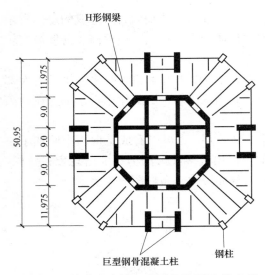

图 8.7　上海金贸大厦（采用的是框架-核心筒
结构，建筑物 88 层，高 420.5m。钢筋混凝土
核心筒呈八角形，周边 8 根钢骨混凝土柱底部
截面尺寸为 1.5m×5m，柱中配置 2 根焊接 H 型钢）

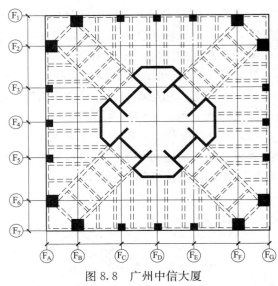

图 8.8　广州中信大厦
（37 层，322m 高，1997 年建成）

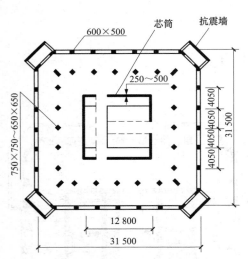

图 8.9　南京金陵饭店典型层结构
平面（地上 39 层，高 108m）

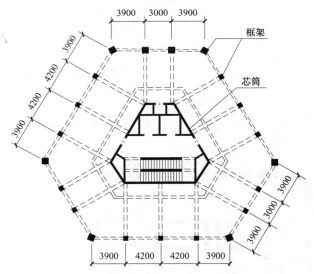

图 8.10　青岛保险公司营业楼典型层
结构平面（地下 2 层，地上 19 层，高 65.9m）

8.2　框架-核心筒结构的布置

8.2.1　框架-核心筒结构的受力特点

当实腹筒布置在周边框架内部时，形成框架-核心筒结构，是目前高层建筑中广为应用
的一种体系。框架-核心筒结构建筑空间较大，常用于办公楼，建筑和造型要求柱间距较大，

外框架形不成筒的场合。其受力性能同框架-剪力墙结构，但柱子比框架-剪力墙结构的少而断面大。它与筒中筒结构在平面形式上可能相似（见图 8.11），但受力性能却有很大区别。对由密柱深梁形成的框筒结构，由于空间作用，在水平荷载作用下其翼缘框架柱承受很大的轴力；当柱距加大，裙梁的跨高比加大时，剪力滞后加重，柱轴力将随着框架柱距的加大而减小，即对柱距较大的"稀柱筒体"，翼缘框架柱仍然会产生一些轴力，存在一定的空间作用。但当柱距增大到与普通框架相似时，除角柱外，其他柱的轴力将很小，由量变到质变，通常就可忽略沿翼缘框架传递轴力的作用，按平面结构进行分析。框架-核心筒结构，因为有实腹筒存在，JGJ 3—2010 将其归入筒体结构，但就其受力性能来说，框架-核心筒结构更接近于框架-剪力墙结构，与筒中筒结构有很大的区别。

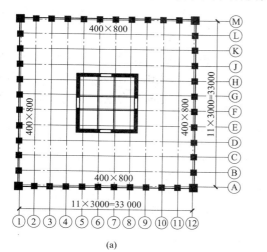
(a)

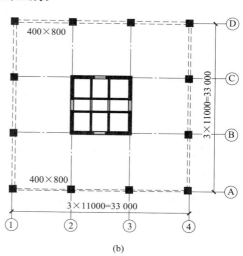
(b)

图 8.11　筒中筒结构和框架-核心筒结构

　　图 8.11 所示的筒中筒结构和框架-核心筒结构，两个结构平面尺寸、结构高度、所受水平荷载均相同，两个结构楼板均采用平板。图 8.12 为筒中筒结构与框架-核心筒结构翼缘框架柱轴力的比较，由图可知，框架-核心筒的翼缘框架柱轴力小，柱数量又较少，翼缘框架承受的总轴力要比框筒小得多，轴力形成的抗倾覆力矩也小得多；框架-核心筒结构主要是由①、④轴两片框架（腹板框架）和实腹筒协同工作抵抗侧力，角柱作为①、④轴两片框架的边柱而轴力较大；从①、④轴框架抗侧刚度和抗弯、抗剪能力看，也比框筒的腹板框架小得多。因此框架-核心筒结构抗侧刚度小得多。

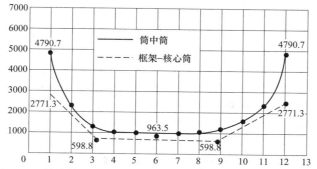

图 8.12　筒中筒结构与框架-核心筒结构翼缘框架柱轴力的比较

　　两个结构顶点位移与结构基本自振周期的比较（见表 8.1）表明，与筒中筒结构相比，框架-核心筒结构的自振周期长，顶点位移及层间位移都大，说明框架-核心筒结构的侧向刚度远小于筒中筒结构。

表 8.1　　　　　　　　　　　筒中筒结构与框架-核心筒结构侧向刚度比较

结构体系	周期（s）	顶点位移		最大层间位称
		u_1（mm）	u_1/H	$\Delta u/h$
筒中筒	3.87	70.78	1/2642	1/2106
框架-核心筒	6.65	219.49	1/852	1/647

　　表 8.2 给出了筒中筒结构与框架-核心筒结构的内力分配比例。由表 8.2 可知，框架-核心筒结构的实腹筒承受的剪力占总剪力的 80.6%，倾覆力矩占 73.6%，比筒中筒的实腹筒承受的剪力和倾覆力矩所占比例都大；筒中筒结构的外框筒承受的倾覆力矩占 66.0%，而框架-核心筒结构中，外框架承受的倾覆力矩仅占 26.4%。上述比较说明，框架-核心筒结构中实腹筒成为主要抗侧力部分，而筒中筒结构中抵抗剪力以实腹筒为主，抵抗倾覆力矩则以外框筒为主。

表 8.2　　　　　　　　筒中筒结构与框架-核心筒结构的内力分配比例　　　　　　　　　　　　%

结构体系	基底剪力		倾覆弯矩	
	实腹筒	周边框架	实腹筒	周边框架
筒中筒	72.6	27.4	34.0	66.0
框架-核心筒	80.6	19.4	73.6	26.4

　　图 8.11 所示的框架-核心筒结构的楼板是平板，基本不传递弯矩和剪力，翼缘框架中间两根柱子的轴力是通过角柱传过来的，轴力不大。提高中间柱子的轴力，从而提高其抗倾覆力矩能力的方法之一是在楼板中设置连接外柱与内筒的大梁，如图 8.13 所示，所加大梁使②、③轴形成带有剪力墙的框架。平板与梁板两种布置的框架-核心筒翼缘框架所受轴力的比较表明，采用平板体系的框架-核心筒结构中，翼缘框架中间柱的轴力很小，而采用梁板体系的框架-核心筒结构中，翼缘框架②、③轴柱的轴力反而比角柱更大；在这种体系中，

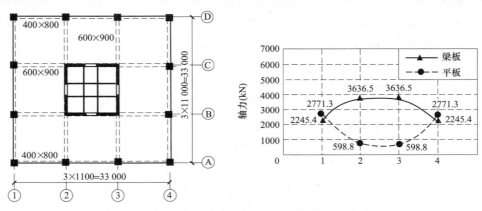

图 8.13　框架-核心筒结构翼缘框架轴力分布比较

主要抗侧力单元与荷载方向平行，其中②、③轴框架-剪力墙的侧向刚度大大超过①、④轴框架，它们边柱的轴力也相应增大。也就是说，设置楼板大梁的框架-核心筒结构传力体系与框架-剪力墙结构类似。

表 8.3 给出了有、无楼板大梁时的框架-核心筒结构侧向刚度和内力分配的比较。由表 8.3 可知，在楼板中增加大梁后增加了结构的侧向刚度，周期缩短，顶点位移和层间位移减小。由于翼缘框架柱承受了较大的轴力，周边框架承受的倾覆力矩加大，核心筒承受的倾覆力矩减小；由于大梁使核心筒反弯，核心筒承受的剪力略有增加，周边框架承受的剪力反而减小了。

表 8.3　　　　有、无楼板大梁时的框架-核心筒结构侧向刚度和内力分配的比较

结构体系	周期（s）	顶点位移		最大层间位移	基底剪力（%）		倾覆弯矩（%）	
		u_1（mm）	u_1/H	$\Delta u/h$	实腹筒	周边框架	实腹筒	周边框架
框架-核心筒（平板楼盖）	6.65	219.49	1/852	1/647	80.6	19.4	73.6	26.4
框架-核心筒（梁板楼盖）	5.14	132.17	1/1415	1/1114	85.8	14.2	54.4	45.6

在采用平板楼盖时，框架虽然也具有空间作用，而使翼缘框架柱产生轴力，但是柱数量少，轴力也小，远远不能达到周边框筒所起的作用。增加楼板大梁可使翼缘框架中间柱的轴力提高，从而充分发挥周边柱的作用，但是当周边柱与内筒相距较远时，楼板大梁的跨度大，梁高较大，为了保持楼层的净空，层高要加大，对于高层建筑而言，这是不经济的，为此另外一种可选择的充分发挥周边柱作用的方案是采用框架-核心筒-伸臂结构。

8.2.2　框架-核心筒结构的布置

框架-核心筒结构是目前高层建筑中应用最为广泛的一种结构体系，可以做成钢筋混凝土结构、钢结构或混合结构，可以在一般的高层建筑中应用，也可以在超高层建筑中应用。在钢筋混凝土框架-核心筒结构中，外框架由钢筋混凝土梁和柱组成，核心筒采用钢筋混凝土实腹筒；在钢结构中，外框架由钢梁、钢柱组成，内部采用有支撑的钢框架筒。由于框架-核心筒结构的柱数量少，内力大，通常柱的截面都很大，为减小柱截面，常采用钢或钢骨混凝土、钢管混凝土等构件做成框架的柱和梁，与钢筋混凝土或钢骨混凝土实腹筒结合，就形成了混合结构。框架-核心筒结构的布置除须符合高层建筑的一般布置原则外，还应遵循以下原则：

（1）框架可以布置成方形、长方形、圆形或其他多种形状，对形状没有限制。框架柱距大，布置灵活，有利于建筑立面多样化。要注意结构布置对称，平面上刚度对称、均匀，以减小扭转影响。内筒尽可能居中，质量均匀布置。因为周边框架的抗扭刚度相对较小，如果内筒偏置一边，则角柱会因扭转而增大层间位移，导致破坏。

（2）内筒是主要抗侧力部分，承载力和延性要求都更高，抗震时要采取提高延性的各种构造措施。要控制内筒长细比，以 10 左右为宜，一般不要超过 12（它比筒中筒结构中的内筒不利，因此要控制较严）。在内筒壁上，可以开洞，但不宜连续开洞而过分削弱墙体。

（3）核心筒是框架-核心筒结构中的主要抗侧力部分，承载力和延性要求都应更高，抗震时要采取提高延性的各种构造措施。核心筒宜布置在结构的中部，尽量减少偏置。核心筒内的功能主要为电梯间、楼梯间、管道井和消防前室，必要时也可将公共卫生间等放在核心筒内。核心筒中外墙宜厚不宜薄，内墙要尽量少；一般核心筒外墙截面面积宜占核心筒抗震墙总面积的 70% 左右。核心筒宜贯通建筑物全高。核心筒的宽度不宜小于筒体总高的 1/12，当筒体结构设置角筒、剪力墙或增强结构整体刚度的构件时，核心筒的宽度可适当减小。核心筒四角楼板不应开洞。

（4）核心筒应具有良好的整体性，墙肢宜均匀、对称布置；筒体角部附近不宜开洞，当不可避免时，筒角内壁至洞口的距离不应小于 500mm 和开洞墙的截面厚度；抗震设计时，核心筒的连梁，宜通过配置交叉暗撑、设水平缝或减小梁截面的高宽比等措施来提高连梁的延性。在核心筒延性要求较高的情况下，可采用钢骨混凝土核心筒，即在纵横墙相交的地方设置竖向钢骨，在楼板标高处设置钢骨暗梁，钢骨形成的钢框架可以提高核心筒的承载力和抗震性能。

（5）框架-核心筒结构的周边柱间必须设置框架梁。框架可以布置成方形、长方形、圆形或其他多种形状，框架-核心筒结构对形状没有限制，框架柱距大，布置灵活，有利于建筑立面多样化。结构平面布置尽可能规则、对称，以减小扭转影响，质量分布宜均匀，内筒尽可能居中；核心筒与外柱之间距离一般以 10~12m 为宜，如果距离很大，则需要另设内柱，或采用预应力混凝土楼盖，否则楼层梁太大，不利于减小层高。沿竖向结构刚度应连续，避免刚度突变。

（6）框架-核心筒结构内力分配的特点是框架承受的剪力和倾覆力矩都较小。抗震设计时，为实现双重抗侧力结构体系，对钢筋混凝土框架-核心筒结构，要求外框架构件的截面不宜过小，框架承担的剪力和弯矩需进行调整增大；对钢-混凝土混合结构，要求外框架承受的层剪力应达到总层剪力的 20%~25%；由于外钢框架柱截面小，钢框架-钢筋混凝土核心筒结构要达到这个比例比较困难，因此，这种结构的总高度不宜太大，如果采用钢骨混凝土、钢管混凝土柱，则较容易达到双重抗侧力体系的要求。

（7）非地震区的抗风结构采用伸臂加强结构抗侧刚度是有利的，抗震结构则应进行仔细的方案比较，不设伸臂就能满足侧移要求时就不必设置伸臂，必须设置伸臂时，应处理好框架柱与核心筒的内力突变，要避免柱出塑性铰或剪力墙破坏等形成薄弱层的潜在危险。

（8）框架-核心筒结构的楼盖，宜选用结构高度小、整体性强、结构自重轻及有利于施工的楼盖结构形式。因此，宜选用现浇梁板式楼板，也可选用密肋式楼板、无黏结预应力混凝土平板，以及预制预应力薄板加现浇层的叠合楼板。当内筒与外框架的中距大于 8m 时，应优先采用无黏结预应力混凝土楼盖。

（9）为避免核心筒结构具有较大的地震反应，因此，结构布置时应该在筒壁四周适当地布置一些结构洞，使筒壁成为联肢剪力墙的结构形式，利用连梁梁端的塑性铰耗散地震能量，使之出现"强肢弱梁"型的破坏形态。

8.3　框架-核心筒结构的设计与构造

8.3.1　框架-核心筒中的框架梁和柱，以及筒中筒中柱的设计及主要构造要求

框架-核心筒中的框架梁和柱，以及筒中筒中柱的截面设计可按普通框架设计，应满足抗震设计时，筒体结构框架部分按侧向刚度分配的楼层地震剪力应进行调整，并按以下规定

执行：

（1）当各层框架承担的地震剪力不小于结构底部总剪力的 20％时，则框架地震剪力可不进行调整。

（2）筒墙体可能损坏严重，内力重分布后，框架会承担较大的地震作用。如按框架部分承担的剪力最大值的 1.5 倍调整可能过小，因此需增大各层框架部分承担的地震剪力标准值，要求达到结构底部总地震剪力值的 15％；同时要对核心筒的地震剪力标准值增大 1.1 倍，并将墙体的抗震构造措施提高一级，已为特一级的可不再提高。

（3）当框架部分分配的地震剪力标准值大于结构底部总剪力标准值的 10％，但小于 20％时，应按结构底部总地震剪力标准值的 20％和框架部分楼层地震剪力标准值中最大值的 1.5 倍两者的较小值进行调整。

（4）调整框架柱的地震剪力后，框架柱端弯矩及与之相连的框架梁端弯矩、剪力应相应调整。

（5）除加强层及其上、下层外，框架部分分配的楼层地震剪力标准值的最大值不宜小于结构底部总地震剪力标准值的 10％。抗震设计时，框筒柱和框架柱的轴压比限值按框架-剪力墙结构的规定执行。

8.3.2 框架-核心筒和筒中筒结构中墙体的设计及主要构造要求

筒体墙的加强部位、边缘构件的设置及配筋设计按第 7 章有关剪力墙截面进行设计。

考虑核心筒或内筒是筒体结构的主要承重和抗侧力结构，筒角又是保证核心筒保持整体作用的关键部位，其边缘应适当加强，底部加强部位约束边缘构件沿墙肢的长度应取墙肢截面高度的 1/4，约束边缘构件范围内应全部采用箍筋；底部加强部位主要墙体的水平、竖向分布钢筋配筋率不宜小于 0.3％，其底部加强部位以上宜按第 7 章有关剪力墙设计规定设置约束边缘构件。

核心筒应具有良好的整体性，墙肢宜均匀、对称布置，筒体角部附近不宜开洞，当不可避免时，筒角内壁至洞口应保持一段距离，以便设置边缘构件，其值不应小于 500mm 和开洞墙的厚度。

筒体外墙的截面厚度不应小于 200mm，并且要通过稳定验算，必要时可增设扶壁柱或扶壁墙。在满足承载力要求和轴压比限值（仅对抗震设计的底部加强部位）时，筒体内墙可适当减薄，但不应小于 160mm。

为了防止核心筒或内筒中出现小墙肢等薄弱环节，核心筒或内筒的外墙不宜在水平方向连续开洞，对个别无法避免的小墙肢，应控制最小截面高度，增加配筋，提高小墙肢的延性，洞间墙肢的截面高度不宜小于 1.2m，当洞间墙肢的截面高度与厚度之比小于 4 时，其配筋设计宜按框架柱进行。

8.3.3 框筒梁和内筒连梁的设计和主要构造要求

框筒梁、内筒连梁按第 7.3 节中连梁截面设计方法进行设计，并满足以下构造要求。

要改善外框筒的空间作用，避免框筒梁和内筒连梁在地震作用下产生脆性破坏，外框筒梁和内筒连梁的截面尺寸应符合下列要求：

持久、短暂设计状况

$$V_b \leqslant 0.25\beta_c f_c b_b h_{b0} \tag{8.1}$$

地震设计状况

跨高比大于 2.5 时

$$V_b \leqslant \frac{1}{\gamma_{RE}}(0.20\beta_c f_c b_b h_{b0}) \tag{8.2a}$$

跨高比不大于 2.5 时

$$V_b \leqslant \frac{1}{\gamma_{RE}}(0.15\beta_c b_b h_{b0}) \tag{8.2b}$$

式中　V_b——外框筒梁或内筒连梁剪力设计值；

b_b——外框筒梁或内筒连梁截面宽度；

h_{b0}——外框筒梁或内筒连梁截面的有效高度；

β_c——承载力抗震调整系数。

梁端纵向受拉钢筋的配筋率不应大于 2.5%。

外框筒梁和内筒连梁的配筋应符合下列要求：

非抗震设计时，箍筋直径不应小于 8mm，箍筋间距不应大于 150mm；抗震设计时，框筒梁和内筒连梁的端部反复承受正、负剪力，箍筋必须加强，箍筋直径不应小于 10mm，箍筋间距不应大于 100mm，由于梁跨高比较小，箍筋间距沿梁长不变。

梁内上、下纵向钢筋的直径不应小于 16mm。为了避免混凝土收缩，以及温差等间接作用导致梁腹部过早出现裂缝，当梁的截面高度大于 450mm 时，梁的两侧应增设腰筋，其直径不应小于 10mm，间距不应大于 200mm。

为了防止框筒或内筒连梁在地震作用下产生脆性破坏，对跨高比不大于 1 的连梁宜采用交叉暗撑，跨高比不大于 2 的梁宜采用交叉暗撑，且符合下列规定：

(1) 梁的截面宽度不宜小于 400mm，以免钢筋过密，影响混凝土浇筑质量。

(2) 全部剪力由暗撑承担，每根暗撑由 4 根纵向钢筋组成，纵筋直径不应小于 14mm，其总面积 A_s 按下列公式计算

持久、短暂设计状况

$$A_s \geqslant \frac{V_b}{2f_y \sin\alpha} \tag{8.3a}$$

地震设计状况

$$A_s \geqslant \frac{\gamma_{RE} V_b}{2f_y \sin\alpha} \tag{8.3b}$$

式中　α——暗撑与水平线的夹角。

(3) 两个方向暗撑的纵向钢筋均应采用矩形箍筋或螺旋箍筋绑成一体，箍筋直径不应小于 8mm，箍筋间距不应大于 150mm；梁内普通箍筋与普通筒体连梁的要求相同（见图 8.14）。

(4) 纵筋伸入竖向构件的长度不应小于 l_{a1}。非抗震设计时 l_{a1} 可取 l_a；抗震设计时宜取 $1.15l_a$，其中 l_a 为钢筋的锚固长度。

8.3.4　板的构造要求

筒体结构的双向楼板在竖向荷载作用下，四周外角要上翘，但受到剪力墙的约束，加上楼板自身收缩和温度变化的影响，使楼板外角可能产生斜裂缝。实践证

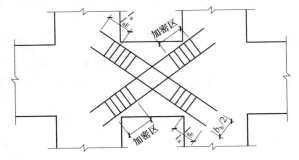

图 8.14　梁内交叉暗撑的配筋

明：在楼板外角一定范围内配置双层双向构造钢筋，对防止楼板角部开裂具有明显效果，构造要求如图 8.15 所示。

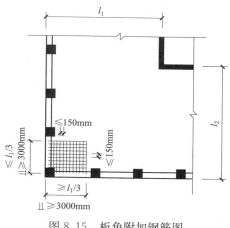

图 8.15 板角附加钢筋图

8.4 框架-核心筒-伸臂桁架结构体系的简介

8.4.1 框架-核心筒-伸臂桁架结构体系的基本概念

框架-核心筒-伸臂桁架结构体系是在工程应用中基于框架-核心筒结构体系而发展起来的一种新型结构体系，该体系是由周边的框架结构、内部的核心筒及连接核心筒与外围框架的伸臂构件而组成的。伸臂是指刚度很大的、连接内筒和外柱的实腹梁或者桁架，通常是沿高度一层、两层或者几层布置伸臂构件，由于伸臂的刚度很大，在结构产生侧移时，它使外柱拉伸或压缩，从而承受较大轴力，增大了外柱抵抗的倾覆力矩，同时使内筒反弯，减小侧移。由于伸臂本身刚度较大，又加强了结构抗侧力的刚度，有时把设置伸臂的楼层称为加强层或刚性加强层。周边的框架结构一般由钢管混凝土柱、型钢柱或型钢混凝土柱等组成，伸臂桁架构件一般采用箱形梁、桁架或实体梁等组成。框架-核心筒-伸臂桁架结构体系与框架-核心筒结构体系相比，它能通过通常刚度很大的伸臂桁架将外围的框架柱与内部核心筒连为整体，在侧向荷载作用下将结构协调成一个有效的整体抵抗外部作用，从而提高结构的抗弯刚度，减小整体结构的反应。但是，伸臂桁架的设置对于结构而言是"双刃剑"，它会导致在设置有伸臂桁架结构楼层位置形成刚度突变，在侧向外部荷载作用下导致剪力等发生突变，给结构的抗震和抗风带来困难。

8.4.2 框架-核心筒-伸臂桁架结构体系设计的一般原则

带伸臂的框架-核心筒结构为结构刚度沿竖向发生突变的结构，在重力、水平荷载作用下，加强层及其邻近楼层内力变化较大、应力集中、地震响应复杂，地震区采用时需慎重，9 度抗震设防地区不应采用。当采用框架-核心筒结构能够满足变形要求及房屋高度不超过规范所规定的房屋最高限值时，尽量不要采用带伸臂的框架-核心筒结构体系。

为了避免因结构部分构件的破坏而导致整体结构丧失承载力，对加强层区间主要抗侧力构件框架及筒体的抗震等级应考虑给予提高，以此为依据按有关规范要求进行相应的计算并采取相应的构造措施。加强层区间是指加强层及相邻各 1 层的竖向范围。

为充分发挥伸臂的刚度作用，使传力直接可靠，保证核心筒的强度延性，水平伸臂构件宜贯通核心筒，其平面布置宜位于核心筒的转角、T 形节点处，避免与核心筒墙壁丁字相连且使之与核心筒刚接可靠锚固；水平伸臂构件与周边框架的连接宜采用铰接或半刚接。

8.4.3　框架-核心筒-伸臂桁架结构体系相关结论

框架-核心筒-伸臂桁架结构体系在水平荷载作用下整体侧移曲线呈现整体弯曲型特点：框架-核心筒-伸臂桁架结构的层间位移与普通的框架-核心筒结构有着显著的不同，在有加强层部位结构的层间位移会发生突变；在结构加强层处，层间位移角突然减小，在伸臂桁架存在的楼层减小的幅度比仅存在环带桁架加强层的楼层大，会形成薄弱层。

一定范围内提高框架柱的轴向刚度能够显著提高结构的整体刚度，结构的侧移与层间位移角度在柱的刚度超过一定比值后减小不再明显，从实际工程来说过大的截面形式或者刚度不能有效地达到控制结构的侧移；内部核心筒的壁厚的提高会导致结构的最大位移比值与楼层的最大层间位移角比值的减小，但是超过一定限制后结构的最大位移减小缓慢甚至不变，这表明在一定范围内内部核心筒的厚度的增大能显著提高结构的刚度，但是壁厚的增加会导致质量的增大，这对于结构抗震不利，因此应合理地控制混凝土的壁厚比。

环带桁架加强层对于整体结构的侧向刚度的提高作用不大，对于实际工程来说寄希望于提高环带桁架的截面形式与尺寸而提高结构的整体刚度的作用不明显；整体结构在合理的位置布置一道伸臂桁架对于结构的最大位移的减低时效果最明显，在整体结构合理的位置布置不同的伸臂桁架数量，可以降低结构的周期、位移等指标，但是这种作用的有效程度随着伸臂桁架的逐渐增加而减小；设置伸臂桁架后会导致结构的剪力和核心筒承担的倾覆弯矩发生突变。

8.5　框筒、筒中筒和束筒结构的布置

框筒结构具有很大的抗侧移和抗扭刚度，又可增大内部空间的使用灵活性，对于高层建筑，框筒、筒中筒、束筒都是高效的抗侧力结构体系。框筒、筒中筒、束筒结构的布置应符合高层建筑的一般布置原则，同时要考虑如何合理布置，减小剪力滞后，以便高效而充分地发挥所有柱子的作用。

(1) 筒体结构的性能以正多边形为最佳，且边数越多性能越好，剪力滞后现象越不明显，结构的空间作用越大；反之，边数越少，结构的空间作用越差。结构平面布置应能充分发挥其空间整体作用。因此，平面形状以采用圆形和正多边形最为有利；也可采用椭圆形或矩形等其他形状，当采用矩形平面时，其平面尺寸应尽量接近于正方形，长宽比不宜大于 2。若长宽比过大，可以增加横向加劲框架的数量，形成束筒结构。三角形平面宜切角，外筒的切角长度不宜小于相应边长的 1/8，其角部可设置刚度较大的角柱或角筒，以避免角部应力过分集中；内筒的切角长度不宜小于相应边长的 1/10，切角处的筒壁宜适当加厚。

(2) 筒体结构的高宽比不应小于 3，并宜大于 4，其适用高度不宜低于 60m，以充分发挥筒体结构的作用。

(3) 筒中筒结构中的外框筒宜做成密柱深梁，一般情况下，柱距为 1～3m，不宜大于 4m；框筒梁的截面高度可取柱净距的 1/4 左右。开孔率是框筒结构的重要参数之一，框筒

的开孔率不宜大于 60%，且洞口高宽比宜尽量和层高与柱距之比相似。当矩形框筒的长宽比不大于 2 和墙面开洞率不大于 50% 时，外框筒的柱距可适当放宽。若密柱深梁的效果不足，可以沿结构高度选择适当的楼层，设置整层高的环带桁架，以减小剪力滞后。筒中筒结构的内筒宜居中，面积不宜太小，其边长可为高度的 $1/15 \sim 1/12$，也可为外筒边长的 $1/3 \sim 1/2$，其高宽比一般约为 12，不宜大于 15；如有另外的角筒或剪力墙，内筒平面尺寸还可适当减小。内筒贯通建筑物的全高，竖向刚度宜均匀变化；内筒与外筒或外框架的中距，非抗震设计时宜大于 12，抗震设计时宜大于 10，宜采用预应力混凝土楼（屋）盖，必要时可增设内柱。

(4) 框筒结构的柱截面宜做成正方形、矩形或 T 形，若为矩形截面，由于梁、柱的弯矩主要在框架平面内，框架平面外的柱弯矩较小，则矩形的长边应与腹板框架或翼缘框架方向一致。筒体的角部是联系两个方向的结构协同工作的重要部位，受力很大，通常要采取措施予以加强；内筒角部通常可以采用局部加厚等措施加强；外筒可以加大角柱截面尺寸，采用 L 形、槽形角墙等予以加强，以承受较大的轴力，并减小压缩变形，通常角柱面积宜取中柱面积的 $1 \sim 2$ 倍，角柱面积过大，会加大剪力滞后现象，使角柱产生过大的轴力，特别当重力荷载不足以抵消拉力时，角柱将承受拉力。框筒结构外筒框距较密，常常不能满足建筑使用要求。为扩大底层柱距，减少底层柱子数，常用巨大的拱、梁或桁架等支承上部的柱子，如图 8.16 所示。

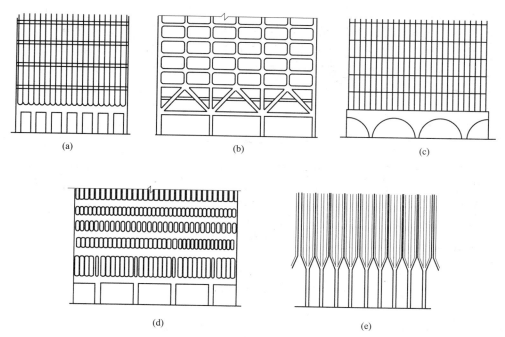

图 8.16 框筒底层扩大柱距的处理方案
(a) 转换梁；(b) 转换桁架；(c) 连续拱；(d) 过渡层；(e) 合并柱

(5) 角柱截面要适当增大，截面较大可减少压缩变形，太大的角柱截面也不利，它会导致过大的柱轴力，特别是重力荷载不足以抵消过大的拉力时，柱将承受拉力。一般情况下，角柱面积宜取为中柱面积的 1.5 倍左右。

（6）筒中筒结构中，框筒结构的各柱已经承受了较大轴力，可抵抗较大倾覆弯矩，因此没有必要再在内、外筒之间设置伸臂。在筒中筒结构中设置伸臂层的效果并不明显，反而带来柱受力突变的不利影响。

（7）由于框筒结构柱距较小，在底层往往因设置出入通道而要求加大柱距，必须布置转换结构（见第 9 章）。转换结构的主要功能是将上部柱荷载传至下部大柱距的柱子上。角柱对框筒结构的抗侧刚度和整体抗扭具有十分重要的作用。在侧向力作用下，角柱内产生较大的应力，因此应使角柱具有较大的截面面积和刚度，有时要在角柱位置上布置实腹筒（或称为角筒）。一般内筒应一直贯通到基础底板。

（8）框筒结构中的楼盖构件（包括楼板和梁）的高度不宜太大，要尽量减小楼盖构件与柱子之间的弯矩传递，可将楼盖做成平板或密肋楼盖，采用钢楼盖时可将楼板梁与柱的连接处理成铰接；框筒或束筒结构可设置内柱，以减小楼盖梁的跨度，内柱只承受竖向荷载而不参与抵抗水平荷载，筒中筒结构的内外筒间距通常为 $10 \sim 12\mathrm{m}$，宜采用预应力楼盖。

在筒中筒结构中尽量不采用楼板大梁而采用平板或密肋楼盖的另一原因是，在保证建筑净空的条件下，可以减小楼层层高。在高层建筑中减小层高可以减小建筑总高度，对减少造价有明显效果。此外，由于筒中筒结构侧向刚度已经很大，设置大梁对增加刚度的作用较小，得不偿失，因此一般尽可能不设大梁。如果要在内外筒之间布置较大的两端刚接的梁，那么框筒柱在框架平面外会有较大弯矩，楼板大梁也会使内筒剪力墙平面外受到较大弯矩，此时要注意梁端对剪力的不利作用。

采用普通梁板体系时，楼面梁的布置方式一般沿内、外筒单向布置。外端与框筒柱一一对应；内端支承在内筒墙上，最好在平面外有墙相接，以增强内筒在支承处的出平面抵抗力；角区楼板的布置，宜使角柱承受较大竖向荷载，以平衡角柱中的拉力双向受力。筒体结构梁板体系楼面布置方式如图 8.17 所示。

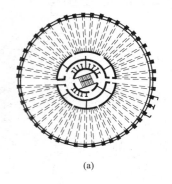 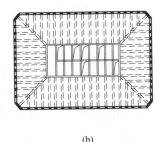 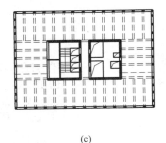

(a)　　　　　　　　　　　　(b)　　　　　　　　　　　(c)

图 8.17　筒体结构梁板体系楼面布置方式

筒体结构层数很多，降低层高具有重要意义。筒体结构楼面体系常见形式：普通梁板体系，用料省，经济指标好，当要求楼层净高较大时不宜采用；扁梁梁板体系，层高受到限制时，梁可以采用宽而扁的截面形式，减少结构的总高度；密肋楼盖，由于梁间距小（$1.2 \sim 1.5\mathrm{m}$），梁的高度可以降低；平板体系，楼面光洁，适应小的层高，但平板厚度大，不经济，自重也较大；预应力平板体系，可以增加刚度，减小板的厚度，但施工较为复杂。以上楼面体系均可降低梁板高度，从而使楼层高度有所降低。

8.6　筒体结构计算方法

筒体结构是空间整体受力，而且由于薄壁筒和框筒都有剪力滞后现象，受力情况非常复杂。为了保证计算精度和结构安全，筒体结构整体计算宜采用能反映空间受力的结构计算模型，以及相应的计算方法。一般可假定楼盖在自身平面内具有绝对刚性，采用三维空间分析方法通过计算机进行内力和位移分析。本节主要介绍几个简化的手算方法，适用于方案阶段估算截面尺寸。

8.6.1　框筒结构的剪力滞后现象

框筒结构由密排柱和高跨比很大的群梁组成（见图 8.18），它与普通框架的受力有很大的不同。普通框架是平面结构，仅考虑平面内的承载能力和刚度，而忽略平面外的作用；框筒结构在水平荷载作用下，除了与水平力平行的腹板框架参与工作外，与水平力垂直的翼缘框架也参加工作，其中水平剪力主要由腹板框架承担，整体弯矩则主要由一侧受拉、另一侧受压的翼缘框架承担，框筒中平行于侧向力方向的框架，起主要作用，可称为主框架，与其相交的框架是依附于主框架而起抗侧力作用的框架，为次框架（翼缘框架）。

框筒的受力特点与实腹筒不同，在水平荷载作用下，框筒水平截面的竖向应变不再符合平截面假定。图 8.18（b）中的实线表示框筒实际竖向应力分布，虚线表示实腹筒的竖向应力分布。由图 8.18（b）可知，框筒的腹板框架和翼缘框架在角区附近的应力大于实腹筒体，而在中间部分的应力均小于实腹筒体，这种现象称为剪力滞后。

在水平力作用下［见图 8.18（a）］，与水平力方向平行的腹板框架一端受拉，另一端受压，其中角柱产生轴力、剪力和弯矩。由于角柱的轴向变形，使与角柱相连的翼缘框架的梁端产生剪力，这个剪力使相连的翼缘框架柱子产生轴力，又使相连的梁柱产生剪力和轴力，依次作用下去，使整个翼缘框架的梁柱产生内力，其中包括轴力、剪力和弯矩。这种翼缘框架中的内力传递为剪力传递。由于梁的变形，使翼缘框架各柱压缩变形向中心逐渐递减，轴力也逐渐递减，显然翼缘框架中的梁柱距离角柱越远，其内力值越小，即形成所谓的剪力滞后现象。

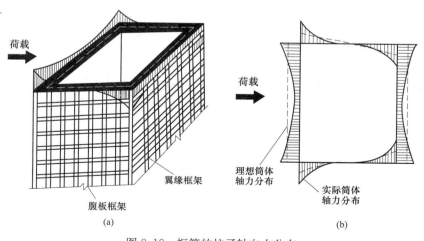

图 8.18　框筒的柱子轴向力分布

　　剪力滞后使部分中柱的承载能力得不到发挥，结构的空间作用减弱。理论分析与实验结构表明：群梁的抗剪刚度越大，剪力滞后效应越小；框筒的宽度越大，剪力滞后效应越明显。因而为减少剪力滞后效应，应限制框筒的柱距，加大梁的高度，控制框筒的长宽比。成束筒相当于增加了腹板框架的数量，剪力滞后效应大大缓和，所以，成束筒的侧向刚度比框架和筒中筒结构大。

　　框筒形成空间框架作用，其中角柱产生三维应力，是形成框筒结构空间作用的重要构件；各层楼板形成隔板，它们保持框筒平面形状在水平荷载作用下不改变，楼板也是形成框筒空间作用的重要构件。

　　设计时要考虑怎样减小翼缘框架剪力滞后，因为若能使翼缘框架中间柱的轴力增大，就会提高抗倾覆力矩的能力，提高结构侧向刚度，也就是提高了结构的抗侧效率。影响剪力滞后的因素很多，影响较大的有：①柱距与窗裙梁高度；②角柱面积；③框筒结构高度；④框筒平面形状。下面分别介绍各种影响。

8.6.2　等效槽形截面近似估算方法

　　在水平荷载作用下，框筒结构出现明显的剪力滞后现象，翼缘框架只在靠近腹板框架的地方轴力较大，柱子发挥其受力作用；靠中间的柱子受力较小，不能充分发挥其作用。因此可将翼缘框架的一部分作为腹板框架的有效翼缘，不考虑中部框筒柱的作用，从而框筒结构可化为两个等效槽形截面（见图 8.19）。

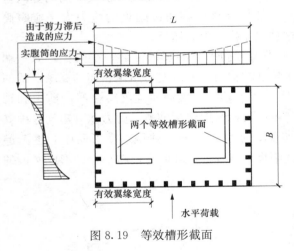

图 8.19　等效槽形截面

　　等效槽形截面的翼缘有效宽度取下列三者的最小值：框筒腹板框架宽度的 1/2，框筒翼缘框架宽度的 1/3，框筒总高度的 1/10。

　　按照材料力学组合截面惯性矩的计算方法，计算等效槽形截面的弯曲刚度 EI_e

$$I_e = \sum_{j=1}^{m} I_{cj} + \sum_{j=1}^{m} A_{cj} y_j^2 \qquad (8.4)$$

式中　　I_{cj}、A_{cj}——槽形截面各柱的惯性矩和截面面积；

　　　　y_j——柱中心至槽形截面形心的距离。

　　对筒中筒结构，将总的水平力按框筒刚度与内筒刚度的比例进行分配，可求得外框筒所承担的水平力，从而计算水平力在框筒各楼层产生的剪力 V 和倾覆力矩 $EI_e EI_w M$。如果只有外框筒，则水平力全部由外框筒承受。

　　把框筒作为整体弯曲的双槽形截面悬臂梁，可得槽形截面范围内柱和裙梁的内力计算公式

$$N_{cj} = \frac{M y_{cj} A_{cj}}{I_e} \qquad (8.5)$$

$$V_{bj} = \frac{V S h}{I_e} \qquad (8.6)$$

式中　M、V——水平力产生的整体弯矩和楼层剪力；

S——所求剪力的梁到双槽形截面边缘间各柱截面面积对框筒中性轴的静矩；

h——求剪力的梁所在高度处框筒的层高（若梁上、下的层高不同，取平均值）。

根据梁的剪力，并假定反弯点在梁净跨度的中点，可求得柱边缘处梁端截面的弯矩。

8.6.3 等效平面框架法-翼缘展开法

该法适用于矩形平面的框筒结构在水平荷载和扭转荷载作用下的计算，将空间问题转化为平面问题，可利用平面框架的有限元程序进行分析。

根据框筒结构的受力特点，可采用如下两点基本假定：

（1）对筒体结构的各榀平面单元，可只考虑单元平面内的刚度，略去其出平面外的刚度。因此，可忽略外筒梁柱构件各自的扭转作用。

（2）楼盖在其自身平面内的刚度为无穷大，因此，当筒体结构受力变形时，各层楼板在水平面内做平面运动（产生水平移动或绕竖轴转动）。

在使框筒产生整体弯曲的水平力作用下，对于有两个水平对称轴的矩形框筒结构，可取其 1/4 进行计算，如图 8.20（a）、（b）所示为 1/4 框筒的平面图和 1/4 空间框筒，其中水平荷载也按 1/4 作用于半个腹板框架上。按计算假定，不考虑框架的平面外刚度，当框筒发生弯曲变形时，翼缘框架平面外的水平位移不引起内力。在对称荷载下，翼缘框架在自身平面内没有水平位移。因此，可把翼缘框架绕角柱转 90°，使与腹板框架处于同一平面内，以形成等效平面框架体系，进行内力和位移的计算［见图 8.20（a）、（c）］。

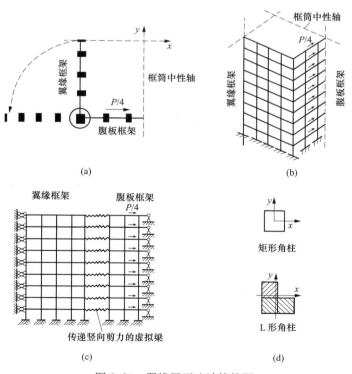

图 8.20 翼缘展开法计算简图

由于翼缘和腹板框架间的公用角柱为双向弯曲，故在等效平面框架中，须将角柱分为两个，一个在翼缘框架中，另一个在腹板框架中。为保证翼缘框架和腹板框架间竖向力的传递及竖向位移的协调，在每层梁处各设置一个只传递竖向剪力的虚拟梁，虚拟梁的抗剪刚度系数取一个非常大的数值，其弯曲和轴向拉压刚度系数取为零。在翼缘框架的对称线上沿框架高度各节点无转角，但有竖向位移，故在翼缘框架位于对称轴上的节点处，应附加定向支座；而在腹板框架的对称线上沿框架高度各节点有水平位移和转角，无竖向位移，故应设置竖向支承链杆［见图 8.20（c）］。

将角柱分为两个后，弯曲刚度计算时，惯性矩可取各自方向上的值［见图 8.20（d）］。若角柱为圆形或矩形截面，截面的两个形心主惯性轴分别位于翼缘框架和腹板框架内，两个角柱各采用相应的主惯性轴的惯性矩；若角柱截面的两个形心轴不在翼缘和腹板框架平面内，则在翼缘框架和腹板框架中角柱都不是平面弯曲，而是斜弯曲，两个角柱惯性矩的取值需再作适当的简化假定，如 L 形截面角柱，可分别取 L 形截面的一个肢作为矩形截面来计算。计算角柱的轴向刚度时，角柱的截面面积可按任选比例分给两个角柱，例如翼缘框架和腹板框架的角柱截面面积可各取原角柱面积的 1/2，计算后，将翼缘框架和腹板框架角柱的轴力叠加，作为原角柱的轴力。

建立起 1/4 框筒的等效平面框架，可按平面框架适用的方法求解。如用矩阵位移法计算，对图 8.20（c）所示的平面框架，因框筒由深梁和宽柱组成，梁和柱应按两端带刚域的杆件，建立单元刚度矩阵；再建立总刚度矩阵 $[K]$，然后用聚缩自由度的方法，求出只对应于腹板框架节点水平位移的侧向刚度矩阵 $[K_x]$，得

$$[K_x]\{\Delta_x\}=\{P_x\} \tag{8.7}$$

式中　$\{\Delta_x\}$——水平位移列向量；

$\{P_x\}$——作用在腹板框架上的水平力列向量。

按上式可求得 $\{\Delta_x\}$，进而可求得框架全部节点位移及梁柱的内力。

8.6.4　空间杆系-薄壁柱矩阵位移法

筒体结构的计算分析应当采用较精确的三维空间分析方法。空间杆系-薄壁柱矩阵位移法是将框筒的梁、柱简化为带刚域杆件，按空间杆系方法求解，每个节点有 6 个自由度，单元刚度矩阵为 12 阶；将内筒视为薄壁杆件，考虑其截面翘曲变形，每个杆端有 7 个自由度，比普通空间杆件单元增加了双力矩所产生的扭转角，单元刚度矩阵为 14 阶；外筒与内筒通过楼板连接协同工作，通常假定楼板为平面内无限刚性板，忽略其平面外刚度。楼板的作用只是保证内外筒具有相同的水平位移，而楼板与筒之间无弯矩传递关系。该法的优点是可以分析梁柱为任意布置的一般的空间结构，可以分析平面为非对称的结构和荷载，并可获得薄壁柱（内筒）受约束扭转引起的翘曲应力。

8.7　筒体结构的截面设计及构造要求

筒体结构应采用现浇混凝土结构，混凝土强度等级不宜低于 C30；框架节点核心区的混凝土强度等级不宜低于柱的混凝土强度等级，且应进行核心区斜截面承载力计算；特殊情况下不应低于柱混凝土强度等级的 70%，但应进行核心区斜截面和正截面承载力验算。

由于剪力滞后，框筒结构中各柱的竖向压缩量不同，角柱压缩变形最大，因而楼板四角下沉较多，出现翘曲现象。设计楼板时，外角板宜设置双层双向附加构造钢筋，对防止楼板角部开裂具有明显效果，其单层单向配筋率不宜小于 0.3%，钢筋的直径不应小于 8mm，

间距不应大于 150mm，配筋范围不宜小于外框架（或外筒）至内筒外墙中距的 1/3 和 3m。

核心筒由若干剪力墙和连梁组成，其截面设计和构造措施应符合剪力墙结构的有关规定，各剪力墙的截面形状应尽量简单；截面形状复杂的墙体应按应力分布配置受力钢筋。此外，考虑核心筒是筒体结构的主要承重和抗侧力结构，筒角又是保证核心筒整体作用的关键部位，其边缘构件应适当加强，底部加强部位约束边缘构件沿墙肢的长度不应小于墙肢截面高度的 1/4，约束边缘构件范围内应全部采用箍筋。

框筒梁的截面承载力设计方法、截面尺寸限制条件及配筋形式可参照一般框架梁进行。外框筒梁和内筒连梁的构造配筋，非抗震设计时，箍筋直径不应小于 8mm，间距不应大于 150mm；抗震设计时，箍筋直径不应小于 10mm，箍筋间距沿梁长不变，且不应大于 100mm。当梁内设置交叉暗撑时，箍筋间距不应大于 150mm；框筒梁上、下纵向钢筋的直径均不应小于 16mm；腰筋的直径不应小于 10mm，间距不应大于 200mm。

核心筒外墙的截面厚度不应小于层高的 1/20 及 200mm，对一、二级抗震设计的底部加强部位不宜小于层高的 1/16 及 200mm，不满足时，应进行墙体稳定性计算，必要时可增设扶壁柱或扶壁墙；在满足承载力要求及轴压比限值（仅对抗震设计）时，核心筒内墙可适当减薄，但不应小于 160mm；核心筒墙体的水平、竖向配筋不应少于两排；抗震设计时，核心筒的连梁，宜通过配置交叉暗撑（见图 8.14）、设水平缝或减小梁截面的高宽比等措施来提高连梁的延性。

8.8 框筒及筒中筒结构计算简介

框筒和筒中筒结构都应该按空间结构分析其内力及位移。精确的空间计算工作量很大，在工程应用时都要做一些简化。由于简化的方法和程度不同，框筒和筒中筒结构的计算方法繁多，各有特点。

8.8.1 空间构件有限元矩阵位移法

框筒：将框筒的梁、柱简化为带刚域杆件（见图 8.21），按空间杆系方法求解，每个节点有 6 个自由度。

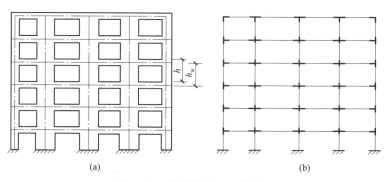

(a)   (b)

图 8.21 带刚域框架计算简图

筒中筒：将外筒看成薄壁杆件，外筒与内筒通过楼板连接协同工作。同时假定楼板为平面内无限刚性板，忽略其平面外刚度，楼板的作用只是保证内、外筒具有相同的水平位移，而楼板与筒之间无弯矩传递关系。

该方法需要通过计算机程序，是目前用得最多的方法。

8.8.2 等效连续体法

框筒的四片框架用四片等效均匀的正交异性平板代替，形成一个等效实腹筒，求出平板内的竖向应力后再恢复到梁、柱内力。内筒为实腹筒体，与外筒协同工作。通常通过弹性力学方法得到函数解，也可以通过程序计算。

8.8.3 有限条方法

将外筒及内筒均沿高度划分为竖向条带，条带的应力分布用函数表示，条带连接处的位移为未知函数，通过求解位移函数得到应力。这种方法比平面有限元方法大大减少未知量，适于在规则的高层建筑结构的空间分析中采用。外筒与内筒也通过无限刚性楼板连接协同工作，也需要通过程序计算。

8.8.4 平面结构分析方法

矩形平面的框筒结构在水平荷载作用下的分析可以简化成等效平面结构，然后按平面结构方法计算。这样可以使用平面框架的分析程序，比较方便。下面利用翼缘展开法进行分析。

如图 8.22 所示，具有对称轴的矩形平面框筒，将翼缘框架旋转 90°后，与腹板框架在同一平面内，成为平面框架。根据空间结构的受力特点，可以建立出平面框架的计算简图。

腹板框架与一般平面框架类似，承受框架平面内的水平剪力与倾覆弯矩，引起梁、柱弯曲、剪切与轴向变形。翼缘框架的变形与内力则主要是由于角柱的轴向变形产生。故由翼缘展开后形成的平面框架计算简图如图 8.23 所示。

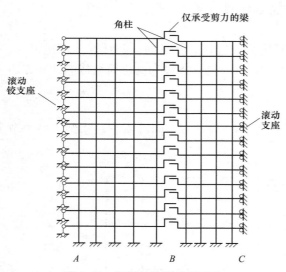

图 8.22 框筒结构翼缘展开法

图 8.23 框筒结构翼缘展开法

将角柱一分为二，一部分属于腹板框架（面积为角柱的一半，惯性矩取为绕 y 轴方向形心轴的惯性矩），另一部分属于翼缘框架（面积为角柱的一半，惯性矩取为绕 x 轴方向形心轴的惯性矩），两者之间用一个虚拟的刚性剪切梁连接，该梁的剪切刚度很大，弯曲刚度及轴向刚度都很小，只能传递剪力，可以保证角柱的两个部分具有相同的轴向变形。

如果框筒完全对称，可以取 1/4 框筒计算。此时，根据其变形特点选择边界约束，翼缘框架的中点（C）水平位移和弯矩为 0，竖向有位移，因而选用滚动支座。腹板框架中点（A）的竖向位移为 0，但有弯曲及水平位移，因而选用滚动铰支承节点。

口字形的实腹内筒可以分为两个"["形的剪力墙，按照平面结构计算，可与展开成平面的框架协同工作。协同工作原理与框架-剪力墙结构相同。

可以利用程序来进行内力及位移分析，也可以利用该方法进行大量计算后给出图表曲线，以供初步设计时采用。

习　题

8.1　常用的筒体结构有哪几种形式？依次叙述其布置原则和受力特点。

8.2　查找资料找出几个使用筒体结构的实际工程，并阐述其布置形式及特点。

8.3　框架-核心筒结构设计要点是什么？

8.4　什么是框架-核心筒-伸臂桁架结构体系？其设计原则有哪些？

8.5　筒中筒结构中为什么不采用楼板大梁而采用平板或密肋楼？

8.6　什么是框筒结构的剪力滞后现象？影响剪力滞后现象的因素有哪些？

8.7　在等效平面框架法-翼缘展开法中所采用的基本假定有哪些？

第9章 复杂高层建筑结构设计

随着国内外高层建筑的发展，现代建筑朝着体形复杂、功能多样的综合性发展。这为人们提供了良好的生活环境和工作条件，但是也使得建筑结构受力复杂、抗震性能变差、结构分析和设计方法复杂，如带转换层的结构、带加强层的结构、错层结构、连体结构。目前应用最为广泛的是带转换层的高层结构，本章重点介绍。

9.1 带转换层高层建筑结构

在同一幢高层建筑中，沿房屋高度方向建筑功能会发生变化。如低楼层用作商业城，需要尽可能大的室内空间，要求柱网大、墙体少；中部楼层作为办公室，需要中等的室内空间，可以在柱网中布置一定数量的墙体；上部楼层作为宾馆、住宅等用房，需要采用小柱网或布置较多的墙体，如图 9.1 所示。为了满足上述使用功能要求，结构设计时，上部楼层可以采用室内空间较小的剪力墙结构，中部楼层采用框架-剪力墙结构，下部楼层布置为框架结构。为了实现这种结构布置，必须在两种结构体系转换的楼层设置转换层结构。

由于建筑功能不同的要求，部分竖向构件不直接贯通落地而是通过刚度较大的转换构件连接而成的高层建筑结构，称为带转换层的高层建筑结构。

带转换层的高层建筑是目前采用较多的一种高层建筑结构。带转换层的高层建筑结构可以分为两类：一类是主体结构由上部剪力墙结构与下部筒体框架结构或者框架剪力墙结构通过转换层组成；另一类是主体结构由上部小柱网框架、筒体、剪力墙结构与下部大柱网框架、筒体、剪力墙通过结构转换层组成。其他各类转换层高层结构可以是这两类转换层高层结构的比例、补位、转换次数的组合。

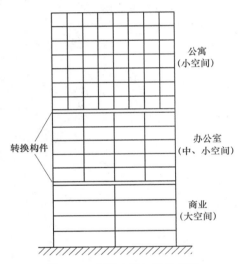

公寓
(小空间)

转换构件

办公室
(中、小空间)

商业
(大空间)

图 9.1 建筑功能与结构布置

9.1.1 转换层的分类及主要结构形式

1. 转换层的分类

（1）上层和下层结构类型转换。多用于剪力墙结构和框架-剪力墙结构，它将上部剪力墙转换为下部的框架，以创造一个较大的内部自由空间。

（2）上、下层的柱网、轴线改变。转换层上、下的结构形式没有改变，但是通过转换层使下层柱的柱距扩大，形成大柱网，并常用于外框筒的下层形成较大的入口。

（3）转换结构形式和结构轴线布置。上部楼层剪力墙结构通过转换层改变为框架的同时，柱网轴线与上部楼层的轴线错开，形成上下结构不对齐的布置。

2. 转换层的结构形式

转换层的结构形式：当内部要形成大空间，包括结构类型转变和轴线转变时，可采用梁式、桁架式、空腹桁架式、箱形和板式转换层；当框筒结构在底层要形成大的入口，可以有多种转换层的形式，如梁式、桁架式、墙式、合柱式和拱式等。目前，国内用得最多的是梁式转换层，它设计和施工简单，受力明确，一般用于底部大空间剪力墙结构。当上下柱网、轴线错开较多，难以用梁直接承托时，可以做成厚板或箱式转换层，但其自重较大，材料耗用较多，计算分析也较复杂。

9.1.2　结构布置

带转换层的高层建筑结构，转换层刚度比其他楼层刚度大很多，质量也很大，加剧了这种结构沿高度方向刚度和质量的不均匀性；而且，转换层上、下部的竖向承重构件不连续，墙、柱截面突变，导致传力路线曲折、变形和应力集中。所以，带转换层的高层建筑结构的抗震性能较差，设计时应通过合理的结构布置改善其受力和抗震性能。

1. 底部转换层的设置高度

国内有些研究人员研究了转换层设置高度对结构抗震性能的影响。研究表明，底部转换层位置越高，转换层上、下刚度突变越大，转换层上、下构件内力的突变越剧烈；另外，转换层位置越高，转换层上部附近的墙体越容易破坏，落地剪力墙或筒体容易出现受弯裂缝，从而使框支柱的内力增大，对结构抗震不利。总而言之，转换层位置越高，这种结构的抗震性能就越差。所以，底部大空间部分框支剪力墙高层建筑结构在地面以上的大空间层数，设防烈度为 7 度时不宜超过 5 层，8 度时不宜超过 3 层，6 度时其层数可适当增加。另外，对于底部带转换层的框架-核心筒结构和外筒为密柱框架的筒中筒结构，由于其转换层上、下刚度突变不明显，上、下构件内力的突变程度也小于框支剪力墙结构，转换层设置高度对这两种结构的影响比框支剪力墙结构小，所以对这两种结构，转换层位置可比上述规定适当提高。当底部带转换层的筒中筒结构的外筒为剪力墙组成的壁式框架时，其转换层上、下部的刚度和内力突变程度与部分框支剪力墙结构较接近，所以其转换层设置高度的限值宜与部分框支剪力墙结构相同。

2. 转换层上部结构与下部结构的侧向刚度控制

转换层下部结构的侧向刚度一般小于其上部结构的侧向刚度，但如果两者相差悬殊，则会使转换层下部形成柔软层，对结构抗震不利。因此，设计时应控制转换层上、下部结构的侧向刚度比，使其位于合理的范围内。

(1) 当转换层设置在 1、2 层时，可近似采用转换层与其相邻上层结构的等效剪切刚度比 γ 表示转换层上下层结构刚度的变化，γ 接近 1，非抗震设计时 γ 不应小于 0.4，抗震设计时 γ 不应小于 0.5。γ 可按下列公式计算

$$\gamma = \frac{G_2 A_2 / h_2}{G_1 A_1 / h_1} = \frac{G_2 A_2 h_1}{G_1 A_1 h_2} \tag{9.1}$$

$$A_i = A_{w,i} + \sum_j C_{i,j} A_{ci,j} \ (i=1,\ 2) \tag{9.2}$$

$$C_{i,\ j} = 2.5 \left(\frac{h_{ci,\ j}}{h_i} \right)^2 \ (i=1,\ 2) \tag{9.3}$$

式中　G_1、G_2——底层和转换层上层的混凝土剪变模量；

A_1、A_2——底层和转换层上层的折算抗剪截面面积，可按式（9.2）计算；

A_{wi}——第 i 层全部剪力墙在计算方向的有效截面面积（不包括翼缘面积）；

A_{cj}——第 i 层全部柱的截面面积；

h_i、$h_{ci,j}$——第 i 层的层高和第 j 柱沿计算方向的截面高度；

$C_{i,j}$——第 i 层第 j 柱截面面积折算系数，当计算值大于 1 时取 1。

为了防止底层刚度突变，γ 值宜接近于 1（较难实现），非抗震设计时 γ 值不应大于 3，抗震设计时 γ 值不应大于 2，也即底层的侧向刚度不应小于标准层的 1/3（非抗震设计）和 1/2（抗震设计）。

（2）当转换层设置在 2 层以上时，按式（9.4）计算的转换层与其相邻上层的侧向刚度比 γ 不应小于 0.6

$$\gamma_1 = \frac{V_i/\Delta_i}{V_{i+1}/\Delta_{i+1}} = \frac{V_i \Delta_{i+1}}{V_{i+1} \Delta_i} \tag{9.4}$$

式中　V_i、V_{i+1}——第 i 层和第 $i+1$ 层的地震剪力标准值；

Δ_i、Δ_{i+1}——第 i 层和第 $i+1$ 层的层间位移。

（3）当转换层设置在第 2 层以上时，转换层下部结构与上部结构的等效侧向刚度比 γ 应采用图 9.2 所示的计算模型，按式（9.5）计算，γ_2 应接近 1，非抗震设计时 γ 不应小 0.5，抗震设计时 γ 不应小于 0.8，即

$$\gamma_2 = \frac{\Delta_2/H_2}{\Delta_1/H_1} = \frac{\Delta_2 H_1}{\Delta_1 H_2} \tag{9.5}$$

式中　γ_2——转换层下部结构与上部结构的等效侧向刚度比；

H_1——转换层及其下部结构〔见图 9.2（a）〕的高度；

H_2——转换层上部若干层结构〔见图 9.2（b）〕的高度，其值应等于或接近于高度 H_1，且不大于 H_1；

Δ_1——转换层及下部结构〔见图 9.2（a）〕的顶部在单位水平力作用下的侧向位移；

Δ_2——转换层上部若干层结构〔见图 9.2（b）〕的顶部在单位水平力作用下的侧向位移。

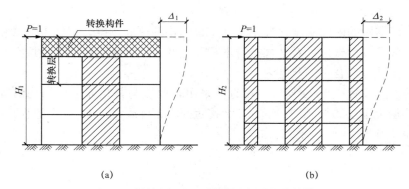

图 9.2　转换层上、下等效侧向刚度计算模型

带转换层的高层建筑结构除应满足上述的等效侧向刚度比要求外，还应满足下列楼层侧向刚度比要求：当转换层设置在 3 层及 3 层以上时，其楼层侧向刚度尚不应小于相邻上部楼

层侧向刚度的 60%。这是为了防止出现下述不利情况，即转换层的下部楼层侧向刚度较大，而转换层本层的侧向刚度较小，这时等效侧向刚度比 γ_1 虽能满足限值要求，但转换层本身侧向刚度过于柔软，形成竖向严重不规则结构。

应当指出，式（9.4）是用转换层上、下层间侧移角（Δ_i / H_i）来描述转换层上、下部结构的侧向刚度变化情况。此法能够考虑抗侧力构件的布置问题（如在结构单元内，抗侧力构件的位置不同，其对楼层侧向刚度的贡献不同），以及构件的弯曲、剪切和轴向变形对侧向刚度的影响，因此是一个较合理的方法；而式（9.1）仅考虑了层间竖向构件的数量及构件的剪切变形。但是，按式（9.4）计算 γ_1 时，H_2 要求不大于 H_1，这对于底部大空间只有 1 层的情况是难以满足的，所以只能用式（9.1）确定 γ。当然，H_2 接近 H_1 时，也可用式（9.4）确定底层大空间剪力墙的等效侧向刚度比。

3. 转换构件的布置

在高层建筑结构的底部，当上部楼层部分竖向构件不能直接连续贯通落地时，应设置结构转换层，并在结构转换层处布置转换结构构件。转换结构构件可采用桁架、梁、箱形结构、空腹桁架、斜撑等。但是因为转换层板的厚度很大，质量相对集中，引起结构沿竖向质量和刚度不均匀，对结构抗震不利。因此，非抗震设计和 6 度抗震设计时，转换构件可采用厚板；而对于大空间地下室，7、8 度抗震设计的地下室的转换构件可采用厚板。

转换层上部剪力墙、柱直接落在转换层的主构件上。但是当遇到转换层上部剪力墙平面布置复杂的情况时，可采用由框支主梁承托剪力墙并承托转换次梁及次梁上的剪力墙的结构布置。

4. 剪力墙和框支柱的布置

由于转换层下部结构在地震中可能产生严重破坏甚至倒塌，应按下述原则布置落地剪力墙和框支柱。

（1）尽可能多的剪力墙落地，并按照刚度比的要求增加墙厚；带转换层的筒体结构的内筒应该全部上、下贯通并按照刚度比要求增加筒壁厚度。

（2）落地剪力墙的间距 l 宜符合以下规定：

1）非抗震设计，l 不宜大于 $3B$ 和 36m；

2）抗震设计，底部为 1～2 层框支层时：$l \leqslant 2B$ 且 $l \leqslant 24$m；底部为 3 层及 3 层以上框支层时：$l \leqslant 1.5B$ 且 $l \leqslant 20$m。其中 B 为楼盖宽度。

（3）落地剪力墙与相邻框支柱的距离，底部为 1～2 层框支层时不宜大于 12m，3 层及 3 层以上框支层时不宜大于 10m。

（4）框支层楼板不应错层布置，防止框支柱产生剪切破坏。

（5）框支剪力墙转换梁上一层墙体内不宜设边门洞，不宜在中柱上方设门洞。这些门洞使框支梁的剪力大幅度增加，边门洞小墙肢应力集中，很容易发生破坏。

（6）落地剪力墙和筒体的洞口宜布置在墙体的中部，以便使落地剪力墙各墙肢受力（剪力、弯矩、轴力）比较均匀。

9.1.3　梁式转换层结构设计

1. 底部加强部位结构内力的调整

从研究人员所做实验结果表明，底部带转换层的高层建筑结构，当转换层位置较高时，落地剪力墙往往从墙底部到转换层以上 1～2 层范围内出现裂缝，同时转换构件上部 1～2 层剪力墙也出现裂缝或局部破坏。因此，对这种结构，其剪力墙底部加强部位的高度可取框支层加上框支层以上两层高度及墙肢总高度的 1/8 两者的较大值。

高位转换对结构抗震不利。因此，对部分框支剪力墙结构，当转换层的位置设置在 3 层及 3 层以上时，其框支柱、剪力墙底部加强部位的抗震等级尚宜按表 4.10 和表 4.11 的规定提高一级采用，若已经为特一级时可不再提高。而对底部带转换层的框架-核心筒结构和外围为密柱框架的筒中筒结构，因其受力情况和抗震性能比部分框支剪力墙结构有利，故其抗震等级不必提高。

带转换层的高层建筑结构属竖向不规则结构，其薄弱层的地震剪力应乘以 1.15 的增大系数。对抗震等级为特一、一、二级的转换构件，其水平地震内力应分别乘以增大系数 1.9、1.6 和 1.3；在 8 度抗震设计时除考虑竖向荷载、风荷载或水平地震作用外，还应考虑竖向地震作用的影响。转换构件的竖向地震作用可近似地将转换构件在重力荷载标准值作用下的内力乘以增大系数 1.1。在转换层以下，落地剪力墙的侧向刚度一般大于框支柱的侧向刚度，落地剪力墙几乎承受全部地震剪力，框支柱分配到的剪力非常小，考虑工程中转换层楼面会有显著的平面内变形，框支柱实际承受的剪力可能会比计算结果大得多。除此之外，地震时落地剪力墙出现裂缝甚至屈服后刚度下降，也会使框支柱的剪力增加。因此，对带转换层的高层建筑结构，其框支柱承受的地震剪力标准值应按下列规定采用：

（1）对每层框支柱的数目不多于 10 根的场合，当框支层为 1～2 层时，每根柱所承受的剪力应至少取基础底面剪力的 2%；当框支层为 3 层及 3 层以上时，每根柱所承受的剪力应至少取基础底面剪力的 3%。

（2）对每层框支柱的数目不多于 10 根的场合，当框支层为 1～2 层时，每层框支柱所承受的剪力之和应取基础底面剪力的 20%；当框支层为 3 层及 3 层以上时，每层框支柱承受的剪力之和应取基础底面剪力的 30%。

框支柱剪力调整后，应相应地调整框支柱的弯矩及与框支柱相交的梁端的剪力和弯矩，框支柱的轴力可不调整。

2. 转换梁截面设计和构造要求

（1）截面设计方法。当转换梁承托上部剪力墙且满跨不开洞，或仅在各跨墙体中部开洞时，转换梁与上部墙体共同工作，受力特征和破坏形态表现为深梁，可采用深梁截面设计方法进行配筋计算，并采取相应的构造措施。

当转换梁承托上部普通框架柱，或承托的上部墙体为小墙肢时，在转换梁的常用尺寸范围内，其受力性能与普通梁相同，可按普通梁截面设计方法进行配筋计算。当转换梁承托上部斜杆框架时，转换梁产生轴向拉力，此时应按偏心受拉构件进行截面设计。

（2）框支梁截面尺寸。框支梁截面宽度不宜大于框支柱相应方向的截面宽度，不宜小于其上墙体截面厚度的 2 倍，且不宜小于 400mm；当梁上托柱时，尚不应小于梁宽方向的柱截面宽度。梁截面高度，抗震设计时不应小于计算跨度的 1/6，非抗震设计时不应小于计算跨度的 1/8；框支梁可采用加腋梁，框支梁与框支柱截面中线宜重合。

为避免梁产生脆性破坏和具有合适的配箍率，框支梁截面组合的最大剪力设计值 V 应符合下列要求：

无地震作用效应组合时

$$V \leqslant 0.2\beta_c f_c b h_0 \tag{9.6}$$

有地震作用效应组合时

$$V \leqslant 0.15\beta_c f_c b h_0 / \gamma_{RE} \tag{9.7}$$

式中　b、h_0——梁截面宽度和有效高度；

　　　f_c——混凝土轴心抗压强度设计值；

　　　β_c——混凝土强度影响系数；

　　　γ_{RE}——承载力抗震调整系数。

（3）框支梁构造要求。梁上、下部纵向钢筋的最小配筋率：

1）非抗震设计时分别不应小于 0.30%；

2）抗震设计时，对特一、一和二级抗震等级，分别不应小于 0.60%、0.50% 和 0.40%。

偏心受拉的框支梁，其支座上部纵向钢筋至少应有 50% 沿梁全长贯通，下部纵向钢筋应全部直通到柱内；沿梁高应配置间距不大于 200mm、直径不小于 16mm 的腰筋。

框支梁支座处（离柱边 1.5 倍梁截面高度范围内）箍筋应加密，加密区箍筋直径不应小于 10mm，间距不应大于 100mm。加密区箍筋最小面积配箍率，非抗震设计时不应小于 $0.9f_t / f_{yv}$，抗震设计时对特一、一和二级抗震等级，分别不应小于 $1.3f_t / f_{yv}$、$1.2f_t / f_{yv}$ 和 $1.1f_t / f_{yv}$；其中 f_t、f_{yv} 分别表示混凝土抗拉强度设计值和箍筋抗拉强度设计值。当框支梁上部的墙体开有门洞或梁上托柱时，该部位框支梁的箍筋也应满足上述规定。当洞口靠近框支梁端部且梁的受剪承载力不满足要求时，可采取框支梁加腋或增大框支墙洞口连梁刚度等措施。

框支梁不宜开洞。若必须开洞时，洞口位置宜远离框支柱边，洞口顶部和底部的弦杆应加强抗剪配筋，开洞部位应配置加强钢筋，或者用型钢加强，被洞口削弱的截面应进行承载力计算。

梁纵向钢筋宜采用机械连接，同一截面内接头钢筋截面面积不应超过全部纵筋截面面积的 50%，接头部位应避开上部墙体开洞部位、梁上托柱部位及受力较大部位。

梁上、下纵向钢筋和腰筋的锚固宜符合图 9.3 的要求；当梁上部配置多排纵向钢筋时，其内排钢筋锚入柱内的长度可适当减小，但不应小于钢筋锚固长度 l_a（非抗震设计）或 l_{aE}（抗震设计）。

3. 框支柱截面设计和构造要求

（1）框支柱截面尺寸。框支柱的截面尺寸主要由轴压比控制并应满足剪压比要求。柱截面宽度，非抗震设计时不宜小于 400mm，抗震设计时不应小于 450mm；柱截面高度，非抗震设计时不宜小于框支梁跨度的 1/15，抗震设计时不宜小于框支梁跨度的 1/12。

框支柱的轴压比不宜超过表 5.14 规定的限值。框支柱截面组合的最大剪力设计

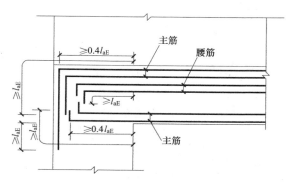

图 9.3　框支梁主筋和腰筋的锚固

值应符合式（9.6）和式（9.7）的要求，但式中 b、h_0 应取框支柱的截面宽度和截面有效高度。

（2）框支柱截面设计。框支柱应按偏心受力构件计算其纵向受力钢筋和箍筋数量。由于框支柱为重要受力构件，为提高其抗震可靠性，其截面组合的内力设计值除应按框架柱的要求进行调整外，对一、二级抗震等级的框支柱，由地震作用引起的轴力值应分别乘以增大系数 1.5、1.2，计算柱轴压比时不宜考虑该增大系数；同时为推迟框支柱的屈服，提高结构整体变形能力，一、二级框支柱与转换构件相连的柱上端和底层柱下端截面的弯矩组合值应分别乘以增大系数 1.5、1.3，剪力设计值也应按相应的规定调整，框支角柱的弯矩设计值和剪力设计值应在上述调整的基础上乘以增大系数 1.1。

（3）框支柱构造要求。框支柱内全部纵向钢筋配筋率，非抗震设计时不应小于 0.7%；抗震设计时，一、二级抗震等级，分别不应小于 1.1% 和 0.9%。纵向钢筋间距，抗震设计不宜大于 200mm；非抗震设计时，不宜大于 250mm，且均不应小于 80mm。抗震设计时柱内全部纵向钢筋配筋率不宜大于 4.0%。

抗震设计时，框支柱箍筋应采用复合螺旋箍或井字复合箍，箍筋直径不应小于 10mm，间距不应大于 100mm 和 6 倍纵向钢筋直径的较小值，并应沿柱全高加密；一、二级框支柱加密区的配箍特征值应比表 5.17 规定的数值增加 0.02，且体积配筋率不应小于 1.5%。非抗震设计时，框支柱宜采用复合螺旋箍或井字复合箍，其体积配筋率不应小于 0.8%，箍筋直径不宜小于 10mm，间距不宜大于 150mm。

框支柱在上部墙体厚度范围内的纵向钢筋应伸入上部墙体内不少于一层，其余柱筋应锚入梁内或板内。锚入梁内的钢筋长度，从柱边算起不应小于 l_{aE}（抗震设计时）或 l_a（非抗震设计）。

4. 转换层上、下部剪力墙的构造要求

（1）框支梁上部墙体的构造要求。试验研究表明，在竖向及水平荷载作用下，框支边柱上墙体的端部，中间柱上 $0.2l_n$（为框支梁净跨）宽度及 $0.2l_n$ 高度范围内有大的应力集中，因此这些部位的墙体和配筋应予以加强，且应满足下列要求：

1）当框支梁上部的墙体开有边门洞时，洞边墙体宜设置翼缘墙、端柱或加厚，并应按约束边缘构件的要求进行配筋计算。

2）框支梁上墙体竖向钢筋在转换梁内的锚固长度，抗震设计时不应小于 l_{aE}，非抗震设计时不应小于 l_a。

3）框支梁上一层墙体的配筋宜按下列公式计算：

柱上墙体的端部竖向钢筋面积

$$A_s = h_c b_w (\sigma_{01} - f_c)/f_y \tag{9.8}$$

柱边 $0.2l_n$ 宽度范围内竖向分布钢筋面积

$$A_{sw} = 0.2l_n b_w (\sigma_{02} - f_c)/f_{yw} \tag{9.9}$$

框支梁上的 $0.2l_n$ 高度范围内水平分布钢筋面积

$$A_{sh} = 0.2l_n b_w \sigma_{xmax}/f_{yh} \tag{9.10}$$

式中　　l_n——框支梁净跨；

　　　　h_c——框支柱截面高度；

　　　　b_w——墙截面厚度；

σ_{01}——柱上墙体 h_c 范围内考虑风荷载、地震作用效应组合的平均压应力设计值；

σ_{02}——柱边墙体 $0.2l_n$ 范围内考虑风荷载、地震作用效应组合的平均压应力设计值；

σ_{xmax}——框支梁与墙体交接面上考虑风荷载、地震作用效应组合的平均拉应力设计值。

有地震作用效应组合时，式（9.7）～式（9.9）中 σ_{01}、σ_{02}、σ_{xmax} 均应乘以 γ_{RE}，γ_{RE} 取 0.85。

4）转换梁与其上部墙体的水平施工缝处宜按式（6.117）的规定验算抗滑移能力。

（2）剪力墙底部加强部位的构造要求。落地剪力墙几乎承受全部地震剪力，为了保证其抗震承载力和延性，截面设计时，特一、一、二、三级落地剪力墙底部加强部位的弯矩设计值应分别按墙底截面有地震作用效应组合的弯矩值乘以增大系数 1.8、1.5、1.3 和 1.1 后采用；其剪力值应按式（6.95）和式（6.96）的规定进行调整，特一级的剪力增大系数应取 1.9。落地剪力墙的墙肢不宜出现偏心受拉。部分框支剪力墙结构，剪力墙底部加强部位墙体的水平和竖向分布钢筋最小配筋率，抗震设计时不应小于 0.3%，非抗震设计时不应小于 0.25%；抗震设计时钢筋间距不应大于 200mm，钢筋直径不应小于 8mm。框支剪力墙结构剪力墙底部加强部位，墙体两端宜设置翼墙或端柱，抗震设计时尚应设置约束边缘构件。

9.2　其他高层建筑结构

9.2.1　带加强层高层建筑结构

当高层建筑结构的高度、高宽比较大或者侧向刚度不足时，可采用加强层予以加强。加强层构件有三种形式，分别为伸臂、腰桁架和帽桁架、环向构件。

1. 伸臂

当框架-核心筒结构的侧向刚度不能满足设计要求时，可沿竖向利用建筑避难层、设备层空间，设置适当刚度的水平伸臂构件，构成带加强层的高层建筑结构。在框架-核心筒结构中，采用刚度很大的斜腹杆桁架、实体梁、整层或跨若干层高的箱形梁、空腹桁架等水平伸臂构件，在平面内将内筒和外柱连接，沿建筑高度可根据控制结构整体侧移的需要设置一道、两道或几道水平伸臂构件。由于水平伸臂构件的刚度很大，在结构产生侧移时，它将使外柱拉伸或压缩，从而承受较大的轴力，增大了外柱抵抗的倾覆力矩，同时使内筒反弯，减小侧移。沿结构高度设置一个加强层，相当于在内筒结构上施加了一个反向力矩，可以减小内筒的弯矩。另外，由于伸臂加强层的刚度比其他楼层的刚度大很多，因此带加强层高层建筑结构属竖向不规则结构。在水平地震作用下，这种结构的变形和破坏容易集中在加强层附近，即形成薄弱层；伸臂加强层的上、下相邻层的柱弯矩和剪力均发生突变，使这些柱子容易出现塑性铰或产生脆性剪切破坏。加强层的上、下相邻层柱子内力突变的大小与伸臂刚度有关，伸臂刚度越大，内力突变越大；加强层与其相邻上、下层的侧向刚度相差越大，则柱子越容易出现塑性铰或剪切破坏，形成薄弱层。因此，设计时应尽可能采用桁架、空腹桁架等整体刚度大而杆件刚度不大的伸臂构件，桁架上、下弦杆与柱相连，可以减小不利影响。另外，加强层的整体刚度应适当，以减小对结构抗震的不利影响。

2. 腰桁架和帽桁架

在筒中筒结构或框架-筒体结构中，由于内筒与周边柱的竖向应力不同、徐变差别、温度差别等，引起内、外构件竖向变形不同，会使楼盖构件产生变形和相应的应力。如果结构高度较大，内、外构件的竖向变形差会较大，会使楼盖构件产生较大的附加应力，从而将减少楼盖构件承受使用荷载和地震作用的能力。为了减少内、外构件竖向变形差带来的不利影响，可以在内筒与外柱间设置刚度很大的桁架或大梁，通过它来调整内、外构件的竖向变形。如果仅为了减小重力荷载、徐变变形和温度变形产生的竖向变形差，在 $30\sim40$ 层的高层建筑结构中，一般在顶层设置一道桁架即可显著减少竖向变形差，称为帽桁架；当结构高度很大时，除设置帽桁架外，可同时在中间某层设置一道或几道桁架，称为腰桁架。伸臂与腰桁架、帽桁架可采用相同的结构形式，但两者的作用不同。在较高的高层建筑结构中，如果将减小侧移的伸臂结构与减少竖向变形差的帽桁架或腰桁架结合使用，则可在顶部及 $0.5H\sim0.6H$（H 为结构总高度）处设置两道伸臂，综合效果较好。

3. 环向构件

环向构件是指沿结构周边布置一层或两层楼高的桁架，其作用可以加强结构周边竖向构件的联系，提高结构的整体性，类似于砌体结构中的圈梁，同时协同周边竖向构件的变形，减小竖向变形差，使竖向构件受力均匀。在框筒结构中，刚度很大的环向构件加强了深梁作用，可减小剪力滞后；在框架-筒体结构中，环向构件加强了周边框架柱的协同工作，并可将与伸臂相连接的柱轴力分散到其他柱子上，使相邻柱子受力均匀。

环向构件可采用实腹环梁、斜杆桁架或空腹桁架。但是在实际工程中很少采用实腹环梁，多采用斜杆桁架或空腹桁架。

4. 构造要求

(1) 在水平地震作用下，这种结构的变形和破坏容易集中在加强层附近，即形成薄弱层，为了避免形成薄弱层，使结构在地震作用下能呈现强柱弱梁、强剪弱弯、强节点强锚固的延性机制，加强层及其相邻的框架柱和核心筒剪力墙的抗震等级应提高一级，一级提高至特一级，若原抗震等级为特一级则不再提高；加强层及其上、下相邻一层的框架柱，箍筋应全柱段加密，轴压比限值应按照其他楼层框架柱的数值减少 0.05 采用。柱纵向钢筋总配筋率，抗震等级为一级时不应小于 1.6%，二级时不应小于 1.4%，非抗震设计，三、四级时不应小于 1.2%；总配筋率不宜大于 5%。

(2) 加强层及其相邻楼层核心筒的配筋应加强，其竖向分布钢筋和水平分布钢筋的最小配筋率，抗震等级为一级时不应小于 0.5%，二级时不应小于 0.45%，三、四级和非抗震设计时不应小于 0.4%，且钢筋直径不宜小于 12mm，间距不宜大于 100mm。加强层及其相邻楼层核心筒剪力墙应设置约束边缘构件。

(3) 加强层及其相邻层楼盖刚度和配筋应加强，楼板应采用双层双向配筋，每层每方向钢筋均应拉通，且配筋率不宜小于 0.35%；混凝土强度等级不宜低于 C30。

9.2.2 错层结构

错层结构是指在建筑中同层楼板不在同一高度，并且高差大于梁高（或大于 500mm）的结构类型。错层结构由于楼板不连续，会引起构件内力分配及地震作用沿层高分布的复杂化，错层部位还容易形成不利于抗震的短柱和矮墙。

错层结构多应用于住宅中，从结构受力和抗震性能来看，错层结构属竖向不规则结构，对结构抗震不利：第一，由于楼板分成数块，且相互错置，削弱了楼板协同结构整体受力的能力。第二，由于楼板错层，在一些部位形成短柱，使应力集中，对结构抗震不利。第三，剪力墙结构错层后，会使部分剪力墙的洞口布置不规则，形成错洞剪力墙或叠合错洞剪力墙；框架结构错层则更为不利，可能形成许多短柱与长柱混合的不规则体系。因此，高层建筑应尽量不采用错层结构，特别是位于地震区的高层建筑应尽量避免采用错层结构，9 度抗震设计时不应采用错层结构。设计中如遇到错层结构，除应采取必要的计算和构造措施外，其最大适用高度应符合下列要求：7 度和 8 度抗震设计时，错层剪力墙结构的房屋高度分别不宜大于 80m 和 60m；错层框架-剪力墙结构的房屋高度分别不应大于 80m 和 60m。

在错层结构的错层处，其墙、柱等构件易产生应力集中，受力较为不利，应采用下列加强措施：

（1）错层处框架柱的截面高度不应小于 600mm，混凝土强度等级不应低于 C30，抗震等级应提高一级采用，箍筋应全柱段加密。

（2）错层处平面外受力的剪力墙，其截面厚度，非抗震设计时不应小于 200mm，抗震设计时不应小于 250mm，并均应设置与之垂直的墙肢或扶壁柱；抗震等级应提高一级。错层处剪力墙的混凝土强度等级不应低于 C30，水平和竖向分布钢筋的配筋率，非抗震设计时不应小于 0.3%，抗震设计时不应小于 0.5%。

如果错层处混凝土构件不能满足设计要求，则需采取有效措施改善其抗震性能。例如，框架柱可采用型钢混凝土柱或钢管混凝土柱，剪力墙内可设置型钢等。

9.2.3　连体结构

连体结构是指除裙楼以外，两个或两个以上塔楼之间带有连接体的结构。

目前，从形式上看，连体高层建筑结构主要有两种形式：第一种称为凯旋门式，也称门式高层结构，即在两个主体结构（塔楼）的顶部若干层连成整体楼层，连接体的宽度与主体结构的宽度相等或近似，两个主体结构一般采用对称的平面形式，如北京西客站主站房和上海凯旋门大厦即采用这种形式。第二种形式称为连廊式，即在两个主体结构之间的某部位设一个或多个连廊，连廊的跨度可达几米到十几米，连廊的宽度一般在 10m 以内。

从连接体的强弱上看，可分为强连接连体结构和弱连接连体结构两种。

连体结构各独立部分宜有相同或相近的体形、平面布置和刚度；宜采用双轴对称的平面形式。7、8 度抗震设计时，层数和刚度相差悬殊的建筑不宜采用连体结构。

震害经验表明，地震区的连体高层建筑破坏严重，主要表现为连廊塌落，主体结构与连接体的连接部位破坏严重。两个主体结构之间设多个连廊的，高处的连廊首先破坏并塌落，底部的连廊也有部分塌落；两个主体结构高度不相等或体形、面积和刚度不同时，连体破坏尤为严重。因此，连体高层建筑是一种抗震性能较差的复杂结构形式。抗震设计时，B 级高度高层建筑不宜采用连体结构，7、8 度抗震设计时，层数和刚度相差悬殊的建筑不宜采用连体结构。另外，为提高整体结构的抗震性能，连体结构各独立部分宜有相同或相近的体形、平面布置和刚度分布，特别是对于第一种形式的连体结构，其两个主体结构宜采用双轴对称的平面形式。

9.2.4　构造措施

1. 连接体与主体结构的连接

连体结构中连接体与主体结构的连接如采用刚性连接，则结构设计和构造比较容易实现，结构的整体性也较好；如采用非刚性连接，则结构设计及构造相当困难，要使若干层高、体量颇大的连接体具有安全可靠的支座，并能满足两个方向（即沿跨度方向和垂直于跨度方向）在罕遇地震作用下的位移要求，是很难实现的。因此，连接体结构与主体结构宜采用刚性连接，必要时连接体结构可延伸至主体部分的内筒，并与内筒可靠连接。当连接体结构与主体结构非刚性连接时，其支座滑移量应能满足两个方向在罕遇地震作用下的位移要求。

2. 连接体结构及相邻结构构件的抗震等级

为防止地震时连接体结构及主体结构与连接体结构的连接部位严重破坏，保证整体结构安全可靠，抗震设计时，连接体及与连接体相邻的结构构件的抗震等级均应提高一级采用，一级提高至特一级，若原抗震等级为特一级则不再提高。

3. 连接体结构的加强措施

连接体结构应加强构造措施。与连接体相连的框架柱在连接体高度范围内及上、下层，箍筋应该全段加密配置，轴压比限值应按照其他楼层框架柱的数值减小 0.05 采用。连接体结构的边梁截面宜加大，楼板厚度不宜小于 150mm，宜采用双层双向钢筋网，每层每方向钢筋的配筋率不宜小于 0.25%。

连接体结构可采用钢梁、钢桁架或型钢混凝土梁，型钢应伸入主体结构并加强锚固。

当连接体结构含有多个楼层时，应特别加强其最下面一至两个楼层的设计及构造措施。

9.1　复杂高层建筑结构有哪些？各自特点都有哪些？

9.2　什么是带转换层的建筑结构？其分类和主要结构形式有哪些？

9.3　建筑结构转换层的作用是什么？其特点是什么？分别用于哪些结构体系？

9.4　如何控制转换层上部结构与下部结构的侧向刚度？

9.5　建筑结构在什么情况下应设置转换层？转换构件都有哪些？这些构件都有什么作用？

9.6　在转换层建筑结构中怎样布置剪力墙和框支柱？

9.7　对带转换层的高层建筑结构，其框支柱承受的地震剪力标准值怎么取值？

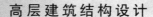

第 10 章　高层建筑钢结构和混合结构设计

10.1　高层建筑钢结构设计概要

近二十年来，我国建筑业迅猛发展，建造了一大批高层和超高层建筑，对建于抗震设防区的高层建筑，首先考虑高层建筑结构，而高层建筑钢结构优势在于抗震性能优越，具有良好的延性，减轻结构自重、降低基础工程造价，减少建筑中结构所占的面积，施工周期短。

本节简要介绍高层建筑钢结构设计，主要是其抗震设计方法。

10.1.1　高层建筑钢结构布置及体系

1. 基本设计规定及结构布置

钢结构高层建筑的结构总体布置原则和抗震概念设计与混凝土高层建筑相同，详见 2.2 节。

JGJ 3—2010 规定：钢结构高层建筑的高度不宜大于表 10.1 规定的适用高度；其高宽比不宜大于表 10.2 规定的高宽比限值。

表 10.1　　　　　　　钢结构的适用高度　　　　　　　　　m

结构体系	非抗震设防	抗震设防烈度		
		6、7	8	9
框架	110	110	90	70
框架-支撑（剪力墙板）	260	220	200	140
各类筒体	360	300	260	180

注　适用高度是指规则结构的高度，为从室外地坪算起至建筑檐口的高度。

表 10.2　　　　　　　建　筑　高　宽　比　限　值

结构体系	非抗震设防	抗震设防烈度		
		6、7	8	9
框架	5	5	4	3
框架-支撑（剪力墙板）	6	6	5	4
各类筒体	6.5	6	5	5

注　当塔形建筑的底部有大底盘时，高宽比采用的高度应从大底盘的顶部算起。

2. 结构体系

高层建筑钢结构体系有框架体系、框架-支撑体系、框架-内筒体系、外筒体系、筒中筒体系及束筒体系。此处突出钢结构的特点，仅简要介绍其中的两种体系。

（1）框架体系。框架结构体系由于在柱子之间不设置支撑或墙板之类的构件，因此建筑平面设计有较大的灵活性，提供较大的适用空间。地震区的钢框架结构房屋一般不超过 12 层，对于 20 层以下的公共建筑，框架结构具有良好的适应性。

（2）框架-支撑（剪力墙板）体系。框架-支撑体系是由框架和带多列柱间支撑的支撑框架构成的抗侧力结构，其中支撑框架是承担水平剪力的主要抗侧力结构，框架承担部分水平剪力。同时该体系可提高抗侧力结构的承载能力和侧向刚度，又避免过多地加大梁柱截面及用钢量，其作用基本上类似于钢筋混凝土高层建筑中的框架-剪力墙结构体系。

1）支撑类型。根据支撑斜杆的轴线与框架梁柱节点交会还是偏离梁柱节点，可分为中心支撑框架（见图10.1）和偏心支撑框架（见图10.2）两类。

a. 中心支撑框架。根据支撑桁架腹杆的不同布置形式，包括单向斜杆支撑［见图10.1（a）］、十字交叉支撑［见图10.1（b）］、人字形支撑［见图10.1（c）］、V形支撑［见图10.1（d）］和K形支撑［见图10.1（e）］等。

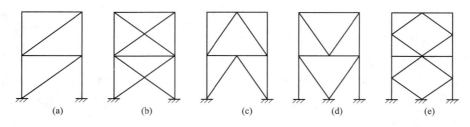

图10.1　中心支撑框架示意图

在风荷载作用下，中心支撑均具有较大的侧向刚度，有利于减小结构的水平位移和改善结构的内力分布，在水平地震作用下，容易产生侧向屈曲，对于抗震设计时不宜采用K形中心支撑，主要因为K形支撑斜杆的尖点与柱相交，受拉杆屈服和受压杆屈曲会使柱产生较大的侧向变形，可能引起柱的压屈甚至整个结构倒塌，K形支撑的斜杆因受压屈曲或受拉屈服时，将使柱子发生屈曲甚至严重损坏。

b. 偏心支撑框架。偏心支撑框架是在梁上设置一较薄弱部位，如图10.2所示的梁段，称为消能梁段。偏心支撑主要可以改变支撑斜杆与梁的先后屈服顺序，在强震作用下，消能梁段在支撑失稳之前就进入弹塑性阶段，从而避免支撑杆件在地震作用下反复屈服而引起的承载力下降和刚度退化。而且偏心支撑比中心支撑框架具有更好的抗震性能，更适宜于抗震结构。

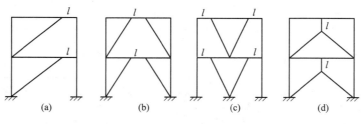

图10.2　偏心支撑框架示意图

2）支撑形式。框架-支撑体系中的竖向支撑，通常是在框架的同一跨度内沿竖向连续布置，如图10.3所示，由于支撑宽度为一个柱距，当柱距较小时，其侧向刚度较小。将竖向支撑布置在两个边跨，如图10.3（b）所示，或根据结构侧向刚度上小下大的实际需要，上面几层布置在中跨，下面几层布置在两边跨，如图 10.3（c）所示，则其侧向刚度均比常规的沿中跨布置［见图 10.3（a）］大得多，而且柱脚处的轴向拉（压）力也相应减小。

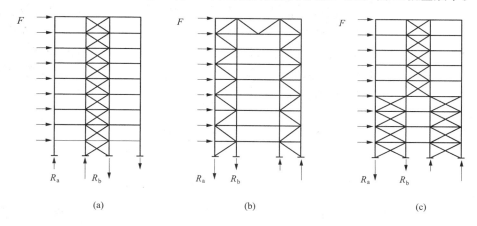

图 10.3　几种支撑布置形式

(a) 单列支撑；(b) 双列帽连支撑；(c) 单双列支撑

用钢板剪力墙代替钢支撑，墙板与框架梁焊接和（或）螺栓连接，镶嵌在框架内，构成钢框架-剪力墙板体系。与现浇混凝土剪力墙相比，钢墙板的刚度较小，与钢框架的刚度比较匹配；钢墙板不考虑其承担竖向荷载，仅考虑其承担水平剪力。

10.1.2　高层钢结构抗震设计

1. 地震作用计算

高层建筑钢结构的地震作用可采用底部剪力法、振型分解反应谱法和时程分析法计算。

结构自振周期按顶点位移法计算，即

$$T_1 = 1.7\varphi_0\sqrt{\Delta_T} \tag{10.1}$$

式中，φ_0 考虑非结构构件影响的修正系数宜取 0.9。

在初步设计时，结构的基本自振周期 $T_1(\mathrm{s})$ 可按下列经验公式估算

$$T_1 = 0.1n \tag{10.2}$$

式中　n——建筑物层数（不包括地下部分及屋顶小塔楼）。

高层钢结构的阻尼比宜按下列规定采用：高度不大于 50m 时可采用 0.04，高度大于 50m 且小于 200m 时可采用 0.03，高度不小于 200m 时宜采用 0.02；在罕遇地震下的分析，阻尼比可采用 0.05。

2. 结构分析

高层建筑钢结构在水平地震作用下的计算模型和分析方法与其他结构类似或相同，不再赘述。

此外，框架梁、柱截面按弹性设计。同时要防止梁、柱发生整体和局部失稳，故梁柱板件的宽厚比应不超过在塑性设计时的限值。为了使框架具有巨大的吸能能力，应使塑性铰只出现在梁上，即设计成强柱弱梁，同时设计中一般不考虑竖向地震作用。

3. 侧移控制

对高层建筑钢结构，在多遇地震作用下，弹性层间位移角限值取 1/300，在罕遇地震作用下的弹塑性层间位移角限值取 1/50，对于框架、偏心支撑框架及中心支撑框架结构，层

间侧移的延性系数分别不小于 3.5、3.0 及 2.5。

对于钢框架结构，应当控制其侧移，防止小震破坏，大震倒塌，当其侧移不满足要求时，可采取下列措施：①增大框架梁的刚度，因为结构侧移一般与梁的线刚度成反比，增大梁的刚度比增大柱的刚度经济。但是增大梁的刚度，塑性铰可能由梁转移到柱，而变得对整个结构抗震不利。②减小梁柱节点区的变形，这可改用腹板较厚的重型柱或局部加固节点区来达到。③增加柱子数量，这不仅增大了层间侧向刚度，也使梁的跨度减小而使其线刚度增加，但这可能影响使用功能或建筑效果。

10.2　钢构件和连接的抗震设计

10.2.1　钢构件抗震设计

1. 梁的抗震设计

钢梁在反复荷载作用下的极限荷载比静力单向荷载时小，但由于与钢梁整体连接的楼板的约束作用，框架结构中梁的实际承载力高于其静承载力。因此，钢梁抗震承载力计算与钢结构静荷载作用相同。

在强震作用下将出现塑性铰，而在整个结构未形成破坏机构之前要求塑性铰能不断转动。为使钢梁在转动过程中始终保持其抗弯承载力，既要防止板件的局部失稳，又必须防止梁的侧向扭转失稳。为了防止板件的局部失稳，应限制板件的宽厚比，关于板件的宽厚比限值可按有关规范的规定采用。为了避免梁的侧向扭转失稳，除按一般要求设置侧向支撑外，还应在塑性铰处设置侧向支撑。相邻两支撑点间的杆件的允许长细比应符合现行国家标准的有关规定。

在罕遇地震作用下，由于可能出现在塑性铰处，从而梁的上下翼缘均应设有支撑点，同时，正确设计截面尺寸，合理布置侧向支撑，连接构造，以及发挥其变形能力。

2. 柱的抗震设计

计算柱在多遇地震作用下的稳定性时，对于纯框架体系，柱的计算长度系数 μ 的取值按《钢结构设计规范》（GB 50017—2014），对于有支撑或剪力墙体系，μ 值可取 1.0（层间位移不超过限值时）。为了实现强柱弱梁的设计原则，塑性铰出现在梁端，节点左、右梁端和上、下柱端的全塑性承载力应符合下式要求

$$\sum W_{pc}(f_{yc} - \sigma_a) \geqslant \eta \sum W_{pb} f_{yb} \tag{10.3}$$

式中　W_{pc}、W_{pb}——柱和梁的塑性截面模量；

$\quad\quad\quad \sigma_a = N/A_c$——柱的轴向应力；

$\quad\quad\quad\quad\quad N$——柱的轴向压力设计值；

$\quad\quad\quad\quad\quad A_c$——柱截面面积；

$\quad\quad f_{yc}$、f_{yb}——柱和梁的钢材屈服强度；

$\quad\quad\quad\quad\quad \eta$——强柱系数，一级取 1.15，二级取 1.10，三级取 1.05。

与钢梁的设计相似，为了保证柱中塑性铰的转动能力，在柱可能出现塑性铰的区域内，板件的宽厚比应加以限制。长细比和轴压比均较大的柱，其延性较小。因此，柱的长细比，一级不应大于 $60\sqrt{235/f_{ay}}$，二级不应大于 $80\sqrt{235/f_{ay}}$，三级不应大于 $100\sqrt{235/f_{ay}}$，四级不应大于 $120\sqrt{235/f_{ay}}$，其中 f_{ay} 为钢材屈服强度。

3. 支撑构件的抗震设计

(1) 中心支撑框架的抗震设计。在反复荷载作用下，支撑构件的性能与长细比关系很大，在水平地震反复作用下，当支撑杆件受压失稳后，其承载力降低、刚度退化，长细比越大，退化现象越严重。

支撑斜杆在多遇地震作用效应的抗压验算为

$$N/(\varphi A) \leqslant \eta f/\gamma_{RE} \tag{10.4}$$

$$\eta = 1/(1 + 0.35\lambda_n) \tag{10.5}$$

$$\lambda_n = (\lambda/\pi)\sqrt{f_{ay}/E} \tag{10.6}$$

式中　　N——支撑斜杆的轴向力设计值，人字形和 V 形支撑组合的内力设计值应乘以增大系数 1.5；

　　　　A——支撑斜杆的截面面积；

　　　　φ——由支撑长细比确定的轴心受压构件的稳定系数；

　　　　η——受循环荷载时的强度降低系数；

　　λ、λ_n——支撑斜杆的长细比和正则化长细比；

　　　　E——支撑斜杆材料的弹性模量；

　　f、f_{ay}——支撑斜杆钢材的抗拉强度设计值和屈服强度；

　　　γ_{RE}——支撑承载力抗震调整系数，取 0.75。

如果人字形或 V 形支撑受压斜杆受压屈曲，则受拉斜杆内力将大于受压屈曲斜杆内力，使横梁产生较大的竖向变形，同时体系的抗剪能力发生较大的退化，为了防止支撑斜杆受压屈曲及提高斜撑的承载能力，其地震内力设计值应乘以增大系数 1.5。

抗震设计时，中心支撑杆件的长细比、板件宽厚比及节点构造要求应符合抗震规范的有关规定。

(2) 偏心支撑框架的抗震设计。

1) 消能梁段设计。偏心支撑框架的设计原则是，在强震作用下应使消能梁段进入塑性状态，其他杆件仍处于弹性状态。

a. 剪切屈服型耗能梁段的条件。消能梁段是偏心支撑钢框架塑性变形耗散能量的唯一构件，消能梁段的耗能能力与梁段的长度和构造有关。耗能梁段的长度 a 由以下公式确定：

当 $\rho(A_w/A) < 0.3$ 时

$$a < 1.6M_{lp}/V_l \tag{10.7}$$

当 $\rho(A_w/A) \geqslant 0.3$ 时

$$a \leqslant [1.15 - 0.5\rho(A_w/A)]1.6M_{lp}/V_l \tag{10.8}$$

$$\rho = N/V \tag{10.9}$$

式中　　a——消能梁段的长度；

　M_{lp}、V_l——消能梁段的全塑性受弯承载力和屈服受剪承载力；

　　　ρ——消能梁段轴向力设计值 N 与剪力设计值 V 之比；

　A、A_w——消能梁段的截面面积和腹板截面面积。

当 $\rho(A_w/A) = 0.3$ 时，式 (10.8) 与式 (10.7) 相同，不考虑轴力的影响。

b. 消能梁段受剪承载力验算。当 $N_{lb} \leqslant 0.15A_{lb}f$ 时，忽略轴力的影响，耗能梁段的抗剪承载力应按下式验算

$$V_{lb} \leqslant 0.9V_s/\gamma_{RE} \tag{10.10}$$

$$V_s = 0.58h_0t_wf_{ay} \tag{10.11a}$$

或

$$V_s = 2M_s/a \tag{10.11b}$$

式中　N_{lb}——耗能梁段的轴力设计值；

　　　　V_{lb}——耗能梁段的剪力设计值；

　　　　V_s——受剪承载力，取腹板屈服时的剪力［见式（10.11a）］和梁段两端形成塑性
　　　　　　　铰时的剪力［见式（10.11b）］两者较小值；

　　　　M_s——耗能梁段的塑性抗弯承载力；

　　　　A_{lb}——耗能梁段的截面面积；

　　f、f_{ay}——耗能梁段钢材的抗压强度设计值和屈服强度。

　　当 $N_{lb} > 0.15A_{lb}f$ 时，由于轴力的影响，其受剪承载力按下式验算

$$V_{lb} \leqslant 0.9V_{cs}/\gamma_{RE} \tag{10.12}$$

其中消能梁段考虑轴力影响的受剪承载力 V_{cs}，即

$$V_{cs} = 0.58h_0t_wf_{ay}\sqrt{1 - [N/(Af)]^2} \tag{10.13a}$$

或

$$V_{cs} = 2.4M_s[1 - N/(Af)]/a \tag{10.13b}$$

式（10.12）中 V_{cs} 应取式（10.13a）与式（10.13b）两者的较小值；h_0、t_w 分别为腹板计算
高度和腹板厚度；以上诸公式中，γ_{RE} 为消能梁段承载力抗震调整系数，均取 0.75。

　　2）支撑斜杆及框架梁、柱设计。为了使偏心支撑框架仅在耗能梁段屈服，非耗能梁段、
柱及支撑斜杆的内力设计值应根据耗能梁段的屈服阶段内力确定，位于耗能段的同一跨的
梁、柱及偏心支撑构件的内力设计值应乘以增大系数，对于偏心支撑斜杆，增大系数符合
10.1.3 小节的规定。对于耗能段同一跨的梁及偏心支撑柱，抗震设计在 8 度以下时，增大
系数不宜小于 1.5，9 度时不应小于 1.6。这些构件的强度和稳定性可按 GB 50017—2014 的
有关规定进行验算，但钢材的强度设计值应除以承载力抗震调整系数。

10.2.2　钢结构节点的抗震设计

1. 梁柱节点域验算

（1）节点域的抗剪及强度验算。在地震作用下，梁柱节点域的受力状态如图 10.4 所示。
由于节点域两侧的梁端弯矩方向相同，故节点域的柱腹板将受到剪力作用，节点域发生剪切
变形。取上部水平加劲肋的柱腹板为脱离体［见图 10.4（b）］，其中 V_c 为上柱传来的剪力，

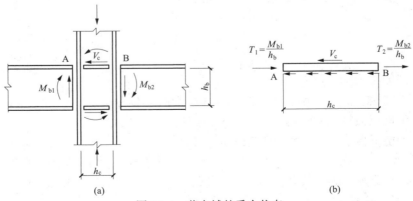

(a)　　　　　　　　　　　　　　　　　　　(b)

图 10.4　节点域的受力状态

T_1、T_2为梁翼缘的作用力，近似地取 $T_1=M_{b1}/h_b$，$T_2=M_{b2}/h_b$。设工字形截面柱腹板厚度为 t_w，截面高度为 h_c，则柱腹板中的平均剪应力为

$$\tau=\left(\frac{M_{b1}+M_{b2}}{h_b}-V_c\right)/h_c t_w \tag{10.14}$$

节点域的剪应力 τ 应小于钢材的抗剪强度设计值 f_v，即

$$\tau=f_v/\gamma_{RE} \tag{10.15}$$

其中 γ_{RE} 为节点域承载力抗震调整系数，取 0.85。

节点域腹板具有极高的超屈服强度，考虑节点域承载力的提高，所以在式（10.4）中可省略一项 V_c，f_v 乘以 4/3 增强系数，即

$$(M_{b1}+M_{b2})/V_p\leqslant(4/3)f_v/\gamma_{RE} \tag{10.16}$$

式中　M_{b1}、M_{b2}——节点域两侧梁的弯矩设计值；

$\qquad V_p$——节点域的体积，对于式（10.16）和式（10.17），对工字形截面柱 $V_p=h_b h_c t_w$，对箱形截面柱 $V_p=1.8h_b h_c t_w$；

$\qquad \gamma_{RE}$——抗震调整系数，取为 0.75。

在 7 度以上设防地震作用下，应限制节点域的屈服承载力。为此，节点域的屈服承载力即节点域腹板厚度尚应符合下式要求

$$\psi(M_{pb1}+M_{pb2})/V_p\leqslant(4/3)/\gamma_{RE} \tag{10.17}$$

式中　M_{pb1}、M_{pb2}——节点域两侧梁的全塑性受弯承载力；

$\qquad \psi$——折减系数，三、四级时取 0.6，一、二级时取 0.7；

$\qquad \gamma_{RE}$——抗震调整系数，取为 0.75。

（2）节点域的稳定性验算。为防止梁柱连接处柱腹板局部失稳，其腹板厚度应符合下式要求

$$t_w\geqslant(h_b+h_c)/90 \tag{10.18}$$

式中　h_b、h_c——梁腹板高度和柱腹板高度。

2. 节点连接的抗震设计

房屋建筑钢结构节点连接主要包括：梁与柱的连接，支撑与梁、柱的连接，梁、柱、支撑拼接和柱脚。抗震设计时，应遵循强节点弱构件的原则，按考虑地震作用效应组合的内力设计值进行弹性设计，并应进行极限承载力验算。下面仅介绍梁柱连接节点及梁柱拼接。

（1）梁柱连接节点。为使梁柱构件能发展塑性产生塑性铰，构件的承载力有所提高，同时梁与柱的连接应能使梁充分发挥其强度与延性。因此，确定梁的受弯及受剪承载力时，应考虑钢材的实际屈服强度可能超过强度标准值及应变硬化的影响，梁端部连接的极限承载力应高于其构件本身的屈服承载力，其应符合下列要求

$$M_u\geqslant1.2M_p \tag{10.19}$$

$$V_u\geqslant1.3(2M_p/l)，且　V_u\geqslant0.58h_w t_w f_y \tag{10.20}$$

式中　M_u——节点连接的极限受弯承载力；

$\qquad V_u$——梁腹板连接的极限受剪承载力；

$\qquad M_p$——被连接构件（梁或梁贯通型的柱）的全塑性受弯承载力；

$\qquad l$——梁的净跨；

$\quad h_w$、t_w——梁腹板的高度和厚度；

f_y——钢材的屈服强度。

考虑钢材的实际屈服强度可能高于规定值而采用的修正系数为 1.2，而考虑跨中荷载的影响，抗剪计算采用 1.3。

梁、柱构件连接为梁贯通时，在承受轴力时的全截面受弯承载力，应按下列公式计算：

对工字形截面（绕强轴）和箱形截面，当 $N/N_y \leqslant 0.13$ 时

$$M_{pc} = M_p \tag{10.21}$$

当 $N/N_y > 0.13$ 时

$$M_{pc} = 1.15(1 - N/N_y)M_p \tag{10.22}$$

对工字形截面（绕弱轴），当 $N/N_y \leqslant A_w/A$ 时

$$M_{pc} = M_p \tag{10.23}$$

当 $N/N_y > A_w/A$ 时

$$M_{pc} = \left[1 - \left(\frac{N - A_w f_y}{N_y - A_w f_y} \right)^2 \right] M_p \tag{10.24}$$

式中 M_{pc}——截面的全塑性受弯承载力；

N_y——构件轴向屈服承载力，取 $N_y = A f_{ay}$；

A——柱的净截面面积；

A_w——柱的腹板净截面面积。

（2）梁、柱构件的拼接。梁、柱构件拼接的弹性设计时，腹板应计入构件的弯矩影响，且受剪承载力不应小于构件截面受剪承载力的 50%；梁或柱拼接的极限承载力，应符合下列要求

$$V_u \geqslant 0.58 h_w t_w f_y \tag{10.25}$$

无轴向力时 $$M_u \geqslant 1.2 M_p \tag{10.26}$$

有轴向力时 $$M_u \geqslant 1.2 M_{pc} \tag{10.27}$$

式中 M_u、V_u——构件拼接的极限受弯承载力和受剪承载力；

h_w、t_w——被拼接构件截面腹板的高度和厚度；

f_y——被拼接构件的钢材屈服强度；

M_p、M_{pc}——构件无轴力和有轴力时的全截面受弯承载力。

抗震设计时，高强度螺栓连接的极限受剪承载力计算、焊缝的极限承载力及连接的构造要求，可参见《建筑抗震设计规范》（GB 50011—2010），不再赘述。

10.3   高层建筑混合结构设计概要

所谓混合结构（mixed structure, hybrid structure）是指由钢框架或型钢混凝土框架与钢筋混凝土筒体（或剪力墙）所组成的共同承受竖向和水平作用的高层建筑结构。本节简要介绍高层建筑混合结构体系及设计要点。本节所述混合结构体系是指由外围钢框架或型钢混凝土、钢管混凝土框架与钢筋混凝土核心筒共同组成的框架-筒体结构，以及由外围钢框筒或型钢混凝土、钢管混凝土框筒与钢筋混凝土内核心筒共同组成的筒中筒结构。

10.3.1   高层建筑混合结构的结构布置和概念设计

1. 结构总体布置

高层混合结构房屋的总体布置原则除应符合本章要求外，还应符合 JGJ 3—2010 第 3.4

节及 3.5 节的要求，由于混合结构中的梁的要求、柱为钢结构或型钢混凝土结构，故而应遵循钢结构布置的一些基本原则。

（1）混合结构建筑的平面外形宜简单、规则，宜采用方形、矩形、圆形等规则对称的平面，建筑的开间、进深宜统一，并且尽量使结构的抗侧力中心与水平合力中心重合。

（2）筒中筒结构体系中，当外围框架柱采用 H 形截面柱时，宜将柱截面强轴方向布置在外围框架（外围筒体）平面内；角柱宜采用方形、十字形或圆形截面。

（3）楼盖主梁不宜搁置在核心筒或内筒的连梁上。楼面梁使连梁受扭，对连梁受力非常不利，应予避免，如必须设置，连梁可采用型钢混凝土梁或沿核心筒外围设置宽度大于墙厚的环向楼面梁。

混合结构的竖向布置应符合下列规定：

1）结构的侧向刚度和承载力沿竖向宜均匀变化，构件截面宜由下至上逐渐减小、无突变。

2）对于刚度变化较大的楼层，应设置过渡层。

3）钢框架部分采用支撑时，宜采用偏心支撑和耗能支撑，支撑宜连续布置，且在相互垂直的两个方向均宜布置，并相互交接，框架支撑宜延伸至基础。

（4）混合结构体系的高层建筑，8、9 度抗震设防时，应在楼面钢梁或型钢混凝土梁与钢筋混凝土筒体交接处及筒体四角设置型钢柱；7 度抗震设防且房屋高度不超过 130m 时，宜在楼面钢梁或型钢混凝土梁与钢筋混凝土筒体交接处及筒体四角设置型钢柱。

（5）高层建筑混合结构遭受水平力时，结构破坏主要集中于钢筋混凝土筒体，因此，抗震设计时，应采取有效措施确保混凝土筒体的承载力和延性。

（6）混合结构中，采用外伸桁架加强层可以将筒体剪力墙的部分弯曲变形转换成框架柱的轴向变形，以减小水平荷载作用下的侧移，所以外伸桁架应与筒体剪力墙刚接且宜伸入并贯通抗侧力墙体，同时外伸桁架平面宜与抗侧力墙体的中心线重合。外柱相对于桁架杆件来说，不宜承受很大的弯矩，因而外伸桁架与周围框架柱的连接宜采用铰接或半刚接。

2. 适用的最大高度和高宽比限值

关于混合结构房屋适用的最大高度和高宽比限值，JGJ 3—2010 仅对钢框架-钢筋混凝土筒体和型钢混凝土框架-钢筋混凝土筒体给出了相应的规定，见表 10.3 和表 10.4。

表 10.3　　　　　钢-混凝土混合结构房屋适用的最大高度　　　　m

结构体系	非抗震设计	抗震设计烈度			
		6 度	7 度	8 度	9 度
钢框架-钢筋混凝土筒体	210	200	160	120	70
型钢（钢管）混凝土框架-钢筋混凝土核心筒	240	220	190	150	70

注　1. 房屋高度是指室外地面标高至主要屋面高度，不包括突出屋面的水箱、电梯机房、构架等高度。

　　2. 当房屋高度超过表中数值时，结构设计应有可靠依据并采取进一步的有效措施。

表 10.4	钢-混凝土混合结构适用的最大高宽比			
结构体系	非抗震设计	抗震设防烈度		
		6、7 度	8 度	9 度
钢框架-钢筋混凝土筒体	8	7	6	4
型钢混凝土框架-钢筋混凝土筒体	8	8	7	5

10.3.2 混合结构构件类型

1. 型钢混凝土构件

型钢混凝土构件是指在型钢周围配置钢筋并浇筑混凝土的结构构件，又称钢骨混凝土构件（steel reinforced concrete，SRC）。

（1）型钢混凝土梁。型钢混凝土梁截面如图 10.5（a）所示，其中型钢骨架一般采用实腹轧制工字钢或由钢板拼焊成工字形截面。对于大跨度梁，其型钢骨架多采用华伦式钢桁架[见图 10.5（b）]。

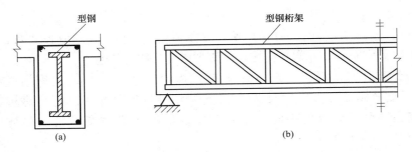

图 10.5 型钢混凝土梁

（2）型钢混凝土柱。常用的型钢混凝土柱截面如图 10.6 所示，柱内埋设的型钢芯柱有以下几种类型：①轧制 H 型钢或由钢板拼焊成的 H 形截面[见图 10.6（a）]；②由一个 H 型钢和两个剖分 T 型钢拼焊成的带翼缘十字形截面[见图 10.6（b）]；③方钢管[见图 10.6（c）]；④圆钢管[见图 10.6（d）]。

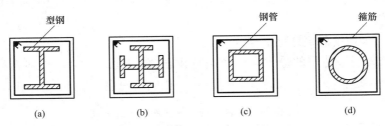

图 10.6 型钢混凝土柱截面形式

对于特大截面型钢混凝土柱，为了防止柱在剪压状态下的脆性破坏，可在柱内埋设多根较小直径的圆形钢管，取代常用的 H 形、十字形型钢芯柱，以增强型钢对混凝土的约束作用，提高混凝土的抗压强度和构件延性，使柱的力学性能接近于钢管混凝土柱。

（3）型钢混凝土剪力墙和筒体。型钢混凝土剪力墙截面通常是在墙的两端、纵横墙交接处、洞口两侧，以及沿实体墙长度方向每隔不大于 6m 处设置型钢暗柱或在端柱内设置型钢芯柱。在钢框架-混凝土核心筒结构中，提高钢筋混凝土核心筒的承载力和变形能力及便于与钢梁连接，通常在核心筒的转角和洞边设置型钢芯柱，从而形成型钢混凝土筒体。

2. 钢管混凝土构件

钢管混凝土构件是在钢管内部充填浇筑混凝土的结构构件，钢管内部一般不再配置钢筋（concrete filled steel tube，CFST）。钢管混凝土构件多采用圆钢管［见图 10.7 （a）］，钢管内的混凝土受到钢管的有效约束，可显著提高其抗压强度，而混凝土可增强钢管的稳定性，同时钢材的强度也得到充分发挥。因此，钢管混凝土柱是一种比较理想的受压构件形式。

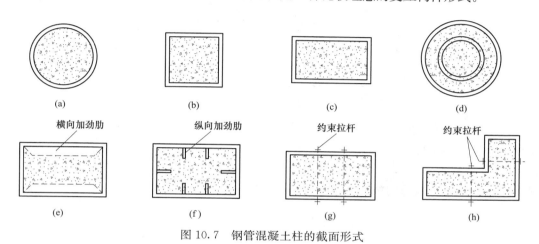

图 10.7　钢管混凝土柱的截面形式

此外，对于承受特大荷载的大截面圆钢管混凝土柱，为了避免钢管壁过厚，可在柱截面内增设一个较小直径的钢管，即二重钢管柱［见图 10.7 （d）］，内钢管的直径一般取外钢管直径的 3/4。

同时方形、矩形及 T 形、L 形截面［见图 10.7 （b）、（c）、（h）］等异形钢管混凝土柱在高层建筑中应用。对于大截面方形、矩形、T 形和 L 形等钢管混凝土柱，为强化钢管对内部混凝土的约束作用，并延缓管壁钢板的局部屈曲，宜加焊横向或纵向加劲肋［见图 10.7 （e）、（f）］，或按一定间距设置约束拉杆［见图 10.7 （g）、（h）］。

3. 钢-混凝土组合梁板

钢-混凝土组合梁板（steel - concrete composite beam and slab）是利用钢材（钢梁和压型钢板）承受构件截面上的拉力、混凝土承受压力，使钢材的抗拉强度和混凝土的抗压强度均得到充分利用。组合梁板中的钢梁可以承担施工荷载，压型钢板则可直接作为楼板混凝土的模板，加快施工进度，减轻楼板自重。

10.3.3　混合结构体系

混合结构主要是以钢梁（或型钢混凝土梁）、钢柱（或型钢混凝土柱、钢管混凝土柱）代替混凝土梁、柱，因此第 2 章所介绍的结构体系原则上都可以设计成混合结构体系。

1. 筒中筒体系

（1）上海国际贸易中心大厦（见图 10.8）。该建筑地下 3 层，地面以上 35 层，高129.55m，建筑高宽比在横向为 3.2，总建筑面积为 $40.4×50m^2$，外筒与内筒边柱之间的跨度为 12.2m，内筒宽度为 16m。该建筑属于筒中筒结构体系，筒中筒体系由外筒和内筒构成，建筑高度不太高，故内筒的柱间不设置竖向支撑。地下室部分为钢骨混凝土结构。

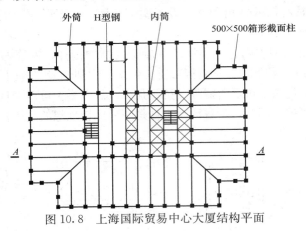

图 10.8 上海国际贸易中心大厦结构平面

（2）北京中国国际贸易中心大厦。该建筑地下 2 层，地面以上 39 层，高 153.55m，外筒平面尺寸为 45m×45m，内筒平面尺寸为 21m×21m，平面如图 10.9 所示。标准层高 3.7m，建筑高宽比为 3.4，内筒高宽比为 7.3，采用筒中筒结构体系；该工程在三层以下为钢骨混凝土结构，但在筒内的四角设置了竖向支撑，在外筒中未采用高截面群梁。

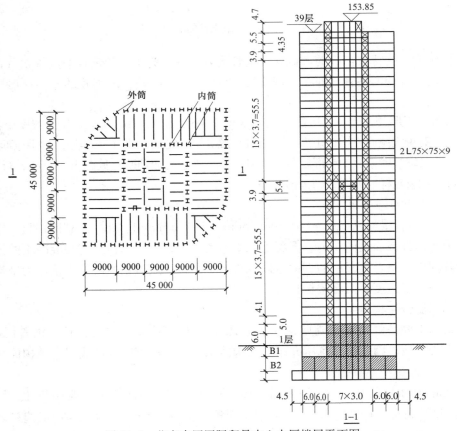

图 10.9 北京中国国际贸易中心大厦楼层平面图

2. 框架-核心筒结构体系

上海世界金融大厦。该建筑平面呈梭形，地下 3 层，地面以上 43 层，典型楼层的层高为 3.55m，总高度为 174m。长轴为 56.15m，短轴为 31.5m，结构平面及剖面见图 10.10。核心筒采用钢筋混凝土实腹筒，周边框架由钢梁与型钢混凝土柱刚性连接构成。为增大结构的横向侧移刚度，于第 15 层和第 30 层（均为避难层）沿横向设置四道伸臂桁架［见图 10.10（b）］，以加强核心筒与外圈框架柱的联系，使外圈柱更多地参与整体抗弯。

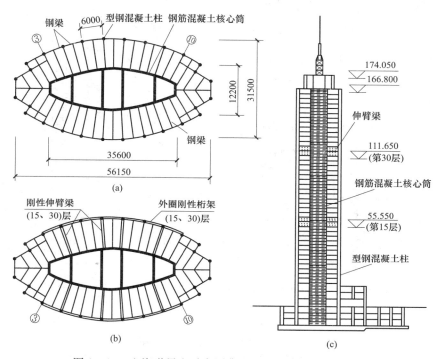

图 10.10　上海世界金融大厦典型层结构平面及结构剖面

3. 核心筒-翼柱体系

（1）结构体系的组成。核心筒-翼柱体系是指由钢筋混凝土或型钢混凝土核心筒与建筑周边型钢混凝土巨型翼柱所组成的结构体系，如图 10.11（a）、（b）所示。核心筒通过各层楼盖大梁及每隔若干楼层由核心筒外伸的伸臂桁架（或大梁）与周边巨型翼柱相连，形成一个整体抗侧力结构体系。建筑每边的两个巨型翼柱，通过各层楼盖边梁相互连接，形成一个空腹桁架结构。

（2）工程实例。金茂大厦位于上海浦东新区陆家嘴金融贸易区，由塔楼和裙房组成。塔楼地下 3 层，地面以上 88 层，结构顶部高度为 383m，建筑总高度为 421m。塔楼平面呈八边形，立面呈宝塔形，第 53～87 层结构平面、52 层以下结构平面和剖面示意图分别如图 10.11（a）、（b）、（c）所示。

塔楼主体结构采用核心筒-翼柱体系，主要由以下几部分组成：①钢筋混凝土核心筒；筒内纵、横向墙体按井字形布置。②8 根型钢混凝土巨型翼柱，布置在建筑物四边且位于核心筒内墙轴线上。③8 根型钢巨型柱，布置在建筑物的四角。④伸臂钢桁架，沿建筑物高度设置在第 24～26 层、第 51～53 层、第 85～88 层，沿平面布置在核心筒内墙轴线上并与周

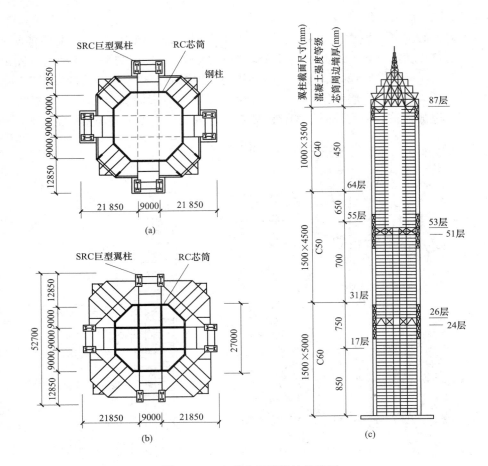

图 10.11　金茂大厦塔楼结构简图

(a) 第 53~87 层结构平面；(b) 52 层以下结构平面；(c) 结构剖面

边的巨型翼柱相连。

10.3.4　高层建筑混合结构分析

（1）在进行结构弹性阶段的整体内力和位移计算时，对钢梁及钢柱可采用钢材的截面计算；对型钢混凝土构件、钢管混凝土柱的弯曲刚度 EI、轴向刚度 EA 和剪切刚度 GA 可采用下列各式计算

$$EI = E_c I_c + E_a I_a \tag{10.28}$$

$$EA = E_c A_c + E_a A_a \tag{10.29}$$

$$GA = G_c A_c + G_a A_a \tag{10.30}$$

式中　$E_c I_c$、$E_c A_c$、$G_c A_c$——组合构件截面上钢筋混凝土部分的截面弯曲刚度、轴向刚度及剪切刚度；

$E_a I_a$、$E_a A_a$、$G_a A_a$——组合构件截面上型钢部分的截面弯曲刚度、轴向刚度及剪切刚度。

（2）在进行弹性分析时，宜考虑钢梁与混凝土楼面的共同作用，梁的刚度可取钢梁刚度的 1.5~2.0 倍，但应保证钢梁与楼板有可靠连接。弹塑性分析时，可不考虑楼板与梁的共同作用。

（3）无端柱型钢混凝土剪力墙可按相同截面的钢筋混凝土剪力墙计算轴向、抗弯、抗剪刚度；有端柱型钢混凝土剪力墙可按 H 形截面混凝土计算轴向和抗弯刚度，端柱中的型钢可折算为等效混凝土面积计入 H 形截面的翼缘面积，墙的抗剪刚度可只计入腹板混凝土面积。

（4）结构在承受竖向荷载作用下的内力时，宜考虑钢柱、型钢混凝土（钢管混凝土）柱与钢筋混凝土核心筒竖向变形差异的影响，计算竖向变形差异时宜考虑混凝土收缩、徐变、沉降及施工调整等因素的影响。

（5）混合结构房屋施工时一般是混凝土筒体先于外围钢框架，以加快施工进度。为此，设计时必须考虑施工阶段混凝土筒体在风荷载及其他荷载作用下的不利受力状态。型钢混凝土结构应验算在浇筑混凝土之前钢框架在施工荷载及可能的风荷载作用下的承载力、稳定性及位移，并据此确定钢框架安装与浇筑混凝土楼层的间隔层数，否则会使混凝土筒体产生较大的变形和应力。

（6）风荷载作用下楼层位移验算和构件设计时，阻尼比可取为 0.02～0.04。从实际建筑物的实测资料及国内外相关文献资料来看，混合结构在多遇地震下的阻尼比可取 0.04。抗风设计时阻尼比可根据房屋高度和形式选取不同的值。

（7）钢板混凝土剪力墙可将钢板折算为等效混凝土面积计算轴向、抗弯、抗剪刚度。在进行结构整体内力和变形分析时，型钢混凝土梁、柱及钢管混凝土柱的轴向、抗弯、抗剪刚度都按照型钢与混凝土两部分刚度叠加方法计算。

（8）在结构内力和位移计算时，设置伸臂桁架的楼层及楼板开大洞的楼层应考虑楼板平面内变形。

10.4　型钢混凝土结构设计与计算

10.4.1　型钢混凝土梁

1. 型钢混凝土梁的受力性能及破坏形态

型钢混凝土构件的主要特点之一是钢骨与混凝土的黏结强度比钢筋混凝土的黏结强度低得多，型钢混凝土梁的剪切破坏形态，主要有剪切斜压破坏、剪切黏结破坏和剪压破坏。在反复荷载作用下，钢骨与混凝土的黏结破坏明显，钢骨混凝土受拉区的裂纹要比钢筋混凝土裂纹的数量少但宽度大，对于未设置剪力连接件的梁，荷载达到极限荷载的 80% 之前，钢骨与混凝土可以保持共同工作的状态。达到 80% 之后，构件之间发生侧移，同时平面假定不成立。型钢腹板的剪切屈服具有很大的耗能能力并能保持其承载力，所以型钢混凝土构件的受剪承载力和变形能力比一般钢筋混凝土构件要大得多。

2. 型钢混凝土梁正截面承载力计算

《钢骨混凝土结构设计规程》（YB 9082—2006）采用强度叠加法，即型钢混凝土构件的正截面承载力等于型钢与外包混凝土的正截面承载力之和。JGJ 3—2010 规定，型钢混凝土构件可按《型钢混凝土组合结构技术规程》（JGJ 138—2001）进行截面设计，故下面仅简要介绍该规程的设计方法。

对于采用充满型、实腹型的型钢混凝土框架梁，则平衡方程为（见图 10.12）

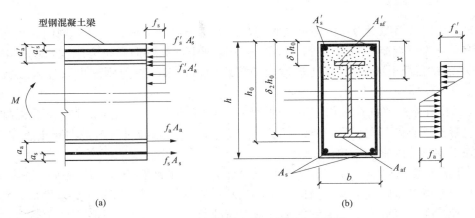

图 10.12　型钢混凝土梁正截面应力图形

$$f_c bx + f_y' A_s' - f_a A_{af}' - f_a A_{af} + N_{aw} = 0 \tag{10.31}$$

$$M \leqslant f_c bx(h_0 - x/2) + f_y' A_s'(h_0 - a_s') + f_a' A_{af}'(h_0 - a_a') + M_{aw} \tag{10.32}$$

型钢混凝土梁内型钢腹板的轴向承载力和受弯承载力分别按下列公式计算：

当 $\delta_1 h_0 < 1.25x$，$\delta_2 h_0 > 1.25x$ 时

$$N_{aw} = [2.5\xi - (\delta_1 + \delta_2)] t_w h_0 f_a \tag{10.33}$$

$$M_{aw} = \left[\frac{1}{2}(\delta_1^2 + \delta_2^2) - (\delta_1 + \delta_2) + 2.5\xi - (1.25\xi)^2\right] t_w h_0^2 f_a \tag{10.34}$$

$$\xi = x/h_0 \tag{10.35}$$

式中　t_f、t_w、h_w——型钢翼缘厚度、型钢腹板厚度和截面高度；

　　　　f_a、f_a'——型钢的抗拉、抗压强度设计值；

　　　　A_{af}、A_{af}'——型钢受拉翼缘和受压翼缘的截面面积。

其余符合意义见图 10.12。

3. 型钢混凝土梁斜截面承载力计算

(1) 截面尺寸限制条件。对型钢混凝土梁，为防止其发生斜压破坏，除应限制其剪压比外，还应限制其型钢比，即型钢混凝土梁的受剪截面应符合下列条件：

型钢比应满足　　　　　　　　$f_a t_w h_w \geqslant 0.1\beta_c f_c bh_0 \tag{10.36}$

剪压比应满足

当无地震作用效应组合时

$$\left.\begin{aligned} V_b &\leqslant 0.45\beta_c f_c bh_0 \\ (V_b - V_y^{ss}) &\leqslant 0.25\beta_c f_c bh_0 \\ V_y^{ss} &= t_w h_w f_{ssv} \end{aligned}\right\} \tag{10.37}$$

当有地震作用效应组合时

$$\left.\begin{aligned} V_b &\leqslant 0.36\beta_c f_c bh_0 / \gamma_{RE} \\ V_y^{ss} &= t_w h_w f_{ssv} / \gamma_{RE} \end{aligned}\right\} \tag{10.38}$$

当跨高比 $\lambda_b > 2.5$ 时　　　$V_b - V_y^{ss} \leqslant 0.2\beta_c f_c bh_0 / \gamma_{RE} \tag{10.39}$

当跨高比 $\lambda_b \leqslant 2.5$ 时　　　$V_b - V_y^{ss} \leqslant 0.15\beta_c f_c bh_0 / \gamma_{RE} \tag{10.40}$

式中　V_b——型钢混凝土梁的剪力设计值；

V_y^{ss}——梁内型钢腹板的受剪承载力；

β_c——混凝强度影响系数，按混凝土结构设计规范取值；

f_{ssv}——型钢腹板钢材的抗剪强度设计值，按钢结构设计规范取值；

其余符号意义同前。

（2）受剪承载力计算。型钢混凝土梁的斜截面受剪承载力，大致等于型钢腹板和外包混凝土两部分的受剪承载力之和，并可近似地认为型钢腹板处于纯剪状态，即 $\tau_{xy}=1/\sqrt{3}\,f_a=0.58f_a$。对于采用充满型、实腹型的无洞型钢混凝土框架梁，其斜截面受剪承载力可按下列公式计算：

无地震作用效应组合时，在均布荷载作用下

$$V_b \leqslant 0.08\beta_c f_c bh_0 + f_{yv}\frac{A_{sv}}{s}h_0 + 0.58f_a t_w h_w \tag{10.41}$$

在集中荷载作用下

$$V_b \leqslant \frac{0.2}{\lambda+1.5}\beta_c f_c bh_0 + f_{yv}\frac{A_{sv}}{s}h_0 + \frac{0.58}{\lambda}f_a t_w h_w \tag{10.42}$$

有地震作用效应组合时，在均布荷载作用下

$$V_b \leqslant (0.06\beta_c f_c bh_0 + 0.8f_{yv}\frac{A_{sv}}{s}h_0 + 0.58f_a t_w h_w)/\gamma_{RE} \tag{10.43}$$

在集中荷载作用下

$$V_b \leqslant \left(\frac{0.16}{\lambda+1.5}\beta_c f_c bh_0 + 0.8f_{yv}\frac{A_{sv}}{s}h_0 + \frac{0.58}{\lambda}f_a t_w h_w\right)/\gamma_{RE} \tag{10.44}$$

式中　A_{sv}——配置在同一截面内的箍筋各肢总截面面积；

　　　s——箍筋间距；

　　　λ——梁验算截面的剪跨比，$\lambda=a/h_0$，其中 a 为验算截面（取集中荷载作用点）至支座截面或节点边缘的距离；

　　　f_{yv}——箍筋的抗拉强度设计值。

其余符号意义同前。

4. 型钢混凝土梁的构造要求

（1）型钢混凝土梁的基本构造要求。梁的混凝土强度等级不宜低于 C30，混凝土粗骨料最大直径不宜大于 25mm；梁中型钢的保护层厚度不宜小于 100mm，梁纵筋骨架的最小净距不应小于 30mm，且不小于梁纵筋直径的 1.5 倍；型钢采用 Q235 和 Q345 级钢材；也可采用 Q390 或符合结构性能要求的其他钢材。

梁纵向钢筋配筋率不宜小于 0.30%。纵向受力钢筋不宜超过两排，且第二排只宜在最外侧设置，以便于钢筋绑扎及混凝土浇筑。

梁中纵向受力钢筋宜采用机械连接。如纵向钢筋需贯穿型钢柱腹板并以 90°弯折固定在柱截面内时，抗震设计的弯折前直段长度不应小于 0.4 倍钢筋抗震锚固长度 l_{aE}，弯折直段长度不应小于 15 倍纵向钢筋直径；非抗震设计的弯折前直段长度不应小于 0.4 倍钢筋锚固长度 l_a，弯折直段长度不应小于 12 倍纵向钢筋直径。

为增强型钢混凝土梁中钢筋混凝土部分的抗剪能力，以及加强对箍筋内部混凝土的约束，防止型钢的局部失稳和主筋压曲，型钢混凝土梁沿梁全长箍筋的配置应满足下列要求：

①箍筋的最小面积配筋率 ρ_{sv}：一、二级抗震等级应分别大于 $0.30f_t/f_{yv}$ 和 $0.28f_t/f_{yv}$，三、四抗震等级应大于 $0.26f_t/f_{yv}$；非抗震设计，当梁的剪力设计值大于 $0.7f_tbh_0$ 时，应大于 $0.24f_t/f_{yv}$；抗震与非抗震设计均不应小于 0.15%。其中 f_t 表示混凝土抗拉强度设计值，f_{yv} 表示箍筋抗拉强度设计值。②梁箍筋的直径和间距应符合表 10.5 的要求，且箍筋间距不应大于梁截面高度的 $1/2$。抗震设计时，梁端箍筋应加密，箍筋加密区范围，一级时取梁截面高度的 2.0 倍，二、三级时取梁截面高度的 1.5 倍；当梁净跨小于梁截面高度的 4 倍时，梁全跨箍筋应加密设置。

(2) 型钢混凝土梁的箍筋的构造要求。箍筋的最小面积配筋率应符合 JGJ 3—2010 第 6.3.4 条第 4 款和 6.3.5 条第 1 款的规定，且不应小于 0.15%。

型钢混凝土梁应采用具有 135° 弯钩的封闭式箍筋，弯钩的直段长度不应小于 8 倍箍筋直径。非抗震设计时，梁箍筋直径不应小于 8mm，箍筋间距不应大于 250mm。抗震设计时，梁箍筋的直径和间距应符合表 10.5 的要求，且箍筋间距不应大于梁高的 $1/2$；梁端箍筋应加密，加密区范围，一级取梁截面高度的 2.0 倍，二、三、四级取梁截面高度的 1.5 倍，当梁净跨小于梁截面高度的 4 倍时，梁全跨箍筋应加密设置。

表 10.5 梁 箍 筋 直 径 和 间 距　　　　　　　　　mm

抗震等级	箍筋直径	非加密区箍筋间距	加密区箍筋间距
一	≥12	≤180	≤120
二	≥10	≤200	≤150
三	≥10	≤250	≤180
四	≥8	250	200

10.4.2 型钢混凝土柱

1. 型钢混凝土柱的受力性能与破坏形态

(1) 正截面的受力性能与破坏形态。对于轴心受压构件，短柱在加载过程中，钢骨和钢筋首先达到屈服，混凝土出现纵向裂缝。随着荷载不断增加，柱的轴向变形进一步加大，裂缝迅速扩展，当混凝土达到极限压应变时，混凝土被压溃，柱丧失承载力，因此，对于轴心受压短柱，其承载力是混凝土、钢筋与型钢三部分简单叠加；对于偏心受压构件，型钢混凝土偏心受压短柱的破坏是以受压区混凝土的破坏为特征的，破坏形态与钢筋混凝土类似。

(2) 斜截面的破坏形态。破坏形态可以分为斜压破坏、黏结破坏和弯剪破坏三种基本形式。当剪跨比 $\lambda < 1.5$ 时，钢骨混凝土发生斜压破坏。当剪跨比 $1.5 < \lambda < 2.5$ 时，实腹钢骨混凝土柱容易发生黏结破坏。轴压比较低的构件，当剪跨比 $\lambda > 2.5$ 时，其破坏形态与钢筋混凝土柱类似。

2. 型钢混凝土柱正截面承载力计算

对于配置充满型、实腹型的型钢混凝土框架柱（见图 10.13），其正截面受压承载力计算与型钢混凝土梁类似，可按下列公式计算

$$N \leqslant f_c bx + f_y' A_s' + f_a' A_{af}' - \sigma_s A_s - \sigma_a A_{af} + N_{aw} \tag{10.45}$$

$$Ne \leqslant f_c bx(h_0 - x/2) + f_y' A_s'(h_0 - a_s') + f_a' A_{af}'(h_0 - a_s') + M_{aw} \tag{10.46}$$

$$\sigma_s = \frac{\xi - 0.8}{\xi_b - 0.8}f_y, \quad \sigma_a = \frac{\xi - 0.8}{\xi_b - 0.8}f_a \tag{10.47}$$

框架柱内型钢腹板的轴向承载力 N_{aw} 和受弯承载力 M_{aw} 可按下列公式计算：

（1）大偏心受压柱。当 $\delta_1 h_0 < 1.25x$，$\delta_2 h_0 > 1.25x$ 时，分别采用式（10.33）和式（10.34）计算。

（2）小偏心受压柱。当 $\delta_1 h_0 < 1.25x$，$\delta_2 h_0 > 1.25x$ 时

$$N_{aw} = (\delta_2 - \delta_1) t_w h_0 f_a \tag{10.48}$$

$$M_{aw} = \left[\frac{1}{2}(\delta_1^2 - \delta_2^2) + (\delta_2 - \delta_1) \right] t_w h_0^2 f_a \tag{10.49}$$

上述各式中的符号意义与式（10.31）～式（10.32）相同，未说明的符号意义见图10.13。

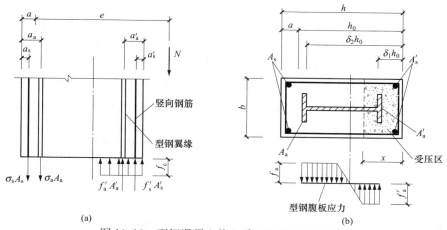

图 10.13　型钢混凝土偏心受压柱截面应力图形

3. 型钢混凝土柱斜截面承载力计算

（1）截面尺寸限制条件。型钢混凝土柱的受剪截面应符合下列条件：

型钢比应满足

$$f_a t_w h_w \geqslant 0.1 \beta_c f_c b h_0 \tag{10.50}$$

剪压比应满足

无地震作用效应组合时

$$\left. \begin{array}{l} V_c \leqslant 0.45 \beta_c f_c b h_0 \\ V_c^{rc} \leqslant 0.25 \beta_c f_c b h_0 \end{array} \right\} \tag{10.51}$$

有地震作用效应组合时

$$V_c \leqslant 0.36 \beta_c f_c b h_0 / \gamma_{RE} \tag{10.52}$$

当剪跨比 $\lambda > 2$ 时
$$V_c^{rc} \leqslant 0.2 \beta_c f_c b h_0 / \gamma_{RE} \tag{10.53}$$

当剪跨比 $\lambda \leqslant 2$ 时
$$V_c^{rc} \leqslant 0.15 \beta_c f_c b h_0 / \gamma_{RE} \tag{10.54}$$

式中　V_c——柱的剪力设计值；

V_c^{rc}——柱的外包混凝土部分所承受的剪力。

其余符号意义同前。

（2）受剪承载力计算。与型钢混凝土梁不同，型钢混凝土柱的斜截面受剪承载力应考虑轴力的影响。

无地震作用效应组合时

$$V_b \leqslant \frac{0.2}{\lambda+1.5}\beta_c f_c bh_0 + f_{yv}\frac{A_{sv}}{s}h_0 + \frac{0.58}{\lambda}f_a t_w h_w + 0.07N \qquad (10.55)$$

有地震作用效应组合时

$$V_b \leqslant (\frac{0.16}{\lambda+1.5}\beta_c f_c bh_0 + 0.8f_{yv}\frac{A_{sv}}{s}h_0 + \frac{0.58}{\lambda}f_a t_w h_w + 0.056N)/\nu_{RE} \qquad (10.56)$$

式中　N——考虑地震作用效应组合的框架柱轴向压力设计值，当 $N>0.3f_c A_c$ 时，取 $N=0.3f_c A_c$，其中 A_c 为柱的截面面积；

其余符号意义同前。

4. 型钢混凝土柱的构造要求

(1) 基本构造要求。柱的混凝土强度等级不宜低于 C30，混凝土粗骨料的最大直径不宜大于 25mm；型钢柱中型钢的保护层厚度不宜小于 150mm，柱纵筋与型钢的最小净距不应小于 30mm。同时柱中纵向受力钢筋的间距不宜大于 300mm，当间距大于 300mm 时，宜设置直径不小于 14mm 的纵向构造钢筋，以使混凝土受到充分的约束。柱纵向钢筋最小配筋率不宜小于 0.8%，且必须在四角各配置一根直径不小于 16mm 的纵向钢筋；柱内型钢含钢率不宜小于 4%，型钢混凝土柱的长细比不宜大于 80。

型钢混凝土柱的箍筋应做成 135° 的弯钩，非抗震设计时弯钩直段长度不应小于 5 倍箍筋直径，抗震设计时弯钩直段长度不应小于 10 倍箍筋直径。此外，在结构受力较大的部位，如底部加强部位、房屋顶层及型钢混凝土与钢筋混凝土交接层，除需设置足够的箍筋外，型钢混凝土柱的型钢上宜设置栓钉，型钢截面为箱形的柱子也宜设置栓钉，竖向及水平栓钉间距均不宜大于 250mm，以防止型钢与混凝土之间产生相对滑移。

非抗震设计时，型钢混凝土柱箍筋直径不应小于 8mm，箍筋间距不应大于 200mm；抗震设计时，应符合表 10.6 的规定。柱端箍筋应加密，加密区范围取柱矩形截面长边尺寸（或圆形截面直径）、柱净高的 1/6 和 500mm 三者的最大值，加密区箍筋最小体积配筋率应符合表 10.7 的规定；二级且剪跨比不大于 2 的柱，加密区箍筋最小体积配筋率尚不小于 0.8%；框支柱、一级角柱和剪跨比不大于 2 的柱，箍筋均应全高加密，箍筋间距均不应大于 100mm。非加密区箍筋最小体积配筋率不应小于加密区箍筋最小体积配筋率的一半。

表 10.6　　　　　　　　柱箍筋直径和间距　　　　　　　　mm

抗震等级	箍筋直径	非加密区箍筋间距	加密区箍筋间距
一	≥12	≤150	≤100
二	≥100	≥200	≤100
三、四	≥8	≤200	≤150

注　箍筋直径除应符合表中要求外，尚不应小于纵向钢筋直径的 1/4。

表 10.7　　　　　型钢柱箍筋加密区箍筋最小体积配筋率　　　　　%

抗震等级	轴压比		
	<0.4	0.4~0.5	>0.5
一	0.8	1.0	1.2
二	0.7	0.9	1.1
三	0.5	0.7	0.9

（2）轴压比要求。型钢混凝土柱的轴压比 μ_N 可按下式计算

$$\mu_N = N/(f_c A_c + f_a A_a) \tag{10.57}$$

式中　N——考虑地震组合的柱轴向压力设计值；

　　　A_a、A_c——型钢的截面面积和扣除型钢后的混凝土截面面积；

　　　f_a、f_c——型钢的抗压强度设计值和混凝土的轴心抗压强度设计值。

为了保证型钢混凝土柱的延性，当考虑地震作用效应组合时，按式（10.57）所确定的轴压比不应大于表 10.8 所规定的限值。

表 10.8　　　　　　　　　　　　　　　型钢混凝土柱轴压比限值

抗震等级	一	二	三
轴压比限值	0.70	0.80	0.90

10.4.3　型钢混凝土剪力墙

1. 型钢混凝土剪力墙正截面承载力计算

型钢混凝土剪力墙（见图 10.14），其正截面承载力可采用下列公式计算

$$N_e \leqslant f_c b_w x + f_y' A_s' + f_a' A_a' - \sigma_s A_s - \sigma_a A_a + N_{sw} \tag{10.58}$$

$$N_e \leqslant f_c b_w x(h_0 - x/2) + f_y' A_s'(h_{w0} - a_s') + f_a' A_a'(h_{w0} - a_a') + M_{sw} \tag{10.59}$$

$$N_{sw} = \left(1 + \frac{\xi - 0.8}{0.4\omega}\right) f_{yw} A_{sw} \tag{10.60}$$

$$M_{sw} = \left[0.5 - \left(\frac{\xi - 0.8}{0.8\omega}\right)^2\right] f_{yw} A_{sw} h_{sw} \tag{10.61}$$

当 $\xi > 0.8$ 时，取　　$N_{sw} = f_{yw} A_{sw}$，$M_{sw} = 0.5 h_{sw} A_{sw} f_{yw}$

式中　A_a、A_a'——剪力墙受拉端、受压端所配置型钢的截面面积；

　　　A_{sw}——剪力墙竖向分布钢筋的总截面面积；

　　　N_{sw}、M_{sw}——剪力墙竖向分布钢筋所承担的轴力和竖向分布钢筋的合力对型钢截面重心的力矩；

　　　h_{sw}——配置竖向分布钢筋的截面高度，$h_{sw} = h_{w0} - a_s'$；

其余符号意义见图 10.14。

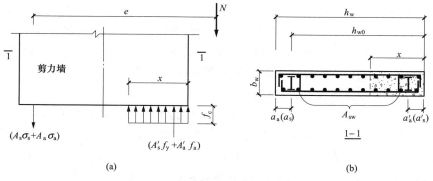

图 10.14　型钢混凝土剪力墙偏心受压正截面应力图形

2. 型钢混凝土剪力墙斜截面承载力计算

(1) 截面尺寸限制条件。型钢混凝土剪力墙的混凝土腹板，其受剪截面应符合下列条件：

无地震作用效应组合时

$$V_w \leqslant 0.25\beta_c f_c b_w h_{w0} \tag{10.62}$$

有地震作用效应组合时

剪跨比 $\lambda > 2$ 时 $\qquad V_w \leqslant 0.2\beta_c f_c b_w h_{w0}/\gamma_{RE} \tag{10.63}$

剪跨比 $\lambda \leqslant 2$ 时 $\qquad V_w \leqslant 0.15\beta_c f_c b_w h_{w0}/\gamma_{RE} \tag{10.64}$

式中　λ——剪力墙计算截面处的剪跨比，$\lambda = M/(Vh_{w0})$。

(2) 受剪承载力计算。由于剪力墙端部型钢的销栓抗剪作用和对混凝土墙体的约束作用，型钢混凝土剪力墙的受剪承载力大于钢筋混凝土剪力墙，但当墙肢宽度较大时，这两种作用将减弱，故计算其受剪承载力时基于上述考虑，型钢混凝土剪力墙偏心受压时的受剪承载力可按下列公式计算：

无地震作用效应组合时

$$V_w \leqslant \frac{1}{\lambda - 0.5}\left(0.05\beta_r\beta_c f_c b_w h_{w0} + 0.13N\frac{A_w}{A}\right) + f_{yv}\frac{A_{sh}}{s}h_{w0} + \frac{0.4}{\lambda}f_a A_a \tag{10.65}$$

有地震作用效应组合时

$$V_w \leqslant \frac{1}{\gamma_{RE}}\left[\frac{1}{\lambda - 0.5}\left(0.04\beta_r\beta_c f_c b_w h_{w0} + 0.1N\frac{A_w}{A}\right) + 0.8f_{yv}\frac{A_{sh}}{s}h_{w0} + \frac{0.32}{\lambda}f_a A_a\right] \tag{10.66}$$

式中　λ——剪力墙计算截面处的剪跨比，$\lambda = M/(Vh_{w0})$，当 $\lambda \leqslant 1.5$ 时，取 $\lambda = 1.5$，当 $\lambda > 2.2$ 时，取 $\lambda = 2.2$；

$\quad\quad N$——考虑地震作用组合的剪力墙轴向压力设计值，当 $N > 0.2f_c b_w h_{w0}$ 时，取 $N = 0.2f_c b_w h_{w0}$；

$\quad\quad A$——剪力墙的横截面面积；

$\quad\quad A_w$——腹板截面面积，对无边框剪力墙，取 $A_w = A$；

$\quad\quad A_a$——配置在同一水平截面内的水平分布钢筋总截面面积；

s、f_{yv}——水平分布钢筋的竖向间距和抗拉强度设计值。

3. 型钢混凝土剪力墙的构造要求

型钢混凝土剪力墙、钢板混凝土剪力墙在楼层标高处宜设置暗梁；端部配置型钢的混凝土剪力墙，型钢的保护层厚度宜大于 100mm；水平分布钢筋应绕过或穿过墙端型钢，且应满足钢筋锚固长度要求；周边有型钢混凝土柱和梁的现浇钢筋混凝土剪力墙，剪力墙的水平分布钢筋应绕过或穿过周边柱型钢，且应满足钢筋锚固长度要求；当采用间隔穿过时，宜另加补强钢筋。周边柱的型钢、纵向钢筋、箍筋配置应符合型钢混凝土柱的设计要求。

10.4.4　型钢混凝土其余构件的构造要求

型钢混凝土梁柱节点区的箍筋间距不宜大于柱端加密区箍筋间距的 1.5 倍。

对于钢骨混凝土框架梁柱节点，当梁中钢筋穿过梁柱节点时，宜避免穿过型钢翼缘；如必须穿过型钢翼缘，应考虑型钢柱翼缘的损失。一般情况下可在柱中型钢腹板上开梁的纵筋贯通孔，但应控制孔洞的数量及大小，使型钢腹板截面损失率不宜大于 25%，当开孔率过大时，则需考虑进行补强。

　　钢梁或型钢混凝土梁与混凝土筒体应有可靠连接，应能传递竖向剪力及水平力，当钢梁通过埋件与混凝土筒体连接时，预埋件应有足够的锚固长度。

　　在型钢混凝土结构中，钢梁或型钢混凝土梁内型钢与型钢混凝土墙内型钢暗柱的连接，宜采用刚性连接［见图 10.15（a）］，此时梁纵向受力钢筋伸入墙内的长度应满足受拉钢筋的锚固要求；也可采用铰接［见图 10.15（b）］。在这两种连接方式中，钢梁通过预埋件与混凝土筒体的型钢暗柱连接，此时预埋件在墙内应有足够的锚固长度。钢梁或型钢混凝土梁内型钢与钢筋混凝土筒体墙的连接，一般宜做成铰接。此时应在钢筋混凝土墙的相应部位设置预埋件，并用高强度螺栓将钢梁或型钢混凝土梁内型钢的腹板与焊在预埋件上的竖向钢板相连接，如图 10.15（c）所示。

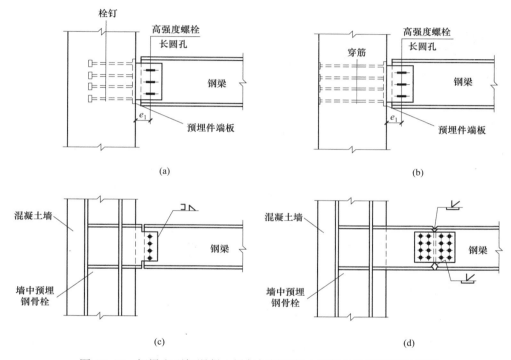

图 10.15　钢梁和型钢混凝土梁与钢梁混凝土筒体的链接构造示意图
(a) 铰接；(b) 铰接；(c) 铰接；(d) 刚接

　　抗震设计时，钢-混凝土混合结构中的钢柱及型钢混凝土（钢管混凝土）柱宜采用埋入式柱脚；采用埋入式柱脚的埋入深度应通过计算确定，且不小于型钢柱截面长边尺寸的 2.5 倍。采用埋入式柱脚时，在柱脚部位和柱脚向上延伸一层的范围内宜设置栓钉，栓钉的直径不宜小于 19mm，其竖向及水平间距不宜大于 200mm，当有可靠依据时，可通过计算确定栓钉数量。

习　　题

10.1　高层建筑钢结构体系有哪些？各自的特点都有哪些？
10.2　高层钢结构与其他高层建筑结构相比，其抗震设计有哪些异同？

10.3　高层钢结构构件连接的设计原则是什么？高层钢结构构件的抗震设计有哪些特点？

10.4　房屋建筑钢结构节点连接有哪些？抗震设计时应遵循的原则有哪些？

10.5　什么是高层建筑混合结构？结构的布置原则有哪些？应用于哪些高层建筑？

10.6　混合结构构件有哪些类型？都有什么特点？

10.7　混合结构体系有哪些？举例说明哪些建筑应用了何种混合结构体系。

10.8　简述型钢混凝土梁、柱的受力性能和破坏形态。

10.9　型钢混凝土构件的节点及连接的构造要求有哪些内容？

附　　录

附表1　均布水平荷载下各层柱标准反弯点高比 y_0

n	j \ K	0.1	0.2	0.3	0.4	0.5	0.6	0.7	0.8	0.9	1.0	2.0	3.0	4.0	5.0
1	1	0.80	0.75	0.70	0.65	0.65	0.60	0.60	0.60	0.60	0.55	0.55	0.55	0.55	0.55
2	2	0.45	0.40	0.35	0.35	0.35	0.40	0.40	0.40	0.40	0.40	0.45	0.45	0.45	0.45
	1	0.95	0.80	0.75	0.70	0.65	0.65	0.65	0.60	0.60	0.60	0.55	0.55	0.55	0.50
3	3	0.15	0.20	0.20	0.25	0.30	0.30	0.30	0.35	0.35	0.35	0.40	0.45	0.45	0.45
	2	0.55	0.50	0.45	0.45	0.45	0.45	0.45	0.45	0.45	0.45	0.45	0.50	0.50	0.50
	1	1.00	0.85	0.80	0.75	0.70	0.70	0.65	0.65	0.65	0.60	0.55	0.55	0.55	0.55
4	4	−0.55	0.05	0.15	0.20	0.25	0.30	0.30	0.35	0.35	0.35	0.40	0.45	0.45	0.45
	3	0.25	0.30	0.30	0.35	0.35	0.40	0.40	0.40	0.40	0.45	0.45	0.50	0.50	0.50
	2	0.65	0.55	0.50	0.50	0.45	0.45	0.45	0.45	0.45	0.45	0.50	0.50	0.50	0.50
	1	1.10	0.90	0.80	0.75	0.70	0.70	0.55	0.65	0.55	0.60	0.55	0.55	0.55	0.55
5	5	−0.20	0.00	0.15	0.20	0.25	0.30	0.30	0.30	0.35	0.35	0.40	0.45	0.45	0.45
	4	0.10	0.20	0.25	0.30	0.35	0.35	0.40	0.40	0.40	0.40	0.45	0.45	0.50	0.50
	3	0.40	0.40	0.40	0.40	0.40	0.45	0.45	0.45	0.45	0.50	0.50	0.50	0.50	0.50
	2	0.65	0.55	0.50	0.50	0.50	0.50	0.50	0.50	0.50	0.50	0.50	0.50	0.50	0.50
	1	1.20	0.95	0.80	0.75	0.75	0.70	0.70	0.70	0.65	0.65	0.65	0.55	0.55	0.55
6	6	−0.30	0.00	0.10	0.20	0.25	0.25	0.30	0.30	0.35	0.35	0.40	0.45	0.45	0.45
	5	0.00	0.20	0.25	0.30	0.35	0.35	0.40	0.40	0.40	0.40	0.45	0.45	0.50	0.50
	4	0.20	0.30	0.35	0.35	0.40	0.40	0.40	0.40	0.45	0.45	0.45	0.50	0.50	0.50
	3	0.40	0.40	0.40	0.45	0.45	0.45	0.47	0.48	0.50	0.50	0.50	0.50	0.50	0.50
	2	0.70	0.60	0.55	0.50	0.50	0.50	0.50	0.50	0.50	0.50	0.50	0.50	0.50	0.50
	1	1.20	0.95	0.85	0.80	0.75	0.70	0.70	0.65	0.65	0.65	0.55	0.55	0.55	0.55
7	7	−0.35	−0.05	0.10	0.20	0.20	0.25	0.30	0.30	0.35	0.35	0.40	0.45	0.45	0.45
	6	−0.10	0.15	0.25	0.30	0.35	0.35	0.35	0.40	0.40	0.40	0.45	0.45	0.50	0.50
	5	0.10	0.25	0.30	0.35	0.40	0.40	0.40	0.45	0.45	0.45	0.50	0.50	0.50	0.50
	4	0.30	0.35	0.40	0.40	0.40	0.45	0.45	0.45	0.45	0.45	0.55	0.50	0.50	0.50
	3	0.50	0.45	0.45	0.45	0.45	0.45	0.45	0.45	0.45	0.45	0.50	0.50	0.50	0.50
	2	0.75	0.60	0.55	0.50	0.50	0.50	0.50	0.50	0.50	0.50	0.50	0.50	0.50	0.50
	1	1.20	0.95	0.85	0.80	0.75	0.70	0.70	0.65	0.65	0.65	0.55	0.55	0.55	0.55

n	j \ K	0.1	0.2	0.3	0.4	0.5	0.6	0.7	0.8	0.9	1.0	2.0	3.0	4.0	5.0
8	8	−0.35	−0.15	0.10	0.10	0.25	0.25	0.30	0.30	0.35	0.35	0.40	0.45	0.45	0.45
	7	−0.10	0.15	0.25	0.30	0.35	0.35	0.40	0.40	0.40	0.40	0.45	0.50	0.50	0.50
	6	0.05	0.25	0.30	0.35	0.40	0.40	0.45	0.45	0.45	0.45	0.50	0.50	0.50	0.50
	5	0.20	0.30	0.35	0.40	0.40	0.45	0.45	0.45	0.45	0.45	0.50	0.50	0.50	0.50
	4	0.35	0.40	0.40	0.45	0.45	0.45	0.45	0.45	0.45	0.45	0.50	0.50	0.50	0.50
	3	0.50	0.45	0.45	0.45	0.45	0.45	0.45	0.50	0.50	0.50	0.50	0.50	0.50	0.50
	2	0.75	0.60	0.55	0.55	0.50	0.50	0.50	0.50	0.50	0.50	0.50	0.50	0.50	0.50
	1	1.20	1.00	0.85	0.80	0.75	0.70	0.70	0.65	0.65	0.65	0.55	0.55	0.55	0.55
9	9	−0.40	−0.05	0.10	0.20	0.25	0.25	0.30	0.30	0.35	0.35	0.45	0.45	0.45	0.45
	8	−0.15	0.15	0.25	0.30	0.35	0.35	0.35	0.40	0.40	0.40	0.50	0.50	0.50	0.50
	7	0.05	0.25	0.30	0.35	0.40	0.40	0.40	0.45	0.45	0.45	0.50	0.50	0.50	0.50
	6	0.15	0.30	0.35	0.40	0.40	0.45	0.45	0.45	0.45	0.45	0.50	0.50	0.50	0.50
	5	0.25	0.35	0.40	0.40	0.45	0.45	0.45	0.45	0.45	0.45	0.50	0.50	0.50	0.50
	4	0.40	0.40	0.40	0.45	0.45	0.45	0.45	0.45	0.45	0.45	0.50	0.50	0.50	0.50
	3	0.55	0.40	0.45	0.45	0.45	0.45	0.45	0.45	0.50	0.50	0.50	0.50	0.50	0.50
	2	0.80	0.65	0.55	0.55	0.50	0.50	0.50	0.50	0.50	0.50	0.50	0.50	0.50	0.50
	1	1.20	1.00	0.85	0.80	0.70	0.70	0.70	0.65	0.65	0.65	0.55	0.55	0.55	0.55
10	10	0.65	−0.05	0.10	0.20	0.25	0.30	0.30	0.30	0.30	0.35	0.40	0.45	0.45	0.45
	9	−0.15	0.15	0.25	0.30	0.35	0.35	0.40	0.40	0.40	0.40	0.45	0.45	0.50	0.50
	8	0.00	0.25	0.30	0.35	0.40	0.40	0.40	0.45	0.45	0.45	0.45	0.50	0.50	0.50
	7	−0.10	0.30	0.35	0.40	0.40	0.40	0.45	0.45	0.45	0.45	0.50	0.50	0.50	0.50
	6	0.20	0.35	0.40	0.40	0.45	0.45	0.45	0.45	0.45	0.45	0.50	0.50	0.50	0.50
	5	0.30	0.40	0.40	0.45	0.45	0.45	0.45	0.45	0.45	0.50	0.50	0.50	0.50	0.50
	4	0.40	0.40	0.45	0.45	0.45	0.45	0.45	0.45	0.50	0.50	0.50	0.50	0.50	0.50
	3	0.55	0.50	0.45	0.45	0.45	0.50	0.50	0.50	0.50	0.50	0.50	0.50	0.50	0.50
	2	0.80	0.65	0.85	0.55	0.55	0.50	0.50	0.50	0.50	0.50	0.50	0.50	0.50	0.50
	1	1.30	1.00	0.55	0.80	0.75	0.70	0.70	0.65	0.65	0.60	0.60	0.55	0.55	0.55
11	11	−0.40	−0.05	0.10	0.20	0.25	0.30	0.30	0.30	0.35	0.35	0.40	0.45	0.45	0.45
	10	−0.15	0.15	0.25	0.30	0.35	0.35	0.40	0.40	0.40	0.40	0.45	0.45	0.50	0.50
	9	0.00	0.25	0.30	0.35	0.40	0.40	0.40	0.45	0.45	0.45	0.45	0.50	0.50	0.50
	8	0.10	0.30	0.35	0.40	0.40	0.45	0.45	0.45	0.45	0.45	0.50	0.50	0.50	0.50
	7	0.20	0.35	0.40	0.45	0.45	0.45	0.45	0.45	0.45	0.45	0.50	0.50	0.50	0.50
	6	0.25	0.35	0.40	0.45	0.45	0.45	0.45	0.45	0.45	0.45	0.50	0.50	0.50	0.50
	5	0.35	0.40	0.40	0.45	0.45	0.45	0.45	0.45	0.45	0.50	0.50	0.50	0.50	0.50

续表

n	j \ K	0.1	0.2	0.3	0.4	0.5	0.6	0.7	0.8	0.9	1.0	2.0	3.0	4.0	5.0
11	4	0.40	0.45	0.45	0.45	0.45	0.45	0.45	0.50	0.50	0.50	0.50	0.50	0.50	0.50
	3	0.55	0.50	0.50	0.50	0.50	0.50	0.50	0.50	0.50	0.50	0.50	0.50	0.50	0.50
	2	0.80	0.65	0.60	0.55	0.55	0.50	0.50	0.50	0.50	0.50	0.50	0.50	0.50	0.50
	1	1.30	1.00	0.85	0.80	0.75	0.70	0.70	0.65	0.65	0.65	0.60	0.55	0.55	0.55
12 以 上	自上 1	−0.40	−0.05	0.10	0.20	0.25	0.30	0.30	0.30	0.35	0.35	0.40	0.45	0.45	0.45
	2	−0.15	0.15	0.25	0.30	0.35	0.35	0.40	0.40	0.40	0.40	0.45	0.45	0.50	0.50
	3	0.00	0.25	0.30	0.35	0.40	0.40	0.40	0.45	0.45	0.45	0.50	0.50	0.50	0.50
	4	0.10	0.30	0.35	0.40	0.40	0.45	0.45	0.45	0.45	0.45	0.50	0.50	0.50	0.50
	5	0.20	0.35	0.30	0.40	0.45	0.45	0.45	0.45	0.45	0.45	0.50	0.50	0.50	0.50
	6	0.25	0.35	0.30	0.45	0.45	0.45	0.45	0.45	0.45	0.45	0.50	0.50	0.50	0.50
	7	0.30	0.40	0.40	0.45	0.45	0.45	0.45	0.45	0.50	0.50	0.50	0.50	0.50	0.50
	8	0.35	0.40	0.45	0.45	0.45	0.45	0.45	0.50	0.50	0.50	0.50	0.50	0.50	0.50
	中间	0.40	0.40	0.45	0.45	0.45	0.50	0.50	0.50	0.50	0.50	0.50	0.50	0.50	0.50
	4	0.45	0.45	0.45	0.45	0.50	0.50	0.50	0.50	0.50	0.50	0.50	0.50	0.50	0.50
	3	0.60	0.50	0.50	0.50	0.50	0.50	0.50	0.50	0.50	0.50	0.50	0.50	0.50	0.50
	2	0.80	0.65	0.60	0.55	0.55	0.50	0.50	0.50	0.50	0.50	0.50	0.50	0.50	0.50
	自下 1	1.30	1.00	1.85	0.80	0.75	0.70	0.70	0.65	0.65	0.55	0.55	0.55	0.55	0.55

附表 2　倒三角形荷载下各层柱标准反弯点高比 y_0

n	j	0.1	0.2	0.3	0.4	0.5	0.6	0.7	0.8	0.9	1.0	2.0	3.0	4.0	5.0
1	1	0.80	0.75	0.70	0.65	0.65	0.60	0.60	0.60	0.50	0.55	0.55	0.55	0.55	0.55
2	2	0.50	0.45	0.40	0.40	0.40	0.40	0.40	0.40	0.40	0.45	0.45	0.45	0.45	0.45
	1	1.00	0.85	0.75	0.70	0.70	0.65	0.65	0.65	0.60	0.60	0.55	0.55	0.55	0.50
3	3	0.25	0.25	0.25	0.30	0.30	0.35	0.35	0.35	0.40	0.40	0.45	0.45	0.45	0.50
	2	0.60	0.50	0.50	0.50	0.50	0.45	0.45	0.45	0.45	0.50	0.50	0.55	0.55	0.55
	1	1.15	0.90	0.80	0.75	0.75	0.70	0.70	0.65	0.65	0.85	0.60	0.55	0.55	0.55
4	4	0.10	0.15	0.20	0.25	0.30	0.30	0.35	0.35	0.35	0.40	0.45	0.45	0.45	0.45
	3	0.35	0.35	0.35	0.40	0.40	0.40	0.40	0.45	0.45	0.45	0.50	0.50	0.50	0.50
	2	0.70	0.60	0.55	0.50	0.50	0.50	0.50	0.50	0.50	0.50	0.50	0.50	0.50	0.50
	1	1.20	0.95	0.85	0.80	0.75	0.70	0.70	0.70	0.65	0.65	0.55	0.55	0.55	0.50
5	5	−0.05	0.10	0.20	0.25	0.25	0.30	0.35	0.35	0.35	0.35	0.40	0.45	0.45	0.45
	4	0.20	0.25	0.35	0.35	0.40	0.40	0.40	0.40	0.45	0.45	0.45	0.50	0.50	0.50
	3	0.45	0.40	0.45	0.45	0.45	0.45	0.45	0.45	0.45	0.45	0.50	0.50	0.50	0.50
	2	0.75	0.60	0.55	0.55	0.50	0.50	0.50	0.60	0.50	0.50	0.50	0.50	0.50	0.50
	1	1.30	1.00	0.85	0.80	0.70	0.70	0.70	0.65	0.65	0.65	0.65	0.55	0.55	0.55
6	6	−0.15	0.05	0.15	0.25	0.25	0.30	0.30	0.35	0.35	0.35	0.40	0.45	0.45	0.45
	5	0.10	0.25	0.30	0.35	0.35	0.40	0.40	0.40	0.45	0.45	0.45	0.45	0.50	0.50
	4	0.30	0.35	0.45	0.45	0.45	0.45	0.45	0.45	0.45	0.45	0.50	0.50	0.50	0.50
	3	0.50	0.44	0.45	0.45	0.45	0.45	0.45	0.45	0.50	0.50	0.50	0.50	0.50	0.50
	2	0.80	0.65	0.55	0.55	0.55	0.55	0.50	0.50	0.50	0.50	0.50	0.50	0.50	0.50
	1	1.30	1.00	0.85	0.80	0.75	0.70	0.70	0.65	0.65	0.65	0.60	0.55	0.55	0.55
7	7	−0.20	0.05	0.15	0.20	0.25	0.30	0.30	0.35	0.35	0.35	0.45	0.45	0.45	0.45
	6	0.05	0.20	0.30	0.35	0.35	0.40	0.40	0.40	0.40	0.40	0.45	0.50	0.50	0.50
	5	0.20	0.30	0.35	0.40	0.40	0.45	0.45	0.45	0.45	0.45	0.50	0.50	0.50	0.50
	4	0.35	0.40	0.40	0.45	0.45	0.45	0.45	0.45	0.45	0.45	0.50	0.50	0.50	0.50
	3	0.55	0.50	0.50	0.50	0.50	0.50	0.50	0.50	0.50	0.50	0.50	0.50	0.50	0.50
	2	0.80	0.65	0.60	0.55	0.55	0.55	0.50	0.50	0.50	0.50	0.50	0.50	0.50	0.50
	1	1.30	1.00	0.90	0.80	0.75	0.70	0.70	0.70	0.65	0.65	0.60	0.55	0.55	0.55
8	8	−0.20	0.05	0.15	0.20	0.25	0.30	0.30	0.35	0.35	0.35	0.45	0.45	0.45	0.45
	7	0.00	0.20	0.30	0.35	0.35	0.40	0.40	0.40	0.45	0.45	0.50	0.50	0.50	0.50
	6	0.15	0.30	0.35	0.40	0.40	0.45	0.45	0.45	0.45	0.45	0.50	0.50	0.50	0.50
	5	0.30	0.45	0.40	0.45	0.45	0.45	0.45	0.45	0.45	0.45	0.50	0.50	0.50	0.50

续表

n	j	K 0.1	0.2	0.3	0.4	0.5	0.6	0.7	0.8	0.9	1.0	2.0	3.0	4.0	5.0
8	4	0.40	0.45	0.45	0.45	0.45	0.45	0.45	0.50	0.50	0.50	0.50	0.50	0.50	0.50
	3	0.60	0.50	0.50	0.50	0.50	0.50	0.50	0.50	0.50	0.50	0.50	0.50	0.50	0.50
	2	0.85	0.65	0.60	0.55	0.55	0.55	0.50	0.50	0.50	0.50	0.50	0.50	0.50	0.50
	1	1.30	1.00	0.90	0.80	0.75	0.70	0.70	0.70	0.65	0.65	0.60	0.55	0.55	0.55
9	9	−0.40	−0.05	0.10	0.20	0.25	0.25	0.30	0.30	0.35	0.35	0.45	0.45	0.45	0.45
	8	−0.15	0.15	0.25	0.30	0.35	0.35	0.35	0.40	0.40	0.40	0.45	0.50	0.50	0.50
	7	0.05	0.25	0.30	0.35	0.40	0.40	0.40	0.45	0.45	0.45	0.50	0.50	0.50	0.50
	6	0.15	0.30	0.35	0.40	0.40	0.45	0.45	0.45	0.45	0.45	0.50	0.50	0.50	0.50
	5	0.25	0.35	0.40	0.40	0.45	0.45	0.45	0.45	0.45	0.45	0.50	0.50	0.50	0.50
	4	0.40	0.40	0.40	0.45	0.45	0.45	0.45	0.45	0.45	0.45	0.50	0.50	0.50	0.50
	3	0.55	0.40	0.45	0.45	0.45	0.45	0.45	0.45	0.50	0.50	0.50	0.50	0.50	0.50
	2	0.80	0.65	0.55	0.55	0.50	0.50	0.50	0.50	0.50	0.50	0.50	0.50	0.50	0.50
	1	1.20	1.00	0.85	0.80	0.70	0.70	0.70	0.65	0.65	0.65	0.60	0.55	0.55	0.55
10	10	−0.25	0.00	0.15	0.20	0.25	0.30	0.30	0.35	0.35	0.40	0.45	0.45	0.45	0.45
	9	−0.05	0.20	0.30	0.35	0.35	0.40	0.40	0.40	0.40	0.45	0.45	0.50	0.50	0.50
	8	0.10	0.30	0.35	0.40	0.40	0.40	0.45	0.45	0.45	0.50	0.50	0.50	0.50	0.50
	7	0.20	0.35	0.40	0.40	0.45	0.45	0.45	0.45	0.45	0.50	0.50	0.50	0.50	0.50
	6	0.30	0.40	0.40	0.45	0.45	0.45	0.45	0.45	0.50	0.50	0.50	0.50	0.50	0.50
	5	0.40	0.45	0.45	0.45	0.45	0.45	0.45	0.50	0.50	0.50	0.50	0.50	0.50	0.50
	4	0.50	0.45	0.45	0.45	0.50	0.50	0.50	0.50	0.50	0.50	0.50	0.50	0.50	0.50
	3	0.60	0.55	0.50	0.50	0.50	0.50	0.50	0.50	0.50	0.50	0.50	0.50	0.50	0.50
	2	0.85	0.65	0.60	0.55	0.55	0.55	0.55	0.50	0.50	0.50	0.50	0.50	0.50	0.50
	1	1.35	1.00	0.90	0.80	0.75	0.75	0.70	0.70	0.65	0.65	0.60	0.55	0.55	0.55
11	11	−0.25	0.00	0.15	0.20	0.25	0.30	0.30	0.35	0.35	0.35	0.45	0.45	0.45	0.45
	10	−0.05	0.20	0.25	0.30	0.35	0.40	0.40	0.40	0.40	0.45	0.45	0.50	0.50	0.50
	9	0.10	0.30	0.35	0.40	0.40	0.40	0.45	0.45	0.45	0.45	0.50	0.50	0.50	0.50
	8	0.20	0.35	0.40	0.40	0.45	0.45	0.45	0.45	0.45	0.45	0.50	0.50	0.50	0.50
	7	0.25	0.40	0.40	0.45	0.45	0.45	0.45	0.45	0.45	0.50	0.50	0.50	0.50	0.50
	6	0.35	0.40	0.45	0.45	0.45	0.45	0.45	0.50	0.45	0.50	0.50	0.50	0.50	0.50
	5	0.40	0.45	0.45	0.45	0.45	0.50	0.50	0.50	0.45	0.50	0.50	0.50	0.50	0.50
	4	0.50	0.50	0.50	0.50	0.50	0.50	0.50	0.50	0.50	0.50	0.50	0.50	0.50	0.50
	3	0.65	0.55	0.50	0.50	0.50	0.50	0.50	0.50	0.50	0.50	0.50	0.50	0.50	0.50
	2	0.85	0.65	0.60	0.55	0.55	0.55	0.55	0.50	0.50	0.50	0.50	0.50	0.50	0.50
	1	1.35	1.50	0.90	0.80	0.75	0.75	0.70	0.70	0.65	0.65	0.60	0.55	0.55	0.55

n	j \ K	0.1	0.2	0.3	0.4	0.5	0.6	0.7	0.8	0.9	1.0	2.0	3.0	4.0	5.0
	自上1	−0.30	0.00	0.15	0.20	0.25	0.30	0.30	0.30	0.35	0.35	0.40	0.45	0.45	0.45
	2	−0.10	0.20	0.25	0.30	0.35	0.40	0.40	0.40	0.40	0.40	0.45	0.45	0.45	0.50
	3	0.05	0.25	0.35	0.40	0.40	0.40	0.45	0.45	0.45	0.45	0.45	0.50	0.50	0.50
	4	0.15	0.30	0.40	0.40	0.45	0.45	0.45	0.45	0.45	0.45	0.45	0.50	0.50	0.50
	5	0.25	0.30	0.40	0.45	0.45	0.45	0.45	0.45	0.45	0.45	0.50	0.50	0.50	0.50
12	6	0.30	0.40	0.40	0.45	0.45	0.45	0.45	0.50	0.50	0.50	0.50	0.50	0.50	0.50
以	7	0.35	0.40	0.40	0.45	0.45	0.45	0.45	0.50	0.50	0.50	0.50	0.50	0.50	0.50
上	8	0.35	0.45	0.45	0.45	0.50	0.50	0.50	0.50	0.50	0.50	0.50	0.50	0.50	0.50
	中间	0.45	0.45	0.50	0.45	0.50	0.50	0.50	0.50	0.50	0.50	0.50	0.50	0.50	0.50
	4	0.55	0.50	0.50	0.50	0.50	0.50	0.50	0.50	0.50	0.50	0.50	0.50	0.50	0.50
	3	0.65	0.55	0.50	0.50	0.50	0.50	0.50	0.50	0.50	0.50	0.50	0.50	0.50	0.50
	2	0.70	0.70	0.60	0.55	0.55	0.55	0.55	0.50	0.50	0.50	0.50	0.50	0.50	0.50
	自下1	1.35	1.05	0.70	0.80	0.75	0.70	0.70	0.70	0.65	0.65	0.60	0.55	0.55	0.55

附表3　上下梁相对刚度变化时修正值 y_1

α_1 \ K	0.1	0.2	0.3	0.4	0.5	0.6	0.7	0.8	0.9	1.0	2.0	3.0	4.0	5.0
0.4	0.55	0.40	0.30	0.25	0.20	0.20	0.20	0.15	0.15	0.15	0.05	0.05	0.05	0.05
0.5	0.45	0.30	0.20	0.20	0.15	0.15	0.15	0.10	0.10	0.10	0.05	0.05	0.05	0.05
0.6	0.30	0.20	0.15	0.15	0.10	0.10	0.10	0.10	0.05	0.05	0.05	0.05	0.00	0.00
0.7	0.20	0.15	0.10	0.10	0.10	0.05	0.05	0.05	0.05	0.05	0.05	0.00	0.00	0.00
0.8	0.15	0.10	0.05	0.05	0.05	0.05	0.05	0.05	0.05	0.00	0.00	0.00	0.00	0.00
0.9	0.05	0.05	0.05	0.05	0.00	0.00	0.00	0.00	0.00	0.00	0.00	0.00	0.00	0.00

附表 4   上下层柱高度相对刚度变化时修正值 y_1

α_2	α_3	K 0.1	0.2	0.3	0.4	0.5	0.6	0.7	0.8	0.9	1.0	2.0	3.0	4.0	5.0
2.0		0.25	0.15	0.15	0.10	0.10	0.10	0.10	0.10	0.05	0.05	0.05	0.05	0.00	0.00
1.8		0.20	0.15	0.10	0.10	0.10	0.05	0.05	0.05	0.05	0.05	0.05	0.00	0.00	0.00
1.6	0.4	0.15	0.10	0.10	0.05	0.05	0.05	0.05	0.05	0.05	0.05	0.05	0.00	0.00	0.00
1.4	0.6	0.10	0.05	0.05	0.05	0.05	0.05	0.05	0.05	0.05	0.00	0.00	0.00	0.00	0.00
1.2	0.8	0.05	0.05	0.05	0.00	0.00	0.00	0.00	0.00	0.00	0.00	0.00	0.00	0.00	0.00
1.0	1.0	0.00	0.00	0.00	0.00	0.00	0.00	0.00	0.00	0.00	0.00	0.00	0.00	0.00	0.00
0.8	1.2	−0.05	−0.05	−0.05	0.00	0.00	0.00	0.00	0.00	0.00	0.00	0.00	0.00	0.00	0.00
0.6	1.4	−0.10	−0.05	−0.05	−0.05	−0.05	−0.05	−0.05	−0.05	−0.05	−0.05	0.00	0.00	0.00	0.00
0.4	1.6	−0.15	−0.10	−0.10	−0.05	−0.05	−0.05	−0.05	−0.05	−0.05	−0.05	0.00	0.00	0.00	0.00
	1.8	−0.20	−0.15	−0.10	−0.10	−0.10	−0.05	−0.05	−0.05	−0.05	−0.05	−0.05	0.00	0.00	0.00
	2.0	−0.25	−0.15	−0.15	−0.10	−0.10	−0.10	−0.10	−0.05	−0.05	−0.05	−0.05	−0.05	0.00	0.00

参 考 文 献

[1] 钱稼茹，赵作周，叶列平. 高校土木工程专业指导委员会规划推荐教材：高层建筑结构设计. 2 版. 北京：中国建筑工业出版社，2012.

[2] 沈蒲生. 高层建筑结构设计. 2 版. 北京：中国建筑工业出版社，2011.

[3] 包世华，张铜生. 清华大学土木工程系列教材：高层建筑结构设计和计算（上册）. 2 版. 北京：清华大学出版社，2013.

[4] 傅学怡. 实用高层建筑结构设计. 2 版. 北京：中国建筑工业出版社，2010.

[5] 史庆轩，梁兴文. 普通高等教育土木工程专业"十二五"规划教材·国家级精品配套教材：高层建筑结构设计. 2 版. 北京：科学出版社，2012.

[6] 史庆轩，梁兴文. 高层建筑结构设计. 北京：科学出版社，2006.

[7] 方鄂华. 高层建筑钢筋混凝土结构概念设计. 2 版. 北京：机械工业出版社，2014.

[8] 傅光耀. 高层建筑结构设计. 北京：中国铁道出版社，2006.

[9] 刘继明. 高层建筑结构设计. 北京：科学出版社，2006.

[10] 张世海，张有才，薛茹. 高层建筑结构设计. 北京：人民交通出版社，2007.

[11] 滕海文，霍达. 高层建筑结构设计. 2 版. 北京：高等教育出版社，2011.

[12] 朱炳寅. 高层建筑混凝土结构技术规程应用与分析. 北京：中国建筑工业出版社，2013.

[13] 汪新. 高等学校土木工程专业毕业设计指导用书. 高层建筑框架：剪力墙结构设计（修订版）. 北京：中国城市出版社，2014.

[14] 李国胜. 多高层建筑基础及地下室结构设计（附实例）. 北京：中国建筑工业出版社，2011.

[15] 沈蒲生. 高层建筑结构设计例题. 北京：中国建筑工业出版社，2011.

[16] 沈蒲生. 高层建筑结构设计禁忌与疑难问题对策. 北京：中国建筑工业出版社，2013.

[17] 陈富生，邱国桦，范重. 高层建筑钢结构设计. 2 版. 北京：中国建筑工业出版社，2004.

[18] 易方民，高小旺，苏经宇. 建筑抗震设计规范理解与应用. 2 版. 北京：中国建筑工业出版社，2011.

[19] 中国建筑科学研究院. JGJ 3—2010. 高层建筑混凝土结构技术规程. 北京：中国建筑工业出版社，2011.

[20] 谭文辉，李达. 普通高等教育十二五规划教材：高层建筑结构设计. 北京：冶金工业出版社，2011.

[21] 李静，朱炳寅. 多高层混凝土结构设计及工程应用. 北京：中国建筑工业出版社，2008.

[22] 彭伟，李彤梅，葛宇东. 高层建筑结构设计原理. 2 版. 成都：西南交通大学出版社，2010.

[23] 裴星洙. 高等院校土木工程专业教材：高层建筑结构设计. 2 版. 北京：知识产权出版社，2014.

[24] 沈小璞，陈道政. 高层建筑结构设计（普通高等学校土木工程专业精编系列规划教材）. 武汉：武汉大学出版社，2014.

[25] 周云. 21 世纪高等土木工程专业规划教材：高层建筑结构设计. 2 版. 武汉：武汉理工大学出版社，2012.

[26] 张仲先，王海波. 高层建筑结构设计. 北京：北京大学出版社，2006.

[27] 沈小璞. 高等学校省级规划教材：高层建筑结构设计. 合肥：合肥工业大学出版社，2006.

[28] 张世海，张力滨，卢书楠. 全国高等院校土木工程类应用型系列规划教材：高层建筑结构设计. 北京：科学出版社，2013.

[29] 周云. 高层建筑结构设计（精编本）. 武汉：武汉理工大学出版社，2006.

[30] 蔡健，徐进，王祖华. 土木工程系列教材·高层建筑结构设计. 广州：华南理工大学出版社，2008.

[31] 沈蒲生. 高校土木工程专业规划教材：高层建筑结构设计. 北京：中国建筑工业出版社，2006.

[32] 谭文辉. 高层建筑结构设计. 2 版. 北京：冶金工业出版社，2013.

[33] 田稳苓，黄志远. 高层建筑混凝土结构设计. 北京：中国建材工业出版社，2005.

[34] 戴葵，齐志刚. 普通高等教育"十二五"规划教材：高层建筑结构设计. 北京：中国水利水电出版社，2011.

[35] 陈健云. 高等学校土木工程专业应用创新规划教材：高层建筑结构设计. 大连：大连理工大学出版社，2011.

[36] 宗兰，章丛俊. 高等学校土木建筑专业·应用型本科系列规划教材：高层建筑结构设计. 南京：东南大学出版社，2014.

[37] 原长庆. 高等学校"十一五"规划教材·高层建筑混凝土结构设计. 哈尔滨：哈尔滨工业大学，2008.

[38] 刘大海，杨翠如. 高楼钢结构设计：钢结构钢混凝土混合结构. 北京：中国建筑工业出版社，2003.

[39] 程选生，何晴光，刘彦辉. 高层建筑结构设计理论. 北京：机械工业出版社，2010.

[40] 高福聚，李静. 高等学校教材：多层与高层建筑结构设计. 北京：中国石油大学出版社，2008.